KB125561

"수학이 단순하다는 것을

믿지 않는 사람은

우리네 인생이 얼마나 복잡한지를

모르는 사람이다."

— 존 폰 노이만

John von Neumann

미래에서 온 남자
폰 노이만

The Man from the Future

THE MAN FROM THE FUTURE

Copyright © Ananyo Bhattacharya, 2021
All rights reserved.

Korean translation copyright © 2023 by Woongjin Think Big Co., Ltd.
Korean translation rights arranged with Aitken Alexander Associates Limited
through EYA Co.,Ltd.

이 책의 한국어판 저작권은 EYA Co.,Ltd를 통한
Aitken Alexander Associates Limited 사와의 독점계약으로 ㈜웅진씽크빅이 소유합니다.
저작권법에 의하여 한국 내에서 보호를 받는 저작물이므로 무단전재 및 복제를 금합니다.

미래에서 온 남자
폰 노이만

20세기 가장 혁명적인 인간,
그리고 그가 만든 21세기

아난요 바타차리야 지음 | 박병철 옮김

웅진 지식하우스

추천의 글

21세기 현대 문명을 만들어내는데 결정적인 기여를 한 '미래에서 온 과학자'를 꼽자면 과연 누굴까? 딱 한 명이 떠오르는데, 이견 없이 그는 '존 폰 노이만'이다. 에르고딕 정리에서 대수이론, 양자역학까지 수학과 물리학을 넘나들고, 몬테카를로 수치해석 방법에서부터 컴퓨터 바이러스 등 컴퓨터과학의 근간을 만들어낸 그는 말 그대로 '현대 과학의 토대를 축조한 인물'이다.

이 외에도 컴퓨터와 인공지능 기술은 그가 없었다면 지구상에 등장하지 못했을 것이며, 20세기 미시경제학과 행동경제학은 그가 만든 게임이론이 없었다면 완전히 다른 모습이 되었을 것이다. 인류의 역사를 100년 정도 앞당긴 업적을 이룬 자를 '천재'라고 부른다면, 그는 천재의 정의에 어울리는 몇 안 되는 학자였다.

이 책은 존 폰 노이만이 '어떤' 천재였는가를 엿볼 수 있는 더없이 매력적인 평전이다. 또한 20세기 현대 과학의 가장 중요한 발견의 현장에는 항상 그가 있었기에, 그의 행적을 따라가다 보면 우리는 '20세기 과학사'를 생생하게 읽게 된다. 이 책에는 20세기를 풍미했던 위대한 과학자들과 공학자들이 그의 동료로 숱하게 등장해 우리에게 '20세기 과학기술의 벨 에포크belle époque' 시대를 머릿속에 훤히 그릴 수 있게 해준다.

오늘날 현대 문명이 어디서 누구로부터 비롯됐는지 그 기원을 찾고 싶다면 이 책을 꼭 읽어야 한다. 존 폰 노이만은 21세기의 우리가 어떻게 일상을 살아가게 될지 선명하게 상상한 유일한 20세기 인간이었을지 모른다.
— 정재승, 뇌공학자,『과학콘서트』,『열 두 발자국』의 저자

사람의 마음은 무한한 가능성을 품고 있다. 우리는 생각의 힘으로 무엇을 이루어 낼 수 있는가? 이 책을 통해 독자는 그 대답을 헤아려 볼 수 있을 것이다. 20세기의 돌풍 속에서 시대를 초월한 도전을 펼쳤던 존 폰 노이만의 삶은 우리에게 인류의 지성과 잠재력을 다시 생각하게 만든다. 만약 그가 현 시대를 살고 있다면 어떤 미래를 꿈꾸었을지 이 책과 함께 상상해보기를 권한다.
— 허준이, 수학자, 필즈상 수상자

존 폰 노이만은 수학이나 물리학의 어떤 주제에 관심을 두든 그 분야에서 빛을 발한 천재 중의 천재였다. 계산, 경제학, 논리, 복잡성, 양자물리학 이론에 핵심적인 공헌을 했지만 아인슈타인과 파인만만큼 유명해지지는 못했다. 아난요 바타차리야의 전기는 이런 세간의 인식을 바꿀 것이다. 품위와 대중성을 희생하지 않으면서도 시종 명확하고 신중하게 서술된 이 전기는 20세기 과학사의 전설적인 인물에게 합당한 대우를 해준다. 노이만은 실제로 미래를 설계했고, 우리는 지금 그의 설계대로 살아가고 있다.
— 필립 볼,《네이처》편집 고문,『원소』의 저자

오늘날 우리의 모든 삶에 영향을 미치는 20세기 과학의 발전에 관심이 있다면 이 책보다 더 좋은 정보를 찾을 수 있는 곳은 없을 것이다. 이 책은 존 폰 노이만의 천재성과 과학에 대한 그의 공헌에 대한 훌륭한 헌사다.
— 존 그리빈,『슈뢰딩거의 고양이를 찾아서』의 저자

바타차리야는 뛰어난 솜씨로 존 폰 노이만을 알베르트 아인슈타인이나

로버트 오펜하이머처럼 더 잘 알려진 거장들과 동등한 반열에 올려놓는 데 성공했다. 그는 뛰어난 이야기꾼이다!
— 데이비드 보더니스, 『E=mc²』의 저자

이 책은 펜으로 그린 초상화와 장대한 역사적 서사가 어우러진 반짝이는 책이다. 무엇보다도 맛깔나고 생명력 넘치는 아이디어가 어지럽게 섞여 있다. 놀라운 성취다!
— 팀 하포드, 『경제학 콘서트』의 저자

20세기 초의 가장 중요한 수학적·과학적·지정학적 사건에 대한 흥미진진한 이야기가 펼쳐진다. 바타차리야는 존 폰 노이만과 그를 둘러싼 매혹적인 천재들의 개인적 특이성을 신화화하지 않고 과학적·사회적·역사적 맥락에서 매끄럽게 엮어냈다. 과학자로서 폰 노이만의 이름을 자주 접했지만, 이 책을 읽기 전까지는 나조차도 그가 얼마나 다양한 분야에 얼마나 지대한 영향을 미쳤는지 몰랐다.
— 앤드류 스틸, 『에이지리스』의 저자

존 폰 노이만은 뛰어난 천재성을 바탕으로 양자 및 핵물리학에서부터 게임이론과 컴퓨터에 이르기까지 당시의 이론적 지식을 종합했다. 아난요 바타차리야는 노이만이 향후 60년 동안 기술이 세상을 어떻게 변화시킬 것인지에 대한 청사진을 만들고 있었다는 사실을 흥미진진하고 명쾌하게 밝혀낸다.
— 데이비드 섬프터, 『알고리즘이 지배한다는 착각』의 저자

존 폰 노이만은 수학이라는 가장 추상적인 영역에서 돌파구를 마련한 것부터 게임이론의 공동 발명가로서 경제학 및 기타 사회과학에 혁명을 일으킨 것까지 다양한 영역에 공헌했다. 무엇보다 폰 노이만은 컴퓨터공학이라는 학문이 만들어지기 전, 그리고 인공지능(AI)이라는 용어

가 만들어지기 전에 그에 대한 기초적인 연구를 수행한 사람이다. 이 책은 과학이나 과학사에 관심이 있는 사람이라면 꼭 읽어야 할 책이다.
— 마이클 슈바르츠, 마이크로소프트 수석 이코노미스트

이 책은 20세기 가장 영리하고 예측 불가능하며 궁극적으로 위험한 수학자 중 한 명에 대한 훌륭한 전기이다.
—《파이낸셜 타임스》

"아인슈타인 이후 미국에서 가장 유명한 과학자"인 존 폰 노이만을 현대 독자들에게 다시 소개하는 이 책은 폰 노이만이 다양한 과학 분야에 미친 엄청난 영향력을 살펴본다. 탁월하다!
—《사이언스》

위대한 수학자들에 대한 좋은 전기는 드물다. 스티븐 호킹이나 카를로 로벨리의 책처럼 이 책은 다른 차원에서 의미가 깊다.
—《이코노미스트》

존 폰 노이만의 위대한 아이디어에 대한 놀랍도록 탄탄한 전기이다.
— 스티븐 부디안스키,《월스트리트 저널》

존 폰 노이만이 인류에 선사한 아이디어와 그 학문적 업적을 생생하게 파고든다.
— 제니퍼 살라이,《뉴욕 타임스》

존 폰 노이만의 삶을 예리하고도 지적으로 설명해냈다. 별 다섯 개!
— 사이먼 잉스,《선데이 텔레그래프》

20세기 가장 똑똑한 사람, 존 폰 노이만에 관한 이 책을 선택해주셔서 감사합니다. 네, 그는 아인슈타인보다 더 똑똑했죠. 하지만 "반세기 전에 죽은 헝가리계 미국인 수학자의 연구가 오늘날 한국인에게 어떤 의미를 가질 수 있을까?"라는 질문을 하실 수 있을 겁니다. 놀랍겠지만, 제 대답은 폰 노이만만큼 한국의 미래에 중요한 영향을 끼친 과학자나 지식인은 없다는 것입니다.

주머니에 넣고 다니는 기기부터 시작해보겠습니다. 거의 모든 최신 컴퓨터와 마찬가지로 스마트폰은 '폰 노이만 아키텍처(구조)'로 작동합니다. 1945년 폰 노이만이 전 세계적으로 빠르게 채택된 저장 프로그램 컴퓨터의 청사진을 설명했기 때문에 그의 이름을 따서 명명된 것이죠. 폰 노이만은 자신의 아이디어를 특허로 보호해서는 안 된다고 주장했는데, 이 결정은 디지털 혁명을 촉발시켰고 오늘날 한국이 중요하게 여기는 기술 산업이 폭발적으로 성장할 수 있는 계기가 되었습니다.

이후 폰 노이만은 오토마타에 매료되어 1948년 기계가 재생산할 수 있다는 최초의 증거를 만들어냈습니다. 아직까지는 공상과학에 머물러 있지만 로봇이 아기를 낳는다면 그 출생지가 실리콘 밸리가 아닌 서울이나 판교라고 해도 놀라지 않을 것입니다.

마지막으로 폰 노이만은 제2차 세계대전 중 미국의 원자폭탄 개발에 핵심적인 역할을 했으며, 그의 컴퓨터 시뮬레이션은 나중에 수소폭탄 개발에 도움을 주었습니다. 그는 소련이 대륙간탄도미사일 개발에 앞서가고 있다고 정확히 예측하여 미국에 대륙간탄도미사일 개발을 독려했습니다. 그가 발명한 게임이론은 구글과 아마존과 같은 빅테크 기업이 막대한 수익을 올리는 데 도움이 되었을 뿐만 아니라 전략가들이 핵전쟁에 대해 생각할 수 있는 틀을 제공하기도 했습니다. 한반도에도 폰 노이만은 피할 수 없는 그림자를 드리우고 있습니다.

폰 노이만은 자신이 촉발한 혁명의 위험성을 잘 알고 있었습니다. 그는 "진보에는 치료법이 없다"고 경고했습니다. 그가 남긴 마지막 에세이 중 하나의 제목은 「인간은 기술 세계에서 살아남을 수 있을 것인가?」였습니다. 이에 대한 그의 대답은 잠정적으로 "아마도"였습니다.

* 일러두기

1. 이 책은 국립국어원 한국어 어문 규범과 외래어 표기법을 따랐다. 단, 외래어의 경우 이미 익숙한 지명 및 기관 명칭은 관례에 따랐다.

2. 이 책에서 단행본은 겹낫표(『 』)로, 논문·기사·단편·시·장절 등의 제목은 낫표 (「 」)로 표기했으며, 신문·잡지 등 정기간행물은 겹꺽쇠(《 》), 음악·미술·영화 등 예술 작품의 제목은 홑꺽쇠(〈 〉)로 표기했다.

3. 이 책에서 언급된 해외 저작명은 국내에 번역 출간된 제목을 따랐으며, 국내에 번역되지 않은 저작의 제목은 직역하거나 독음을 그대로 적었다.

4. 용어의 원어는 첨자로 병기하였으며, 독자의 이해를 돕기 위한 옮긴이 주는 괄호 안에 '-옮긴이'라고 표시했다.

5. 이 책의 한국어판 제목은 국내 독자들에게 익숙한 '폰 노이만'으로 표기했으나, 본문에서는 원서 그대로 존 폰 노이만(John von Neumann) 혹은 노이만으로 표기했다.

이 세상의 모든 괴짜와 컴퓨터 폐인들,

그들 중 특히 나와 가장 가까운 세 사람에게

이 책을 바친다.

차례

John von Neumann

서문

폰 노이만, 인간 이상의 인간

폰 노이만은 나의 세 살 난 아들과 종종 대화를 나누곤 했는데,
내용에 관계없이 둘의 대사 양은 항상 비슷했다.
나는 그 모습을 볼 때마다 이런 생각이 들었다.
"저 사람, 혹시 우리와 이야기할 때에도 같은 규칙을
적용하고 있는 거 아닐까?"
— 에드워드 텔러 Edward Teller, 1966

"조니Johnny라고 불러주세요." 존 폰 노이만John von Neumann은 프린스
턴에 있는 자신의 저택에서 파티에 초대된 사람들을 향해 어렵게 말
문을 열었다. 공포영화의 대부 벨라 루고시Bela Lugosi(루마니아 태생의
미국 영화배우. 〈드라큘라 백작〉의 주인공으로 유명함-옮긴이)를 방불케 하
는 헝가리 억양은 많이 잦아들었지만, 새로 이사 온 집에 울려퍼지

는 목소리는 여전히 낯설게 느껴졌다. 그러나 그의 상냥한 표정과 깔끔한 정장 속에는 상상을 초월하는 지성이 숨어 있었다.

노이만은 1933년부터 1957년에 사망할 때까지 미국의 프린스턴 고등연구소Institute for Advanced Study에서 연구를 수행했다. 그의 연구실에 있는 전축에서 〈독일 행진곡〉이 시도 때도 없이 흘러나오는 바람에 근처에 있는 알베르트 아인슈타인Albert Einstein과 쿠르트 괴델 Kurt Gödel을 몹시 성가시게 했지만, 정작 노이만 자신은 별로 신경 쓰지 않는 것 같았다. 다들 알다시피 아인슈타인은 시공간과 중력을 새롭게 정의한 당대 최고의 물리학자였고, 괴델은 (아인슈타인만큼 유명하진 않지만) 논리학 분야에 일대 혁명을 불러일으킨 최고의 수학자이다. 그러나 노이만과 아인슈타인, 그리고 괴델을 모두 아는 사람들에게 "세 명의 거장 중 가장 날카로운 지성을 가진 사람은 누구인가?"라는 질문을 던지면, 대다수는 잠시의 망설임도 없이 노이만을 꼽았다. 심지어 프린스턴의 교수들은 반농담조로 "노이만은 인간보다 훨씬 우월한 종種의 후손인데, 인간을 열심히 연구하여 평생 인간을 완벽하게 흉내 내면서 살았다"고 말하곤 했다.

노이만은 어린 시절에 고대 그리스어와 라틴어를 배웠고 모국어인 헝가리어를 비롯하여 프랑스어, 독일어, 영어에 능통했으며, 45권짜리 세계사 전집을 달달 외우고 다녔다. 노이만의 파티에 초대된 적이 있는 한 비잔틴사 교수는 "역사 이야기를 화젯거리로 삼지 않겠다는 약속 없이는 절대로 파티에 참석하지 않겠다"고 공언할 정도였다. 노이만의 아내가 그에게 이유를 묻자 이렇게 답했다고 한다. "세간에는 제가 역사 분야의 최고 전문가라고 소문이 나 있는데,

저는 사람들이 계속 그렇게 생각해주기를 바라거든요."

그러나 천재 노이만의 최대 관심사는 언어도, 역사도 아닌 수학이었다. 대부분의 수학자들은 자신이 하는 일이 "현실적인 응용과 무관하게 수학 정리를 개선하고 발전시키는 고상한 게임"이라고 생각하는 경향이 있다. 물론 틀린 말은 아니다. 그러나 수학은 우주를 이해하고 서술하는 데 가장 강력한 위력을 발휘하는 과학적 언어이다. 20세기 최고의 과학자인 아인슈타인조차도 "경험과 무관한 사고思考의 산물이 어떻게 현실 세계를 그토록 정확하게 서술할 수 있다는 말인가?"라며 의문을 제기했을 정도이다.[1] 그러나 응용에 능했던 고대의 수학자들도 노이만처럼 수학을 이용하여 부를 축적하고, 영향력을 키우고, 세상을 바꾸는 방법을 잘 알고 있었다. 아르키메데스 Archimedes는 현실과 별 상관없어 보이는 원주율[π]을 계산하는 데 많은 시간을 투자했지만, 다른 한편으로는 수학 원리를 이용하여 성 앞까지 쳐들어온 로마군의 전함을 높이 들었다가 바닥으로 내리꽂는 갈고리를 발명하는 등 수학의 응용에도 적지 않은 업적을 남겼다.

20세기 중반에 노이만이 수학 분야에 남긴 업적은 지금 들여다봐도 혀를 내두를 정도로 치밀하고 정교하다. 미래에 일어날 일을 어찌 그토록 정확하게 예측할 수 있었는지, 온몸에 소름이 돋을 정도이다. 오늘날의 정치, 경제에서 과학기술과 심리학에 이르는 지적 흐름을 전체적으로 조망하려면 노이만의 삶과 말년에 남긴 업적을 자세히 들여다볼 필요가 있다. 그는 지금 우리가 직면하고 있는 문제를 너무나도 정확하게 꿰뚫어보고 있었다. 마치 타임머신을 타고 21세기에 와서 세상의 중요한 현안들을 미리 본 것처럼 그의 사고는 미래지향적이었고, 그 정확도는 타의 추종을 불허했다.

　1903년생인 노이만은 22세 때 당시 과학계의 최고 현안이었던 양자역학quantum mechanics의 수학적 기초를 다지는 데 지대한 공헌을 했으며, 1930년에 미국으로 이주한 후에는 제2차 세계대전의 전운이 감도는 분위기에서 탄도학과 파괴역학을 연구하다가 미군의 부름을 받고 맨해튼 프로젝트Manhattan Project(1942~1946년에 걸쳐 실행된 원자폭탄 개발 프로젝트-옮긴이)에 참여했다. 로스앨러모스에 모인 내로라하는 과학자들 틈에서 노이만은 오로지 수학 원리만을 사용하여 플루토늄으로 작동하는 원자폭탄 '팻맨Fat Man'(나가사키에 떨어진 원자폭탄의 닉네임. 이보다 먼저 히로시마에 떨어진 원자폭탄은 우라늄 기반의 '리틀보이Little Boy'였다-옮긴이)의 폭발물 배열을 결정했다고 한다.

　노이만은 맨해튼 프로젝트에 합류했던 그해에 독일 출신의 경제학자 오스카 모르겐슈테른Oskar Morgenstern과 함께 공동 연구를 수행하여 게임이론game theory(개인이나 집단 사이의 갈등과 협동 관계를 수학적으로 분석한 이론)에 관한 640쪽짜리 묵직한 저서를 출간했다. 그 후로 이 책은 경제학의 근간을 바꾸었고, 게임이론을 정치학과 심리학, 진화생물학 등 전혀 무관해 보이는 분야의 필수 요소로 만들었으며, 군사 지도자가 핵폭탄 발사 단추를 언제 눌러야 할지(또는 언제 누르지 말아야 할지)를 결정할 때에도 중요한 정보를 제공했다. 도무지 이세상 사람이 아닌 것 같은 초월적 지성의 소유자이자 삶과 죽음을 항상 단호한 자세로 대했던 노이만은 스탠리 큐브릭Stanley Kubrick 감독의 1964년 영화 〈닥터 스트레인지러브Dr. Strangelove〉의 실제 모델이기도 했다.

히로시마와 나가사키에 원자폭탄이 투하되면서 태평양전쟁이 끝난 후, 노이만의 관심은 프로그래밍이 가능한 세계 최초의 전자 디지털 컴퓨터 ENIAC(에니악)으로 집중되었다. 처음에는 원자폭탄보다 훨씬 강력한 수소폭탄의 설계 가능성을 타진하는 것이 목적이었으나, 얼마 후 그는 컴퓨터로 날씨를 예측하는 기상연구팀을 이끌게 된다. 단순한 계산용 컴퓨터에 만족할 수 없었던 노이만은 1948년에 개최된 한 강연 석상에서 "특정 상황에서 스스로 재생하고, 자라고, 진화하는 정보처리 장치를 만들 수 있다"고 주장하여 사람들을 놀라게 했다. 그 후로 노이만의 오토마타 이론automata theory에서 영감을 얻은 수많은 과학자들은 여러 세대에 걸쳐 자기복제가 가능한 기계를 만드는 데 주력해왔고, 두뇌와 컴퓨터의 유사성에 대한 노이만의 깊은 사고는 훗날 인공지능과 신경과학의 초석이 되었다.

　원래 노이만은 기계를 다루는 사람이 아니라, 비범한 능력을 보유한 순수 수학자였다. 그는 생전에 자신의 이름을 딴 새로운 수학 분야를 구축했는데 그 내용이 얼마나 심오하고 어려웠는지, 그로부터 반세기 후 뉴질랜드의 수학자 본 존스Vaughan Jones가 이 분야의 극히 일부를 연구하여 수학의 노벨상으로 불리는 필즈메달Fields Medal을 받을 정도였다. 그러나 내용이 제아무리 심오하다 해도 지적인 수수께끼만으로 만족할 수 없었던 노이만은 자신의 수학적 천재성을 발휘할 수 있는 분야를 꾸준히 탐색했고, 그가 선택한 분야는 거의 예외 없이 인류의 삶에 혁명적인 변화를 몰고 왔다. 노이만의 연구 동료였던 미국의 수리물리학자 프리먼 다이슨Freeman Dyson은 훗날 과거를 회상하며 이렇게 말했다. "노이만의 관심사가 순수수학에서 물리학과 경제학, 그리고 공학으로 옮겨가면서 사고의 깊이가 점차 얕아지는 것처럼 보였지만, 그가 제기한 문제의 중요성은 오히려 점점 더 커져갔다."[2]

노이만은 수학자로서 최고의 명성을 누리던 53세에 세상을 떠났다. 그 후 미국의 작가 윌리엄 버로스William Burroughs는 노이만의 게임이론에 영향을 받아 다소 실험적이면서 기이한 소설을 집필했고, 필립 딕Philip K. Dick과 커트 보니것Kurt Vonnegut은 노이만의 이름이 실명으로 등장하는 소설을 집필하기도 했다. 그러나 노이만이 사망한 후 그의 이름은 프린스턴 고등연구소에 몸담고 있던 쟁쟁한 학자들의 명성에 가려 빠르게 잊혔다. 가끔 그가 언급되는 문헌에는 냉철하고 차가운 전사戰士의 이미지와 함께 '머리에 쥐가 날 정도로 어려운 문제를 고안한 사람'으로 표현되곤 한다. 그러나 노이만이 남긴 업적은 지금도 사방 곳곳에 널려 있다.

사물의 본질을 꿰뚫어보는 그의 독특한 관점과 기발한 아이디어는 수많은 과학자와 발명가, 지식인, 정치인에게 지대한 영향을 미쳤고, 인간이라는 종과 사회적·경제적 상호작용의 기본 원리에 대해 막대한 양의 정보를 제공했으며, 인간의 삶을 크게 개선하거나 파멸시킬 수 있는 기계를 처음부터 다시 생각하도록 만들었다. 지금 당장 주변을 둘러보라. 당신은 어떤 형태로든 노이만의 흔적이 남아 있는 사물에 에워싸인 채 이 책을 읽고 있을 것이다.

1장

부다페스트의 수학 천재

헝가리 현상의 비밀

"폰 노이만은 중증의 사고 중독자였으며,
그중에서도 가장 심한 중독 증상을 보인 분야는 수학이었다."

— 피터 랙스Peter Lax, 1990

1940년대에 미국의 원자폭탄 개발 프로젝트에 차출되어 로스앨러모스에 모인 과학자와 기술자 들은 헝가리 출신 사람들을 가리켜 화성인Martian이라 불렀다. 도저히 알아들을 수 없는 억양으로 떠들어대는데, 머리만은 기가 막히게 좋은 그들이 마치 외계인처럼 보였기 때문이다.

코딱지만 한 나라에서 어떻게 걸출한 수학자와 과학자가 그토록 많이 배출될 수 있었을까? 그 비결은 화성인들 사이에서도 의견이 분분했지만, 한 가지 가설에는 모두 동의하는 분위기였다. "우리가 화성인이라면, 우리 중 하나는 아예 다른 은하에서 온 별종 중의 별종이다." 1963년에 노벨 물리학상을 수상한 헝가리 태생의 미국인 물리학자 유진 위그너Eugene Wigner는 이 수수께끼 같은 '헝가리 현상'에 대한 질문을 받았을 때 이렇게 대답했다. "그런 것은 없습니다. 헝가리 사람도 다른 나라 사람들과 비슷해요. 단, 설명이 필요한 딱 한 사람이 있는데, 그가 바로 존 폰 노이만입니다."

"설명이 필요한 단 한 사람"

노이만 야노시 러요시Neumann János Lajos(영어 이름은 존 루이스 노이만John Louis Neumann, 헝가리식 인명은 이름보다 성이 먼저 나온다)는 1903년 12월 28일에 아름다운 불꽃의 도시, 부다페스트에서 태어났다. 옛 수도인 부다Buda를 중심으로 인근 도시 오부다Óbuda와 페스트Pest가 병합되면서 1873년에 탄생한 부다페스트는 수도 지정 30주년을 맞이하여 하루가 다르게 발전하는 중이었다. 다뉴브강 유역에 건설된 헝가리 국회의사당은 당시 세계에서 가장 큰 건물이었고, 보자르Beaux Arts 건축 양식으로 지은 증권거래소 궁전은 유럽에서 가장 호화로웠으며, 네오르네상스 양식의 저택들이 늘어선 안드라시 거리Andrássy út 밑에는 세계 최초의 전철이 달리고 있었다. 또한 도심에는 수많은 지식인들이 커피하우스에 모여 담론을 주고받았고(당시 부다페스트에는 600개가 넘는 커피하우스가 성업 중이었다), 이 무렵에 완공된 오페라하우스는 120년이 지난 지금까지도 유럽 최고의 공연장으로 남아 있다.

조니(노이만의 가족과 친구들은 그를 야노시의 애칭인 '얀시Jancsi'라고 불렀다)는 헝가리 토박이이자 재정적으로 부유했던 아버지 믹사Miksa(영어의 맥스Max에 해당함)와 어머니 마기트Margit(영어의 마거릿Margaret에 해당함) 사이에서 삼형제 중 장남으로 태어났다[그의 동생은 1907년에 태어난 미할리Mihály(영어의 마이클Michael에 해당함)와 1911년에 태어난 미클로스Miklós(영어의 니컬러스Nicholas에 해당함)이다]. 이들은 박치불러바드Vaczi Boulevard 62번지에 있는 아파트의 꼭대기 층에서 살았는데, 방이 무려 18개나 있었다고 한다.[1]

이 아파트의 1층은 마기트의 아버지 야코프 칸Jacob Kann(노이만의 외할아버지)이 동업자와 함께 설립한 '칸–헬러 철물점Kann-Heller hardware firm'의 판매장으로 사용되고 있었다. 이 회사는 처음에 주로 농기구를 팔다가 미국의 시어스Sears가 그랬던 것처럼 고객에게 상품 안내 유인물을 배포한 후 주문을 받는 카탈로그 영업 방식을 헝가리에 최초로 도입하여 커다란 성공을 거두었다. 아파트 1층의 영업장은 헬러 가족이 도맡아 운영했고 2층과 3층은 야코프 칸과 그의 네 딸들, 그리고 사위와 손자·손녀들의 거주 공간이었다. 지금이 건물에는 보험회사가 입주해 있는데, 정문 옆에는 "20세기의 가장 뛰어난 수학자"를 기리는 현판이 걸려 있다.

1910년경에는 부다페스트 인구의 4분의 1 이상과 의사, 법률가, 은행가의 절반 이상이 유태인이었다. 그래서 유태인에게 주도권을 빼앗긴 일부 사람들이 출처를 알 수 없는 음모론을 퍼뜨리곤 했는데, 당시 빈의 시장이자 뛰어난 선동가였던 카를 뤼거Karl Lueger는 오스트리아–헝가리제국의 수도를 '주다페스트Judapest'라 부르기도 했다. 또한 그의 인종차별적 발언에 영향을 받은 아돌프 히틀러Adolf Hitler는 젊은 시절 빈 예술학교의 입학시험에 떨어진 후 마음속 깊은 곳에 빈에 대한 적개심을 키워오다가, 1938년에 오스트리아를 독일에 강제 합병시키면서 맺힌 한을 풀었다.

19세기의 마지막 20년 사이에 대다수의 유태인들이 헝가리로 이주하여 빠르게 성장하는 부다페스트에 정착했다. 러시아와 달리 부다페스트에서는 유태인을 차별하지 않았기 때문이다. 물론 여러 세대에 걸쳐 유럽 전역에 퍼져 있던 반–유태인 정서가 완전히 없어진 것은 아니지만, 정부가 직접 나서서 유태인을 핍박하지는 않았다. 헝가리계 미국인 역사학자 존 루카스John Lukacs는 자신의 저서에 "그 시절 대부분의 귀족과 상류층 사람들은 반-유태주의를 배척했다"고 적어놓았다.[2]

그러나 이런 우호적 분위기에도 불구하고, 노이만을 포함한 오스트리아-헝가리제국의 유태인들은 좋은 시절이 언제 끝날지 모른다는 불안감에 시달리고 있었다. 국경에 거주하는 수십 개의 소수민족들은 빈 왕궁의 통치하에 하나로 통합되었고 유럽 남동부와의 무역도 비교적 자유롭게 이루어졌지만, 가끔은 종족 간 갈등이 수면 위로 떠오르곤 했다. 이 시기에 유명세를 떨쳤던 오스트리아의 작가 로베르트 무질Robert Musil은 "제국의 내부 갈등이 지나치게 폭력적이어서 국가의 생산시설이 수시로 작동을 멈췄다"고 적어놓았다. 그러나 대부분의 사람들은 불안한 마음을 애써 억누르며 평온한 일상을 유지하고 있었다.[3]

오스트리아-헝가리의 내부 정세가 불안한 것은 사실이었지만, 제국의 몰락을 초래한 원인은 내부 분열이 아니라 제1차 세계대전이었다. 1910년에 노이만의 아버지 믹사는 유럽의 심상치 않은 분위기를 감지하고 최악의 상태에 대비하기 위해 세 아들에게 특별한 교육을 실시했다. 열 살이 될 때까지 헝가리의 학교에 보내지 않고 가정교사를 고용하여 집에서 교과과정과 외국어를 가르치기로 한 것이다. 물론 비용이 많이 들어가는 계획이었지만, 부유층에 속했던 믹사에게는 그다지 큰 부담이 되지 않았다. 믹사는 자신의 세 아들이 어디서 공부를 하건, 아버지의 뜻을 이해해주리라 생각했다.

그리하여 당시 여섯 살이었던 얀시(노이만)는 미혼의 그로장Grosjean 이라는 가정교사에게 프랑스어를, 풀리아 부인Signora Puglia에게 이탈리아어를 배웠으며, 1914년부터 1918년 사이 세 형제 모두 톰슨Thompson과 블라이드Blythe에게 영어를 배웠다. 이들은 전쟁 초기에 적군에게 잡혀 빈에 억류되었지만, 부친 믹사가 영향력을 발휘하여 어렵지 않게 억류지를 부다페스트로 옮길 수 있었다.[4] 평소 외국어를 중요하게 생각했던 믹사는 세 아들에게 고대 그리스어와 라틴어까지 가르쳤다고 한다. 삼형제 중 막내인 미클로스는 훗날 과거를 회상하며 "아버지는 물질보다 마음으로 사는 삶을 중요하게 여기던 분"이라고 했다.[5]

난처한 질문을 쏟아낸 꼬마 신동

노이만은 어린 시절부터 '인간 계산기'로 정평이 나 있었다.[6] 들리는 소문에 의하면 이미 여섯 살 때부터 여덟 자리 숫자(1000만 단위 숫자)의 곱셈을 능숙하게 해냈다고 한다.[7] 가정교사를 대경실색하게 만들었던 이 능력은 그의 외할아버지 야코프 칸에게 물려받았을 가능성이 높다. 그는 초등학교밖에 나오지 못했는데도 얼굴을 전혀 찌푸리지 않은 채 100만 단위 숫자의 덧셈과 곱셈을 척척 해내던 사람이었다. 훗날 노이만은 외할아버지의 총기 어린 두 눈을 회상하면서 "나는 절대로 그분의 능력을 따라갈 수 없었다"고 했다.

노이만이 모든 면에서 뛰어난 것은 아니었다. 특히 악기 연주는 아무리 연습을 해도 별 진전이 없었다. 그의 가족은 노이만이 다섯 살 때 다른 악기를 모두 제쳐두고 오직 첼로만 연주한다는 사실을 간파하고, 보면대에 악보 대신 연주법 교본을 올려놓았다고 한다. 또 수학적 능력이 요구되는 체스 게임에도 그는 중급 이상의 실력을 보이지 못했다.[8] 훗날 '게임에서 반드시 이기는 방법'을 개발한 그였지만, 10대 시절에는 체스 게임에서 아버지를 거의 한 번도 이기지 못했다.

노이만은 운동에도 별 관심이 없었다. 그가 하는 유일한 운동이란 장거리 산책(그것도 정장을 빼입은 채)뿐이었으며, 평생 격렬한 운동을 하지 않았다. 그의 두 번째 아내인 클라라Klára가 스키를 타자고 권했을 때, 노이만은 잠시의 망설임도 없이 이혼을 권했다고 한다. 훗날 그녀는 다음과 같이 회상했다. "그이는 몸을 격렬하게 움직이는 것을 아주 싫어했어요. '결혼을 하면 상대가 누구이건 무조건 부부가 가파른 산에 올라서 나무 조각 2개를 타고 미끄러져 내려와야 한다'는 규칙이 있었다면, 그이는 결혼을 하지 않고 따뜻한 욕조를 들락거리면서 평생 혼자 살았을 거예요."[9]

집에서 이루어진 가정교육은 어린 신동의 지적 감수성을 자극하는 데 부족함이 없었다. 법률가에서 은행 투자가로 변신한 믹사(노이만의 아버지)는 삼형제가 어릴 때 어느 부동산 재벌로부터 도서관을 통째로 사들였다. 또 주거용 아파트에는 바닥에서 천장까지 책으로 빼곡하게 차 있었는데, 어린 노이만은 이곳에서 독일의 역사학자 빌헬름 옹켄Wilhelm Oncken이 집필한 『일반 세계사Allgemeine Geschichte』 전집을 독파했다(이 책은 고대 이집트에서 시작하여 독일제국의 황제인 빌헬름

1세의 전기로 끝난다. 그는 스스로 카이저Kaiser를 자처한 최초의 황제였다). 훗날 노이만이 미국으로 이주한 후 정치적 구설수에 휘말렸을 때, 그는 어린 시절에 읽었던 옹켄의 책에서 그럴듯하면서도 애매모호한 구절을 인용하면서 민감한 문제를 피해가곤 했다.

노이만 형제의 가정교육은 아침에 시작되어 저녁까지 계속되었으며, 매일 새로운 주제를 선택하여 자신의 의견을 발표하는 식으로 진행되었다. 하루는 막냇동생 미클로스가 하인리히 하이네Heinrich Heine의 시를 읽고 '반-유태주의가 인류의 미래에 미치는 영향'에 대하여 발표한 적이 있는데(하이네는 유태인 가정에서 태어났지만 '유럽 문화권의 일원이 되기 위해' 기독교로 개종한 사람이다), 이때 나눴던 솔직

얀시(어린 노이만. 오른쪽 끝 세일러복을 입은 소년)가 일곱 살 때 찍은 가족사진.

한 토론 덕분에 어린 노이만은 국가사회주의가 얼마나 위험한 발상인지 절실하게 깨달았다고 한다.

어느 날, 어린 노이만은 저녁 식사 시간에 과학을 주제로 열띤 토론을 벌이다가 문득 이런 생각을 떠올렸다. '세계 각국의 어린이들은 자신의 모국어를 배우는 데 걸리는 시간이 거의 동일하다. 그렇다면 두뇌가 인지하는 제1언어는 무엇인가? 두뇌는 어떤 방식으로 자기 자신과 소통하는가?' 이것은 그가 죽는 날까지 파고들게 될 중요한 문제였다. 또 그는 내이內耳에 있는 나선형 달팽이관이 가청 주파수에만 반응하는지, 아니면 모든 주파수에 반응하는지를 놓고 한동안 깊은 생각에 빠지기도 했다.[10]

믹사는 아침에 출근했다가 점심시간이 되면 집에 와서 식사를 했는데, 그때마다 자신이 구상 중인 투자 계획을 세 아들에게 자세히 설명하며 자문을 구하곤 했다. 신문 사업에 투자했을 때에는 인쇄용 활자 샘플을 집으로 가져와 탁자 위에 펼쳐놓고 인쇄 과정에 대해 열띤 토론을 벌였다고 한다. 또한 믹사는 자동 직조기 수입 업체인 헝가리 자카드 직물공장Hungaria Jacquard Textile Weaving Factory에 투자하여 큰돈을 벌어들였다.[11] 이 공장에서는 19세기에 프랑스의 조지프 마리 샤를Jeseph Marie Charles(세간에는 자카드Jacquard라는 이름으로 알려져 있음)이 발명한 직조기를 사용했는데, 펀치카드punch card[구멍을 뚫어서 문자와 숫자, 또는 기호를 입력할 때 사용하는 종이 카드. 천공카드라고도 한다. 입력 장치(키보드)가 개발되기 전에는 모든 프로그램이 펀치카드를 통해 입력되었다－옮긴이]로 프로그램을 작성하여 기계에 투입하면 직물에 새겨 넣을 무늬를 바꿀 수 있었다. 막냇동생 미클로스는 훗날 이 일을 회상하며 말했다. "제 형(노이만)이 훗날 컴퓨터를 설계하면서 왜 그토록 펀치카드에 집착했는지, 이제 이해가 되실 겁니다."[12]

가족의 식사 시간에 초대된 외부인들도 신동 노이만의 학문적 능력을 함양하는 데 많은 공헌을 했다. 유럽 전역에서 온 사업가들은 식탁 맞은편에 앉아 난처한 질문을 퍼붓는 꼬마 때문에 식은땀을 흘리기 일쑤였다. 지그문트 프로이트Sigmund Freud의 가까운 동료였던 정신분석가 산도르 페렌치Sandor Ferenczi는 믹사에게 초대되었을 때마다 어린 노이만과 진지한 대화를 나누었는데, 이 대화는 훗날 노이만이 두뇌와 컴퓨터의 유사성을 연구할 때 많은 도움이 되었을 것이다. 괴팅겐 대학교의 물리학자이자 세계 최고의 수학 연구소를 이끌던 루돌프 오르트베이Rudolf Ortvay는 어린 노이만과 친분을 쌓은 후 평생 가까운 친구로 지냈고, 부다페스트 대학교의 수학과 교수인 리포트 페예르Lipót(Leopold) Fejér는 노이만의 가정교사가 되어 고등수학을 가르쳤다.

1910년에 믹사는 헝가리 정부의 경제고문으로 부임했고, 그 후로 노이만의 집안은 부다페스트의 최상위 계층으로 급부상하게 된다. 그로부터 3년 후, 43세의 믹사는 국가 재정 관리에 헌신한 공로를 인정받아 오스트리아 황제 프랑크 요제프 1세로부터 세습 가능한 귀족 칭호를 하사받았다. 이때 믹사는 가족의 생활 근거지인 도시(당시에는 헝가리였지만 지금은 루마니아의 영토에 속해 있음)에 착안하여 '마르기타Margitta'라는 칭호를 선택했는데, 사실 이 도시와 믹사의 인연이라곤 성당에 모셔진 수호성자의 이름이 부인의 이름과 같은 마기트Magit라는 사실뿐이었다. 그리하여 노이만의 이름은 마르기타이 노이만margittai Neumann('마르기타의 노이만'이라는 뜻)으로 바뀌었고, 믹사는 세 송이의 마거리트(데이지 꽃의 일종)를 가문의 문장으로 삼았다. 1900년부터 1914년 사이에 200가구 이상의 부유한 유태인 가족이 유럽 문화권에 융화되기 위해 독일식 또는 헝가리식으로 이름을 바꾸거나 유대교를 버리고 기독교로 개종했다. 평소 자존심이 강했던 믹사는 이런 분위기에 별로 신경을 쓰지 않았는지, 둘 중 어느 것도 실행에 옮기지 않았다. 나이가 들어가면서 귀족적 생활에 익숙해진 노이만은 스위스에서 공부할 때 독일식 이름인 '요한 노이만 폰 마르기타Johan Neumann von Margitta'를 사용했고, 독일에서는 지명(토지에 붙여진 명칭)을 뺀 '폰 노이만von Neumann'으로 불렸다.[13] 1928년에 아버지 믹사가 세상을 떠난 후, 노이만을 포함한 삼형제는 하이네처럼 유럽 문화권에 적응하기 위해 가톨릭으로 개종했다.

'헝가리 현상'을 낳은 김나지움에 입학하다

노이만 일가가 유럽 귀족층에 합류한 바로 그해부터 노이만은 드디어 학교에 다니기 시작했다. 대학교에 진학할 학생들의 교육기관인 김나지움에 입학한 것이다. 훗날 맨해튼 프로젝트에 차출된 헝가리 출신 과학자의 대부분은 부다페스트에 있는 '3대 명문 김나지움' 중 한 곳 출신이었다.

그중에서 제일 유명한 곳은 1872년에 모르 폰 카르만Mór von Kármán (헝가리의 교육 전문가이자 믹사처럼 귀족 호칭을 얻은 유태인)이 설립한 민

수학 문제 풀이에 몰두하고 있는 열한 살의 노이만.
옆에 있는 소녀는 사촌 동생인 카탈린 알수티Katalin Alcsuti이다.

타Minta 김나지움이었다. 이곳은 독일에서 도입한 교육 과정을 충실하게 따르는 학교로, 학생들에게 엄격한 규율을 적용했고, 기계적 암기보다는 문제 해결 능력을 함양하는 데 주안점을 두었다. 이 학교에 다녔던 카르만의 아들 테오도르Theodore는 학창 시절을 다음과 같이 회상했다. "신입생들에게는 학교의 규율을 배울 시간도 없고 가르쳐주는 사람도 없었기에, 시행착오를 거치면서 스스로 터득하는 수밖에 없었다. 내가 민타 김나지움에서 가장 확실하게 배운 것은 특별한 사례들로부터 일반적 결론을 이끌어내는 '귀납적 추론'이었다. 그리고 이 논법은 향후 나의 삶을 요약하는 키워드가 되었다."[14] 테오도르는 학교를 졸업한 후 20세기 최고의 항공공학자가 되었는데, 처음에는 독일 공군을 위해 비행기를 설계하다가 나중에는 미국으로 이주하여 미국 공군의 비행기 설계팀에 합류했다. 제2차 세계대전이 끝나기 전에 두 국가의 군용기를 모두 설계해본 사람은 아마도 테오도르가 유일할 것이다.

민타 김나지움의 교육 방식은 매우 성공적이어서, 두 번째로 유명한 루터교 재단의 파로시Farosi 김나지움에서도 이 방식을 그대로 채용했다. 이 학교는 종교에 상관없이 모든 학생을 받아들였지만(여자는 예외였다. 당시 소녀들은 교육받을 기회가 거의 없었다), 부다페스트에서 전문 기술을 가르치는 교사의 대부분이 유태인이었기 때문에 파로시 김나지움의 학생들도 대부분 유태인 집안의 아이들이었다.

세 번째로 유명한 학교는 레알스콜라reáliskola였는데, 그리스어나 라틴어 대신 실용적 기술을 가르치는 기술학교에 가까웠다. 헝가리의 역사학자 티보르 프랑크Tibor Frank는 레알스콜라를 "김나지움에 결코 뒤지지 않는 교육기관으로 젠틀맨보다는 기술자를 양성하는 쪽으로 특화된 학교"로 평가했으며, 실제로 수학과 과학 분야에서 뛰어난 인재를 다수 배출했다.[15] 이 학교 출신인 레오 실라르트Leo Szilard는 원자로와 핵폭탄의 에너지원인 연쇄반응chain reaction을 최초로 발견했고, 또 다른 졸업생인 데니스 가보르Dennis Gabor는 3차원 입체영상 촬영 기법, 즉 홀로그램hologram을 발명하여 1971년에 노벨 물리학상을 받았다. 부다페스트 6번가에 위치한 레알스콜라는 민타 김나지움이나 파로시 김나지움과 거의 동일한 수준의 명문 학교로 인정받았다고 한다. 이들 중 믹사가 선택한 곳은 루터교 재단의 파로시 김나지움이었다. 민타 김나지움은 교육 방식이 너무 현대적이어서 신뢰가 가지 않고, 레알스콜라는 그가 중요하게 생각했던 고전 교육이 부실하다고 느꼈기 때문이다.

일부 사람들은 1880년부터 1920년 사이에 유독 헝가리에서 많은 천재가 배출된 것이 이 세 학교의 탁월한 교육 시스템 덕분일 것으로 생각하고 있다. 물론 모든 동문들이 여기에 동의하는 것은 아니다. 부다페스트 6번가의 레알스콜라 출신인 실라르트는 수학 시간이 "견디기 어려울 정도로 지루했다"고 회상했고, 한 인터뷰 자리에서는 질문자가 레알스콜라의 교사진에 대해 묻자 "완전 멍청이들"이라며 불쾌한 심정을 드러내기도 했다.[16] 로스앨러모스의 화성인 중 한 사람인 에드워드 텔러Edward Teller는 자신의 회고록에 다음과 같이 적어놓았다. "나는 민타 김나지움의 설립자인 카르만이 세상을 떠나고 거의 20년이 지난 1917년에 그 학교에 입학했는데, 수학 교육은 나를 몇 년 전 수준으로 퇴보시켰고 다른 수업도 따분하기 짝이 없었다. 새로운 아이디어를 추구하는 것은 민타의 교육 이념이 전혀 아니었다."[17]

특정 기간에 과학 천재가 무더기로 쏟아져나온 '헝가리 현상'이 당시 헝가리 사회에 만연했던 2개의 사조, 즉 '자유주의와 봉건주의'의 산물이라고 주장하는 사람도 있다. 오스트리아－헝가리제국의 유태인들은 주변에 있는 다른 유럽 국가의 유태인보다 자유로웠기 때문에 두각을 나타내기가 비교적 쉬웠지만, 권력의 핵심부라 할 수 있는 공무원과 군대는 헝가리의 귀족들이 거의 독점한 상태였다. 대체로 가난하면서도 상류층 의식이 유난히 강했던 전통 귀족들(흔히 '샌들을 신은 귀족sandaled nobility'이라 불렸다)은 나날이 번성하면서 귀족사회까지 넘보는 비-헝가리계 유태인들을 몹시 경계하고 있었기에, 외국에서 이주해온 유태인을 자신보다 지위가 낮은 금융계나 의료계에 종사하도록 유도했다. 그리고 유태인들이 다른 생각을 품지 못하도록 간간이 (믹사에게 했던 것처럼) 귀족 칭호를 하사하면서 충성심을 약속받았던 것이다. 이를 증명이라도 하듯이 로스앨러모스의 화성인들은 예외 없이 유태인이었고, 그중 두 명은 귀족 칭호를 하사받은 유태계-헝가리 가문 출신이었다.

노이만은 자신과 비슷한 세대에서 두드러지게 나타난 헝가리 현상을 다음과 같이 평가했다. "그것은 일부 사회적 요인들이 동시에 작용한 우연의 산물이었다. 무언가 특별한 업적을 남기지 않으면 도태될 수도 있다는 불안감이 개인의 성취 동기를 극대화시켰다고 생각한다."[18] 다시 말해서 유태인에게 관대했던 헝가리의 분위기가 하룻밤 사이에 바뀔 수도 있었기에, 오직 살아남기 위해 초인적인 능력을 발휘했다는 것이다. 게다가 20세기 초에 유태인 학자가 사회의 민감한 부분을 자극하지 않으면서 헝가리 최고의 자리에 오를 수 있는 분야는 수학과 물리학뿐이었고, 이 분야에서 성공하면 출신 성분에 상관없이 공정한 대접을 받을 수 있다는 기대감도 한몫했다.[19] 예를 들어 일반상대성이론general relativity theory의 진위 여부는 제안자가 유태인이건 기독교인이건 상관없이 오직 실험을 통해 검증될 뿐이다(아인슈타인은 유태인이었다-옮긴이).

헝가리 사회와 학교에서 어떤 영향을 받았건, 노이만에게는 모든 조건이 유별난 수학적 능력을 함양하기에 알맞은 조건으로 세팅되었던 것 같다. 1914년에 루터교 재단의 파로시 김나지움에서 학교

생활을 시작한 후로, 그는 비범한 능력을 서서히 드러내기 시작했다. 당시 수학계에서는 수학이라는 학문의 기초를 송두리째 뒤흔드는 심각한 역설이 발견된 상태였다. 수학자들은 수백 년 전에 증명된 정리까지 도마 위에 올려놓고 새로운 기준에 기초한 증명을 들이대며 "이 검증 과정을 통과하지 못한 정리는 폐기되어야 한다"고 주장할 정도였다. 진리라는 개념 자체가 총체적 위기에 처한 상황에서, 열일곱 살의 천재 노이만이 실력을 발휘할 때가 온 것이다.

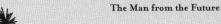

The Man from the Future

2장

무한대를 넘어서

수학을 위기에서 구한 10대 소년

"수학은 자연현상을 정확하게 이해하는 데
반드시 필요한 도구이다."
— 다비트 힐베르트David Hilbert, 1900

노이만은 학교에 입학하자마자 곧바로 두각을 나타내기 시작했다. 제일 먼저 노이만에게 관심을 가진 사람은 전설적인 수학 교사인 라슬로 라츠László Rátz였는데, 부다페스트에 그의 이름을 딴 거리가 있을 정도로 존경받는 인물이었다. 노이만을 몇 번 대면한 후 자신을 능가할 천재임을 간파한 라츠는 부친 믹사를 만난 자리에서 부다페스트 대학교에 노이만을 위한 특별 교과과정을 개설하여 자신이 직접 강의하겠다고 제안했다. "아, 물론 파로시 김나지움에서 제공하는 고전 교육에도 댁의 아드님이 누락되지 않도록 각별히 신경 쓸 겁니다. 고전 수학은 노이만에게 별 도움이 안 되겠지만 그 수업도 아버님께서 원하신다면 계속 듣도록 조치하겠습니다." 아들의 수학적 재능을 익히 알고 있었던 믹사는 라츠의 제안을 흔쾌히 승낙했고, 라츠는 추가 비용을 한 푼도 받지 않은 채 특별 강의를 진행했다. 노이만 같은 천재를 가르치는 것만으로도 충분히 가치 있는 일이라고 생각했기 때문이다.

노이만을 가르친다는 역사적 과업

젊은 노이만은 라츠뿐만 아니라 자신을 가르치는 교사들에게 깊은 인상을 남겼다. 그의 첫 번째 멘토이자 훗날 스탠퍼드 대학교의 수학과를 이끌었던 가보르 세고Gabor Szegö[1]는 노이만을 처음 만난 자리에서 너무 흥분하여 감동의 눈물까지 흘렸다고 한다. 그러나 노이만에게 가장 큰 영향을 미친 사람은 세고를 비롯하여 여러 나라에서 수많은 스타를 배출한 리포트 페예르Lipót Féjér였다. 헝가리의 수학자 조르지 포여George Polyá는 페예르에 대하여 다음과 같이 말했다. "제아무리 똑똑한 학생도 강의 시간에 페예르가 부리는 마술에서 벗어날 수 없었습니다. 학생들은 강의가 끝난 후에도 페예르의 말투와 몸짓을 흉내 내곤 했지요. 이 정도면 아이들의 정신세계를 지배한 거나 마찬가지입니다."[2] 학생들을 향한 페예르의 관심은 교사로서의 의무를 한참 뛰어넘는 수준이었다. 몇 년 후 그는 가보르 세고에게 이런 편지를 보냈다. "노이만은 요즘 어떻게 지내고 있나? 그 친구가 베를린에서 어떤 영향을 받았는지 궁금하군."[3] 당시 세고는 베를린 대학교에서 강의 중이었고, 노이만은 학부 과정에서 화학 공부를 하느라 여념이 없었다(또한 그는 세계적 수준의 베를린 대학교 수학과 강의를 들으며 필요한 지식을 스펀지처럼 빨아들이고 있었다).

페예르와 한때 그의 제자였던 미하엘 페케테Michael Fekete는 10대 소년 노이만을 가르치는 역사적 과업을 떠맡았다(물론 당시에는 똑똑한 학생 하나를 가르치는 일 정도로 생각했을 것이다). 노이만에게 수학을 가르쳤던 세 교사(세고, 페예르, 페케테)의 공통 관심사는 직교 다항식

orthogonal polynomials이었기에, 이것은 자연스럽게 노이만이 발표한 첫 번째 논문의 주제가 되었다. 직교 다항식이란 서로 더해서 임의의 함수를 만들어낼 수 있는 독립적 함수의 집합을 의미한다. 예를 들어 바다 위에서 일어나는 대형 선박의 요동은 여러 개의 직교함수 orthogonal function로 분해할 수 있으며(이 과정을 조화분석harmonic analysis이라 한다), 이것을 컴퓨터에 입력하면 다양한 상황에서 선박의 운동을 시뮬레이션할 수 있다. 직교함수는 현실 세계의 복잡다단한 데이터를 단순하게 만들어주기 때문에, 물리학이나 공학 분야에서 자주 사용된다.

직교함수의 가장 중요한 특성은 '함수의 값이 0이 되는 지점'에 담겨 있다. 다시 말해서, 함수를 직교좌표에 그래프로 그렸을 때 x축과 만나는 점이다. 수학자들은 이 지점(정확하게는 이 지점의 x값)을 '해당 함수의 제로zeros'라고 부른다. 노이만은 페케테와 공동으로 작성한 논문[4]에서 러시아의 수학자 파프누티 체비셰프Pafnuty Chebyshev가 증기기관 피스톤의 왕복운동을 바퀴의 원운동으로 바꿀 때 효율을 극대화시키기 위해 개발한 체비셰프 다항식Chebyshev polynomials[5]의 제로를 집중적으로 분석했다.

이것은 노이만이 열일곱 살의 나이로 학계에 정식 입문했음을 알리는 첫 번째 논문이었다. 수학자들이 논문을 여러 편 쓰다 보면 소설가처럼 자신만의 스타일을 갖게 되는데, 노이만의 스타일은 첫 논문부터 확실하게 정해져 있었다. 미국의 수학자이자 물리학자인 프리먼 다이슨은 노이만을 다음과 같이 평가했다. "그는 이 세상 모든 문제를 수학적 논리 문제로 변환하는 탁월한 능력을 갖고 있습니다.

모든 수학자들이 선망하는 능력을 처음부터 타고난 거지요." 그의
이야기를 좀 더 들어보자.

　　노이만은 문제의 논리적 핵심을 직관적으로 간파한 후 간단한 논리
법칙으로 해결하곤 했다. 그의 첫 번째 논문이 대표적 사례이다. 복소
수로 이루어진 복소함수의 제로를 찾는 문제는 기하학에 가까운데, 이
런 것도 그의 사고를 거치면 순수한 논리 문제로 변환된다. 복잡한 기
하학이 어느새 사라지고, 짧고 명쾌한 증명만 남는 것이다.[6]

　　그 후로 죽는 날까지 노이만은 자신의 첫 논문을 단 한 번도 언급
하지 않았다. 그러나 천재 소년으로부터 영감을 얻은 페테케는 바로
이 주제를 연구하는 데 자신의 여생을 바쳤다.

'붉은 공포'를 피해

이 무렵 제1차 세계대전이 끝나면서 헝가리는 패전국이 되었지만,
부다페스트의 박치불러바드는 전선에서 멀리 떨어져 있었기에 이
곳에 살던 부유한 주민들은 이전과 비슷한 삶을 누릴 수 있었다. 그
러나 이들의 삶은 헝가리가 1919년에 (러시아의 뒤를 이어) 유럽 최초
로 공산주의 혁명을 겪으면서 커다란 변화를 맞게 된다. 혁명의 주
도자는 제1차 세계대전 때 오스트리아군으로 참전하여 러시아군
에게 포로로 잡혔다가 공산주의로 전향한 헝가리계 유태인 벨라 쿤

Béla Kun이었다. 그의 공식 직함은 새로 수립된 공산당 정권의 외무부 장관이었지만, 사실상 권력의 일인자였다. 그는 당시 소련의 지도자인 블라디미르 레닌Vladimir I. Lenin에게 "혁명정부에서 나의 역할은 프롤레타리아(빈민층)의 뜻을 하나로 모으는 것입니다. 많은 사람들이 저를 지지하고 있습니다"라고 장담했다.[7]

세상이 바뀐 후 '레닌소년단Lenin-fiúk'으로 불리던 공산당 집행자들은 가죽 제복을 입고 부다페스트 거리를 휘젓고 다니면서 공무원과 부자들을 괴롭혔고, 노이만의 가족은 재빨리 짐을 싸서 아드리아 해에 있는 별장으로 떠날 준비를 했다. 주택 압수를 알리는 통지서가 믹사에게 배달되었기 때문이다. 당시 일곱 살이었던 막내 미클로스는 훗날 이 일을 회상하며 말했다. "모든 사람들에게 평등한 주거환경을 만들어준다더니, 어느 날 인부들이 몰려와서 큰 아파트를 사정없이 때려 부쉈다. 그때 아버지가 피아노 위에 영국 지폐가 들어 있는 돈 가방을 슬며시 올려놓았는데, 얼마나 넣었는지는 나도 모르겠다." 난폭하기 그지없는 집행자들도 뇌물에는 약했던 모양이다. 팔뚝에 붉은 완장을 두른 공산당원이 믹사의 아파트에 들어와 돈 가방을 가져갔고, 그 덕분에 믹사의 가족은 집을 지킬 수 있었다.[8]

헝가리의 정권을 장악한 쿤은 제1차 세계대전 이전의 국경을 바로잡겠다며 이웃 국가인 루마니아와 전쟁을 벌였다. 그러나 이 전쟁은 루마니아 군대가 부다페스트를 점령하면서 헝가리의 패배로 끝났고, 이와 함께 쿤의 '헝가리-소비에트 공화국'도 133일 만에 막을 내리게 된다. 그 후 쿤은 러시아로 도피하여 망명 생활을 하다가 트로츠키주의자Trotskyist(레닌과 스탈린의 사회주의에 대항했던 또 다른 형태

노이만의 가족이 1915년에 육군 포병대를 방문했을 때 찍은 사진.
사진 제일 위 포신에 걸터앉은 소년이 노이만이다.
그 아래로 포차에 앉아 있는 세 명의 어린이는 순서대로 둘째 미할리,
사촌 동생 릴리, 그리고 막냇동생 미클로스이다.

의 사회주의자 레온 트로츠키Leon Trotsky의 사상을 따르는 사람-옮긴이)로 몰
려서 1937년에 처형당했다. 쿤이 다스렸던 혼돈의 133일은 어린 노
이만에게 평생 지울 수 없는 상처를 남겼다. 그는 미국 원자력위원회
위원으로 위촉된 후 1955년 청문회에 출두했을 때 단호한 어조로 말
했다. "저는 평생 동안 마르크스주의를 극렬하게 반대해왔습니다.

특히 1919년 헝가리에서 3개월 동안 겪었던 일을 생각하면 지금도 치가 떨립니다."[9]

반혁명군을 조직하여 쿤에게 대항했던 사람은 헝가리의 전쟁영웅 미클로시 호르티Miklós Horthy 장군이었다. 믹사는 가족의 앞날을 생각하며 이런저런 궁리를 하던 끝에 호르티의 후원자를 만나기 위해 부다페스트를 떠나 급히 빈으로 달려갔다. 쿤의 공산 정권이 무너진 후 호르티의 군대는 헝가리 전역을 누비며 쿤의 집권 시절 공산당에게 협조했던 사람들을 색출하여 잔혹한 복수를 가했는데, 특히 유태인 중에는 쿤의 정부에서 요직을 맡았던 사람이 많았기 때문에 안전을 보장하기가 어려웠다. '붉은 공포Red Terror'로 알려진 이 기간 동안 과거 레닌소년단으로 활동했던 사람과 그의 가족들이 500명 이상 처형되었으며, 그 뒤에 이어진 '백색 공포White Terror' 기간에는 호르티의 휘하 장교들이 거의 5,000명에 가까운 사람들을 학살했다. 강간과 고문, 공개처형이 사방에서 자행되었고, 경고의 의미로 절단된 사체를 거리에 전시하는 일도 다반사였다. 그러나 호르티는 이 잔인무도한 학살극에서 가장 높은 악명을 떨쳤던 부하 장교 한 사람을 불러 점잖게 타일렀을 뿐, 적극적으로 말리지는 않았다. 여기서 잠시 믹사의 이야기를 들어보자.

전국 곳곳에 유태인의 시체가 널려 있었다. … 호르티는 이것 때문에 외국 언론이 우리를 비난할까 봐 걱정하는 눈치였다. 나는 그에게 "이대로 가다간 자유 진영의 언론이 우리에게 등을 돌릴 것이며 유태인 한 사람을 죽이건, 모든 유태인을 학살하건 결과는 마찬가지일 것"이라고

경고했지만 별 소용이 없었다.[10]

호르티의 군대는 노이만 가족을 살려주었고, 노이만이 다니던 파로시 김나지움도 이 난리 통에서 기적적으로 명맥을 유지할 수 있었다. 노이만은 이 학교에서 1년 선배인 유진 위그너와 1년 후배이자 훗날 예일 대학교의 저명한 경제학 교수가 된 윌리엄 펠너William Fellner를 알게 되었는데, 이들은 죽는 날까지 가까운 친구로 지냈다. 위그너와 펠너는 학창 시절의 노이만을 회상하면서 "인기는 없었지만 특별히 미움도 받지 않았던, 그러나 자신이 얼마나 똑똑한지 너무나 잘 알고 있었던 소년"이라고 했다. 여느 천재와 달리 다른 사람의 마음을 세심하게 헤아릴 줄 알았던 노이만은 결코 나대는 성격이 아니었지만, 타고난 천재성을 숨길 수는 없었다. 위그너는 "노이만과 대화를 나눌 때마다 그는 완전히 깨어 있고 나는 반쯤 잠든 기분이었다"고 했다.[11] 노이만은 인간을 연구하는 인류학자처럼 '관찰하는 눈으로' 동급생들을 바라보았다고 한다.

새로운 기하학의 시대

1920년대 초, 유럽의 미술과 문학에는 모더니즘modernism이라는 혁명의 바람이 불어닥쳤다. 노이만이 김나지움에서 졸업시험을 준비하던 1921년에 현실주의의 한계에 직면한 네덜란드의 화가 피에트 몬드리안Piet Mondrian은 빨간색과 파란색, 그리고 노란색 사각형으로 이루어진 자신의 첫 번째 격자형 추상화 〈타블로 1Tableau 1〉을 완성했고(이 작품 시리즈는 '빨강, 노랑, 파랑의 컴포지션'으로 알려져 있다-옮긴이) 프랑스의 시인이자 비평가인 기욤 아폴리네르Guillaume Apollinaire는 급진적 변화의 배경을 다음과 같이 요약했다. "현실과의 유사성은 더 이상 중요하지 않다. 예술가는 '겉으로 드러나지 않는 고차원적 특성'을 추구하기 때문이다."[12]

노이만의 학창 시절, 사물의 겉모습을 넘어 그 이상을 들여다보려는 예술적 사조는 수학계에도 일진광풍을 몰고 왔다. 급진적인 수학자들이 수천 년 동안 진리로 여겨왔던 일련의 가정을 재검토하기 시작했는데, 놀랍게도 그들 중 상당수가 불완전하다고 판명된 것이다. 수학 전체에 불어닥친 이 근본적 위기는 사소한 의견 차이가 아니라 수학의 존폐 여부를 좌우하는 심각한 문제였고, 그 후로 수학의 목적과 위상은 완전히 다른 모습으로 탈바꿈하게 된다. 오랜 세월 신성한 진리의 샘으로 여겨졌던 수학은 결국 불완전한 인간적 사고의 산물이었으며, 이 한계를 극복할 방법은 어디에도 없었다.

노이만은 10대 시절에 수학의 대변혁을 겪은 후 뛰어난 논문을 연달아 발표하면서 순식간에 '최고의 천재'라는 명성을 얻었다. 훗날 그가 순수수학을 떠나 현실적인 문제에 관심을 갖게 되었을 때에도 수학을 위기에서 건진 그의 창의적 사고는 여전히 가공할 위력을 발휘하여, 결국 컴퓨터라는 역사적 결과물을 낳게 된다. 20세기 컴퓨터 시대를 상징하는 애플과 IBM, 그리고 마이크로소프트는 수학의 한계를 놓고 벌어진 치열한 논쟁의 산물이었던 셈이다.

수학계에 드리운 공포의 진원지는 2,300년 전에 유클리드Euclid가

집필한 『원론Elements』이었다. 수천 년 동안 기하학의 교과서로 군림해왔던 이 책에서 오류가 발견된 것이다. 유클리드의 기하학은 '너무나 자명하여 굳이 증명할 필요가 없는' 5개의 공리axiom(또는 가정)에서 출발한다. 공리를 기초 삼아 일련의 후속 논리를 펼치면서 다양한 정리를 증명해나가는 식이다. 물론 여기에는 "직각삼각형에서 직각을 낀 두 변의 길이의 제곱을 더한 값은 제일 긴 변(빗변)의 길이를 제곱한 값과 같다"는 피타고라스의 정리도 포함된다. 그 후로 공리에 기초한 증명axiomatic method은 수학의 초석이 되었고 수성, 금성, 화성과 같은 행성들은 3차원 유클리드 공간에서 회전하는 물체로 간주되었으며, 19세기 초에 와서는 '진리를 담은 유일한 기하 체계'로까지 격상되었다. 역사학자 제러미 그레이Jeremy Gray의 저서 『플라톤의 유령Plato's Ghost』에는 다음과 같은 글이 등장한다. "유클리드 기하학은 이 세계의 가장 확실한 진리가 담긴 보고寶庫이자 뉴턴의 물리학이 펼쳐지는 공간이며, 학교에서 가르치는 유일한 기하학이다. 이것이 없었다면 그 외에 어떤 지식을 습득할 수 있었을까?"[13]

이토록 군건한 진리의 요새에 최초로 도전장을 던진 사람은 1830년대에 활동했던 헝가리 출신의 또 다른 천재 야노시 보여이János Bolyai와 러시아의 수학자 니콜라이 로바체프스키Nicolai Lobachevsky였다. 이들은 각자 독립적으로 유클리드가 제시했던 5개의 공리를 파고들다가, 제일 마지막에 등장하는 '평행선 공리'가 틀렸다는 결론에 도달했다. 사실 이 공리는 앞에 등장하는 4개의 공리와 이질감이 느껴질 정도로 유별나긴 하다. 예를 들어 두 번째 공리는 "모든 직선은 무한히 길게 확장될 수 있다"는 가정인데, 제아무리 까다로운 사람도 여기에 딴지를 걸기는 쉽지 않다. 1, 3, 4번 공리도 마찬가지다. 그러나 다섯 번째 공리는 분위기가 사뭇 다르다.

제5공리: 주어진 직선과 교차하는 임의의 직선 2개를 그었을 때, 두 내각(a와 b)의 합이 직각의 두 배(180도)보다 작으면 두 직선은 어디선가 반드시 교차한다. 그러나 a와 b의 합이 180도와 같거나 더 크면 두 직선은 아무리 연장해도 만나지 않는다. 즉, 두 직선은 서로 평행하거나 간격이 점차 멀어진다.

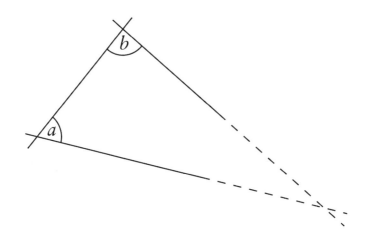

유클리드의 평행선 공리(유클리드의 『원론』에는 9개의 일반적 공리axiom와 5개의 기하학적 공리postulate가 제시되어 있는데, 이들 중 후자를 공준公準이라 한다. 위에 제시된 공리는 기하학에 관한 것이어서, 대부분의 수학 책에는 '평행선 공리'가 아닌 '평행선 공준'으로 표기되어 있다. 그러나 이 책에서는 굳이 공리와 공준을 구별할 필요가 없기에, 모든 표기를 '공리'로 통일하기로 한다 – 옮긴이).

평소 수학과 친하지 않은 사람은 잘 모르겠지만, 수학자의 눈에 이것은 자명한 공리가 아니라 별도의 증명이 필요한 명제처럼 보인다. 그래서 『원론』이 출간된 후 거의 2,000년 동안 수많은 수학자들이 이 공리를 증명하기 위해 무진 애를 써왔지만 성공한 사람은 아무도 없었다. 보여이가 이 문제에 도전하려 할 때, 기하학자였던 그의 아버지가 지긋이 미소를 지으며 말했다. "나도 평행선의 진정한 성질을 알고 싶었지만, 그것은 나의 지적 능력을 벗어난 일이었단다. 그놈의 다섯 번째 공리가 내 인생의 아름다운 꽃들과 소중한 시간을 모두 빼앗아가버렸지. 너도 나처럼 되지 않으려면 그만두는 게 좋을 거다."[14] 그러나 그는 나중에 보여이의 논문을 읽고 생각을 바꾸게 된다.

보여이와 노바체프스키가 구축한 새로운 수학 체계는 오늘날 '쌍곡기하학hyperbolic geometry'으로 알려져 있다. 유클리드의 5개 공리가 모두 성립하는 표면은 종잇장처럼 평평한 평면인 반면, 쌍곡기하학이 성립하는 표면은 말 안장처럼 휘어진 곡면이다. 편의점에서 파는 감자칩이나 구불구불하게 주름진 목이버섯을 상상해보라. 이런 종류의 표면에는 학교에서 배운 기하학이 더 이상 적용되지 않는다. 예를 들어 감자칩에 삼각형을 그려서 세 각의 합을 구하면 180도보다 작다. 보여이는 이 사실을 간파한 후, 아버지에게 편지를 썼다. "제가 무無에서 새로운 우주를 창조했어요!"

보여이와 로바체프스키가 새로운 기하학을 구축하고 약 20년이 지난 1850년대에, 독일의 수학자 베른하르트 리만Bernhard Riemann이

목이버섯의 쌍곡면.

또 한번의 도약을 이루어냈다. 그의 박사학위 논문은 수학 역사상 가장 위대한 걸작으로 꼽힌다. 당대 최고의 수학자 카를 프리드리히 가우스Carl Friedrich Gauss는 리만의 논문을 읽고 "찬란하게 빛나는 창조성의 극치"라며 감탄을 자아냈다. 보여이와 로바체프스키가 상상했던 곡면은 공간 안에서 휘어진 형태였기에 비교적 쉽게 떠올릴 수 있지만, 리만의 곡면은 휘어지고 꼬인 정도가 하도 복잡해서 머릿속에 그리는 것이 거의 불가능하다. 유클리드의 기하학이 우리에게 친숙한 3차원 공간의 특성을 서술하듯이, 리만 기하학은 임의의 차원을 갖는 공간(초공간hyperspace)의 특성을 서술하고 있다. 그로부터 50년 후 아인슈타인이 일반상대성이론을 완성했을 때, 그는 이론에서 예견된 '휘어진 공간'을 리만 기하학으로 완벽하게 설명함으로써 새로운 기하학의 가치를 입증했다.

19세기 말에는 제5공리뿐만 아니라 유클리드가 제시했던 다른 가정과 증명에도 다양한 의문이 제기되었다. 이런 와중에 일부 수학자들은 "기존의 기하학을 새로운 기초 위에서 처음부터 다시 정립해야 한다"고 주장했는데, 이 원대한 작업을 이끈 사람은 20세기 초에 가장 큰 영향력을 발휘했던 독일의 수학자 다비트 힐베르트 David Hilbert였다. 그가 1899년에 발표한 『기하학의 기초Grundlagen der Geometrie』는 유클리드의 『원론』을 잇는 이 분야 최고의 명저로서, 수학책으로는 드물게 베스트셀러 목록에 오르기도 했다.

힐베르트의 목표는 기존의 기하학으로부터 임의의 기하학 체계에 대한 논리를 이끌어내는 것이었다. 그는 독자들의 오해를 미연에 방지하기 위해 점, 선, 평면 등 학교에서 배운 기하학 용어의 의미를 완전히 무시했다. 그의 책에서 이런 용어들은 '수학적 상호관계에 따라 엄밀하게 정의된 수학적 객체들'을 구별하는 꼬리표에 불과하다.[15] 힐베르트는 책이 출간되기 몇 년 전부터 "굳이 점, 선, 평면을 언급하지 않고서도 테이블과 의자, 그리고 맥주잔을 논할 수 있어야 한다"고 강조해왔다.[16] 극도로 추상적이긴 하지만, 이런 식으로 접근하면 새로 발견된 사실은 (힐베르트가 정성 들여 세워놓은 법칙을 만족하는 한) 임의의 객체에 대하여 똑같이 성립한다.

힐베르트가 정의한 공리는 유클리드의 공리보다 훨씬 엄밀하다. 그가 개선한 공리적 방법, 즉 '공리에 기초한 증명'은 향후 20세기에 통용될 수학의 형태를 결정했고, 기하학의 기초에 관한 그의 저서는 힐베르트라는 이름을 최고 수학자 반열에 올려놓았다. 1862년생인 그는 30대 후반의 나이에 괴팅겐 대학교의 학장이 되어 학문적 식견 못지않은 행정력을 발휘했고, 그 덕분에 괴팅겐 대학교 수학과는 1920년대까지 세계 최고 수준을 유지할 수 있었다.

전 세계 수학자의 대변인으로 떠오른 힐베르트는 모든 수학(그리고 과학)이 새로운 기하학으로 철저하게 무장해야 한다고 주장했다. 앞으로 어떤 대형 사고가 터져도 전혀 흔들리지 않는 확고한 수학 체계를 구축하려 했던 것이다. 1880년에 독일의 저명한 생리학자 에밀 뒤부아 레몽Emil du Bois-Reymond은 물질과 힘의 궁극적 특성처럼 과학으로는 결코 알아낼 수 없는 질문이 존재한다고 주장했다. '세계의 수수께끼world riddle'라 불렸던 이 문제는 다음 한 문장으로 요약된다. "우리는 결코 알 수 없으며, 앞으로도 알 수 없을 것이다 Ignoramus et irnorabimus."

그러나 1900년에 힐베르트는 지식에 한계가 없음을 천명하면서 레몽의 비관주의적 관점을 정면으로 반박했다. "모든 질문에는 명확한 답이 존재한다. 답을 알 수 없는 질문이라면 '그 질문에 답하는 것은 불가능하다'는 것이 바로 답이다." 그해에 파리에서 개최된 세계수학자대회에서 힐베르트는 20세기에 반드시 해결해야 할 수학 난제 목록 23개를 발표했다. "우리 앞에 미지ignorabimus란 존재하지 않는다. 내가 보기에는 자연과학도 마찬가지다, 그러므로 레몽의 슬로건은 수정되어야 한다. 우리는 반드시 알아야 하며, 언젠가는 기어이 알게 될 것이다Wir müssen wissen, wir werden wissen." 힐베르트의 결의에 찬 외침은 전 세계 수학자들의 심금을 울렸고, 그와 뜻을 같이한 사람들은 난공불락의 수학 체계를 구축하는 데 혼신의 노력을 기울이기로 다짐했다. 그러나 이 세기적 프로젝트는 출발하자마자 곧바로 난관에 부딪히게 된다.

수학자들은 낙원에서 쫓겨나는가?

1901년, 영국의 철학자이자 논리학자인 버트런드 러셀Bertrand Russell은 25년 전에 게오르크 칸토어Georg Cantor가 구축한 집합론set theory을 연구하던 중 지독한 역설을 발견했다. 러시아 태생의 독일인이자 독실한 개신교 신자였던 칸토어는 다양한 종류의 무한대를 발견했을 뿐만 아니라, "무한대 중에서도 다른 무한대보다 더 큰 무한대가 존재한다"는 사실을 최초로 알아낸 수학자이다. 그는 가장 큰 무한대를 그리스 알파벳 Ω(오메가)로 표기했고(여기에는 "가장 큰 무한대를 인지하고 다룰 수 있는 존재는 오직 전능한 하나님뿐"이라는 의미가 담겨 있다. 그는 자신의 수학적 통찰력이 신으로부터 온 것이라고 굳게 믿었다), 자신이 발견한 새로운 무한대를 통틀어 초한수transfinite number라 불렀다.

물론 학계에는 칸토어와 생각이 다른 사람도 있었다. 칸토어의 '무한대 놀이'를 못마땅하게 여긴 독일의 수학자 레오폴트 크로네커 Leopold Kronecker는 다음과 같이 반박했다. "오케이, 자연수를 창조한 것은 신이 맞다. 하지만 그 외의 모든 것은 인간의 창조물이다!" 크로네커는 칸토어를 '돌팔이'나 '선동꾼'으로 몰아붙였고, 칸토어가

할레 대학교에서 훨씬 유명한 베를린 대학교의 학장으로 옮기려 할 때에도 극렬하게 반대하여 결국 무산시키고 말았다(크로네커는 칸토어보다 신분이 훨씬 높은 귀족이었고, 나이도 23살이나 많았다 - 옮긴이). 칸토어는 창의력을 십분 발휘하여 초한수라는 획기적 개념을 만들어냈지만, 쏟아지는 비난을 견뎌낼 정도로 굳건한 사람은 아니었던 모양이다. 그는 크로네커의 신랄한 비난에 마음고생을 하다가 결국 우울증에 걸렸고, 그 후로 요양원을 수시로 드나드는 신세가 되었다.

러셀이 연구에 착수했을 때, 집합론은 수학자들 사이에서 매우 탁월한 이론으로 인정받고 있었다. 수학은 궁극적으로 '무한히 많은 수'를 다루는 학문이다. 예를 들어 한 수학자가 소수prime number(1과 자기 자신 외의 약수를 갖지 않는 수 - 옮긴이)와 관련된 무언가를 증명하려 한다면, 그의 목적은 소수 몇 개가 아니라 무한히 많은 소수에 대해 일괄적으로 적용되는 정리를 증명하는 것이다. 수학자들은 칸토어의 이론을 무한집합infinite set(원소의 수가 무한히 많은 집합 - 옮긴이)의 연산과 관련 정리를 증명하는 강력한 도구로 받아들였다.

그러나 러셀이 발견한 역설은 이전에 제기되었던 반론보다 훨씬 심각하게 집합론의 근간을 뒤흔들었다. 이 문제를 이해하기 위해, 모든 종류의 치즈케이크로 이루어진 집합을 상상해보자. 여기에는 사람이 만들 수 있는 온갖 종류의 치즈케이크(뉴욕식 치즈케이크, 독일식 치즈케이크, 레몬 리코타 등)가 모두 포함되어 있지만, 집합 자체는 치즈케이크가 아니다. 따라서 '모든 치즈케이크의 집합'은 그 집합(자기 자신)의 원소가 될 수 없다. 반면에 '치즈케이크가 아닌 모든 것의 집합'은 자신의 원소가 될 수 있다. '치즈케이크가 아닌 모든 것의 집합'은 여전히 치즈케이크가 아니기 때문이다.

러셀은 '자신의 원소가 아닌 집합의 집합'을 생각해보았다. 이 집합이 자신의 원소가 아니면 애초의 정의에 의해 자신의 원소가 되어야 하고, 자신의 원소이면 역시 정의에 의해 자신의 원소가 될 수 없다. 이것이 바로 러셀이 발견한 역설이다. 세간에 널리 알려진 거짓말쟁이의 역설("이 문장은 거짓이다")도 이런 종류의 역설에 속한다. 러셀은 필사적으로 해결책을 찾으면서도 사람들 앞에서는 다소 침착한 태도를 보였다. "그런 하찮은 문제에 매달리는 것은 성숙한 어른에게 걸맞지 않은 일이라고 생각했다. 어차피 해결 가능한 문제가 아니었기 때문이다."[17]

러셀은 모든 수학의 논리적 기초를 정확히 서술하기 위해 심혈을 기울이다가 자신이 발견한 역설 때문에 발이 묶이고 말았다. 그 후 몇 년 동안 필사적으로 해결책을 찾았지만 아무런 성과도 거두지 못했다.

"나는 매일 아침 책상 위에 백지를 펼쳐놓고 무작정 그 앞에 앉는 것으로 하루를 시작했다. 무언가 떠오르는 게 있으면 잊어버리기 전에 곧바로 옮겨 적기 위해서였다. 점심 식사를 할 때만 빼고 종일 그 자세를 유지했지만, 저녁이 되어도 책상 위의 종이는 여전히 백지로 남아 있었다. … 나의 남은 인생이 그냥 백지만 바라보다가 끝날 것 같았다."[18]

러셀의 역설Russell's paradox은 수학의 기초를 송두리째 흔들었고, 새롭고 굳건한 기초 위에 수학을 재정립하려는 힐베르트의 프로그램에도 심각한 타격을 입혔다. 의외의 복병에게 발목을 잡힌 힐베르트는 급히 수학자들을 한 자리에 모아놓고 "우리는 칸토어가 창조한 낙원을 지켜야 한다. 이 세상 어느 누구도 우리를 이 낙원에서 쫓아낼 수 없다"며 돌발상황에 동요하지 말 것을 당부했다.[19]

힐베르트의 '칸토어 살리기 프로젝트'에 모든 수학자들이 동참한 것은 아니었다. 특히 네덜란드의 젊은 수학자 라우천 에흐베르튀스 얀 브라우어Luitzen Egbertus Jan Brouwer를 필두로 한 직관주의자intuitionist들은 러셀의 역설이 존재한다는 것 자체가 "수학이 인간 능력의 한계에 부딪혔다는 증거"라고 주장했다. 사실 브라우어는 오래전부터 칸토어의 초한수에 깊은 의구심을 품고 있었다. 모든 수학에 한결같이 적용되는 논리 법칙이 유독 칸토어의 무한집합에만 적용되지 않을 이유가 없다는 것이다. "참이면서 거짓인 명제는 존재할 수 없다"는 배중률law of excluded middle을 예로 들어보자. "나는 개다"라는 주장은 참이거나 거짓일 수 있지만, 참이면서 동시에 거짓일 수는 없다. 브라우어는 다음과 같이 주장했다. "배중률이 집합에도 적용된다는 것을 증명하려면 집합의 각 원소들이 배중률을 만족하는지 확인해야 한다. 그러나 무한집합은 원소의 수가 무한히 많기 때문에 확인 자체가 불가능하다. 이런 무한집합을 신중하게 다루지 않았기 때문에 러셀의 역설과 같은 비정상적 결과가 초래된 것이다."

괴팅겐의 힐베르트는 책상을 내리치며 격노했다. 한때 힐베르트는 브라우어가 암스테르담 대학교의 학장으로 부임하는 것을 지지했지만, 그의 주장을 전해 들은 후로는《수학연보Mathematische Annalen》라는 학술지의 심사위원 명단에서 브라우어를 제명해야 한다며 불쾌한 기색을 노골적으로 드러냈다. 심사위원 중 한 사람이었던 아인슈타인은 이들 사이의 갈등을 "지나치게 과장된 개구리와 쥐의 싸움 Froschmäusekrieg(작은 일로 촉발된 격렬한 논쟁을 뜻하는 독일 속담)"으로 일축해버렸지만, 힐베르트에게는 결코 사소한 일이 아니었다. 그는 싸움을 말리는 사람들을 향해 큰 소리로 외쳤다. "수학적 사고에 결함이 존재한다면, 대체 어디서 진리와 확실성을 찾는단 말인가?"

수학에 인생을 건 젊은 학자들에게 수학을 구원한다는 것은 뿌리치기 어려운 유혹이다. 당시 노이만은 앳된 소년이었지만 이 막중한 임무를 수행할 준비가 되어 있었다. 그는 열한 살 때 유진 위그너와 주말 산책을 하면서 집합론의 장점에 대해 열띤 토론을 벌였고, 열일곱 살이 된 1921년에는 위기에 빠진 수학의 구원투수를 자처하며 힐베르트에게 힘을 실어주었다. 수학에 관한 한 겁낼 것이 없었던 젊은 노이만은 러셀의 역설로부터 '숫자'를 구해냄으로써 첫 번째 승점을 올리게 된다.

칸토어의 이론에서 수의 개념은 집합의 두 가지 본질적 특성인 '기수성cardinality' 및 '서수성ordinality'과 깊이 관련되어 있다. 기수성은 집합의 크기를 나타내는 척도로서, 예를 들어 3개의 숫자로 이루어진 집합의 기수성은 3이다. 반면에 서수성은 집합의 원소들이 배열된 순서를 나타내며, 순서를 의미하는 서수(첫 번째, 두 번째, 세 번째 등등)와 관련되어 있다. 기수성은 '동일한 기수성을 가진 집합들의 집합'으로 정의된다. 즉 5개의 물체로 이루어진 집합은 내용물의 종류에 상관없이 5개로 이루어진 다른 집합들과 기수성이 같다(당연히 이들의 기수성은 5이다!). 서수성도 이와 비슷한 방식으로 정의되어 있다. 그런데 러셀의 역설은 집합에서 초래된 결과이므로, 수학을 위기에서 구하려면 숫자부터 구하는 것이 상책이다. 노이만은 '집합을 자유롭게 다루면서 정리를 증명하려면 "모든 집합으로 이루어진 집합set of all sets"과 관련된 모든 논의를 제거해야 한다'고 생각했다. 칸토어의 낙원을 구원하기 위한 첫걸음을 내디딘 것이다.

학생 노이만이 발표한 논문은 대학자의 손을 거쳐 탄생한 걸작을 방불케 했다. 논문의 첫 단락은 달랑 한 문장뿐이다. "본 논문의 목적은 칸토어의 서수에 대한 개념을 구체적으로 분명하게 확립하는 것이다."[20] 그 후로 17단계에 걸쳐 신중한 논리가 펼쳐지는데, 총 분량은 10페이지밖에 안 된다. 노이만은 수학과 다소 동떨어진 일상적인 문체로 논리의 포문을 열었다. "첫 번째 서수(1st)를 공집합empty set(원소가 없는 집합 – 옮긴이)으로 정의하자." 그러고는 재귀적 관계에 입각하여 더 큰 서수를 그보다 작은 수의 원소를 갖는 집합으로 정의해나갔다. 즉 두 번째 서수(2nd)는 첫 번째 서수(공집합)만을 포함하는 집합이고, 세 번째 서수(3rd)는 두 번째 서수(2nd)와 첫 번째 서수(1st)를 포함하는 집합(즉, '공집합 자체'와 '공집합으로 이루어진 집합'의 집합)이며, 네 번째 서수(4th)는 앞서 정의한 3rd, 2nd, 1st를 포함하는 집합이고 … 이런 식으로 계속된다. 이것은 레고 블록을 이용하여 점점 더 높은 탑을 쌓아나가는 과정과 비슷하다. 첫 번째 서수는 붉은색 블록 1개로 쌓은 탑이고, 두 번째 서수는 붉은색 블록 1개와 붉은색-노란색 블록을 2층으로 쌓은 'ㄴ자형 탑'에 해당하며(다음 그림 참조), 이 탑 쌓기 과정은 당신이 선택한 서수에 도달할 때까지 계속된다.

이렇게 하면 기수와 서수를 일대일로 대응시켜서 기수를 정의할 수 있다. 0은 첫 번째 서수(공집합)이고, 1은 두 번째 서수(2nd, 원소가 1개인 집합), 2는 세 번째 서수(3rd, 원소가 2개인 집합)이고 … 이런 식으로 계속된다. 논문의 핵심은 이것이 전부다. 수학자가 아닌 사람은 이런 의문을 품을 수도 있다. "아니, 정의가 이렇게 간단한데 논문은 왜 10페이지나 된 거야?" 여기에는 그럴 만한 이유가 있다. 수학에서는 아무리 단순한 개념도 골치 아픈 모순을 낳을 수 있기 때문이다. 힐베르트의 엄밀한 공리적 방법을 따랐던 노이만은 자신이 그런

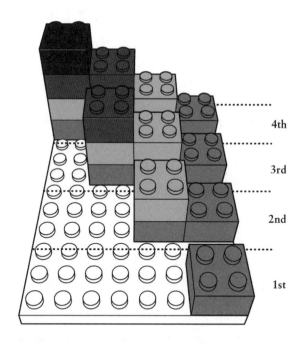

서수성에 대한 노이만의 접근법을 '레고 블록 쌓기'로 비유한 그림.

실수를 범하지 않았음을 확실하게 밝히고 싶었기에, 든든한 보호막을 치느라 아이디어가 단순함에도 불구하고 논문이 다소 길어진 것이다. 이 논문은 거의 100년이 지난 지금까지도 기수와 서수를 정의하는 표준으로 남아 있다.

종이 한 장에 들어갈 단순한 공리

노이만의 창의적인 논문에도 불구하고, 수학에 드리운 먹구름은 여전히 집합론을 위협하고 있었다. 고등학교 졸업을 앞둔 노이만은 어려운 상황을 극복하는 데 어떻게든 힘을 보태고 싶었으나, 당장은 아버지와의 의견충돌을 해소하는 것이 급선무였다. 천재 아들이 지나칠 정도로 수학에만 집중하는 것을 못마땅하게 여겼던 믹사는 노이만의 20년 선배이자 저명한 항공공학자인 테오도르 카르만 Theodore Kármán(민타 김나지움 설립자의 아들 - 옮긴이)을 찾아가 "우리 아들이 대학에 진학할 때 수학과를 선택하지 않도록 말려달라"고 부탁했다. 수학으로는 돈을 벌 수 없다고 철석같이 믿었기 때문이다.[21] 얼마 후 카르만은 박치불러바드를 방문했을 때 노이만을 만나 향후 진로에 관해 대화를 나누었다. "나는 노이만과 마주 앉은 자리에서 관심사를 물어보았는데, 그는 정말 뛰어난 청년이었다. 불과 열일곱 살의 나이에 추상수학의 핵심 개념인 무한대에 대하여 이미 자신만의 확고한 의견을 갖고 연구에 매진하고 있었다. … 이런 상황에서 그의 관심사를 억지로 돌려놓는 것은 선배로서 할 짓이 아닌 것 같았다."

그러나 믹사의 부탁도 그 못지않게 간곡했기에, 카르만은 일종의 타협안을 제시했다. 두 가지 분야를 동시에 공부하여 학사 및 박사학위를 모두 취득하는 쪽으로 가닥을 잡은 것이다. 당시는 화학산업이 전성기를 구가하던 시기였기에, 노이만은 베를린 대학교에서 2년 동안 화학을 공부한 후 취리히에 있는 스위스연방공과대학(ETH)에서 화학공학을 전공하기로 했다. 그리고 이와 동시에 부다페스트 대학교에서 수학과 박사학위 과정에 입학하기로 부친과 합의를 보았다.[22]

노이만은 졸업시험을 치렀고, 세 과목(체육, 음악, 필기)을 제외한 모든 과목에서 최소 '우수excellent' 이상의 학점으로 무난히 통과했다. 그러나 지루한 수업에 염증을 느끼는 노이만의 모습이 교사들에게 부정적으로 비쳤는지, 생활기록부에는 그의 수업 태도가 '무난함good'으로 기록되어 있다.

고등학교(김나지움)를 졸업한 후 1921년 9월의 어느 날, 노이만은 약속했던 대로 아버지와 함께 베를린으로 가는 기차에 올랐는데, 앞자리에 앉은 승객이 노이만에게 이런저런 잡담을 걸어오다가 질문을 던졌다. "당신의 학문적 성향을 알 것 같네요. 베를린에 수학을 공부하러 가시는 거죠?" 그러자 노이만이 살짝 퉁명스럽게 대답했다. "아뇨, 수학 공부는 이미 마쳤어요. 지금은 화학을 공부하러 가는 길입니다."

그때부터 노이만의 여생을 결정하게 될 새로운 삶이 시작되었다. 그는 향후 5년 동안 세 도시를 오락가락하면서 정신없이 바쁜 나날을 보냈고, 1923년 9월에 베를린에서 기초화학 과정을 마쳤다. 그 후 스위스연방공과대학 입학 시험에 우수한 성적으로 합격하여 3년 동안 화학공학을 공부했는데, 실험실에서 유리 그릇을 얼마나 많이 깨뜨렸는지 그가 세웠던 실험 도구 청구 비용 기록은 꽤 오랫동안 깨지지 않았다고 한다. 그러나 이렇게 바쁜 와중에도 그의 마음은 완전히 다른 곳에 가 있었다. 베를린과 취리히, 그리고 부다페스트를 오가면서 노이만은 틈날 때마다 자신과 대화를 나눌 수 있는 수학자를 찾았다. 베를린에서는 20년 전에 힐베르트에게 수학을 배웠던 에르하르트 슈미트Erhard Schmidt를 스승으로 삼았고, 취리히에서는 힐베르트의 제자 중 최고 실력자로 꼽히는 헤르만 바일Herman Weyl과 친분을 쌓았다. 바일은 노이만과의 대화를 매우 즐겼는데, 그로부터 10년 후에 두 사람은 미국의 프린스턴 고등연구소에서 감격의 재회를 하게 된다.

열아홉 살의 노이만은 자신보다 나이가 두 배쯤 많은 수학자들과 교류하면서 심혈을 기울여 박사학위 논문을 써내려갔고, 1922년~1923년 사이에 논문의 초안을 집합론의 대가인 아브라함 프렝켈Abraham Fraenkel에게 보냈다. 프렝켈은 그때의 일을 다음과 같이 회상한다. "요하네스 폰 노이만 … 생전 들어본 적 없는 낯선 이름이었다. 논문 제목은 「집합론의 공리화The Axiomatization of Set Theory」였는데, 모든 내용을 이해하진 못했지만, '발톱만으로 사자를 알아보듯이ex ungue leonem' 뛰어난 걸작임을 느낌으로 알 수 있었다."[23] (이 표현은 스위스의 수학자 요한 베르누이Johann Bernoulli가 생전 들어본 적 없는 아이작 뉴턴Isaac Newton의 원고를 읽고 제일 먼저 했던 말이다.)

프렝켈은 노이만에게 "평범한 수학자도 이해할 수 있도록 쉽게 고쳐달라"고 부탁했고, 노이만은 내용을 약간 수정한 후 제목의 'The'를 좀 더 겸손한 'An'으로 바꿔서 1925년에 출판했다.[24] 그리고 3년 후에 내용을 확장해서 재출판했는데, 새 버전에서는 제목의 'An'이 다시 'The'로 바뀌었다.[25] 노이만은 이 논문에서 집합론의 기초를 견고하게 다졌을 뿐만 아니라, 러셀의 역설을 피해가는 간단한 방법까지 제시하여 힐베르트를 몹시 흥분하게 만들었다.

한편, 러셀은 본인이 찾아낸 역설을 극복하기 위해 '형태론theory of types'을 새로 구축하여 자신의 저서인 『수학원리Principia Mathematica』에 자세히 소개했다. 1910년~1913년에 걸쳐 세 권의 묵직한 책으로 출간된 『수학원리』는 알프레드 노스 화이트헤드Alfred North Whitehead와 공동 집필한 걸작으로, 모든 수학에서 파생될 수 있는 공리와 법칙이 망라되어 있다. 흥미로운 것은 이 책의 379페이지에 "1+1=2"라는 명제가 긴 논리를 거쳐 증명되어 있다는 점이다(증명이 끝난 후, 그 아래에는 다음과 같은 주석이 달려 있다. "위의 명제는 가끔 유용할 때가 있다"). 형태론은 순환서술circular statement(의미를 추적하다 보면 처음으로 되돌아가는 서술 – 옮긴이)을 피하기 위해 모든 서술을 형태별로 모아서 엄격한 순서를 지정하는 이론이다. 여기서는 집합의 원소를 완전하게 정의하는 서술이 집합의 특성을 묻는 질문보다 우선순위가 높다. 그러므로 '자기 자신의 원소가 아닌 모든 집합의 집합'이 자기 자신의 원소인지를 묻는 것은 중복된 질문이며, 이런 모순을 피하려면 제일 먼저 집합의 원소부터 정의해야 한다. 그러나 러셀의 형태론은 내용이 장황하여 다루기가 매우 까다로웠고, '서술 가능한 것'과 '서술 불가능한 것'에 엄격한 한계를 두었기에 수학의 영역을 제한하는 부작용을 낳았다.

이와 반대로 노이만의 접근법은 모든 공리가 종이 한 장에 들어갈 정도로 단순하면서도 아름답다. 폴란드 태생의 미국인 수학자이자 훗날 노이만과 가장 가까운 친구가 된 스타니스와프 울람Stanislaw Ulam은 그의 이론을 다음과 같이 평가했다. "실질적으로 모든 가능한 순수 집합론을 구축하는 데 부족함이 없으며, 현대 집합론을 떠받치는 가장 훌륭한 토대 중 하나이다. 간단하고 명료한 공리 체계와 논리는 수학을 유한한 게임으로 만들려는 힐베르트의 목표를 가시권 안으로 끌어들였다. 노이만의 이론을 따라가다 보면 계산용 기계와 증명의 '기계화mechanization'를 꿈꾸는 그의 미래관을 엿볼 수 있다."

노이만은 2개의 서로 다른 모임collection을 구별함으로써 러셀의 역설을 해결했다. 그는 이것을 'I. Dingen(1개인 것)'과 'II. Dingen(2개인 것)'으로 정의했는데, 요즘 수학자들은 이것을 각각 집합set과 클래스class라 부른다. 노이만은 클래스를 '특성을 공유하는 집합들의 모임'으로 엄격하게 정의했다. 그의 이론에서 '모든 집합으로 이루어진 집합'이나 '모든 클래스로 이루어진 클래스' 같은 것은 아무런 의미가 없다. 오직 '모든 집합으로 이루어진 클래스'만이 존재할 뿐이다. 노이만의 체계를 도입하면 형태론에서 제기된 제한을 전혀 받지 않으면서 러셀의 역설을 우아하게 피해갈 수 있다. '자기 자신의 원소가 아닌 모든 집합의 집합'은 존재하지 않고, '자기 자신의 원소가 아닌 모든 집합의 클래스'는 존재한다. 그리고 이 클래스는 집합이 아니므로(집합이 아니라 클래스이다!) 자기 자신의 원소가 될 수 없다.

노이만은 이 논문을 통해 자신이 반짝 떴다가 사라지는 단명한 학자가 아님을 확실하게 증명했다. 논문이 출간된 1925년에는 그가 정기적으로 방문하는 도시 목록에 또 하나가 추가되어 있었다. 그 유명한 괴팅겐의 힐베르트와 개인적 친분을 맺게 된 것이다(힐베르트의 측근들은 노이만의 방문을 별로 달가워하지 않았다). 두 사람은 정원에서 산책을 하거나 연구실에 죽치고 앉아 수학의 기초에 대해 진지한 대화를 나눴고, 그 무렵에 새로 떠오른 양자 이론quantum theory에 대해서도 다양한 의견을 주고받았다. 그리고 다음 해인 1926년, 22세의 노이만은 스위스연방공과대학 화학공학과를 졸업하고 박사학위 과정에 무난히 합격했다. 노이만이 면접 시험을 볼 때 면접관 중 한 사람이 힐베르트였는데, 그가 던진 질문은 다음과 같았다. "자네 말이야, 내 평생 그렇게 멋진 양복은 처음 보는군. 대체 재단사가 누군가? 제발 좀 알려주게!"[26]

자신이 추진 중인 수학 되살리기 프로그램이 순조롭게 진행된다고 느낀 힐베르트는 1928년에 추종자들이 모인 자리에서 "수학이 완전하고complete 일관적이면서consistent 결정 가능하다decidable는 것을 증명해야 한다"고 역설했다. 수학에 영원한 안정성을 보장하는 원대한 작업이 시작된 것이다. 여기서 '완전하다'는 말은 참true으로 판명된 모든 정리와 수학적 서술이 유한한 개수의 공리로부터 증명 가능하다는 뜻이며, '일관적'이라는 것은 공리 체계가 어떤 모순도 일으키지 않는다는 뜻이다. 그리고 '결정 가능하다'는 것은 어떤 특정한 수학적 서술의 증명 가능성을 판별할 수 있는 단계적 과정(알고리즘)이 존재한다는 뜻인데, 독일어권에서는 'entscheidungsproblem(결정 문제)'로 알려져 있다. 힐베르트는 수학이 진정한 안전성을 확보하려면 이 세 가지 조건이 충족되어야 한다고 주장했다.

　그러나 완전한 수학을 구축하겠다는 힐베르트의 꿈은 얼마 지나지 않아 물거품이 되어버렸다. 10년도 채 지나기 전에 뛰어난 수학자들이 "수학은 완전하지 않고 일관되지 않으며, 결정 가능하지도 않다"는 끔찍한 사실을 증명했기 때문이다. 그러나 실패로 끝난 힐베르트의 프로젝트는 그가 세상을 떠난 직후인 1943년에 의외의 결과를 낳게 된다. 생전에 힐베르트는 동료 수학자들에게 "문제가 해결 가능하건 불가능하건 간에, 기계적인 절차를 단계별로 적용해나가면서 문제의 본질에 체계적으로 접근해야 한다"고 강조했다. 그리고 노이만은 이 추상적인 접근법을 자신만의 방식으로 구현하여 혁명적인 기계를 만들어냈다. 그렇다. 그 기계란 바로 지구인의 삶을 송두리째 바꿔놓은 컴퓨터였다.

3장

양자역학의 시대를 열다

신은 어떤 식으로 주사위 게임을 하는가?

"내가 수학을 조금만 더 잘했다면
인생이 훨씬 편했을 텐데….."
— 에르빈 슈뢰딩거, 1925

노이만은 박사학위 과정을 마친 즉시 록펠러 재단Rockefeller foundation
의 후원을 받아 힐베르트가 있는 괴팅겐 대학교로 향했다. 당시 괴
팅겐에는 베르너 하이젠베르크Werner Heisenberg라는 또 한 명의 젊은
천재가 있었다. 그는 매우 성공적이면서도 기상천외한 이론의 기초
를 닦은 물리학자였는데, 원자와 그 구성 요소(전자, 양성자, 중성자 등)
의 거동 방식을 설명하는 이 이론은 훗날 '양자역학'으로 불리게 된
다. 양자역학은 지난 수십 년 동안 실험을 통해 얻은 기이한 결과를
말끔하게 설명해주었지만, 과학자들은 그에 상응하는 대가를 치렀
다. 수백 년 동안 하늘같이 믿어왔던 소중한 개념들을 완전히 포기
해야 했던 것이다. 양자역학은 원인과 결과 사이의 작은 틈새를 비
집고 들어와 "이 세상은 태엽을 감아놓은 시계처럼 인과율causality에
따라 작동한다"는 뉴턴의 고전적 우주관을 한 방에 날려버렸다.

양자의 시대가 열리다

1900년, 독일의 물리학자 막스 플랑크Max Planck는 썩 내키지 않는 마음으로 "에너지는 어떤 최소 단위의 덩어리로 흡수되거나 방출된다"는 가정하에 양자quantum라는 개념을 처음으로 도입했다. 처음에는 그저 이상한 실험 결과를 설명하기 위해 억지로 고안한 궁여지책처럼 보였지만, 얼마 지나지 않아 플랑크의 양자 가설은 수학의 기초를 뒤흔들었던 러셀의 역설처럼 물리학에 일대 혁명을 몰고 왔다. 1905년에 아인슈타인은 플랑크의 아이디어를 이용하여 빛이 입자의 흐름이라는 이론을 발표했는데, 이것은 빛이 입자이면서 동시에 파동임을 암시하는 첫 번째 힌트였다.

노이만이 어린 학생이었을 때, 덴마크의 물리학자 닐스 보어Niels Bohr는 뉴턴의 고전물리학에 플랑크의 양자 개념을 결합한 새로운 원자 모형을 구상하느라 바쁜 나날을 보내고 있었다. 그가 1913년에 발표한 원자 모형에 의하면 전자는 원자 내부에서 특정한 궤도만 점유할 수 있으며, 전자가 자신이 속한 궤도와 이웃 궤도의 에너지 차이에 해당하는 양자(에너지 덩어리)를 흡수하면 이웃 궤도로 점프할 수 있다(전자가 한 궤도에서 다른 궤도로 이동하는 사건을 '전이轉移, transition'라 한다. 그런데 일부 책에서는 '천이遷移'로 쓰기도 하고, 갑작스러운 이동을 강조하는 의미에서 '점프jump'로 표현할 때도 있다. 이 세 가지는 모두 같은 뜻이니, 유념해서 읽어주기 바란다 -옮긴이).

이 정도면 꽤 그럴듯한 설명이다. 그러나 보어의 원자 모형은 해답 못지않게 많은 의문을 낳은 임시변통 이론이었다. 전자를 특정 궤도에 붙들어놓는 힘은 무엇인가? 전자는 어떻게 다른 궤도로 점 프하는가? 아인슈타인은 지나칠 정도로 대담한 가설에 노골적으로 불쾌감을 드러냈다. "양자역학은 성공을 거둘수록 엉터리처럼 보인 다. 고전역학과 양자역학을 무리하게 하나로 엮는다 해도, 임신 후 올리는 강제 결혼처럼 오래가지 못할 것이다."[1] 아닌 게 아니라 다른 물리학자들도 둘 사이의 원만한 이혼을 원하고 있었다.

1925년에 하이젠베르크는 양자 이론을 수학적으로 표현한 '행렬 역학matrix mechanics'을 완성했다. 이때 발표한 논문의 제목은 「운동학 과 역학의 관계에 대한 양자 이론적 재해석」인데, 역시 젊은 학자다 운 쾌활한 발상이다. 이 논문은 그해 여름이 끝나갈 무렵 물리학계 에 느닷없이 떨어진 폭탄과도 같았다.[2] 그러나 1926년에 노이만이 괴팅겐에 도착했을 때, 취리히 대학교의 물리학과 교수인 에르빈 슈 뢰딩거Erwin Schrödinger는 행렬이 아닌 파동에 기초하여 완전히 다른 방식으로 양자역학을 구축했다. 하이젠베르크의 행렬역학과 닮은 구석이 전혀 없는데도, 슈뢰딩거의 파동역학wave mechanics은 여전히 올바른 답을 주고 있었다. 겉으로 보기에 완전히 다른 두 이론이 동 일한 양자적 실체를 서술하는 것일까? 그 후로 5년 사이에 양자역학 은 과학사에서 찾아보기 힘들 정도로 빠르게 발전했고, 중요한 업적 의 대부분은 괴팅겐 대학교에서 이루어졌다.

수학 역사상 가장 골치 아픈 문제를 해결하여 이미 수학계에 이 름을 알렸던 노이만은 이제 눈길을 돌려 물리학의 최대 수수께끼에 관심을 갖기 시작했다. 얼마 후 그는 하이젠베르크의 행렬역학과 슈 뢰딩거의 파동역학이 가장 깊은 단계에서 수학적으로 동일한 이론임을 증명했고, 여기에 기초하여 향후 여러 세대 과학자들의 앞길을 밝혀줄 새로운 과학을 구축하게 된다.

하이젠베르크는 1925년 6월에 독일 북쪽 해안에서 50킬로미터 거리에 있는 헬골란트섬Helgoland Island에서 2주 동안 휴가를 보내던 중 행렬역학의 기본 아이디어를 떠올렸다. 당시 고초열(꽃가루 알레르기)에 시달렸던 그는 꽃가루가 없는 북해에서 자전거와 하이킹을 즐기는 와중에도 보어가 던진 수수께끼를 줄곧 생각하고 있었다. 과학자들이 실험실에서 직접 목격한 현상을 수학적으로 설명할 수는 없을까? 특히 그의 관심을 끈 것은 '스펙트럼선spectral lines'에 나타난 진동수frequency와 상대적 강도relative intensity였다. 금속 조각을 불에 달궈서 기화시키거나 기체 속에 전류를 흘려보내면 원자가 높은 에너지 상태로 들뜨면서 복사radiation를 방출한다. 네온등이나 나트륨등이 특유한 색상의 빛을 발하는 이유는 그 안에서 들뜬 원자들이 그 파장(또는 진동수)에 해당하는 복사를 방출하기 때문이다. 20세기 초의 과학자들은 각 원소들이 저마다 고유한 스펙트럼선을 만든다는 사실을 잘 알고 있었다.

보어는 "복사 스펙트럼에 나타난 가느다란 선은 원자 내부에서 높은 에너지로 들뜬 상태에 있던 전자가 바닥 상태ground state(에너지가 가장 낮은 상태 - 옮긴이)로 떨어지면서 방출한 복사(빛)의 흔적이며, 이때 방출된 광파(빛의 파동)의 에너지는 들뜬 상태와 바닥 상태의 에너지 차이와 같다"고 주장했다. 하이젠베르크는 이 주장에 동의했지만, 보어가 제시한 원자 모형의 물리적 의미는 받아들이지 않았다. 이 세상 어디에도 원자핵 주변을 도는 전자를 본 사람이 없기 때문이다(물론 앞으로도 없을 것이다). 그 대신 하이젠베르크는 관측된 사실에 주목하다가 원자의 복사 스펙트럼선을 쉽게 표현하는 방법을 고안했다. 가로줄에 전자의 처음 상태 에너지를, 세로줄에 전자의 나중 상태 에너지를 할당한 2차원 배열을 도입하는 것이다. 이렇게 하면 전자가 (예를 들어) 네 번째 에너지준위에서 두 번째 에너지준위로 떨어질 때 방출한 복사의 진동수는 배열의 네 번째 가로줄과 두 번째 세로줄이 만나는 곳에서 찾을 수 있다(첫 번째 가로줄은 제일 위에 있는 가로줄이고, 첫 번째 세로줄은 제일 왼쪽에 있는 세로줄이다 – 옮긴이). 그런데 전자가 에너지준위(궤도) 사이를 이동하는 사건은 거의 순간적으로 일어나기 때문에[3], 전자가 4에서 2로 떨어졌는지, 아니면 4에서 3으로 떨어진 후 다시 3에서 2로 떨어졌는지 알 길이 없다.[4] 개개의 점프는 고유의 '발생 확률'을 갖고 있는데, 두 점프가 연달아 일어날 확률은 각 점프가 일어날 확률을 곱한 값과 같다.[5] 하이젠베르크는 모든 가능한 전이 확률을 쉽게 구하기 위해, 개개의 전이 확률을 2차원 배열로 나열해놓고 가로줄과 세로줄을 함께 곱하는 방식을 채택했다.[6] 그런데 이렇게 배열해놓고 보니 이상한 성질이 눈에 들어왔다. 배열 A에 다른 배열 B를 곱해서 얻은 배열과 B에 A를 곱해서 얻은 배열이 서로 달랐던 것이다.[7] 이것은 꽤나 골치 아픈 결과이다. 일상적인 수는 이런 식으로 거동하지 않기 때문이다. 3×7과 7×3이 같다는 것은 초등학생도 아는 상식이다(요즘은 유치원생도 알고 있다). 수학자들은 '순서를 바꿔도 결과가 달라지지 않는 연산'을 가환연산 commutative operation이라 한다. 그런데 하이젠베르크의 배열은 가환적이지 않다. 즉 이 배열은 곱셈의 교환 법칙을 만족하지 않는다.

$$f_{m,n} \begin{array}{l} f_{1,1} \ f_{1,2} \ f_{1,3} \ f_{1,4} \ f_{1,5} \ \ldots\ldots \\ f_{2,1} \ f_{2,2} \ f_{2,3} \ f_{2,4} \ f_{2,5} \ \ldots\ldots \\ f_{3,1} \ f_{3,2} \ f_{3,3} \ f_{3,4} \ f_{3,5} \ \ldots\ldots \\ f_{4,1} \ f_{4,2} \ f_{4,3} \ f_{4,4} \ f_{4,5} \ \ldots\ldots \\ f_{5,1} \ f_{5,2} \ f_{5,3} \ f_{5,4} \ f_{5,5} \ \ldots\ldots \\ \quad\vdots \quad\ \vdots \quad\ \vdots \quad\ \vdots \quad\ \vdots \quad \ddots \end{array}$$

원자에서 방출된 복사의 진동수는 배열로 나타낼 수 있다.

휴가 여행을 마치고 괴팅겐으로 돌아온 하이젠베르크는 이론물리학자 막스 보른Max Born의 보조 연구원으로 발탁되었다. 이때 하이젠베르크가 자신이 작성한 "거의 미친 논문"[8]을 보른에게 보여주었더니 늦기 전에 빨리 출판하라며 다그쳤고, 보른의 편지를 통해 내용을 접한 아인슈타인은 "종잡기 어렵지만 진실되고 심오하다"고 했다.[9] 논문이 출판된 후 보른은 그와 비슷한 배열을 예전에 배운 적이 있음을 기억해냈다. 1850년에 영국의 수학자 제임스 실베스터James Sylvester가 고안하고 그의 동료 아서 케일리Arthur Cayley를 통해 널리 알려진 '행렬matrix'이 바로 그것이었다(중국인들은 이와 비슷한 개념을 2,000년 전부터 사용해왔다고 전해진다). 보른은 1909년에 상대성이론

에 관한 논문을 작성할 때 행렬을 사용하면서 곱셈의 교환 법칙이 만족되지 않아서 애를 먹었던 기억을 떠올렸다. 알고 보니 하이젠베르크는 고색창연한 수학을 재발견한 것이었다(당시 보른에게는 행렬의 간단한 연산조차 낯설게 느껴졌지만, 요즘은 고등학생들도 배우고 있다).

하이젠베르크의 전이확률에서 영감을 얻은 보른은 입자의 '위치'와 '운동량'을 연결하는 방정식을 직관적으로 떠올렸는데,[10] 이들도 역시 행렬처럼 서로 비가환적인(곱셈의 교환 법칙을 만족하지 않는) 양이어서 '위치×운동량'과 '운동량×위치'가 아주 조금 다르다. 그 차이는 일상생활에서 감지가 불가능할 정도로 지극히 작았지만(1조×1조×10억 분의 1줄초joule-second), 원자 규모에서는 결코 무시할 수 없는 크기였다. 하이젠베르크는 비가환성에 담긴 물리적 의미를 곰곰이 생각하다가, 드디어 1927년에 "입자의 위치와 운동량은 동시에 정확한 값을 가질 수 없다"는 완전히 새로운 자연법칙을 발견하게 된다. 임의의 순간에 입자의 위치와 운동량(또는 속도)을 동시에 정확하게 알아내는 것이 원리적으로 불가능하다면, 그다음 순간에 입자의 위치와 운동량을 예견할 수도 없다. 예측 가능성을 생명으로 여겨왔던 물리학에 빨간 불이 켜진 것이다. 하이젠베르크의 깊은 통찰을 통해 세상에 알려진 이 희한한 원리가 바로 그 유명한 '불확정성원리uncertainty principle'이다.[11]

하이젠베르크의 행렬역학과 연이어 등장한 슈뢰딩거의 파동역학은 똑같이 양자역학을 서술하는 이론임에도 불구하고 겉모습이 완전 딴판이었다. 당시 잘 나가던 수학자나 물리학자와 비교할 때 비교적 나이가 많은 축에 속했던 슈뢰딩거는 1925년 37세의 나이에 취리히 대학교의 교수가 되었고, 그해 10월부터 프랑스의 귀족 물리학자 루이 드브로이Louis de Broglie의 가설, 즉 전자가 파동성과 입자성을 모두 갖고 있다는 파동-입자 이중성 문제를 파고들기 시작했다.[12] 드 브로이가 이 가설을 처음 주장했을 때, 대부분의 물리학자들은 별 관심을 갖지 않았다. 물질이 어떻게 입자이면서 동시에 파동일 수 있다는 말인가? 그러나 1927년에 전자가 빛처럼 간섭interference을 일으키고 회절diffraction하는 현상이 실제로 관측되면서 드브로이의 파동-입자 이중성은 사실로 확인되었으며, 몇 년 후에는 이 원리에 기초하여 전자현미경이 발명되었다.[13] 그러나 슈뢰딩거는 드브로이의 가설에 중요한 요소가 누락되었음을 깨달았다. 19세기 중반에 스코틀랜드의 물리학자 제임스 클럭 맥스웰James Clerk Maxwell이 빛(전자기파)의 거동을 서술하는 방정식을 유도한 것처럼, 물질파(전자의 파동)의 특성을 완전히 이해하려면 그에 해당하는 운동방정식이 필요했던 것이다.

마음이 급해진 슈뢰딩거는 2주에 걸친 크리스마스 휴가 기간 동안 방정식을 마무리하기로 마음먹고 애인과 함께 알프스 리조트로 여행을 떠났다. 그리고 이듬해 1월에 취리히로 돌아와서 자신이 유도한 파동방정식을 원자물리학의 몇 가지 문제에 적용해보았는데, 예상했던 것보다 꽤 만족스러운 결과가 얻어졌다. 뉴턴역학을 대표하는 운동방정식($F=ma$)처럼, 양자역학을 대표하는 파동방정식이 드디어 탄생한 것이다(슈뢰딩거의 가까운 친구였던 헤르만 바일은 이를 두고 "세상에서 가장 로맨틱한 방정식"이라며 빈정댔지만, 사실 그는 슈뢰딩거의 아내와 내연관계였다). 그 후로 물리학자들은 슈뢰딩거의 방정식을 이용하여 수소 원자의 스펙트럼을 계산하고 시간에 따른 파동의 변화를 분석하는 등 관련 논문을 홍수처럼 쏟아냈다.

그러나 슈뢰딩거는 방정식을 유도해놓고도 거기 등장하는 파동이 무엇을 의미하는지 제대로 알지 못했다. 당사자가 모르고 있으니, 다른 물리학자는 말할 것도 없다. 일반적으로 파동이 전달되려면 매질이 있어야 한다. 물결파는 물 분자의 운동을 통해 전달되고, 음파(소리)는 공기 분자의 운동을 통해 전달된다. 그렇다면 물질파를 전달하는 매질은 무엇인가? 물리학자들은 이 중요한 질문의 답을 모르면서도 슈뢰딩거의 방정식이 하이젠베르크의 행렬보다 훨씬 풀기 쉽다는 이유로 쌍수를 들고 파동역학을 환영했다.

수소 원자의 경우, 전자와 원자핵의 질량과 전하, 그리고 이들의 전기에너지를 대입하여 슈뢰딩거의 방정식을 풀면 해解가 함수의 형태로 얻어진다. 이 계산은 별로 어렵지 않아서 물리학과 학부생도 할 수 있다.[14] 슈뢰딩거 방정식의 해를 파동함수wavefunction라 하는데, 슈뢰딩거는 이것을 그리스 문자인 Ψ(프사이psi)로 표기했다. Ψ는 파동의 높이(진폭)가 시간에 따라 변하는 양상을 말해준다. 수소 원자의 경우 슈뢰딩거 방정식의 해는 무수히 많다. 여기서 개개의 해는 보어가 예견했던 전자의 궤도 중 하나를 나타내며, 이들을 모두 더한(또는 중첩시킨) Ψ_n가 바로 수소 원자의 전체적인 파동함수이다.[15]

1925년 봄까지만 해도 원자물리학에는 딱히 '이론'이라고 부를 만한 것이 없었다. 그런데 1년이 채 지나기도 전에 2개의 이론이 등장했다. 이들은 주어진 역할을 충실하게 해냈지만, 둘 다 옳다는 보장은 어디에도 없었다. 슈뢰딩거는 "하이젠베르크의 양자점프quantum jump 때문에 내 방정식이 묻혀버렸다"며 불만을 토로했다.[16] 슈뢰딩 거의 파동역학에서 전자가 궤도를 바꿀 때, 원자의 파동함수는 갑 자기 바뀌지 않고 점진적으로 매끄럽게 변한다. 하이젠베르크는 볼 프강 파울리Wolfgang Pauli에게 보낸 편지에서 "슈뢰딩거의 이론은 완 전 쓰레기"라며 파동역학에 직격탄을 날렸다.[17] 그가 가장 못마땅하 게 여겼던 것은 슈뢰딩거가 원자의 내부에서 일어나는 물리적 과정 을 구체적으로 서술하려 했다는 점이다. 하이젠베르크는 자신의 행 렬역학에서 '관측할 수 없는 것은 다루지 않는다'는 원칙을 고수했기 에, 눈에 보이지 않고 정체도 알 수 없는 '파동'이 핵심적 역할을 하는 슈뢰딩거의 이론을 조금도 인정하지 않았다. 그리고 얼마 후 막스 보 른은 파동함수를 물리적으로 해석하기가 왜 그토록 어려웠는지 여 실히 보여주었다. 알고 보니 그것은 공간을 가로지르는 실제 파동이 아니라, 무형의 '확률의 파동wave of probability'이었던 것이다.

물리학자들 중에는 양자역학을 올바르게 서술하는 이론이 2개 존재하는 현실을 있는 그대로 받아들이면서, 아직 해결되지 않은 양 자 이론의 난제를 대수롭지 않게 생각하는 사람도 있었다. 하긴 그 렇다. 이론이 아예 없는 것보다는 2개 있는 편이 훨씬 낫지 않은가. 이들은 문제의 형태에 따라 적당한 이론을 골라서 적용했고, 거기서 얻은 결과를 자랑스럽게 공개했다. 심지어 하이젠베르크도 헬륨 원 자의 스펙트럼을 계산할 때 슈뢰딩거의 파동역학을 사용했다고 한 다. 그러나 보어와 아인슈타인을 비롯한 일부 과학자들은 두 이론이 완전히 다른 관점으로 사물의 본질에 접근하고 있다며 심히 걱정스러운 눈으로 바라보았다. 물리학보다 수학 쪽으로 편향된 수리물리학자들도 사정은 마찬가지였다. 두 이론을 하나로 합치면 만사가 평온해질 것 같은데, 파동과 행렬은 마치 물과 기름처럼 섞이기를 거부하고 있었다. 하이젠베르크의 무한히 많은 숫자 배열(행렬)과 슈뢰딩거의 기이한 확률파동 사이에는 무언가 심오한 연결고리가 있을 것 같다. 아니, 반드시 있어야만 한다. 그 연결고리란 대체 무엇일까?

둥지를 괴팅겐으로 옮긴 노이만은 행렬역학을 하이젠베르크로부터 직접 배우고 깊은 생각에 빠졌다. 그는 힐베르트의 공리 프로그램이 물리학까지 확장되기를 바라고 있었는데, 다행히도 노이만과 힐베르트는 양자 이론에 필요한 수학의 대가이기도 했다.

슈뢰딩거는 파동함수에서 주어진 물리계의 에너지에 관한 정보를 추출하기 위해 '연산자operator(정확하게는 '에너지 연산자'이며, 해밀토니안Hamiltonian이라 부르기도 한다)'라는 수학 도구를 사용했다. 연산자란 간단히 말해서 '수학적 명령'에 해당한다. 그리고 슈뢰딩거의 파동방정식과 같은 방정식의 해(파동함수)를 '고유함수eigen function'라 하고, 이 고유함수를 방정식에 대입하여 얻은 최종적인 답(원자의 에너지준위)을 '고윳값eigen value'이라 한다. 이것은 힐베르트가 1904년에 만든 용어로서, eigen은 독일어로 '특유의~', 또는 '고유의~'라는 뜻이다. 또한 힐베르트는 스펙트럼 이론을 개발하여 연산자와 고윳값을 다루는 수학의 범위를 크게 넓혀놓았다. 여기서 말하는 '스펙트럼'이란 특정 연산자에 대응되는 모든 고윳값(방정식의 해)의 집합을 의미한다(이것을 '완전집합complete set'이라 한다). 예를 들어 수소 원자의 경우, 해밀토니안의 스펙트럼은 허용되는 모든 에너지준위로 이루어진 완전집합이다.

힐베르트는 자신이 20년 전에 개발한 스펙트럼 이론이 원자의 구조를 밝히는 데 유용하게 사용되었음을 알고 매우 기뻐했다. "스펙트럼 이론은 순전히 수학적인 관점에서 개발된 이론이다. 훗날 스펙트럼 물리학에 적용될지 전혀 짐작을 못 했기 때문에, 처음에는 그것을 '스펙트럼 분석spectral analysis'이라 부르기도 했다." 그러나 이제 60대에 접어든 대 수학자는 하이젠베르크의 양자역학을 접하고 몹시 혼란스러워졌다.

힐베르트는 자신의 조수인 로타르 노르트하임Lothar Nordheim에게 "양자역학에 대해 내가 알아들을 수 있도록 설명해달라"고 부탁했고, 노르트하임은 그에게 자신이 작성한 논문을 보여주었지만 난해하기는 마찬가지였다. 바로 이 무렵에 노이만이 또 한 번 구원투수로 등판하게 된다. 그는 노르트하임의 논문을 읽자마자 양자 이론의 수학적 구조를 힐베르트에게 친숙한 형태로 바꿀 수 있음을 간파했다. 노르트하임의 논문에서 파동역학과 행렬역학의 공통분모를 처음으로 발견한 것이다.

폴 디랙의 '난폭한 수학'

파동역학과 행렬역학이 처음 등장했을 때, 많은 물리학자들은 '두 이론의 연결고리를 찾으려면 이론의 중심에 있는 두 종류의 무한대를 조화롭게 일치시켜야 한다'고 생각했다. 예를 들어 원자는 무수히 많은 에너지준위를 갖고 있으므로, 하이젠베르크의 행렬이 모든 가능한 전이(에너지준위 사이에 일어나는 점프)를 표현하려면 행렬의 가로와 세로가 무한히 커야 한다. 그리고 물리학자 특유의 인내력을 발휘하면 자연수의 순서에 따라 행렬에 들어갈 숫자들을 정렬시킬 수 있다. 즉 무한히 많긴 하지만 '헤아릴 수 있을 정도로' 무한하다.[18] 반면에 슈뢰딩거의 이론에서는 무수히 많은 가능성을 서술하는 파동함수가 양산된다. 양자 이론에 의하면 원자에 속박되지 않은 하나의 자유전자는 우주 어디에나 존재할 수 있다.[19] 전자는 누군가가 관측을 시도하여 위치를 파악하기 전까지는 여러 개의 가능성이 중첩된 상태에 놓여 있으며, 개개의 가능성은 하나의 측정한 위치(x, y, z)에 대응된다.[20] 노이만은 다음과 같이 경고했다. "하이젠베르크의 행렬(크기를 헤아릴 수 있음)과 슈뢰딩거의 연속적 파동은 각기 다른 형태의 '공간'을 점유하고 있다. 그러므로 이들을 연결하려면 '다소 난폭한' 수학을 동원해야 한다."[21]

그런데 이 난폭한 수학을 동원한 사람이 실제로 있었다. 과묵하기로 유명한 영국의 이론물리학자 폴 디랙Paul Dirac이 바로 그 주인공이다. 소설가 이언 매큐언Ian McEwan은 디랙을 가리켜 "사소한 잡담이나 책상 정리 등 사람이라면 당연히 가져야 할 능력을 전혀 발휘하지 못하면서 과학에는 도가 튼 기인"이라고 했다.[22] 또 케임브리지대학교의 동료 교수들은 디랙이라는 이름을 '수다를 떠는 정도', 즉 수다성을 나타내는 단위로 사용했다. "1시간당 단어 하나를 내뱉는 정도의 수다성을 1디랙이라 한다. 보통 사람의 수다성은 700~1,000

디랙쯤 되는데, 폴은 1디랙을 넘기는 일이 거의 없다." 디랙은 노이만의 친구 유진 위그너의 여동생인 마르기트 위그너Margit Wigner와 기적적으로 사랑에 빠져 결혼했는데, 그 후에 간신히 농담 한두 가지를 배웠다고 한다. 그러나 1920년대에 청년 디랙은 고등물리학 외에 아무런 관심이 없었다. 프리먼 다이슨의 표현을 빌리면 "디랙은 순수한 생각만으로 자연의 법칙을 이끌어낼 수 있는 사람"이었다.[23]

디랙은 1925년부터 자신이 개발한 새로운 버전의 양자 이론을 조금씩 공개하기 시작했다.[24] 그리고 1930년에 출간한 저서『양자역학의 원리The Principles of Quantum Mechanics』에서는 하이젠베르크의 '불연속 공간'과 슈뢰딩거의 '연속 공간'을 하나로 합치는 독창적인 방법을 제시했는데,[25] 논리의 핵심은 그가 창안한 '디랙 델타함수Dirac delta function'였다. 이것은 원점(직교좌표에서 $x=0$, $y=0$인 지점—옮긴이)에서의 값이 무한대이고 그 외의 지점에서는 0인 희한한 함수로서, 그래프로 그리면 원점에서 가느다란 선이 뾰족하게 튀어나온 형태이다. 그런데 희한하게도 이 그래프 아래의 면적은 0이 아니라 1이다. 밑변의 길이가 0이고 높이가 무한대인 도형의 면적이 1이라니 언뜻 이해가 안 가겠지만, 디랙이 그렇게 정의했으니 그냥 따라가는 수밖에 없다.

델타함수는 수학 법칙에 위배되었지만 디랙은 전혀 신경 쓰지 않았다. 하루는 힐베르트가 디랙을 만난 자리에서 "자네가 고안했다는 델타함수 말이야, 그거 수학적 모순을 낳을 수도 있지 않을까?" 라고 지적했더니, 디랙은 쾌활하게 대답했다. "어? 제가 수학적 모순에 빠졌나요?"[26] 결국 디랙은 델타함수를 이용하여 파동역학과 행렬역학이 동전의 양면처럼 친밀한 관계임을 증명했다. 델타함수는 살라미 소시지를 자르는 커터처럼 공간 속에서 파동함수를 무한히 얇은 조각으로 자르는 역할을 한다. 디랙의 델타함수를 도입하면 파동역학과 행렬역학을 하나로 합칠 때마다 나타나는 복잡한 수학적 과정이 마술처럼 사라지고, 파동함수가 공간의 모든 점에서 '한입에 먹기 좋은 고기조각'처럼 잘게 썰어지는 것이다. 그러면 매끈하게 변하는 파동의 특성은 사라지고, 행렬역학과 마찬가지로 다뤄야 할 요소가 무한히 많아진 것처럼 보인다.

노이만을 포함한 여러 수학자들은 이런 식의 불완전한 통일을 달가워하지 않았다. 델타함수를 '부적절한 개념'이나 '불가능한 시도', 또는 '수학적 허구'로 여겼기 때문이다. 새로운 과학에 대하여 좀 더 깔끔한 해석을 원했던 노이만은 양자역학 체계를 새로 구축하기 위해 다양한 시도를 하다가, 힐베르트의 오래된 연구 결과에서 결정적인 실마리를 찾게 된다.

슈뢰딩거의 파동역학이 알려진 직후에 노이만, 디랙, 보른을 비롯한 일부 학자들은 연산자와 고윳값, 그리고 고유함수를 다루는 수학이 행렬역학에서도 매우 유용하다는 사실을 깨달았다. 일반적으로 연산자는 행렬로 표현할 수 있으며,[27] 반드시 어떤 대상에 적용되어야 한다. 슈뢰딩거의 이론에서 연산자는 파동함수에 적용된다. 그러나 하이젠베르크는 양자적 상태가 관측될 수 없다고 믿었기 때문에, 초기 연구에서는 '상태'에 대하여 아무런 언급도 하지 않았었다(그는 스펙트럼선의 강도와 진동수만으로 모든 계산을 수행했다). 그리하여 이 개념은 무한히 큰 행렬(가로와 세로가 무한히 긴 행렬)로 이루어진 행렬역학을 낳았고, 개개의 행렬은 슈뢰딩거의 이론에서 파동함수가 그랬던 것처럼 하나의 양자상태를 나타냈다.

1개의 가로줄row, 또는 1개의 세로줄column로 이루어진 행렬은 그 안의 숫자를 좌표로 갖는 벡터vector로 간주할 수 있다. 상태를 나타내는 행렬은 무한히 많은 숫자로 이루어져 있으므로, 이 벡터를 그림으로 표현하려면 무한히 많은 좌표축이 필요하다. 그러나 우리에게 익숙한 공간은 3차원이어서, 서로 직교하는 좌표축이 3개밖에 없다. 좌표축이 무수히 많은 무한차원 공간을 상상하는 것은 누구에게나 어려운 일이다. 그럼에도 불구하고 힐베르트는 20세기의 처음 10년 동안 무한차원을 다루는 수학을 개발했고, 이 분야의 세계적 전문가로 성장한 노이만은 그의 스승인 힐베르트의 이름을 따서 무한차원 공간을 '힐베르트 공간Hilbert space'으로 명명했다.[28]

힐베르트 공간이 의미를 가지려면, 이 공간에서 정의된 벡터의 성분들을 제곱해서 모두 더한 값이 유한해야 한다.[29] 힐베르트가 이런 유별난 수학에 관심을 가진 이유는 그 자체로 흥미로울 뿐만 아니라, 학생들이 학교에서 배우는 모든 기하학(피타고라스의 정리 등)에 적용될 수 있기 때문이다. 또한 힐베르트 공간은 숫자뿐만 아니라 특정한 함수의 집합으로도 만들 수 있다. 힐베르트 공간을 형성하는 함수의 집합 중 하나는 '제곱해서 모든 공간에 대해 적분할 수 있는 (또는 더할 수 있는) 함수들'이다. 이런 함수를 제곱적분가능함수square integrable function라 한다(여기서 '적분할 수 있다'는 말은 적분 결과가 유한하게 나온다는 뜻이다 - 옮긴이).

다행히도 양자적 파동함수는 이 조건을 완벽하게 만족하는 것으로 판명되었다. 막스 보른은 임의의 위치에서 파동함수의 진폭을 제곱한 값이 '입자가 그 위치에서 발견될 확률'과 같다는 것을 증명했다. 입자는 공간의 어딘가에 반드시 존재해야 하므로, 파동함수를 제곱해서 모든 공간에 대해 적분한 값은 반드시 1이 되어야 한다(확률 1=확률 100퍼센트 - 옮긴이). 이는 곧 양자적 파동함수가 힐베르트 공간에서 제곱적분이 가능하다는 뜻이다.[30]

노이만의 물리적 직관은 괴물 같은 디랙보다 한 수 아래였지만, 수학적 능력은 타의 추종을 불허했다. 1907년에 수학자 프리제시 리에스Frigyes Riesz와 에른스트 피셔Ernst Fischer가 몇 달 간격으로 제곱적분 가능함수와 관련된 중요한 논문을 발표했는데, 노이만은 이들의 연구가 파동역학과 행렬역학을 연결하는 실마리임을 보는 즉시 간파했다. 파동함수와 같은 제곱적분가능함수는 무한개의 '직교함수'를 이용하여 나타낼 수 있다.[31] 직교함수란 여러 개의 함수를 묶어서 칭하는 집합명사로서 이들은 서로 독립적이며independent(예를 들어 a, b, c가 서로 독립적이라는 것은 이들 중 임의로 2개를 골라 가중치를 바꿔가며 아무리 더해도 나머지 하나와 같아질 수 없다는 뜻이다 - 옮긴이), 이들을 적절히 더하여 다른 어떤 함수도 만들어낼 수 있는 함수 집합을 의미한다.[32] 한 가지 예를 들어보자. 여기, 용량이 124리터인 물탱크가 있다. 우리에게 주어진 임무는 20, 10, 7리터짜리 작은 물통으로 물을 운반해서 124리터짜리 물탱크를 넘치거나 부족함 없이 가득 채우는 것이다. 해결책은 여러 가지가 있는데, 20리터로 다섯 번, 10리터로 한 번, 7리터로 두 번 붓는 것도 그중 하나이다($20 \times 5 + 10 \times 1 + 7 \times 2 = 124$).

파동함수도 다른 함수를 이런 식으로 조합하여 만들 수 있다. 이 과정에서 각 함수의 기여도는 그 앞에 곱해진 계수에 의해 결정된다.[33] 리에스와 피셔는 다음과 같은 사실을 알아냈다. "파동함수의 제곱이 1이면, 이것을 만든 직교함수의 각 계수를 일일이 제곱해서 모두 더한 값도 1이다."[34]

이 정리를 들은 노이만은 곧바로 하이젠베르크의 행렬역학과 슈뢰딩거의 파동역학의 연결고리로 눈을 돌렸다. 전개된 파동함수 expanded wavefunction(직교함수의 합으로 표현된 파동함수 – 옮긴이)를 자세히 보니, 각 직교함수에 곱해진 계수들이 상태를 나타내는 행렬 요소(행렬 속에 들어 있는 숫자들 – 옮긴이)와 정확하게 일치하는 것이 아닌가! 완전히 다르게 보였던 두 공간은 사실 동일한 공간이며, 파동 이론과 행렬 이론을 분석하는 기반이었다.[35] 디랙과 슈뢰딩거 같은 양자 이론의 대가들도 두 이론이 궁극적으로 같다는 것을 증명하기 위해 다양한 시도를 해왔지만, 정작 이 일을 처음으로 해낸 사람은 물리학자가 아닌 수학자 존 폰 노이만이었다. 그전까지만 해도 과학 분야에서 하나의 현상이 완전히 다르게 보이는 2개의 이론으로 서술된 적은 단 한 번도 없었다. 뉴턴의 중력 법칙은 행성의 운동을 설명하고, 기체의 운동이론은 수많은 입자의 집단 거동으로부터 기체의 특성을 설명한다. 그렇다면 양자 이론의 수학은 과연 무엇을 설명하고 있을까? 노이만은 확률의 바다 한복판에 거대한 바위를 쌓았다.

양자역학의 수학적 분석

노이만이 괴팅겐에 머문 기간은 별로 길지 않았지만, 계약이 끝난 후에도 몇 년 동안 괴팅겐을 수시로 방문하면서 그곳의 학자들과 의견을 나누었다. 록펠러 재단의 지원이 1927년에 만료되었을 때, 노이만은 베를린 대학교의 제안을 받아들여 학교 역사상 가장 젊은 개인강사Privatdocent(학교로부터 월급을 받지 않고, 강의를 듣는 학생들로부터 강의료를 직접 받는 직책)로 부임했다. 박사학위 과정을 마친 후 연구원 생활을 끝내고 생전 처음으로 '대학 교수'라는 직함을 갖게 된 것이다. 그러나 당시 베를린의 전반적인 분위기는 다소 부정적인 쪽으로 흐르고 있었다. 제1차 세계대전으로 독일제국이 와해된 후, 베를린은 바이마르공화국(제1차 세계대전 후 1918~1933년 동안 유지된 독일공화국. 히틀러의 나치 정권에 의해 소멸되었다 – 옮긴이)의 거칠고 타락한 수도로 변해갔다. 그 무렵 독일인들 사이에 유행했던 노래 가사 하나를 여기 소개한다.

> 얘야, 너 완전히 미쳤구나Du bist verrückt, mein Kind.
> 너 아무래도 베를린으로 가야겠다Du mußt nach Berlin.
> 미친 사람들은 죄다 그곳에 있거든Wo die Verruckten sind.
> 네가 있을 곳은 바로 거기란다Da jehörst de hin.[36]

이 노래의 영향을 받았는지, 23세의 청년 노이만은 베를린에 새 둥지를 틀었다. 책벌레로 유명한 위그너도 베를린에 있었지만, 그는 헝가리 출신 친구들(텔러, 실라르트, 노이만 등)과 어울리지 않고 물리학 세미나를 열심히 찾아다니면서 수도승처럼 살았다. 위그너의 증언에 의하면 선천적으로 생기발랄했던 노이만은 카바레와 술집을 자기 집처럼 드나들었다고 한다.[37]

베를린은 활기찬 밤 문화뿐만 아니라 과학 분야에서도 세계 최고 수준을 자랑하는 도시였다. 1920년대에 과학의 공용어는 영어가 아닌 독일어였고, 양자역학의 초기 논문은 독일어로 써서 독일 학술지에 게재하는 것이 정석이었다. 베를린에서는 젊은 학자들이 참석하는 학회와 세미나가 거의 매일 개최되었으며, 카페와 술집에서도 신변잡기보다 학술적인 대화가 주류를 이루었다. 1988년에 위그너는 한 인터뷰 자리에서 그 시절을 회상하며 말했다. "당시 미국은 소련

베를린 대학교에서 발행한 노이만의 신분증.

과 비슷했습니다. 일류 과학 교육은 찾아볼 수 없고 덩치만 큰 나라 였지요. 과학 최강국은 누가 뭐라 해도 독일이었습니다."

노이만은 세미나에 참석할 때마다 "과도한 준비로 발표를 망치지 않기 위해" 각별히 주의를 기울였다. 그는 세미나 장소를 향해 기차를 타고 가면서 자신이 발표할 내용을 곰곰 생각하다가, 정작 세미나장에 나타나면 아무런 노트도 없이 곧바로 수식을 써내려가곤 했다. 한참 계산을 하다가 칠판이 가득 차면 먼저 썼던 방정식의 일부를 쓱 문질러서 지우고 그 자리에 달라진 내용을 채워 넣었다(그의 계산을 노트에 받아 적던 사람은 아마 죽을 맛이었을 것이다). 노이만만큼 계산 속도가 빠르지 않은 사람(즉, 모든 사람)들은 그의 독특한 강의 방식을 "지워서 증명하기proof by erasure"라 불렀다. 강연 도중에 청중들이 지루한 기색을 보일 때마다 노이만은 3개 언어로 음란한 농담을 구사하면서 분위기를 바꾸었고, 다른 사람이 지루한 발표를 할 때에는 청중석에 조용히 앉아 다른 엉뚱한 수학 문제를 풀곤 했다.

노이만은 베를린에서의 삶을 나름대로 즐기면서도 뒤로는 정식으로 월급을 받는 교수직을 찾고 있었다. 그러던 중 1929년에 새로운 일자리 제안이 들어오자 정교수로 빠르게 승진할 수 있겠다는 희망을 품고 함부르크 대학교로 자리를 옮겼지만, 그곳에서의 생활도 오래가지 못했다.

아무튼 노이만은 집합론을 연구할 때 그랬던 것처럼 양자역학을 자신의 수학으로 고쳐 쓰느라 매우 바쁜 나날을 보내고 있었다. 처음에 노르트하임, 힐베르트와 공동 연구를 하다가 독립을 선언한 그는[38] 1932년에 『양자역학의 수학적 기초Mathematische Grundlagen der

Quantenmechanik』라는 걸작을 통해 "양자 이론은 힐베르트 공간의 수학적 특성으로부터 자연스럽게 유도된다"는 놀라운 사실을 증명했다. 양자 이론의 엄밀한 체계를 세웠다는 점에 스스로 만족한 노이만은 양자 이론의 가장 뜨거운 논쟁거리로 눈길을 돌렸다. "이 정도면 됐다. 양자역학의 수학은 충분히 아름답고 우아하다. 그런데 이 우아한 수학 체계의 저변에서 대체 무슨 일이 벌어지고 있는가?"

양자역학이 처음 등장했을 때부터 물리학자들은 이 이론이 물리적 세계에 대하여 무엇을 말해주고 있는지 갈피를 잡기가 어려웠다. 가장 큰 문제는 슈뢰딩거 방정식의 해인 파동함수가 현실 세계의 무엇에 해당하는지, 마땅한 해석을 내리지 못했다는 점이다. 슈뢰딩거가 재직했던 대학의 학생들은 '위대하신 교수님'을 위로한다며 다음과 같은 노래를 부르고 다녔다.

> 에르빈은 자신이 발견한 Ψ로Erwin with his psi can do
> 꽤 많은 계산을 할 수 있었지Calculations quite a few.
> 하지만 한 가지는 여전히 모른다네But one thing has not been seen.
> 대체 Ψ가 뭐야Just what does psi really mean?[39]

그럼에도 불구하고 양자 이론은 아름답고 완벽하게 작동한다. GPS(위성항법장치)와 컴퓨터칩, 레이저, 그리고 전자현미경 등은 양자 이론의 타당성을 입증하는 확실한 증거이다. 그러나 하이젠베르크가 행렬역학을 발표한 지 거의 100년이 지났는데도, 물리학자들은 그 의미를 놓고 여전히 논쟁을 벌이고 있다. 그동안 양자물리학이 서술하는 현실 세계를 이해하기 위해 수많은 해석이 제시되었지만, 증명된 것은 하나도 없다. 그래서 물리학자들 사이에는 "양자물리학에 대한 새로운 해석은 주기적으로 등장하지만 사라지는 것은 하나도 없으니, 계속 쌓여만 가고 있다"는 농담이 돌았는데, 지금은 이 농담조차 식상해진 상태이다. 최근에 이론물리학자 스티븐 와인버그Steven Weinberg는 이렇게 말했다. "많은 물리학자들이 양자역학을 만만하게 여기는데도 그들 사이에 의견이 일치하지 않는다는 것은 별로 좋은 징조가 아니다."[40] (지금 저자는 양자 이론quantum theory과 양자역학quantum mechanics, 그리고 양자물리학quantum physics이라는 용어를 마구 섞어서 쓰고 있다. 굳이 구별하자면 초기의 양자 가설을 '양자 이론', 행렬역학과 파동역학으로 무장한 양자 이론을 '양자역학', 이들을 뭉뚱그려서 '양자물리학'으로 부르면 무난할 것 같은데, 정작 이런 식으로 구별해가면서 쓴 책은 찾아보기 힘들다. 이 책에서는 위의 세 가지 용어를 모두 같은 뜻으로 이해해도 무방하다 - 옮긴이)

모든 문제는 원자와 광자의 상호작용이 현미경이나 분광기, 또는 우리의 눈을 통해 관측되는 '양자물리학과 고전물리학의 경계'에서 발생한다. 양자 이론에 의하면 입자는 무수히 많은 상태가 겹쳐진 '중첩 상태superposotion'로 존재할 수 있다. 원자에 속박되지 않은 자유전자 1개는 어디에나 존재할 수 있으므로, 이 전자를 서술하는 파동함수에는 모든 가능한 상태가 중첩되어 있다.

누군가가 인광판phosphor screen(유리에 형광체를 칠하여 전자가 닿으면 발광發光하도록 만든 판 - 옮긴이)을 이용하여 전자 1개를 '붙잡았다고' 가정해보자. 전자가 인광판에 닿으면 형광물질이 광자를 방출하면서

'방금 전자가 이 근처에서 발견되었다'는 신호를 보낸다. 이로써 자신의 위치를 들켜버린 전자는 여러 개의 가능성이 중첩된 상태가 아니라, 위치가 하나의 값으로 정해진 '단 하나의 상태'에 놓이고, 관측자는 모든 공간에 넓게 퍼져 있는 전자의 파동함수를 더 이상 볼 수 없게 된다. 그러니까 전자는 어떤 관측자도 볼 수 없는 중첩 상태에 있거나(관측 전), 명확하게 정의된 하나의 위치에 놓여 있거나(관측 후), 둘 중 하나이다. 누군가가 실행한 관측 행위 때문에 자신의 위치가 발각되는 순간, 전자는 곧바로 양자적 특성을 던져버리고 언제 그랬냐는 듯이 고전적인 모습을 태연하게 보여주는 것이다.

노이만은 관측 전후에 판이하게 달라지는 이 두 가지 상태를 '이론의 기초'라고 했다. 처음에(관측 행위가 개입되기 전) 입자는 모든 가능성이 중첩된 파동함수로 서술된다. 이 파동함수는 슈뢰딩거 파동방정식의 해로서 임의의 시간, 임의의 공간에서 입자의 상태를 완벽하게 서술하고 있다. 뉴턴과 아인슈타인의 방정식이 지구 주변을 도는 인공위성의 운동 상태를 정확하게 계산해주듯이, 슈뢰딩거의 파동방정식은 모든 시간과 공간에서 파동함수가 변해가는 양상을 정확하게 알려준다. 여기까지는 뉴턴의 운동 법칙만큼이나 결정론적이다(원인을 알면 입자의 위치나 운동량을 알 수 있다는 뜻이 아니라, 원인을 알면 입자의 파동함수를 알 수 있다는 의미에서 '결정론'이라는 단어를 쓴 것이다-옮긴이). 그러나 입자로부터 위치나 운동량 같은 정보를 추출하기 위해 무언가를 시도하기만 하면 파동함수가 마치 거품처럼 터지면서, 그 많았던 가능성 중 단 하나가 무작위로 결정된다. 이 과정은 불연속적으로 진행되며(중첩 상태에서 단 하나의 상태로 매끄럽게 변하지 않고 느닷없이, 갑자기 변한다는 뜻이다-옮긴이), 거꾸로 되돌릴 수도 없다. 입자가 하나의 상태를 '선택하면' 슈뢰딩거의 방정식은 더 이상 적용되지 않고 다른 상태들은 흔적도 없이 사라진다. '파동함수의 붕괴wave function collapse'로 알려진 이 과정은 고전물리학의 어떤 이론으로도 설명될 수 없다.

노이만은 그의 저서인 『양자역학의 수학적 기초』에서 "1929년에 닐스 보어가 양립할 수 없는 2개의 과정을 제일 먼저 인식했다"고 명확하게 밝혔다. 그러나 그해에 보어가 제시한 설명은 지나치게 장황하고 산만하여 문제를 더욱 모호하게 만들었다.[41] 그는 관측 과정에서 비가역적 변화가 일어나는 이유에 대하여 "덩치가 크고 고전적인 물체, 즉 관측 도구(현미경 등)가 양자 세계에 침투했기 때문"이라고 설명했지만, 노이만은 고전적 영역과 양자적 영역에 명확한 구분이 없다고 생각했다. 관측 도구라는 것도 결국은 양자역학의 법칙을 따르는 작은 원자로 이루어져 있기 때문이다. "원자 집단의 규모가 어느 이상으로 커졌을 때 파동함수가 붕괴된다"고 우긴다면, 수학은 더 이상 할 말이 없다.

파동함수의 붕괴 여부와 붕괴되는 방법, 그리고 붕괴되는 시간은 그 골치 아픈 '관측 문제measurement problem'의 근원이다. 이 문제에 대해서는 지금도 다양한 해석이 난무하고 있는데, 1932년에 노이만은 물리학자들의 의견을 최초로 종합하여 나름대로 분석 결과를 발표했다.

노이만의 분석은 온도계로 무언가(예를 들어 잔에 담긴 커피)의 온도를 측정하는 단순한 관측 행위에서 출발한다. 이를 위해서는 온도계의 눈금을 읽을 주체, 즉 최소 한 사람의 관측자가 필요하다. 그리고 온도계와 관측자 사이에는 여러 단계의 중간 과정을 임의로 끼워넣을 수 있다(온도계를 멀리서 망원경으로 볼 수도 있고, 온도계의 눈금을 디지털 문자로 변환하는 장치를 사용할 수도 있다-옮긴이).

온도계의 수은 기둥에서 반사된 빛이 관측자의 눈에 들어오면 약간의 굴절을 겪은 후 망막에 도달한다. 이곳에서 광자는 망막세포에 의해 전기신호로 변환되고, 이 신호가 시신경을 타고 두뇌로 전달되면 모종의 화학반응이 일어난다. 여기서 노이만은 다음과 같이 주장했다. "중간 단계를 아무리 많이 추가해도, 이 모든 과정은 '누군가'가 사건을 인지하는 것으로 끝난다. 그러므로 우리는 이 세상을 '관측자'와 '관측 대상'으로 양분하는 수밖에 없다."

그렇다면 중간 단계는 어떻게 되는가? 양자역학의 가장 직접적인 해석에 의하면, 몇 번의 중간 단계를 거치건 같은 결과가 얻어질 것 같다. 적어도 관측자의 관점에서는 그래야 한다. 만일 그렇지 않다면 어떤 중간 단계를 거치느냐에 따라 관측 결과가 달라질 것이기 때문이다. 동일한 문제에 대하여 때마다 다른 답을 내놓는 이론을 반길 사람은 없다. 노이만은 시작과 끝이 같으면서 중간 과정이 다른 모든 가능한 시나리오에 대하여 양자역학이 동일한 답을 주는지 확인하고 싶어졌다.

이 작업을 수행하기 위해 노이만은 물리적 세계를 세 부분으로 나누었는데, 나누는 방식도 세 가지로 분류했다. 첫 번째 분류법에서, 첫 번째 부분(part I)은 관측 대상으로 이루어진 계(잔에 담긴 커피)이고, 두 번째 부분(part II)은 관측 장비(온도계)이며, 세 번째 부분(part

III)은 관측 장비에서 날아온 빛과 관측자로 이루어진 계이다. 두 번째 분류법에서, part I은 커피잔과 온도계이고, part II는 온도계에서 반사된 빛이 관측자의 망막으로 도달할 때까지 거쳐온 경로이며, part III는 망막을 포함한 관측자이다. 그리고 세 번째 분류법에서, part I은 관측자의 눈에 보이는 모든 것이고, part II는 관측자의 망막과 시신경 및 두뇌이며, part III는 관측자의 추상적인 '자아'이다. 노이만은 이렇게 상황을 단계적으로 분류한 후, 세 가지 경우에 대하여 part I과 나머지 사이의 경계(파동함수가 붕괴되는 곳)에서 어떤 결과가 나오는지 계산했다. 그리고 파동함수가 붕괴되는 지점을 part I, II 이후와 part III 이전(part II와 III 사이)으로 옮겨서 관측자가 얻게 될 결과를 다시 계산했다.

이 계산을 수행하려면 한 쌍의 물체가 상호작용을 교환할 때 양자역학적으로 어떤 일이 일어나는지 알아야 한다. 노이만은 이 문제를 깊이 생각하다가 "커피잔과 온도계의 양자 상태는 개별적으로 서술될 수 없으며, 개별적 상태의 중첩으로 서술되지도 않는다"는 사실을 깨달았다. 그의 논리에 의하면 이들의 파동함수는 복잡하게 얽혀 있기 때문에, 둘을 합쳐서 하나의 파동함수로 서술해야 한다. 슈뢰딩거는 이 현상을 설명하기 위해 1935년에 '양자적 얽힘quantum entanglement'이라는 용어를 도입했다. 이는 곧 양자적으로 얽힌 한 쌍의 물체가 초기에 상호작용을 교환한 후 서로 아득히 멀어졌다 해도 둘 중 하나를 골라 임의의 물리량을 측정하면, 두 물체의 상태를 뭉뚱그려 서술하는 전체 파동함수가 그 즉시 붕괴된다는 뜻이다. 평소 양자역학을 탐탁지 않게 생각했던 아인슈타인은 이 희한한 현상을

'유령 같은 원거리 작용spooky action at a distance'이라 불렀다.[42]

노이만은 희한하기 그지없는 양자역학에 별다른 적개심을 갖지 않았다. 말끝마다 트집을 잡았던 아인슈타인보다는 훨씬 너그러웠다. 단지 노이만은 양자역학의 저변에 깔려 있는 이중성이 어떤 모순을 낳는지 알고 싶을 뿐이었다. 다행히도 이중성은 아무런 모순도 낳지 않았다. 양자계와 고전계의 경계선을 어디에 설정하건, 관측자가 얻는 답은 항상 같았던 것이다. 그리하여 노이만은 이 경계선을 관측자의 몸 안 깊숙한 곳, 심지어는 자각이 일어나기 바로 직전까지(그곳이 어디이건) 옮길 수 있다고 결론지었다. 이 경계는 오늘날 '하이젠베르크 절단선Heisenberg cut'으로 알려져 있는데, 좀 더 공정하게 말하면 '하이젠베르크-노이만 절단선'으로 불러야 옳다.

노이만이 얻은 결과에 의하면 '관측되는 계'와 '관측자의 의식'을 이어주는 연결고리 어딘가에서 파동함수가 (즉각적으로) 붕괴되는 한, 모든 것은 크기와 복잡성에 상관없이 양자적 물체로 취급할 수 있다. 이 시나리오에서 관측이 실행되기 전에 관측 대상(광자, 커피잔, 온도계 등)의 물리적 특성을 논하는 것은 아무런 의미가 없다. 파동함수가 붕괴되기 전에는 물체의 위치를 알 방법이 없기 때문이다. 이것이 바로 오랜 세월 동안 양자역학을 지배해온 '코펜하겐 해석Copenhagen interpretation'이다.[43] 이 해석에 의하면 양자역학은 우리에게 '양자적 실체'를 알려주는 것이 아니라, '알 수 있는 것'만 골라서 알려주고 있다. 눈에 보이지 않는 것은 신경 쓸 필요가 없다니, 이 얼마나 마음 편한 이론인가? 덕분에 코펜하겐 해석을 지지하는 물리학자들은 '보이지 않는 것'에 얽매이지 않은 채 탁 트인 양자 대로를 마음 놓고 질주할 수 있었다(관측되지 않는 현상을 행렬역학에서 완전히 제외시켰던 하이젠베르크가 코펜하겐 해석을 전폭적으로 지지한 것은 결코 우연이 아니었다). 물론 개중에는 중요한 문제를 교묘하게 피해간다며 불안감을 느끼는 사람도 있었지만, 이미 시작된 코펜하겐 학파(코펜하겐 해석을 지지하는 물리학자들 - 옮긴이)의 질주를 막을 사람은 아무도 없었다. 물리학자 데이비드 머민David Mermin은 코펜하겐 학파의 슬로건을 다음과 같이 요약했다. "닥치고 계산이나 해!"[44]

양자역학을 창시한 거물급 물리학자 중 일부는 노이만이 한창 연구 중인 새로운 해석을 별로 달가워하지 않았다. "파동함수는 왜 붕괴되는가?"라는 간단한 질문조차 해결되지 않았기 때문이다. 노이만은 저서에서 이 문제를 직접 다루지 않았고, 친구 위그너를 비롯한 다른 물리학자들은 관측자(인간)의 의식이 파동함수를 붕괴시킨다고 제안했다. 노이만은 여기에 대놓고 동의하지 않았지만, 속으로는 어느 정도 수긍했던 것 같다.[45] 그러나 뭐니 뭐니 해도 코펜하겐 해석을 가장 강하게 반대했던 사람은 자타가 공인하는 세계 최고의 물리학자 아인슈타인이었다. 네덜란드의 물리학자이자 역사가인 아브라함 파이스Abraham Pais는 한때 아인슈타인과 나눴던 대화를 다음과 같이 회상했다. "어느 날 저녁, 아인슈타인과 산책을 하던 중 그가 갑자기 걸음을 멈추고 나에게 물었다. '저것 좀 보라고. 저렇게 밝고 청명한 달이 내가 바라볼 때만 존재한다는 게 말이 된다고 생각하나?'"[46] 아인슈타인은 누군가가 바라보건 말건, 모든 사물은 고유의 특성을 갖고 있다고 굳게 믿었던 것이다. 물론 이런 믿음을 고수한 사람은 아인슈타인뿐만이 아니었다.

상자 속의 고양이는 살았을까, 죽었을까?

노이만의 『양자역학의 수학적 기초』는 뛰어난 수학자가 심혈을 기울여 집필한 최고의 명작으로 손색이 없다. 영국의 한 소년은 수학 경시대회에서 우승하여 이 책(독일어 버전)을 부상으로 받았는데,[47] 단숨에 읽은 후 어머니에게 다음과 같은 감상문을 보냈다. "정말 재미있게 읽었어요. 하나도 어렵지 않던데요?" 노이만의 책을 소설 읽듯이 술술 읽었던 그 소년의 이름은 앨런 튜링Alan Turing이었다.[48] 그러나 『양자역학의 수학적 기초』는 한 젊은 수학자의 거만함을 가감 없이 드러낸 책이기도 했다. 독자들 중에는 "28세밖에 안 된 신출내기 수학자가 마치 자신이 양자역학의 종결자인 양 잘난 척을 하고 있다"며 빈정대는 사람도 있었다.

에르빈 슈뢰딩거는 코펜하겐 해석에 동의하지 않았다. 노이만의 책이 출간되고 3년이 지난 후 슈뢰딩거는 아인슈타인과 편지를 교환하면서 양자역학의 취약점에 대해 심도 있는 토론을 벌이다가, 대상을 가리지 않고 양자역학을 마구잡이로 적용하는 추세에 제동을 걸기 위해 한 가지 사고실험thought experiment(현실적으로 실행이 불가능하여 생각만으로 진행되는 실험-옮긴이)을 제안했다.[49] 노이만의 주장대로 양자역학의 법칙이 큰 물체에도 적용된다면, 벌레나 쥐에게도 적용되지 않을까? 아니, 우리와 좀 더 친한 고양이는 어떨까?

슈뢰딩거는 1935년에 발표한 논문에 다음과 같이 적어놓았다.

　… 여기서 한 걸음 더 나아가, 한층 더 터무니없는 경우를 생각할 수

도 있다. 고양이 한 마리를 철제 상자에 가두고, 그 안에 다음과 같은 무시무시한 장치를 설치했다고 하자(단, 고양이가 이 장치를 망가뜨리지 않도록 잘 단속해야 한다). 가이거 계수기Geiger counter(입자를 탐지하여 방사능을 측정하는 장치-옮긴이) 안에 작은 방사성 물질 한 조각을 넣어둔다. 이 물질은 한 시간 안에 원자 1개가 붕괴할 확률이 50퍼센트이며, 붕괴되지 않을 확률도 똑같이 50퍼센트이다. 만일 원자가 붕괴되면 계수기의 눈금이 움직이면서 연결된 망치가 작동하여 시안화수소산(청산)이 들어 있는 작은 병을 깨뜨리도록 세팅되어 있다. 이 상태에서 상자의 뚜껑을 닫고 한 시간 동안 방치해두었다고 하자. 만일 그 사이에 원자가 하나도 붕괴되지 않았다면 고양이는 한 시간 후에도 멀쩡하게 살아 있을 것이다. 그러나 원자가 붕괴되었다면 첫 번째 붕괴가 일어나는 즉시 고양이는 죽는다. 그렇다면 전체 시스템을 서술하는 파동함수(Ψ)에는 살아 있는 고양이와 죽은 고양이가(죄송!) 같은 비율로 섞여 있을 것이다.

'슈뢰딩거의 고양이'로 알려진 이 역설은 양자 이론의 취약점을 만천하에 드러내는 결정적 한 방이었다. 대부분의 사람들이 동의하듯이 고양이는 살았거나 죽었거나, 둘 중 하나이다. 그러나 노이만의 논리를 고수하면 상자의 뚜껑을 열지 않는 한(즉 관측을 실행하지 않는 한), 고양이의 파동함수는 방사성 물질의 파동함수와 얽혀서 '살아 있으면서 동시에 죽은 상태'로 존재하게 된다. 양자역학이 거시적 규모에서 이토록 명백한 모순을 야기한다면, 이 이론이 원자 규모의 작은 세계에서 '진실'을 서술한다고 어떻게 장담할 수 있겠는가? 슈뢰딩거는 이 사고실험을 통해 양자역학이 궁극의 이론이 아님을 간접적으로 주장했고, 그 무렵 아인슈타인은 막스 보른에게 다음과 같은 편지를 보냈다. "양자 이론은 많은 사실을 알아냈지만 자연의 비밀에는 근처도 가지 못한 것 같습니다. 어떤 경우이건 나는 신이 주사위 놀음 따위는 하지 않는다고 확신합니다."[50] 이 점에서는 슈뢰딩거도 아인슈타인의 관점에 동의했다. 그는 양자역학보다 더 깊은 곳에 자연을 합리적으로 서술하는 궁극의 이론이 숨어 있다고 믿었다. 달은 바라보는 사람이 없어도 여전히 그곳에 떠 있고, 전자는 인광판에 도달하지 않아도 '위치'라는 속성을 갖고 있어야 한다. 노이만은 자신의 책이 논쟁을 야기했다는 사실을 잘 알고 있었지만, 굳이 나서서 해명하지는 않았다.

앞에서 여러 번 강조한 바와 같이 양자역학은 이전의 어떤 이론과 비교해도 비슷한 구석이 전혀 없다. 코펜하겐 해석이 옳다면, 파동함수가 붕괴되면서 어떤 결과가 나타날지 미리 예측하기란 원리적으로 불가능하다. 관측자에게 자신의 정체를 들킨 입자는 자신이 갖고 있던 수많은 가능성 중 임의로 하나를 선택해서 보여준다. 이는 곧 양자역학이 인과율causality을 따르지 않고(관측된 곳에서 나타난 결과를 역으로 추적할 수 없음) 결정론적 이론도 아니라는 뜻이다(관측을 통해 얻은 결과가 무작위로 결정되기 때문이다). 양자 세계에 인과율과 결정론을 되살리고 직관적 실체를 부여하는(즉, 관측되지 않은 입자도 위치나 운동량 같은 물리적 속상을 갖게 만드는) 유일한 방법은 모든 입자와 관련되어 있지만 관측자는 결코 알아낼 수 없는 '숨은변수hidden variable'를 도입하는 것이다.[51] 이 시나리오에서 물리계의 상태는 '관측될 수 없는 변수'에 의해 전적으로 결정되며, 이론에서 확률적 요소가 완전히 제거된다. 아인슈타인이 원했던 대로 주사위 놀음을 하는 신이 사라지는 것이다.[52] 노이만은 숨은변수에 기초한 이론이 양자역학의 모든 결과를 재현할 수 있다는 주장에 매우 회의적이었다. 그는 『양자역학의 수학적 기초』에서 숨은변수 이론이 직면하게 될 문제점을 낱낱이 파헤쳤는데, 대표적인 사례는 다음과 같다.

여러 개의 양자적 입자(예를 들어 수소 원자)로 이루어진 앙상블 ensemble(여러 입자로 이루어진 계가 취할 수 있는 모든 가능한 배열의 집합 – 옮긴이)을 대상으로 모종의 관측을 시도한다고 가정해보자. 한 번의 관측이 끝나면 또 하나의 동일한 앙상블에 대하여 이전과 같은 관측을 시도한다. 양자 이론과 수많은 실험 결과에 의하면, 전술한 두 번의 관측은 각기 다른 결과를 낳는다. 충분히 많은 앙상블을 대상으로 동일한 관측을 시도하면 관측 결과는 넓은 범위에 걸쳐 분산될 것이다. 통계적으로 이런 분포를 보이는 입자의 집합을 분산형 앙상블 despersive ensemble이라 한다. 따라서 양자역학에 의하면 모든 앙상블은 분산형이다.

노이만은 앙상블이 분산되는 이유를 두 가지 논리로 설명했다. 첫번째 설명은 모든 앙상블이 겉으로는 똑같아 보이지만, 각 앙상블의 구성 입자와 관련된 숨은변수는 모두 다른 값을 갖는다고 가정하는 것이다. 이 관측되지 않는 변수(앙상블마다 값이 다름) 때문에 관측값이 균일하지 않고 넓게 퍼지는 것이다. 이는 곧 앙상블이 '숨은변수 값이 모두 동일한 입자'로 이루어질 수 없음을 의미한다(그렇지 않으면 앙상블의 측정값은 항상 똑같을 것이다). 물리학 용어로 말하면 앙상블은 동종homogeneous으로 존재할 수 없다. 두 번째 설명은 지금의 양자역학에 아무런 문제가 없고, 측정 결과는 파동함수가 붕괴됨에 따라 무작위로 나타난다고 가정하는 것이다. 그러면 측정값의 범위가 넓게 퍼지는 것은 당연한 결과이며, 굳이 숨은변수를 도입할 필요가 없다.

그다음 단계에서 노이만은 양자역학의 분산형 앙상블이 동종임을 증명했다. 앙상블의 모든 구성 입자들은 외부에서 관측이 실행될 때까지 동일한 양자중첩 상태에 놓여 있다는 것이다. 노이만은 이전 단계에서 '숨은변수가 존재한다면 앙상블은 일반적으로 동종일 수 없다'는 것을 이미 증명했으므로, 이런 경우를 따로 고려할 필요가 없었다.

노이만의 증명은 코펜하겐 해석을 지지하는 물리학자들에게 최고의 희소식이었다. 역사학자 막스 재머Max Jammer는 "젊은 천재가 숨은변수 이론을 단호하게 거부했다는 소식이 퍼지자 코펜하겐 학파는 노이만에게 환호를 보냈고, 반대론자들도 그의 통찰력을 인정해주었다"고 했다.[53] 이 무렵 노이만은 미국으로 이주하여 편안한 삶을 누리고 있었다.

1930년 10월 말에 위그너는 프린스턴 대학교로부터 단기 강사직을 제안받았는데, 처음 전보를 받고는 한동안 벌어진 입을 다물지 못했다. 프린스턴에서 제안한 급여가 베를린에서 받던 급여의 7배가 넘었기 때문이다. 처음에 그는 전보를 전송하는 과정에서 오류가 있었다고 생각했다. 그러나 얼마 후 위그너는 이미 몇 주 전에 프린스턴 대학교에서 노이만에게 훨씬 많은 급여를 제안했다는 사실을 전해 듣고 살짝 자존심이 상했다. 훗날 위그너는 이때의 일을 회상하며 말했다. "프린스턴 대학교에서 정말로 원했던 사람은 내가 아니라 노이만이었다."[54] 당시 위그너는 모르고 있었지만, 노이만은 프린스턴 대학교의 초청을 받았을 때 위그너에게도 초청장을 보내 줄 수 있는지 조심스럽게 물어보았다. 그러고는 "해결해야 할 집안 문제가 있어서" 미국행을 조금 연기하기로 합의했다. 부다페스트로 가서 결혼식을 올려야 했기 때문이다.

두 명의 헝가리인을 초청하는 것은 프린스턴 대학교의 수학과 교수 오스왈드 베블런Oswald Veblen의 생각이었다. 당시 미국은 학술적으로 후진국에 속했기에 베블런은 유럽의 뛰어난 수학자를 높은 급여로 영입하기를 원했다. 그는 록펠러 재단과 재벌 기업가들로부터 상당한 기부금을 모아서 프린스턴 대학교에 파인홀Fine Hall이라는 웅장한 건물을 지었는데, 문제는 그 건물에서 연구할 뛰어난 수학자가 부족하다는 점이었다. 그러나 프린스턴 측에서는 수학자보다 물리학자를 원했고, 곤경에 처한 베블런은 때마침 최근에 노이만과 위그너가 수소 원자보다 복잡한 원자의 스펙트럼을 분석하여 공동 논문을 발표했다는 소식을 듣고 절충안을 제시했다. "두 헝가리인을 반년 동안 임시로 채용해봅시다."

위그너를 태운 배는 1930년 1월에 뉴욕항에 도착했고, 갓 결혼한 노이만은 아내 마리에트 코베시Mariette Kövesi와 함께 다음날 도착했다.[55] 두 사람은 프린스턴에서 재회한 후에도 여전히 헝가리어로 대화를 나눴지만, 하루빨리 미국 문화에 익숙해지기로 다짐했다고 한다. 그때부터 평생 얀시라는 애칭으로 불렸던 노이만은 조니가 되었고, 위그너의 애칭 제노Jenö도 유진Eugene으로 바뀌었다. 훗날 위그너는 미국에 갓 도착했던 시절을 회상하며 말했다. "노이만은 미국에 도착한 첫날부터 마치 집에 있는 것처럼 만사가 편안했다. 그는 돈을 좋아하고 인류의 진보를 굳게 믿는 쾌활한 낙천주의자인데, 알고 보니 그런 사람은 유럽의 유태인 집단보다 미국에 훨씬 많았다."

그레테 헤르만과 존 스튜어트 벨의 양자 이론

노이만의 책이 출간되고 한두 해가 지났을 무렵, 그의 '불가능성 증명proof of impossibility'은 양자물리학계에서 하나의 복음으로 자리 잡았다. 예나 지금이나 젊은 학자들은 기존의 정설을 뒤집어엎으려는 유혹에 빠지기 쉽다. 그러나 노이만의 책이 알려진 후로 젊은 물리학자들 사이에는 코펜하겐 해석에 반대하는 입장을 굳히기 전에 두번, 세 번 장고를 거듭하는 경우가 눈에 띄게 많아졌다. 물리학자 데이비드 머민은 1993년에 발표한 논문에 다음과 같이 적어놓았다. "그동안 수많은 대학원생들이 숨은변수 이론에 매력을 느껴왔다. 그러나 '그런 이론이 원리적으로 불가능하다는 것을 1932년에 노이만이 이미 증명했다'는 말을 해주면 미련 없이 포기하곤 했다."[56]

그런데 노이만은 정확하게 무엇을 증명한 것일까? 이상하게도 이 질문에 답할 수 있는 사람이 별로 없었다. 그의 명성이 너무 자자해서(그리고 결정적으로 그의 책이 1955년까지 영어로 번역되지 않아서) 대부분이 증명을 확인하지 않은 채 그냥 믿었기 때문이다. 독일의 여성 수학자이자 철학자인 그레테 헤르만Grete Hermann은 노이만의 책이 출간된 후 그의 증명을 철저히 확인한 몇 안 되는 사람 중 하나였다.

혜르만은 괴팅겐 대학교에서 수학을 공부했다. 이 사실 하나만으로도 그녀는 엄청난 업적을 이룬 사람이 분명하다. 당시 여자아이들은 원칙적으로 김나지움에 입학할 수 없었고, 굳이 입학을 하려면 학교 재단의 특별 허가를 받아야 했다. 혜르만은 대학을 졸업한 후 수학과 박사학위 과정에 진학했는데, 그녀의 지도교수는 당시 괴팅겐 대학교 수학과의 유일한 여교수였던 에미 뇌터Emmy Noether였다. 몇 년 전, 괴팅겐의 사학과와 언어학과 교수들이 뇌터의 채용을 반대하고 나섰을 때 힐베르트가 그들을 향해 날렸던 대사는 지금도 전설처럼 전해진다. "저는 지원자의 성별이 문제가 된다고 생각하지 않습니다. 여긴 대학교잖아요. 목욕탕이 아니란 말입니다!" 여성을 차별하는 분위기 속에서 혜르만과 뇌터는 강한 유대감을 느꼈고, 두 여인은 서로를 진심으로 아껴주었다. 그러나 혜르만은 1925년 2월에 박사학위 과정 졸업시험을 통과한 후 전공을 철학으로 바꾸기로 결심했다. 당시 뇌터는 혜르만을 프라이부르크 대학교의 교수로 임용시키기 위해 애를 쓰고 있었기에, 제자의 변심을 별로 반가워하지 않았다. "4년 동안 수학 공부를 그토록 열심히 해놓고 이제 와서 갑자기 철학적 재능을 발견하다니, 축하를 해야 할지 말려야 할지 판단이 안 서는구나!"[57]

혜르만은 임마누엘 칸트Immanuel Kant의 철학에 깊이 심취했지만, 이와 동시에 사회주의를 열렬하게 신봉하는 운동가이기도 했다. 그녀는 독일 저항운동의 본산 중 하나인 국제사회주의 전투연맹에 가입했다가 요주의 인물이 되어 런던으로 도피했고, 얼마 후 정략결혼을 통해 영국인으로 국적을 바꿔서 독일 정부의 추적을 따돌렸다. 전쟁이 끝난 후 독일로 돌아온 헤르만은 국가 재건을 위해 헌신하면서도 제3제국(히틀러가 정권을 장악한 시기의 독일제국)을 옹호하는 지식인들을 맹렬하게 비난했다.

1934년의 어느 날, 헤르만은 칸트의 인과법칙을 양자 이론의 맹공으로부터 보호하기 위해 하이젠베르크가 교수로 재직 중인 라이프치히 대학교를 방문했다. 훗날 하이젠베르크는 그녀를 다음과 같이 회상했다. "그레테 헤르만은 칸트의 인과법칙이 난공불락의 진리임을 증명할 수 있다고 굳게 믿었다. 그런데 새로 등장한 양자역학이 인과법칙을 위협하고 있었기에, 그녀는 칸트의 철학을 보호하기 위해 함께 싸우자며 목소리를 높였다."[58] 나중에 하이젠베르크가 자서전을 집필하면서 헤르만의 사상을 소개하는 데 한 챕터를 통째로 할애한 것을 보면, 그녀의 주장에 깊은 감명을 받은 것 같다.

헤르만은 라이프치히를 떠난 직후 양자역학에 관한 장문의 논문을 발표했는데, 그중 상당 부분은 노이만의 불가능성 증명을 비판하는 내용이었다. 그녀는 노이만이 내세운 '가산성 가정additivity postulate'의 취약점을 지적하면서, 이것 때문에 노이만의 증명이 순환 논리에 빠졌다고 주장했다.[59] "노이만은 힐베르트 공간이 양자역학을 완벽하게 설명했음을 증명한 후 '모든 이론은 수학적 구조가 동일하다'는 가정을 내세웠다. 그러나 미래에 숨은변수 이론이 양자역학과 완벽하게 부합되는 것으로 판명된다면, 그것이 노이만의 이론과 유사하다고 가정할 이유가 없다."

1933년에 헤르만은 자신의 입지를 다지기 위해 노이만의 불가능성 증명을 비판한 자신의 논문을 포함하여 몇 편의 에세이를 디랙과 하이젠베르크 등 당대의 저명한 물리학자들에게 보냈고,[60] 이것으로 그녀의 이름이 학계에 어느 정도 알려지게 된다. 그 후 1935년에 발표한 후속 논문은 별다른 주목을 받지 못했지만,[61] 헤르만 본인은 별로 대수롭게 생각하지 않았다. 그녀가 《자연과학Naturwissenschaften》이라는 학술지에 기고한 축약본 논문에는 노이만에 대한 반론이 아예 생략되어 있다.[62] 아마도 그녀는 수학보다 엄밀한 철학을 동원하여 결정론을 구원하려 한 것 같다.[63]

불가능성 증명에 내재된 한계는 헤르만의 논문이 발표되고 거의 30년이 지난 후에야 조금씩 알려지기 시작했다. '벨의 부등식'으로 널리 알려진 아일랜드의 수학자 존 스튜어트 벨John Stewart Bell은 한 인터뷰 자리에서 이렇게 말했다. "당신이 노이만의 증명을 완전히 이해하는 순간, 그 증명은 곧바로 와해됩니다. 사실 거기엔 아무것도 없어요. 틀린 정도가 아니라 완전히 엉터리입니다!"[64] 1928년에 아일랜드의 벨파스트에서 태어난 그는 4남매 중 열네 살이 된 후에도 학교를 다닌 유일한 형제였다. 고등학교를 졸업한 후에는 퀸즈 대학교 물리학과에서 기술자로 일하다가 1년 후부터 약간의 장학금을 받으면서 실험물리학 학사학위 과정을 마쳤고, 다시 1년 후인 1949년에는 수리물리학 학사학위 과정까지 수료했다. 공부를 계속하고 싶었지만, 부모에게 재정적으로 의지해온 삶을 끝내기 위해 졸업 즉시 하웰에 있는 원자력에너지연구소Atomic Energy Research Establishment(AERE)에 취직했다가 얼마 후 대학원에 진학하여 1956년에 물리학 박사학위를 받았고, 다시 4년 후 아내이자 물리학자인 메리 벨Mary Bell과 함께 제네바에 있는 유럽입자물리학연구소Conseil Européen pour la Recherche Nucléaire(CERN)로 자리를 옮겨서 입자가속기 설계에 참여했다. 그는 1983년에 박사과정 학생들과 세미나를 하는 자리에서 "지금 내가 하는 일은 양자공학이지만 일요일에는 나만의 원칙이 있다"며 자랑스럽게 떠들곤 했는데,[65] 그 원칙이란 일요일마다 물리학자로 돌아와 양자역학을 연구하는 것이었다.

벨은 물리학을 처음 공부할 때부터 양자역학에 무언가가 잘못되었음을 느꼈다. 특히 노이만이 말했던 "양자 세계와 현실 세계 사이의 이동 가능한 경계선"은 볼 때마다 심기를 불편하게 만들었다. 그가 숨은변수에 관심을 갖게 된 것은 이 이론을 이용하여 양자계와 현실계 사이의 경계를 없앨 수 있다고 생각했기 때문이다. 이렇게 되면 파동함수의 붕괴는 더 이상 고려할 필요가 없으며, 양자역학에서 고전역학으로 매끄럽게 옮겨갈 수 있다. 벨은 이것을 "이 세계에 대한 동질적homogeneous 설명"이라고 표현했다. 그러나 벨은 노이만의 증명이 숨은변수 이론을 불필요하게 만들었다는 학계의 중론에 딱히 이견을 달지 않았다. 그는 독일어를 할 줄 몰랐고 당시는 노이만의 책이 영어로 번역되기 전이었기 때문에(이 책은 1955년이 되어서야 영어로 번역되었다), 동료들에게 전해 들은 이야기만으로 대충 이해하는 수준이었다.

이 모든 것은 1952년을 기점으로 커다란 변화를 겪게 된다. 벨은 그때를 회상하며 "도저히 불가능하다고 생각했던 것을 내 눈으로 보았다"고 했다.[66] 미국의 물리학자 데이비드 봄David Bohm이 두 편의 논문에 걸쳐 "숨은변수 이론으로 양자역학의 모든 결과를 재현할 수 있다"는 놀라운 사실을 증명한 것이다. 코펜하겐 해석이 이미 확고한 정설로 자리 잡은 상황에서 이런 주장을 펼치는 것은 학자로서 다소 부담스러운 모험이었지만, 사실 봄은 잃을 것이 없는 아웃사이더였다. 그는 공산당에 가입했다는 이유로 1949년에 미국 하원의 반미활동위원회에 소환되었는데, 쏟아지는 질문에 시종일관 묵비권을 행사하다가 곧바로 체포되었다. 다행히 재판에서 무죄선고를 받았지만 프린스턴 대학교 측은 봄의 복직을 거부했고, 미국을 떠나라는 로버트 오펜하이머Robert Oppenheimer(그는 데이비드 봄의 박사과정 지도교수였다)의 충고에 따라 브라질 상파울루 대학교의 교수직 제안을 받아들여 망명길에 올랐다.

데이비드 봄은 슈뢰딩거의 방정식을 기발하게 수정하여 파동함수를 '파일럿파pilot wave'로 바꿔놓았다. 파일럿파는 양자역학의 법칙에 따라 입자의 길을 직접 유도한다(즉 파동함수가 확률을 나타내는 추상적 양이 아니라, 입자의 경로에 직접 영향을 주는 실체라는 뜻이다 - 옮긴이). 그러면 입자에 영향을 주는 모든 물리적 변화는 아무리 먼 곳에서 발생해도 우주 전체에 퍼져 있는 파일럿파를 통해 즉각적으로 전달된다. 따라서 입자에 영향을 주는 모든 요인을 알고 있으면 입자의 경로를 처음부터 끝까지 정확하게 계산할 수 있다. 양자역학을 먹기 좋은 케이크로 가공해서 결정론자들의 식탁에 올려놓은 셈이다.

1983년에 벨은 공개석상에서 목소리를 높였다. "아니, 파일럿파 같은 훌륭한 이론이 교과서에 수록되지 않는 이유가 대체 뭐란 말입니까? 파일럿파 이론이 유일하게 옳은 이론이라고 우길 생각은 없지만, 기존의 이론에 중독된 학생들에게 해독제 역할을 할 수는 있지 않겠습니까?"[67] 그러나 20년 전의 벨은 너무도 바쁜 나날을 보내고 있었다. 그는 1964년에 안식년을 맞이하여 캘리포니아의 스탠퍼드 선형입자가속기센터Stanford Linear Accelerator Center에 머무는 동안, 드디어 영어로 번역된 노이만의 책을 읽으며 불가능성 증명에 집중하기 시작했다. 이곳에서 그는 헤르만이 오래전에 불가능성 증명에서 발견했던 오류를 똑같이 발견하여 1966년에 논문으로 발표했다.[68] (논문 출판이 늦은 이유는 학술지 편집자가 보낸 편지가 제대로 배달되지 않았기 때문이다. 이때 벨은 스탠퍼드를 떠나 제네바의 CERN에서 연구를 진행하고 있었다.) 이 논문은 세계 최고의 학술지 중 하나인《현대물리학 논평Reviews of Modern Physics》에 게재되었고, 그 덕분에 벨도 학계에서 알아주는 유명 인사가 되었다. 게다가 노이만의 증명을 반박했음에도 불구하고, 그의 운명은 30여 년 전의 헤르만과 사뭇 다르게 흘러갔다. 과거에는 양자역학의 근본적 의미를 파고드는 것이 학자로서 거의 자살행위나 다름없었지만, 1960년대의 물리학계는 이 정도의 일탈은 허용하는 분위기였다. 그리하여 코펜하겐의 사슬에서 풀려난 일부 물리학자들은 1920년대로 되돌아간 듯 양자 이론의 기초를 본격적으로 파헤치기 시작했다. 코펜하겐 해석의 절대권력이 약해지면서 새로운 해석이 우후죽순처럼 등장한 것이다.

지금도 양자물리학자들은 노이만의 '불가능성 증명'을 놓고 열띤 논쟁을 벌이는 중이다. 그중 한 사람인 데이비드 머민은 "노이만이 오류를 범했고, 벨과 봄은 그것을 확실하게 잡아냈다"고 했고,[69] 제프리 버브Jeffrey Bub와 데니스 딕스Dennis Dieks는 "원래 노이만의 의도는 모든 가능한 숨은변수를 쓸어버리는 것이 아니라, 그중 일부만 배제시키는 것"이라고 주장했다.[70] 그러나 이들은 다음의 사실에 기본적으로 동의하는 입장이다. "노이만이 증명하고자 했던 것은 숨은변수 이론이 자신(노이만)이 구축했던 수학적 구조를 가질 수 없다는 것이었다. 노이만의 수학 구조를 만족하지 않는 이론은 힐베르트 공간 이론이 될 수 없다." 이것은 분명한 사실이다. 예를 들어 데이비드 봄의 이론은 노이만의 이론과 판이하게 다르다.

하이젠베르크와 파울리는 봄의 이론이 '형이상학적', 또는 '이데올로기적'이라고 단정지었지만, 봄은 노이만을 무시하지 않았다. 그는 약간의 자부심과 안도감을 갖고 논문에 다음과 같이 적어놓았다. "노이만은 나의 해석이 논리적으로 타당하며 일반적인 해석으로 귀결된다고 생각하는 것 같다(누군가에게 전해 들은 이야기다)." 또 봄은 자신의 이론이 출판되기 직전에 파울리에게 편지를 보냈다. "그(노이만)와 이야기를 나눴는데, 대화 도중에 아무런 이의도 제기하지 않더군요."[71]

봄은 현실주의(봄의 역학에서 입자는 관측을 하지 않아도 항상 존재한다)와 결정론을 복원한 자신의 아이디어를 아인슈타인도 인정해주기를 바랐을 것이다. 그러나 아인슈타인은 노이만처럼 친절하지 않았다. 그는 데이비드 봄이 양자역학의 '유령 같은 원거리 작용'을 제거하지 못했다며 봄의 논문을 "싸구려 이론"으로 폄하했다(공개 발언이 아니라, 지인에게 보낸 편지에 적은 이야기다).[72] 25년 전에 드브로이가 파일럿파 이론을 처음 제안했을 때에도 아인슈타인은 시큰둥한 반응을 보였었다. 그는 평생 동안 양자역학의 허점을 깊이 파고들었지만, 끝내 만족할 만한 대안을 찾지 못했다.

봄의 접근방식을 지지했던 존 스튜어트 벨조차도 그의 논문에 의구심을 품었다. "봄의 이론에서 끔찍한 일이 벌어졌다. 그의 주장에 의하면 머나먼 우주 어딘가에서 누군가가 자석을 조금만 움직여도 지구에 있는 입자의 경로가 즉각적으로 바뀌어야 한다." 벨은 봄의 이론을 개선하여 더욱 발전시키기를 원했다. 그는 노이만의 증명을 비판하는 논문을 썼던 바로 그해에 또 한 편의 논문을 쓰고 있었는데, 주된 내용은 "아주 멀리 떨어져 있는 입자들이 즉각적인 신호를 교환하지 않아도 양자역학과 동일한 결과를 낳는 이론"을 찾는 것이었다. 신호가 전달되는 데 시간이 전혀 소요되지 않고 즉각적으로 전달되는 성질을 '비국소성nonlocality'이라 하는데, 이것은 표준 양자역학(양자적 얽힘)과 봄의 이론(모든 곳에 퍼져 있는 파일럿파)에 내재되어 있다. 언뜻 생각하면 말이 안 될 것 같은 성질이다. 아인슈타인의 특수상대성이론special relativity theory에 의하면 우주의 모든 물체는 빛보다 빠르게 이동할 수 없기 때문이다. 이와 관련하여 지금까지 수많은 실험이 실행되었지만, 빛보다 빠른 물체는 단 하나도 발견되지 않았다. 양자역학과 태생적으로 궁합이 맞지 않았던 아인슈타인은 동료 물리학자인 네이선 로젠Nathan Rosen, 보리스 포돌스키Boris Podolsky와 함께 'EPR-역설EPR-paradox'이라는 사고실험을 제안하여 양자역학의 근간을 뒤흔들었다.[73] 이 사고실험에 의하면 양자적으로 얽힌 관계에 있는 두 입자 중 하나의 물리학 특성을 관측하면, 두 입자가 아무리 멀리 떨어져 있어도 다른 입자의 특성이 즉각적으로 결정된다. 그런데 이 세상 어떤 신호도 빛보다 빠르게 전달될 수 없기 때문에, 입자의 특성은 관측이 실행되기 전부터 이미 결정되어 있어야 한다.

그러나 양자역학은 관측이 이루어진 후에야 입자의 특성이 결정된다고 주장하고 있으므로, 결국 양자역학은 불완전한 이론일 수밖에 없다는 이야기다.

극한 이론까지 간 양자역학

사실 양자역학은 특수상대성이론에 위배되지 않는다. 이것은 오래전부터 널리 알려진 사실이다. 양자적으로 얽힌 한 쌍의 입자 중 하나의 특성을 측정한다고 해서 그 결과가 다른 입자의 상태에 직접적으로 영향을 주는 것은 아니다. 둘 사이에는 상관관계만 있을 뿐, 인과관계는 없다. 양자적으로 얽힌 입자를 이용해서 어떤 메시지를 빛보다 빠르게 전송하는 것은 불가능하다. 메시지를 이해하려면 수신자는 발신자가 입자를 관측해서 얻은 결과를 알아야 하기 때문이다. '작용'이라는 것이 아예 없으니, 아인슈타인이 말했던 '유령 같은 원거리 작용'도 없다. 그러나 벨은 여전히 궁금했다. "국소적local(신호가 빛보다 빠르게 전달되지 않는 성질) 숨은변수 이론을 이용해서 양자적으로 얽힌 입자의 상관관계를 설명할 수 있지 않을까? 양자적 얽힘은 존재하지 않고 베르틀만의 양말 서랍만 존재하는 것은 아닐까?" 오스트리아의 물리학자이자 벨의 연구 동료인 라인홀트 베르틀만Reinhold Bertlmann은 양쪽 발에 색상이 다른 양말을 신고 다니는 것으로 유명했다. "그의 왼쪽 양말이 분홍색이라면, 오른쪽 양말은 굳이 확인하지 않아도 분홍색이 아니라는 것을 알 수 있다. EPR-역설도 이와 마찬가지 아닐까?"

만일 그렇다면, 그리고 관측을 실행하기 전에 숨은변수가 입자의 특성을 결정한다면, 코펜하겐 학파의 이상한 주장을 받아들일 필요가 없다. 국소적 숨은변수와 코펜하겐 해석, 둘 중 어느 쪽이 옳은지 알아낼 수 있을까? 벨은 한동안 깊이 생각하다가 기어이 방법을 찾아냈다.

그는 데이비드 봄이 제안했던 'EPR 사고실험의 간단한 버전'을 떠올렸다. 양자적으로 얽힌 관계에 있는 입자 2개를 만들어서 둘 사이의 거리를 충분히 멀리 벌려놓는다. 봄이 관측하고자 했던 것은 전자나 광자 같은 입자의 양자적 특성 중 하나인 스핀spin이다. 예를 들어 전자는 스핀업spin-up 아니면 스핀다운spin-down, 둘 중 하나의 상태에만 놓일 수 있다. 현실적으로는 스핀이 없는(즉 스핀이 0인) 수소 분자를 둘로 쪼개서 한 쌍의 수소 원자를 만들면 된다. 그래도 두 원자의 스핀의 합은 여전히 0이므로, 하나는 스핀-업이고 나머지 하나는 스핀-다운이어야 한다. 스핀 감지 장치 2개의 방향을 정확하게 일치시키면 하나는 스핀업, 다른 하나는 스핀다운이 감지될 것이다. 관측을 백 번, 천 번 반복해도 결과는 항상 똑같다.

바로 여기서 벨의 아이디어가 등장한다. 그는 감지기의 방향을 조금 바꿔서 두 스핀 사이에 약간의 각도가 생기도록 만들었다. 그러면 한 입자의 스핀이 '업'으로 판명되어도 다른 입자의 스핀은 항상 '다운'으로 결정되지 않는다. 그러나 양자역학에 의하면 두 입자의 운명은 여전히 얽혀 있기 때문에, 하나가 스핀업이고 나머지는 스핀다운인 경우가 압도적으로 많을 것이다. 벨은 "두 감지기를 특정한 각도로 세팅했을 때 두 입자의 스핀의 상관관계는 양자 이론보다 숨은변수 이론에서 더 약해진다"는 것을 수학적으로 증명했다(상관관계가 약하다는 것은 상대방의 영향을 덜 받는다는 뜻이다 – 옮긴이). 국소적 숨은변수 이론을 가정하면 스핀의 상관관계가 어떤 한계를 넘지 못하는데, 이것을 수학적으로 표현한 것이 바로 그 유명한 '벨의 부등식Bell's inequality'이다. 상관관계가 이 한계를 초과하면 벨의 부등식에 '위배되고', 이는 곧 양자 이론이나 봄의 이론 같은 비국소적 이론이 옳다는 것을 의미한다. 벨의 논문이 발표되던 무렵에는 실험을 실행할 만한 도구가 마땅치 않았지만, 레이저 기술이 빠르게 발전하면서 곧 벨의 부등식을 검증할 수 있게 되었다.[74] 1972년에 캘리포니아 대학교 버클리캠퍼스의 존 클라우저John Clauser와 스튜어트 프리드먼Stuart Freedman이 벨의 실험을 최초로 실행한 후로 이와 유사한 실험이 수십 차례 실행되었는데, 모두 벨의 부등식에 위배되는 결과가 얻어졌다. 양자 이론과 봄의 비국소적 숨은변수 이론이 극적인 승리를 거둔 것이다.

데이비드 봄이 자신의 이론을 전파하기 위해 고군분투하는 동안 (벨은 봄의 이론을 지지했다) 다른 이론은 거의 무시당했고, 10년쯤 후 다시 등장했을 때에도 그와 관련된 수많은 공상과학 스토리와 어설픈 신비주의 철학만 난무할 뿐, 신중하게 연구하는 학자는 거의 없었다.

'다중세계 해석Many World interpretation'의 창시자는 프린스턴 대학교 대학원에서 수학을 전공한 젊은 이론가 휴 에버렛 3세Hugh Everett III이다. 우연히도 그는 대학원에 입학한 직후부터 게임이론을 공부하면서 한 해를 보냈고(게임이론은 1944년에 노이만이 『게임이론과 경제행위『Theory of Games and Economic Behavior』라는 책을 발표한 후 새롭게 떠오른 분야이다), 그 후 양자역학을 수강하다가 1954년에 노이만의 오랜 친구인 위그너에게 수리물리학을 배웠다. 노이만의 책(『양자역학의 수학적 기초』)은 아직 영어로 번역되기 전이었지만, 미국의 학자들도 기본 아이디어는 알고 있었다. 에버렛이 지인에게 쓴 편지에 "노이만의 이론은 (적어도 미국에서는) 양자역학의 일반적인 형태"라고 쓴 것을 보면, 노이만에게 큰 반감을 갖지는 않은 것 같다.[75] 그러나 에버렛은 양자역학을 눈에 보이는 대로 받아들이지 않았다.

대서양 건너편에서 박사학위 과정에 매진하는 벨과 마찬가지로, 에버렛은 관측 문제에 대한 노이만의 접근법을 별로 좋아하지 않았다. 그는 1973년에 막스 재머에게 보낸 편지에 다음과 같이 적어놓았다. "자연에서 일어나는 대부분의 과정은 점진적이고 연속적인 법칙을 따르잖아요. 그런데 파동함수가 붕괴되면서 양자계가 고전계로 갑자기 바뀐다는 게 말이 됩니까? 이건 과학이 아니라 마술에 가깝습니다. 양자계와 고전계의 경계를 설명하기 위해 인위적으로 도입한 이분법은 철학적 기형畸形이라고 생각합니다."

에버렛은 자신의 룸메이트 찰스 마이스너Charles Misner와 당시 프린스턴을 방문 중이던 보어의 연구조교 오게 페터센Aage Petersen과 함께 포도주를 마시며 양자역학의 문제점을 논하다가 갑자기 기발한 해결책을 떠올렸다.[76] 과거에 노이만은 양자적 현상을 설명하는 데 필요한 수학 원리를 물리학에서 추출한 후 오직 이 원리만을 이용하여 양자 세계의 특성을 가능한 한 많이 이끌어냈지만, 관측 문제를 다룰 때는 논리를 이런 식으로 전개하지 않았다. 에버렛은 바로 이

점을 간파한 것이다. 노이만은 양자적으로 중첩된 상태가 아닌 '단 하나의 고전적 상태'만이 관측된다는 점을 강조한 후, 어떤 지점에 도달하면 양자계에서 고전계로 점프가 일어난다고 가정했다. 그렇다면 파동함수와 수학은 무관하다. 수학은 파동함수가 붕괴되지 않아도 멀쩡하게 유지된다. 에버렛의 머리가 빠르게 돌아갔다. "파동함수가 아예 붕괴되지 않는다면 어떻게 될까?"

그 결과는 정말 놀라웠다. 파동함수를 가두는 인위적 경계가 존재하지 않는다면 양자적 성질은 모든 곳에 존재할 수 있다. 우주에 흩어져 있는 모든 입자들이 모든 가능한 상태가 중첩된 하나의 거대한 파동함수 안에 뒤엉켜 있는 것이다. 에버렛은 이것을 '우주파동함수universal wave function라 불렀다. 그렇다면 관측자는 왜 단 하나의 결과만 인식하는 것일까? 여러 개의 가능성이 안개처럼 겹친 결과는 왜 볼 수 없는 것일까? 바로 여기서 다중세계 해석이 등장한다. 에버렛은 관측이 실행될 때마다 우주가 여러 개로 '갈라진다'고 제안했다. 나머지 가능성들이 무無로 사라지는 게 아니라, 각기 다른 우주에서 똑같이 현실로 구현된다는 것이다(그러므로 슈뢰딩거의 고양이 실험에서 한 시간 후 상자의 뚜껑을 여는 순간, 우주는 2개로 갈라진다. 한 우주에서 고양이는 살아 있고, 다른 우주에서 고양이는 죽었다. 가능성이 n가지이면 우주는 n개로 갈라진다). 독자들도 짐작하겠지만, 이 가설은 엄청난 반대 장벽에 부딪혔다. 관측 행위는 곳곳에서 수시로 이루어지고 있는데, 그렇다면 우주가 토끼처럼 번식이라도 한다는 말인가? 물리학자들은 인식의 호두껍데기를 깨려고 휘두른 존재론의 망치에 세게 얻어맞은 기분이었다.[77] 다중세계 가설은 여러 가지 버전이 있는데, 그중에는 모든 양자적 상호작용을 관측으로 간주하는 버전도 있다. 원자핵이 알파입자alpha particle(원자핵이 붕괴될 때 방출되는 방사선의 한 종류. 양성자 2개와 중성자 2개로 이루어져 있다-옮긴이)를 방출하거나 광자가 원자를 때릴 때마다 새로운 우주가 마구 생겨나는 셈이다.

다중세계 해석은 에버렛의 박사학위 논문이었다. 결론은 다소 황당하지만 수학적 과정이 매우 깔끔했기에, 그의 지도교수인 존 휠러 John Wheeler는 보어를 만나러 코펜하겐으로 가는 길에 제자의 논문을 챙겨갔다. 보어가 이 논문을 인정한다면 다중세계 해석은 코펜하겐 해석의 또 다른 대안으로 자리를 잡게 된다. 그러나 보어는 매우 부정적인 반응을 보였다. 코펜하겐 해석의 창시자에게 대안을 내밀며 인정해주기를 바라는 것 자체가 애초부터 무리였을 것이다. 학계의 냉담한 반응에 크게 실망한 에버렛은 졸업 후 상아탑을 떠나 국방부에서 무기를 연구했고, 그 후 다시는 학계로 돌아오지 않았다. 그러나 코펜하겐 학파의 위상은 서서히 약해지고 있었다. 1970년에 미국의 물리학자 브라이스 디윗Bryce DeWitt은 미국 물리학회의 회지인 《피직스 투데이Physics Today》에 다중세계 해석을 소개했고, 이 내용이 공상과학 잡지 《아날로그Analog》에 게재되면서 일반 대중들 사이에 빠르게 퍼져나갔다.

1950년대에 휴 에버렛과 데이비드 봄이 코펜하겐 해석의 문제점을 지적한 후로 다양한 해석이 봇물 터지듯 쏟아져 나왔으나, 여기서 제기된 질문들은 더 이상 순수 학문적 이슈가 아니었다. 수학자와 물리학자의 전유물이었던 양자역학이 섬유광학과 마이크로칩 등 첨단 기술의 근간으로 떠오른 것이다. 그중에서도 가장 최근에 대두된 기술로는 양자컴퓨터quantum computer를 꼽을 수 있다, 아직은 초기 개발 단계에 머물러 있지만, 양자적 중첩을 이용하면 화학반응의 저변에서 진행되는 양자적 과정을 시뮬레이션하는 등 기존의 컴퓨터로는 불가능했던 작업을 실행할 수 있다. 우리에게 친숙한 디지털 컴퓨터는 1 또는 0의 값을 갖는 2진수, 즉 비트bit에 기초하여 모든 연산을 수행한다. 반면에 양자컴퓨터는 '상태의 중첩'으로 이루어진 '큐비트qubit'를 사용하는데, 개개의 큐비트도 1 아니면 0이지만 관측이 이루어지기 전에는 두 값을 모두 가질 수 있다. 그러나 큐비트는 다른 큐비트와 양자적으로 얽힐 때 진가를 발휘한다. 지금은 수십 개의 큐비트를 얽히게 만드는 수준이지만, 수백 개의 큐비트가 얽히면 실로 막강한 위력을 발휘할 수 있다. 이렇게 많은 입자들(원자, 광자, 전자 등)을 얽힌 상태로 만드는 것도 어렵지만, 유용한 일을 할 수 있을 정도로 얽힌 상태를 오래 유지하는 것도 결코 쉬운 일이 아니다. 물리학자들은 지금도 이런 상태를 구현하기 위해 양자역학을 한계까지 밀어붙이고 있다.

지난 수십 년 동안 수많은 실험과 이론을 거쳐오면서, "파동함수는 즉각적으로 붕괴되지 않는다"고 믿는 물리학자들이 점점 늘어나는 추세이다. 이들은 파동함수가 풍선처럼 갑자기 터지는 것이 아니라, 아주 짧지만 0이 아닌 시간 동안 '결어긋남decoherence'이라는 과정을 거쳐 고전적 상태로 붕괴된다고 믿고 있다. 이 과정이 완료되는 데 걸리는 시간은 양자계의 크기와 주변 환경으로부터 고립된 정도에 따라 달라진다.

물론 다른 관점도 있다. 예를 들어 '자발적 붕괴spontaneous collapse'라는 가설에 의하면 파동함수가 붕괴되는 데 걸리는 시간은 물체의 크기에 반비례한다. 이 가설대로라면 전자의 파동함수는 100만 년이 지나도 거의 붕괴되지 않고, 고양이의 파동함수는 거의 즉각적으로 붕괴된다. 관측문제의 해결책으로 제시된 이 가설은 1986년에 지안카를로 기라르디Giancarlo Ghirardi와 알베르토 리미니Alberto Rimini, 그리고 툴리오 웨버Tulio Weber에 의해 처음으로 제기되었다.[78]

양자역학에 대한 노이만의 기여

이들 중 과연 누가 최후의 승자가 될 것인가? 최후의 승자가 있긴 있을까? 노이만은 남은 생애 동안 양자역학의 새로운 해석을 수시로 접하면서 항상 열린 마음을 유지했다. 그의 대표작『양자역학의 수학적 기초』에는 이런 구절도 있다. "양자역학이 실험 결과와 정확하게 일치한다고 해서 경험적으로 증명되었다고 단정 지을 수는 없다. 이런 것은 그저 경험의 요약일 뿐이다." 그러나 노이만은 인과율이 복원된 미래 이론의 전망에 대해서는 다소 신중한 자세를 취했다. "우리에게 친숙한 일상적 사건들이 서로 연결되어 있다는 주장은 별 의미가 없다. 우리 눈에 보이는 것은 무수히 많은 양자적 상호작용의 평균적 결과이기 때문이다." 인과율이 정말로 존재한다면 거시적 세계가 아닌 원자 규모에서 발견되어야 한다. 그러나 안타깝게도 관측 결과를 가장 정확하게 설명하는 이론은 인과율에 모순되는 것처럼 보인다.

노이만의 주장은 계속된다. "우리는 인류가 장구한 세월 동안 간직해온 고색창연한 사고방식을 고수하고 있다. 그러나 이 사고방식은 논리적 필연성에서 탄생한 것이 아니기 때문에(그렇지 않다면 통계이론은 존재하지 않았을 것이나) 아무런 선입견 없이 문제 속으로 뛰어든 사람은 과거의 사고방식을 고수할 이유가 없다. 이런 상황에서 입증되지도 않은 아이디어를 살리기 위해 타당한 물리학 이론을 포기하는 것이 과연 바람직한 일인가?"[79]

반면에 디랙은 양자 이론이 끝이 아니라고 생각했다. 그는 1975년에 호주-뉴질랜드 순회 강연을 하던 자리에서 이렇게 말했다. "저는 머지않은 미래에 결정론이 복원된 개량형 양자역학이 등장하리라 생각합니다. 그때가 되면 아인슈타인의 관점도 정당화될 것입니다."[80]

그러나 지금 우리는 알고 있다. 디랙의 예측은 빗나갔고 아인슈타인의 희망 사항은 실현되지 않았다. 언젠가는 양자역학보다 나은 이론이 등장할 수도 있지만, 벨의 이론과 실험에 의하면 비국소성은 새 이론의 일부(또는 상당 부분)가 될 것이다. 이와는 반대로 노이만의 신중한 보수주의적 태도는 한 번도 역풍을 맞지 않았다. 100여 년 전에 신흥 물리학자들과 노이만이 함께 구축한 양자 이론은 지금도 마땅한 대안 없이 물리학의 정설로 남아 있다. 지금까지 실행된 그 많은 실험에서 숨은변수는 단 한 번도 발견되지 않았으며, 더 깊은 수준에서 인과율이 적용된다는 증거도 없다. 우리가 아는 한, 이 세상은 모두 양자이다.

요즘 물리학자들은 노이만이 구축했던 힐베르트 공간 이론을 메뉴에서 지워버렸지만, 디랙의 접근법은 여전히 물리학과 학부 교과서에 수록되어 있다.[81] 그러나 양자역학에 등장하는 노이만의 공식은 지금도 굳건하다. 양자역학에 기여한 공로로 1963년에 노벨 물리학상을 받은 위그너는 "이론을 제대로 이해한 사람은 나의 오랜 친구인 노이만뿐이었다"고 했다. 디랙이 양자역학을 다루는 도구를 열심히 발명하는 동안 노이만은 양자역학과 정면 대결을 펼쳤다. 그는 이론을 논리적으로 명백하게 다듬었고, 그 덕분에 물리학자들은 양자역학을 극한까지 몰고 갈 수 있었다. 어디까지가 한계인지 몰랐다면 이론을 해석하기란 불가능했을 것이다. 재머는 이론물리학을 해석하는 분야에서 가장 중요한 수학 체계를 구축한 사람으로 주저 없이 노이만을 꼽았다.[82] 닥치고 계산하는 것만으로 만족할 수 없는 물리학자들에게 노이만의 『양자역학의 수학적 기초』는 100년이 지난 지금도 여전히 필독서로 남아 있다.

양자역학에서 노이만의 역할은 이것으로 끝이 아니다. 그는 오랜 친구 위그너를 도와 오랫동안 연구를 수행했고, 그 덕분에 위그너는 1963년에 노벨상을 받았다. 또한 노이만은 양자 이론에 필요한 수학을 개발하다가 힐베르트 공간에서 적용되는 연산자에 완전히 매료되었다.[83] 연산자끼리는 덧셈과 뺄셈, 그리고 곱셈이 가능하기 때문에, 이들은 하나의 대수algebra 체계를 이룬다. 그리고 비슷한 대수적 관계로 연결된 연산자의 집합을 '환ring'이라 한다.

노이만은 여러 해 동안 연산자 대수의 특성을 연구하여 새로 발견한 내용을 일곱 편의 논문으로 발표했다. 모두 합해서 500페이지가 넘는 이 논문들은 그가 순수수학에 남긴 가장 큰 업적으로 꼽힌다. 그가 발견한 세 종류의 기약형irreducible type(더 이상 간단하게 줄일 수 없는 형태-옮긴이) 연산자 환을 '팩터factor'라고 하는데, I형 팩터type I factor는 n차원 공간에 존재한다. 여기서 n은 0부터 무한대 사이에 있는 임의의 정수이며, 노이만 버전의 양자역학은 이런 종류의 무한차원 힐베르트 공간에서 서술된다. II형 팩터는 정수 차원(1차원, 2차원… 등)의 힐베르트 공간에 한정되지 않고 1/2차원이나 π차원까지 포함한다 (이런 공간을 머릿속에 그리려고 애쓸 필요 없다. 어차피 불가능하다). 그리고 III형 팩터는 전술한 두 종류에 속하지 않는 팩터이다. 이 세 가지 팩터가 모여서 노이만의 대수 체계를 형성한다.

다이슨은 자신의 책에 다음과 같이 적어놓았다. "노이만은 연산자의 환으로 이루어진 바다를 항해하다가 새로운 대륙을 발견했으나, 시간이 없어서 해안에 배를 대지 못했다. 그는 연산자 환에 대한 연구를 기필코 완성하기로 마음먹었고, 마침내 시벨리우스의 8개 교향곡 못지않은 대작이 탄생했다."[84]

그 후 다른 사람들도 노이만의 연산자 이론 바다에 배를 띄우고 몇 개의 섬과 반도를 탐험하다가 엄청난 보물을 발견하여 벼락부자가 되었다. 노이만 대수의 II형 팩터에서 파생된 매듭 이론knot theory을 연구하여 1990년에 필즈메달을 수상한 뉴질랜드의 수학자 본 존스가 그 대표적 사례이다. 학부 시절에 노이만의 『양자역학의 수학적 기초』를 읽고 깊은 감명을 받은 그는 훗날 과거를 회상하며 "노이만이 남긴 유산은 정말 특별하다"고 했다. 매듭 이론의 가장 중요한 목표는 2개의 끈매듭이 본질적으로 다른지, 아니면 끈을 자르지 않고 한 매듭에서 다른 매듭으로 변환할 수 있는지를 확실하게 판명하는 것이다. 동일한 매듭의 다른 형태는 동일한 다항식으로 표현된다. 존스는 사각매듭과 십자매듭을 구별하는 새로운 다항식을 발견했다. 흔히 '존스 다항식Jones polynomial'으로 알려진 이 다항식은 요즘 과학의 다른 분야에서도 맹활약 중이다. 예를 들어 존스 다항식은 세포핵 속에서 단단히 꼬인 DNA 가닥이 복제되는 과정과 밀접하게 관련되어 있어서, 분자생물학자들에게 없어선 안 될 중요한 도구로 자리 잡았다.

한편, 물리학자 카를로 로벨리Carlo Rovelli와 수학자 알랭 콘Alain Connes은 '시간 문제'를 풀기 위해 III형 팩터를 도입했다. 우리는 시간이 오직 미래로만 흐르는 것을 당연하게 여기고 있지만, 그 이유를 명쾌하게 설명하는 이론은 어디에도 없다(양자 이론과 일반상대성이론의 시간 개념은 근본적으로 다르다).[85] 로벨리와 콘은 양자 이론의 핵심에 존재하는 비가환성non-commutativity(곱셈의 교환 법칙을 만족하지 않는 성질 – 옮긴이)이 시간의 흐름에 방향성을 부여한다고 추측했다. 2개의 양자적 상호작용은 동시가 아니라 순차적으로 일어나야 하기 때문이다. 로벨리와 콘은 이것이 우리가 인지하는 '사건의 순서'를 결정한다고 믿고 있다. 이들의 주장이 옳다면 시간에 대한 우리의 인식도 노이만의 수학에 뿌리를 두고 있는 셈이다.

나치주의 그리고 독일 과학의 추락

1930년, 노이만과 위그너가 프린스턴 대학교의 초청을 받고 대서양을 건넌 직후부터 독일 정계에는 암울한 그림자가 드리우기 시작했다. 그해 9월에 나치당은 국회의원 선거에서 600만 표 이상을 획득하여 제2정당으로 부상했고, 2년 후에 치러진 선거에서는 1,370만 표를 얻어 최다의원을 보유한 거대 정당이 되었다. 그리고 1933년 1월에는 아돌프 히틀러가 수상으로 취임하면서 권력을 한 손에 쥐게 된다. 다음 달에 국회의사당에서 의문의 화재가 발생했는데, 이 일을 계기로 히틀러는 비상권한을 발동하여 언론과 출판을 통제하고 시민들이 누리던 대부분의 자유를 박탈했다. 또 1933년 3월에는 수권법(행정부에 입법 권한을 위임하는 법률 - 옮긴이)을 통과시켜서 민주헌법의 원형이었던 바이마르 헌법을 사문화시키고 독일의 정권을 완전히 장악했다. 그 직후에 히틀러는 '직업공무원법'을 제정하여 유태인과 공산주의 추종자들을 모든 직장에서 쫓아냈는데, 독일 공무원 중 이 조치로 일자리를 잃은 사람은 5퍼센트에 불과했지만 각 대학교의 물리학과와 수학과는 문자 그대로 초토화되었다(당시 독일 대학교의 교수는 정부에서 임명했고 보수도 국고에서 지급하고 있었다). 물리학자의 15퍼센트, 수학자의 18.7퍼센트가 졸지에 대학에서 쫓겨났고, 개중에는 하룻밤 사이에 교수의 절반이 해고된 대학도 있었다. 이때 쫓겨난 학자들 중 20명은 이미 노벨상을 받았거나 앞으로 받을 사람들이었고, 이들 중 16명이 유태인이었다.

한편, 미국으로 건너온 위그너는 진퇴양난에 빠졌다. 프린스턴 대학교에서 노이만과 위그너에게 계약을 5년 연장하자고 제안했는데, 위그너는 유럽에 등을 돌리는 것이 배신 행위라고 생각했다. 그렇다고 지금 유럽으로 돌아가면 희생자가 한 명 더 늘어날 뿐, 사태 해결에 아무런 도움도 되지 않는다. 위그너는 한동안 머리를 쥐어뜯다가 친구에게 조언을 구했다. "노이만이 내게 물었네. 환영해줄 사람이 단 한 명도 없는 곳에 왜 굳이 가려 하냐고. 그 후로 일주일 동안 고민했지만, 나 역시 해답을 찾지 못했네." 결국 위그너는 유럽행을 포기하고 독일을 어렵게 탈출한 과학자들을 위해 사방을 돌아다니며 일자리를 확보하는 일에 매진했다.

그해 6월, 노이만은 수학자 오스왈드 베블런에게 다음과 같은 편지를 보냈다. "독일 소년들이 지금과 같은 상태로 2년만 더 보낸다면(그럴 가능성이 매우 높지만) 독일의 과학은 다음 한 세대 동안 완전히 망할 것입니다."[86] 이 예측은 그대로 실현되었다. 1933년 말에 독일은 전체주의를 지향하는 독재국가가 되었고, 국경지대는 독일을 탈출하려는 과학자들로 북새통을 이루었다. 경제학자 파비안 발딩거Fabian Waldinger의 분석에 의하면[87] 독일의 과학 생산성은 대량 해고 사태 이후로 추락하는 바위처럼 급속히 저하되었다. 과학 분야 논문이 단 몇 년 만에 3분의 2로 줄었으니, 얼마나 큰 타격을 입었는지 짐작이 갈 것이다. 새로 생긴 연구원과 교수직은 대부분 아리안족 과학자들로 채워졌는데, 기존 과학자들의 실력을 따라가기에는 역부족이었다. 각 대학교의 과학 관련 학과 건물은 전쟁 중 대부분 파괴되었다가 1960년대에 복구되었지만, 고급 인력이 태부족하여 1980년대까지 과거의 수준을 회복하지 못했다. 발딩거는 말한다. "나의 계산에 의하면 나치독일의 대량 해고 때문에 발생한 손실은 제2차 세계대전 때 독일이 입은 물리적 피해보다 아홉 배 이상 크다." 또한 발딩거는 과학자의 인지도를 자신이 발표한 과학 논문의 인용 횟수로 수치화했는데, 그의 분석에 따르면 1920년~1985년 사이에 최고의 물리학자는 위그너였고 최고의 수학자는 노이만이었다. 이것이 과연 우연의 일치일까?

괴팅겐에서는 보른과 뇌터, 그리고 힐베르트의 실질적 대리인이었던 리하르트 쿠란트Richard Courant가 학교를 떠났다. 양자역학의 창시자 중 대부분이 사라진 것이다. 하이젠베르크는 독일에 남았지만, 과거에 아인슈타인의 이론을 지지했다는 이유로 '하얀 유태인'이라는 꼬리표를 달고 살아야 했다. 평소 쇼비니즘(극단적 애국주의 - 옮긴이)을 경멸했던 힐베르트는 허탈한 심정으로 사태를 관망하는 수밖에 없었다. 그보다 5년 전, 독일은 제1차 세계대전에서 패한 후 처음으로 주요한 국제 수학 회의에 정회원국 자격으로 초청되었다. 그때 독일의 수학자들은 "그동안 국제 수학계가 우리를 철저히 따돌렸는데, 초청장이 왔다고 냉큼 달려가는 것은 치욕스런 행위"라며 불참 운동을 벌였다. 그러나 힐베르트는 이들의 주장을 무시하고 67명의 대표단과 함께 회의에 참석하여 다음과 같은 연설문을 낭독했다. "국가와 인종을 차별하지 않는 것이 과학의 본질임에도 불구하고, 그동안 우리는 지극히 사소한 이유로 이런 일을 자행해왔습니다. 수학에 인종이란 존재하지 않습니다. 우리의 관심이 오직 수학에 머무는 한, 전 세계는 하나의 국가입니다."

어느덧 71세의 노인이 된 힐베르트는 해고된 교수들을 일일이 기차역까지 배웅하면서 진심을 다해 위로해주었다. "어려운 시기는 곧 끝날 거요. 교육부 장관에게 매일 항의 편지를 보내고 있으니, 조만간 좋은 소식이 있을 겁니다." 그러나 불행히도 당시 독일의 교육부 장관은 대량 해고를 기획하고 진두지휘한 베른하르트 루스트Bernhard Rust였다. 다음 해에 루스트는 괴팅겐에서 열린 연회에 참석했을 때 힐베르트에게 다가가 넌지시 물었다.

"유태인을 몰아낸 후로 수학과가 어려움을 겪었다던데, 사실입니까?"

"아니요, 장관님. 그런 적 없습니다. 어려움을 겪을 수학과가 아예 존재하지 않으니까요."[88]

힐베르트는 전쟁이 한창 진행 중이던 1943년 2월에 노환으로 세상을 떠났다.

이것으로 독일 과학의 전성기는 막을 내렸고, 미국은 유럽에서 건너온 인재를 대거 영입하여 새로운 도약을 준비하고 있었다. 얼마 후 노이만은 괴팅겐의 동료들과 재회의 기쁨을 나누게 되는데, 그 장소는 대학교나 학술 회의장이 아니라 역사상 최고로 강력한 폭탄을 만드는 현장이었다.

4장

맨해튼 프로젝트와 핵전쟁

인류의 멸망을 예고하는 묵시록

보어: 이론물리학으로 사람을 죽이는 방법은
아직 아무도 개발하지 못했잖아?
— 마이클 프레인, 코펜하겐, 1998

프린스턴에 정착한 존 폰 노이만은 유럽에서 벌어지는 끔찍한 재난을 걱정스러운 마음으로 관망하고 있었다. 그는 학창 시절부터 연인 사이로 지냈던 마리에트 코베시와 결혼하자마자 곧바로 미국으로 건너왔다. 두 사람은 1911년에 미할리(노이만의 동생)의 생일파티에서 처음 만났다고 한다. 마리에트는 훗날 빠른 자동차를 좋아하는 노이만의 취향을 따라가게 되지만, 그날 그녀가 선택한 교통수단은 삼륜차였다. 둘은 첫 만남 후 계속 연락을 주고받았고, 마리에트는 부다페스트 대학교 경제학과 학생이었던 1927년부터 노이만의 밋밋한 애정 표현을 일상사로 여기게 되었다. 당시 노이만은 이미 세계적으로 유명한 수학자였지만, 사교계의 유명인이었던 마리에트는 그런 명성에 조금도 주눅 들지 않았다. 그로부터 2년 후, 노이만은 자신만의 방식으로 마리에트에게 청혼했다. "당신과 내가 함께한다면 즐거운 시간을 보낼 수도 있지 않을까요? 예를 들면 와인을 마시면서 말이죠. 와인 좋아하시잖아요. 마침 저도 좋아합니다!"

프린스턴 고등연구소

두 사람은 1930년 새해 첫날에 결혼식을 올리고 미국으로 가는 초호화 여객선에 올랐다. 그러나 마리에트는 뱃멀미가 심해서 줄곧 객실 안에 갇혀 있어야 했다. 어렵게 미국에 도착하고 나니, 이번엔 또 집이 말썽이었다. 프린스턴에서 높은 급여를 받긴 했는데, 미국의 집값이 너무 비싸서 지금까지 살아왔던 주거 수준을 맞출 수가 없었던 것이다. 임대로 나온 집들을 보러 찾아갔던 날, 노이만은 장탄식

1930년대 초에 사촌 릴리의 결혼식이 끝난 후 집에 모여서 식사 중인 노이만의 가족. 제일 왼쪽이 폰 노이만이고, 그 옆에 갓 결혼한 신부 마리에트 코베시 폰 노이만이 앉아 있다.

을 내뱉었다. "맙소사, 이런 데서 과연 내가 수학 연구를 계속할 수 있을까?" 마침내 두 사람은 부다페스트의 저택만큼 웅장하진 않지만 유럽 부르주아 스타일의 가구가 비치된 아파트에 정착했다. 그 동네에는 수학자들이 모일 만한 카페가 없었기에, 마리에트는 수시로 찾아오는 노이만의 친구들을 집에서 대접해야 했다.

그다음에 직면한 문제는 이동 수단이었다. 노이만은 자동차 운전을 유난히 좋아했지만 면허 시험에는 매번 떨어졌다. 참다못한 그는 마리에트의 충고에 따라 시험 감독관에게 뇌물을 주고 운전면허를 받았는데, 이것은 별로 좋은 생각이 아니었다. 노이만은 일단 도로에 들어서면 다른 차들을 '다체 문제many-body problem에서 최적 경로를 찾아가는 물체들'로 간주하고 무조건 속도를 높였다. 물론 사고가 안 날 리 없다. 그가 상습적으로 사고를 냈던 커브길에 '노이만 코너'라는 이름이 붙었을 정도다. 하지만 탁 트인 도로에 접어들면 달리는 재미가 없다며 속도를 늦췄고, 옆에 탄 사람과 대화하다가 말문이 막히면 핸들을 좌우로 마구 흔들어댔다. 노이만 부부는 매년 새 차를 구입했는데, 신형 모델을 선호해서가 아니라 운전을 하도 험하게 해서 1년이 지나면 차가 거의 고철로 변했기 때문이다. 주변 사람들이 다른 차도 많은데 왜 매번 캐딜락이냐고 물으면 노이만은 이렇게 대답했다. "다른 선택이 없었어. 나한테 탱크를 팔겠다는 사람을 찾지 못했거든." 그는 사고를 자주 냈지만 하늘이 도왔는지 크게 다친 적은 없었다. 하지만 사고를 낸 날은 집으로 돌아와 말도 안 되는 변명을 늘어놓곤 했다. "나는 그냥 도로를 달리고 있었어. 가로수들이 시속 90킬로미터로 내 옆을 스쳐 지나갔지. 그런데 어느 순간 나무 한 그루가 갑자기 튀어나와서 앞길을 가로막더라고. 그러니 어쩌겠어? 그냥 쿵! 하고 들이받는 수밖에."[1]

그러나 프린스턴 최악의 운전자는 노이만이 아니라 위그너였다. 그는 노이만과 달리 운전대만 잡으면 돌연 새가슴이 되어 가능한 한 인도에 바짝 붙어서 거의 기어가듯이 차를 몰았고, 가끔은 아예 인도로 진입하여 보행자들을 놀라게 했다. 자신의 답답한 운전 습관에 회의를 느낀 위그너는 프린스턴의 대학원생 호너 쿠퍼Horner Kuper에게 자문을 구하곤 했는데, 1937년에 마리에트는 노이만과 7년에 걸친 결혼 생활을 청산하고 쿠퍼와 재혼했다.[2]

히틀러가 독일 수상으로 부임하기 이틀 전인 1933년 1월 28일, 노이만을 포함한 프린스턴의 수학자들은 오스왈드 베블런의 덕을 톡톡히 보게 된다. 베블런은 오래전부터 "강의에 얽매이지 않고 오직 연구에만 전념할 수 있는" 수학 전문 연구소를 꿈꿔왔다. 그리고 베블런과 뜻을 같이 했던 고등교육 전문가 에이브러햄 플렉스너Abraham Flexner는 록펠러 재단으로부터 거액의 후원금을 유치하여 파인홀을 짓는 데 결정적 역할을 했다. 또한 플렉스너는 독일계 유태인 소유의 밤베르거Bamberger 백화점 체인을 R.H.메이시앤컴퍼니R. H. Macy & Co.에 매각하면서 발생한 수익금의 일부를 고등교육 육성 기금으로 유치하는 데 성공했다.

고등연구소Institute for Advanced Study(IAS)는 처음 6년 동안 프린스턴의 파인홀에 입주하여 순조롭게 운영되었으며, 플렉스너는 1930년 5월에 현재 가치로 거의 40만 달러에 가까운 연봉을 받으면서 고등연구소의 초대 소장으로 부임했다. 그 후 1932년에 베블런을 첫 번

1930년대에 프린스턴에서 찍은 사진.
(왼쪽에서 오른쪽으로) 앤절라 로버트슨Angela Robertson, 마리에트 폰 노이만,
유진 위그너, 메리 휠러Mary Wheeler, 존 폰 노이만. 바닥에 누운 사람은
하워드 퍼시 로버트슨Howard Percy Robertson이다.

째 교수로 임용했고, 당대 최고의 물리학자 아인슈타인을 끈질기게
설득하여 1933년에 프린스턴으로 영입하는 데 성공했다. 물론 이들
의 헤드헌팅 명단에는 노이만과 헤르만 바일, 그리고 제임스 알렉산
더James Alexander도 들어 있었다.

　노이만이 고등연구소로 자리를 옮겼을 때, 그는 쟁쟁한 과학자들
중에서도 가장 젊은 29세였다. 이들은 강의를 할 의무가 없었고(어
차피 가르칠 학생도 없었다) 1년 중 6개월은 연구소를 떠나 자유롭게 외

부 활동을 할 수 있었다. 실제로 연구원들은 이 환상적인 조건을 십분 활용했기 때문에, 고등연구소는 일 년 내내 거의 텅 비다시피 했다. 그런데도 연봉은 타의 추종을 불허하여 선임교수인 아인슈타인은 1만 6,000달러를 받았고, 평교수인 노이만의 연봉도 1만 달러(현재 가치로 약 20만 달러)에 가까웠다. 미국이 대공황을 겪을 때에도 이 연봉은 그대로 유지되었으니, 별세계에서 살았다고 해도 과언이 아니다. 과할 정도로 높은 연봉을 시기한 프린스턴 대학교의 다른 교수들은 고등연구소를 '고등연봉소Institute for Advanced Salary', 또는 '고등점심소Institute for Advanced Lunch'라며 빈정대기도 했다. 화려한 생활에 익숙지 않은 일부 교수(연구원)들은 매너리즘에 빠지기 쉬웠고, 연구실 책상 앞에 앉아 꾸벅꾸벅 졸기 일쑤였다. 1965년에 노벨상을 수상한 미국의 물리학자 리처드 파인만Richard Feynman은 그의 책『파인만 씨, 농담도 잘 하시네Surely You're Joking, Mr. Feynman!』에 다음과 같이 적어놓았다. "고등연구소에 갇힌 불쌍한 녀석들은 이제야 스스로 생각할 수 있게 됐어. 그렇지 않나? 그 친구들은 무엇이건 할 수 있는 자리에 있지만 새로운 아이디어는 하나도 나오지 않더군. … 당장해야 할 일도 없고, 실험물리학자를 만날 일도 없고, 학생들의 질문에 답할 필요도 없는데, 생각할 일이 뭐가 있겠어? 그러니까 아무것도 못 만들어낼 수밖에!"[3]

아인슈타인은 프린스턴 고등연구소에서 중력과 전자기력을 하나로 통일하기 위해 몇 년 동안 노력했지만 만족할 만한 결과를 얻지 못했다. 그러나 노이만의 머릿속에서는 항상 새로운 아이디어가 번뜩였고, 오히려 너무 많이 떠올라서 주체하기가 어려울 지경이었다.

1930년대에 제기된 노이만에 대한 부정적 평가는 다음 한 가지뿐이다. "노이만은 몇 편의 논문을 발표한 후 조금 있으면 그 주제에 흥미를 잃곤 했다. 그 후에 실행해야 할 후속 계산이 산더미처럼 쌓였는데도, 그는 모든 것을 후발 주자들에게 떠맡기고 곧바로 다음 주제로 넘어가곤 했다." 그러나 그는 고등연구소에서 가장 왕성하게 활동한 과학자 중 한 명이었다.

이 시기에 노이만이 이룬 가장 큰 업적은 에르고딕 가설ergodic hypothesis을 증명한 것이었다. 에르고딕ergodic은 '일'을 뜻하는 그리스어 'ergon(에르곤)'과 '길'을 뜻하는 'odos(오도스)'의 합성어로, 오스트리아의 물리학자 루트비히 볼츠만Ludwig Boltzman이 1870년대에 처음으로 도입한 개념이다. 볼츠만은 기체를 구성하는 입자(원자 또는 분자)의 운동으로부터 기체의 특성(온도, 압력 등)을 알아냈다. 이것을 기체운동이론kinetic theory of gas이라 하는데, 이 이론에서 그는 기체가 에르고딕 가설을 만족한다고 가정했다. 대충 말하자면 기체가 보유한 임의의 특성을 시간에 대해 평균한 값은 공간에 대해 평균한 값과 같다는 뜻이다. 예를 들어 풍선 내부의 압력을 긴 시간에 걸쳐 측정하건, 임의의 특정한 순간에 풍선 내부의 원자들이 내벽에 가하는 압력을 모두 더하건, 그 결과는 항상 같다.[4]

볼츠만은 이 가설을 증명하지 못했고, 노이만은 1930년대에 증명에 성공했다. 그는 이 증명을 곧바로 공개하지 않았는데, 어쩌다 소식을 전해 들은 하버드 대학교의 저명한 수학자 조지 버코프George Birkhoff가 노이만의 논리에 기초하여 더욱 확고한 수학 정리를 만들어냈다. 얼마 후 두 사람이 하버드 대학교의 교수 전용 휴게실에서 마주쳤을 때 노이만은 발표를 연기해달라고 부탁했지만, 그보다 스무 살 연상이었던 버코프는 젊은 수학자의 요청을 무시하고 자신의 증명을 논문으로 출판했다.[5] 노이만의 몸에 밴 유럽식 정중함이 경쟁심에 불타는 버코프의 심기를 불편하게 만들었기 때문이다. 그러나 노이만은 버코프에게 사적인 감정을 품지 않았고, 훗날 그의 아들 개릿Garrett과는 가까운 친구로 지냈다. 노이만과 개릿 버코프는 공동 논문을 발표하기도 했는데, 논문의 주제는 고전적 논리연산이 양자역학에 적용되지 않는다는 것이었다. 고전 논리의 분배법칙에 의하면 'A 그리고 (B 또는 C)'는 '(A 그리고 B) 또는 (A 그리고 C)'와 동치이다. 그런데 양자역학에서는 이런 동치 관계가 성립하지 않는다. 상식적인 직관에 어긋나지만, 사실 이것은 하이젠베르크의 불확정성원리로부터 파생된 결과이다. 그로부터 30년 후, 개릿 버코프는 노이만이 1930년대에 이룬 업적의 일부를 정리하여 책으로 출간했는데, 거기에 다음과 같이 적어놓았다. "노이만의 면도날 같은 영민함을 느끼고 싶다면, 그가 했던 대로 일련의 논리를 정확하게 구사하면 된다. 단, 아침 식사를 하기 전에 거실 책상에 앉아 최소 다섯 페이지 이상 계산을 해야 한다. 물론 자신이 목욕 가운을 입고 있다는 사실을 도중에 알아채도 안 된다."[6]

개릿과 공동 논문을 집필하던 무렵, 노이만보다 여덟 살 아래인 추레한 외모의 영국 청년 앨런 튜링이 노이만의 눈에 띄었다. 튜링은 노이만이 개발했던 군론group theory을 발전시켜서 1935년 4월에 첫 논문을 발표했는데, 때마침 이 시기에 노이만이 영국 케임브리지를 방문했고 튜링은 킹스칼리지에서 군론을 강의하고 있었다. 두 사람은 사적인 자리에서 처음 만나 얼굴을 익힌 후, 다음 해 9월에 튜링이 프린스턴에 객원연구원으로 초빙되었을 때 다시 만났다. 튜링이 노이만에게 방문 추천서를 써달라고 부탁했던 것이다. 그로부터 5일 후, 튜링은 파인홀에 있는 연구실에서 현대 컴퓨터과학의 초석이 될 「계산 가능한 수와 결정 문제의 응용에 관하여On Computable Numbers, with an Application to the entscheidungsproblem」라는 논문의 초안을 완성했다.[7] 프린스턴의 수학자들은 이 논문을 대수롭지 않게 여겼지만, 단 한 사람만은 예외였다. 노이만과 함께 컴퓨터를 연구했던 헤르만 골드스타인Herman Goldstine은 이때의 분위기를 다음과 같이 서술했다. "튜링과 노이만의 연구실은 아주 가까이 붙어 있었고, 노이만은 그런 주제에 관심이 많았다. 튜링의 연구가 얼마나 중요한 문제인지, 노이만은 누구보다 잘 알고 있었을 것이다."[8] 노이만은 튜링에게 높은 연봉의 연구조수직을 제안했지만, 튜링은 이를 정중하게 거절하고 1938년 7월에 프린스턴을 떠났다. 자신의 조국인 영국에서 반드시 해야 할 일이 있었기 때문이다.

미국 시민이 된 노이만

1930년대에 노이만은 한 가지 연구 주제에 집중하지 못하고 이리저리 방황하는 모습을 보였다. 그 이유는 아마도 전쟁이 다가오고 있음을 누구보다 실감했기 때문일 것이다. 폴란드 태생의 수학자 스타니스와프 울람은 제2차 세계대전이 발발하기 3년 전에 노이만과 나넋던 대화를 다음과 같이 회상했다.

"이제 곧 유럽에 재앙이 닥칠 거야. 두고 보라고."
"그래도 프랑스는 괜찮겠죠. 안 그런가요?"
"프랑스가 문제가 아냐. 유럽 전체가 위험하다니까!"

이 예언은 정확하게 들어맞았다.[9]

노이만의 선견지명은 1928년과 1939년에 괴팅겐의 수학자 루돌프 오르트베이와 주고받은 편지에 잘 드러나 있다. 또 그가 1935년에 헝가리의 수학자에게 보낸 편지에는 다음과 같이 적혀 있었다. "앞으로 10년 안에 유럽에 큰 전쟁이 터질 것입니다. 그때 영국이 위기에 처하면 미국까지 참전할지도 모릅니다." 노이만은 전쟁 중에 유럽의 유태인들이 대량학살을 겪을 것이며, 그 규모는 오스만제국 치하에서 아르메니아인이 겪었던 것보다 훨씬 클 것이라고 했다. 당장 돗자리를 깔아도 될 것 같은 그의 예언은 다음과 같이 계속된다. "1940년에 영국은 독일의 침공을 해안에서 막아낼 것이며(당시에는 군사 전문가들도 예상하지 못했다), 그다음 해에 미국이 전쟁에 끼어들 것이다(미국은 1941년 12월에 진주만을 공격당한 직후 제2차 세계대전 참전을 선언했다)." 미국이 곧 전쟁에 휘말릴 것을 예측한 노이만은 자신의 재능을 십분 발휘하여 전쟁 준비를 돕기로 마음먹고, 참전 여부에 영향을 행사할 만한 정계 인사들을 찾아다니면서 자신의 의사를 적극적으로 밝히고 다녔다. 그가 1941년 9월에 자신의 지역구 하원의원에게 보낸 편지에는 다음과 같이 적혀 있다. "히틀러에게 대항하는 것은 남의 나라 일이 아닙니다. 문명국이라면 당연히 참전하여 그를 물리쳐야 합니다. 미국이 히틀러와 타협한다면 머지않아 심각한 위기에 처할 것입니다."[10]

전쟁 이외에도 노이만의 순수수학 연구를 방해했던 요인이 여러 가지 있었는데, 그중 몇 개를 소개하면 다음과 같다. 우선 1935년에 그는 아버지가 되었다. 그해 3월 6일에 외동딸 마리나Marina가 태어났고, 노이만은 더 이상 호리호리한 청년이 아니었다. 그해에 바르샤바에서 노이만을 처음 만났던 울람은 그때 받았던 첫인상을 다음과 같이 회상했다. "노이만은 나이가 든 후 살이 많이 불었지만, 당시에는 그저 통통한 정도였다. 제일 인상적인 것은 생기 넘치고, 크고, 표정까지 풍부한 그의 갈색 눈이었다. 머리도 아주 큰 편이었는

스타니스와프 울람이 미국 철학회에 기고한 논문에 실린 존 폰 노이만의 사진.

데, 그것 때문인지 흔들거리며 걷는 모습이 조금 불안해 보였다."

울람은 노이만의 권유에 따라 높은 임금을 받으며 몇 달 동안 프린스턴의 고등연구소에 머문 적이 있는데, 그때의 소감은 이전과 사뭇 다르다. "노이만은 자수성가한 사람이나 배경이 별 볼 일 없는 사람을 달가워하지 않았고, 부유한 유태인 3~4세를 제일 편하게 대했다. 그의 사생활은 순탄치 않았던 것으로 기억한다. 그와 함께 사는 것은 결코 쉬운 일이 아니었다. 그는 가족과 함께 시간을 보내는 일이 거의 없었기에, 자상한 남편이 되기도 어려웠을 것이다."

이 점에 대해서는 노이만의 외동딸 마리나도 동의한다. "아버지는 어머니를 사랑했지만 그분이 진정으로 사랑했던 대상은 사람이 아니라 '머리로 생각하기'였습니다. 모든 천재들이 그렇듯이, 아버지도 주변 사람들의 감정을 헤아리는 능력이 많이 부족했어요. 하지만 어머니는 항상 주목받기를 원했고, 누군가의 이인자가 되는 것을 참지 못했습니다. 자신의 연적이 다른 여자가 아니라 '남편의 창조적 사고력'이라 해도 달라질 건 없었지요."[11]

울람과 마리나에게는 이 모든 것이 명백하게 보였지만, 정작 노이만은 분위기 파악을 제대로 하지 못했다. 1937년에 아내 마리에트가 결별을 선언했을 때에도 노이만은 원인을 몰라 어리둥절할 뿐이었다. 마리나의 증언에 의하면 노이만은 마리에트가 자신을 떠난 이유를 평생 이해하지 못했다고 한다. 아내가 어린 딸을 데리고 떠난 그해에 노이만은 미국 시민이 되었고, 우울한 마음을 달래려고 그랬는지 미국의 전쟁 준비를 더욱 적극적으로 돕기 시작했다.

노이만을 프린스턴으로 불러들였던 오스왈드 베블런은 제1차 세계대전이 진행되는 동안 미국 육군 병기국 소속 대위로 복무하다가 메릴랜드주의 애버딘 무기실험장에 새로 건설된 탄도학연구소 Ballistics Research Laboratory(BRL)에 기술감독관으로 파견되었고, 그곳에서 소령으로 진급했다. 이 연구소의 주요 업무는 포사체의 궤적을 연구하여 포탄의 유효 사거리와 파괴력을 개선하는 것이었는데, 상황이 별로 좋지 않았다. 당시 연합군이 사용하던 대포는 포탄을 수천 피트 상공으로 쏘아 올려서 수 킬로미터쯤 날아가는 수준이었으나, 독일의 악명 높은 '파리대포Paris Gun'는 사거리가 무려 110킬로미터에 달했다. 포사체를 높은 고도로 쏘아 올리면 공기가 희박해져서 저항을 덜 받기 때문에 사거리가 길어진다. 이 점을 고려하지 않으면 초기 계산이 아무리 정확해도 결국 포탄은 표적보다 먼 곳에 떨어지게 된다. 여기에 좀 더 복잡한 변수(움직이는 표적, 발사면의 상태 등)까지 고려하면 포탄의 운동방정식이 너무 복잡해서 풀 수 없는 지경에 이르는데(수학 용어로 '비선형 방정식non-linear equation'이라 한다), 이런 경우에는 정확한 답을 포기하고 근사치를 구하는 수밖에 없다. 문제는 근사치를 구하기 위해 수행해야 할 계산이 너무 많다는 것이다(방정식의 정확한 해를 구하는 과정은 우아하고 간결한 수학이지만, 근사치를 구하는 것은 무식한 중노동에 가깝다-옮긴이). 일반적으로 포탄 1개의 궤적을 계산하려면 수백 번의 곱셈을 수행해야 한다. 이럴 때 1초당 수천 번 연산을 실행하는 기계가 있다면 정말 좋았겠지만, 당시는 아직 발명되기 전이었다. 그러나 전쟁은 국가의 운명이 걸린 중대사이기에 어떻게든 이 문제를 해결해야만 했고, 그 덕분에 방 한 칸 크기

의 육중한 컴퓨터가 최초로 탄생하게 된다.[12]

제2차 세계대전을 앞두고 미군의 관심사는 더 큰 대포, 더 큰 폭탄을 만드는 쪽으로 옮겨갔다. 대포로 쏠 수 없을 정도로 큰 폭탄은 폭격기나 미사일, 또는 어뢰에 장착해서 적진에 배달하면 된다. 폭탄이 터질 때 발생하는 충격파의 수학적 특성은 초음속으로 발사된 포탄의 수학과 본질적으로 동일하다. 그러므로 폭탄의 파괴력을 극대화하려면 폭발의 유체역학적 원리 및 이와 관련된 비선형 방정식을 정확하게 이해해야 한다. 이것이 바로 1930년대 초에 노이만이 관심을 기울인 문제였다(미군으로부터 최대한 많은 돈을 우려낼 수 있는 문제이기도 하다). 그는 1937년에 베블런의 요청에 따라 애버딘 무기실험장의 시간제 자문위원으로 위촉되었다.

그러나 시간제 직원보다 더 큰 임무를 원했던 노이만은 병기국의 대위로 지원했다. 정식으로 군대 소속이 되면 누구보다 큰 기여를 할 자신이 있었고, 민간인이 접근하기 어려운 탄도 데이터에도 접근할 수 있었기 때문이다. 하지만 만사가 그의 뜻대로 흘러가지는 않았다. 향후 2년 동안 꾸준히 시험에 응시했는데, 모든 과목에 만점을 받았지만 군사 규율 과목에서 매번 낙제점을 받는 바람에 문턱을 넘지 못했다. "개인 사정으로 진영을 이탈한 군인에게 어떤 죄목을 적용해야 하는가?"라는 질문에 '탈영죄'가 아닌 '무단결근죄'라고 답했으니 그럴 만도 했다. 군인정신은 수준 미달이어도 다른 능력은 타의 추종을 불허했으므로 일단 입대만 하면 아무런 문제가 없었을 것이다. 그러나 입대를 향한 그의 꿈은 결국 좌절되고 말았다. 마지막 시험을 1939년 1월로 미루는 바람에 시기를 놓친 것이다. 결국 그는 시험에 합격했지만 나이 제한인 35세를 2주 초과했다는 이유로 입대를 거절당했다. 노이만이 시험을 연기한 이유는 1938년 9월에 두 번째 아내인 클라라 댄Klára Dán과 결혼식을 올리기 위해 유럽에 다녀와야 했기 때문이다.

두 번째 결혼

가족과 친구들에게 '클라리Klári'로 불렸던 클라라 댄은 1930년대 초에 몬테카를로의 리비에라에서 노이만을 처음 알게 되었다. 당시 그녀는 상습적 도박꾼인 남편 페렝크 엥겔Ferenc Engel과 함께 카지노를 방문했는데, 안으로 들어서자마자 처음으로 마주친 사람이 바로 노이만이었다. "그는 커다란 종이를 들고 비교적 판돈이 작은 룰렛 테이블 앞에 앉았습니다. 가진 칩도 별로 없었어요. 그런데 갑자기 우리를 향해 '도박은 곧 시스템'이라며 장황한 설명을 늘어놓기 시작하더군요. '물론 이 시스템이 항상 통하는 것은 아니지만 조금 긴 확률 계산을 거치면 룰렛 바퀴가 참true인지 거짓false인지 알 수 있습니다!'라면서 말이죠." (룰렛이 '거짓'이라는 것은 누군가가 룰렛의 회전을 조작하고 있다는 뜻이다.)[13]

클라라의 남편은 인내심이 바닥을 드러냈는지 다른 테이블로 옮겨갔고, 그녀는 바에 앉아 와인을 한 잔 더 주문했다. 사실 그녀의 결혼 생활은 '완전한 재앙'이었다. 신혼 초부터 부유한 쾌락주의자와 도박꾼들 틈에서 항상 외로웠던 그녀는 노이만을 만나 처음으로 행복을 느꼈다고 한다. 어느덧 노이만의 지갑은 텅 비었고, 클라라는 그에게 술 한 잔을 사주었다.

클라라 댄은 노이만처럼 부다페스트에 웅장한 저택을 보유한 부잣집 딸이었다. 그녀의 집은 사업가와 정치인, 예술가와 작가 등 당대의 엘리트들이 모여서 담론을 나누는 토론장이었고, 조용하게 시작된 저녁 식사도 누군가가 조금만 분위기를 띄우면 밤샘 파티로 이어지곤 했다.

"대개 와인 한 병으로 대화가 시작되었어요. 그러다 잠시 후 와인 한 병이 더 나오고, 누가 불렀는지 어느새 집시 밴드가 연주를 시작합니다. 그러면 자기 집에서 자던 사람들까지 연락을 받고 모여들어

프랑스에서 발행한 클라라 폰 노이만의 운전면허증.

광란의 물랏책mulatsag('여흥'이라는 뜻의 헝가리어 - 옮긴이)이 벌어지곤 했지요."

클라라는 물랏책을 "놀고 싶어 안달 난 사람들이 자연 발화하는 현상"으로 정의했다. "밤새도록 그 난리를 치다가 아침 6시에 밴드가 짐을 싸서 돌아가면 우리도 위층으로 올라가 샤워를 했습니다. 그 후 남자들은 출근하고, 아이들은 학교에 가고, 여자들은 요리사를 데리고 시장에 갔어요. 오늘 저녁에도 그런 사태가 또 벌어질 테니까요." 클라라는 이때 겪었던 '파티 정신'을 훗날 미국에서도 유감없이 발휘하게 된다.

클라라와 노이만은 1937년 여름에 부다페스트에서 재회했다. 당시 그녀는 자신보다 열여덟 살 많은 은행가 안도르 라포크Andor Rapoch와 재혼한 상태였고, 노이만의 결혼 생활은 끝을 향해 나아가는 중이었다(결국 노이만은 한 달 후에 마리에트와 이혼했다).

"처음에는 전화로 가벼운 인사를 주고받다가 얼마 후에는 카페에서 만나 몇 시간 동안 대화를 나눴습니다. 대화의 주제는 중구난방이었어요. 정치, 고대사, 미국과 유럽의 차이, 심지어는 페키니즈와 그레이트데인의 장단점까지, 정말 나누지 않은 대화가 없을 정도였죠."

노이만은 8월 17일에 부다페스트를 떠났지만, 두 사람의 대화는 편지와 전보를 통해 계속되었다. "우리가 천생연분이라는 사실이 점점 분명해지더군요. 저는 친절하고 이해심 많은 남편에게 솔직하게 털어놓았어요. 저에게 조니(노이만)의 머리를 대신할 수 있는 사람은 이 세상 어디에도 없다고 말이죠."

클라라의 남편은 별다른 반감 없이 이혼에 동의했지만, 의외의 걸림돌이 두 사람의 결합을 가로막고 있었다. 클라라의 이혼을 위한 법정 심리는 여러 번 연기되었고 헝가리 당국은 노이만의 이혼을 인정하지 않았으며, 미국에서는 노이만에게 "클라라의 비자를 받으려면 당신의 헝가리 국적을 포기하라"고 통보해왔다.

클라라의 이혼소송은 유럽에 전운이 감돌던 1938년 말이 되어서야 끝이 보이기 시작했다. 그 무렵 코펜하겐에서 닐스 보어와 함께 연구를 진행 중이던 노이만은 클라라에게 다음과 같은 편지를 보냈다. "모든 것이 꿈 같습니다. 묘하게 미쳐 돌아가는 꿈. 요즘 저는 보어와 매일 같이 말싸움을 벌이고 있어요. 체코슬로바키아가 항복을 해야 할지 말아야 할지, 양자 이론의 인과율에 희망이 있는지 없는지, 이런 일로 왈가왈부하며 나날을 보내고 있습니다."[14]

1938년 9월 30일에 열린 뮌헨협정에서 프랑스와 영국은 나치독일이 체코슬로바키아의 주데텐란트를 합병하는 데 동의했고, 이 소식을 전해 들은 노이만은 부다페스트에 있는 자신의 약혼녀를 미국으로 데려가기 위해 바람처럼 내달렸다. 뮌헨협정이 체결되고 며칠이 지난 후, 그는 베블런에게 다음과 같은 편지를 보냈다. "체임벌린 총리(당시 영국 총리 ─ 옮긴이)의 덕을 톡톡히 보았습니다. 다음(제2차) 세계대전이 조금이라도 늦게 발발하기를 간절히 바라고 있었거든요."[15]

클라라의 이혼 재판은 10월에 끝났다. 두 사람은 2주 후에 결혼식을 올리고 다음 달에 미국행 배에 올랐다. 노이만의 외동딸 마리나는 말한다. "저는 아버지가 상실에 대한 반발심으로 재혼했다고 항상 생각해왔습니다. 어머니(마리에트)에게 받은 마음의 상처를 치유해주고 서툰 일상생활을 함께해줄 파트너가 필요했겠지요."[16] 그럼에도 불구하고 둘의 결혼은 노이만이 세상을 떠날 때까지 지속되었다.

프린스턴에 도착한 노이만과 클라라는 그 동네에서 가장 유명한 주소지 중 한 곳에 정착했다. 웨스트콧 26번가에 있는 흰색 목조건물은 머지않아 클라라의 '파티 정신' 덕분에 프린스턴에서 가장 호화로운 파티가 열리는 전설의 명당으로 자리 잡게 된다. 이 집에서는 술이 끊일 날이 없었고, 노이만은 시끄러운 파티 중에 문득 아이디어가 떠오르면 한 손에 칵테일 잔을 든 채 위층으로 달려가 종이 위에 수식을 휘갈기곤 했다.

전쟁이 코앞으로 다가왔을 때, 클라라는 친정과 시댁 식구들이 유럽을 떠나도록 종용하기 위해 부다페스트로 돌아갔다(프랑스와 영국은 뮌헨협정에 서명한 후 한동안 전쟁 위험이 사라졌다며 마음을 놓고 있었다). 노이만은 정식 입대를 위해 관리들과 싸우는 와중에 군사 업무도 점점 많아졌기 때문에, 가족을 먼 거리에서 걱정하는 것 외에 달리 할 수 있는 일이 없었다. 클라라의 부모와 노이만의 어머니, 그리고 동생 미할리는 탈출에 성공했지만(미클로스는 그전에 출국했다), 클라라는 남은 일을 처리하기 위해 부다페스트에 남기로 했다. 노이만이 8월 10일 자로 클라라에게 보낸 편지에는 다음과 같이 적혀 있다. "부다페스트에는 절대로 가지 마세요. 9월이 오기 전에 유럽을 떠나야 합니다. 제발 내 말 좀 들어요!"[17]

클라라는 8월 30일에 사우샘프턴(영국 남부 해안의 항구도시-옮긴이)에서 출항하는 SS 챔플레인SS Champlain호에 몸을 실었고,[18] 바로 다음 날 독일이 폴란드를 침공하면서 제2차 세계대전이 시작되었다. 클라라와 가족들은 미국에 무사히 도착했으나, 몇 달 후 비극이 닥쳤다. 헝가리에서 부와 명예를 모두 누렸던 그녀의 아버지가 미국에서의 새로운 삶에 적응하지 못하여 스스로 목숨을 끊은 것이다. 그는 미국에서 맞이하는 첫 크리스마스를 일주일 남겨놓고 달리는 기차에 몸을 던졌다. 그 후로 클라라는 음식을 끊은 채 앓아누웠고, 마음을 추스른 후에도 한동안 심한 우울증에 시달렸다.

클라라는 노이만을 깊이 사랑했지만, 그에게 항상 위안을 얻기는 어려웠다. 노이만은 가끔씩 아주 멀게 느껴지기도 하고, 아내의 감정에 냉담한 사람처럼 보이기도 했다. 노이만의 가까운 친구인 스타니스와프 울람도 이 부분은 인정하는 듯하다. "일부 사람들, 특히 여자들은 노이만이 타인의 감정을 파악하는 능력이 선천적으로 박약하고 감정 발달이 더딘 사람이라고 생각하는 것 같았다." 실제로 노이만은 신경과민이나 강박장애 증세를 보일 때가 종종 있었다. 클라라의 증언에 의하면 그는 서랍에서 물건을 꺼낼 때 반드시 서랍을 일곱 번 밀어 넣었다 뺀 후에야 찾던 물건을 꺼냈고, 전기 스위치도 켰다 껐다를 일곱 번 반복한 후 원하는 위치에 고정시켰다.

"아주 작은 폭탄 하나로 모든 게 사라지게 생겼군"

베블런은 노이만이 입대 시험에 낙방했다는 소식을 전해 듣고 1940년 9월에 그를 다시 불러들여서 탄도학연구소의 과학자문위원으로 채용했다. 그리고 그곳에서 실력을 발휘하자 곧바로 다른 기관으로부터 스카우트 제안이 쇄도하기 시작했다. 그리하여 노이만은 그해 12월까지 미국수학회 및 전미수학협회 산하 전쟁대비위원회War Preparedness Committee에서 탄도학 수석고문으로 일했고, 1941년 9월부터 1년 동안 국방연구위원회National Defence Research Committee(NDRC)와 그 후신인 과학연구개발국Office of Scientific Research and Development(OSRD)의 위원이 되어 전쟁과 관련된 거의 모든 과학 연구 계획을 조정했다. 이 시기에 미국의 과학 정책을 진두지휘한 사람은 세계적인 공학자이자 과학연구개발국의 장관인 버니바 부시Vannevar Bush였다. 그는 주요 현안을 대통령에게 직접 보고하면서 과학자 및 공학자들의 연구를 전폭적으로 지원했고, 그 덕분에 과학 연구개발국에서는 레이더radar(전파탐지장치)와 유도미사일, 근접신관proximity fuse(폭탄이 목표물에 원하는 만큼 접근했을 때 자동으로 폭발시키는 장치-옮긴이) 등 중요한 무기를 개발할 수 있었다. 그러나 뭐니 뭐니 해도 정부에서 가장 열성적으로 지원한 곳은 원자폭탄을 개발하는 부서였다.

1939년 1월 16일, "우라늄Uranium(U)을 쪼갤 수 있다"는 초특급 정보가 배를 타고 미국에 전달되었다. 독일의 화학자 오토 한Otto Hahn과 그의 조수인 프리츠 슈트라스만Fritz Strassmann이 우라늄 원자에 중성자를 빠르게 충돌시켰을 때 우라늄의 절반보다 작은 바륨으로 쪼개지면서 엄청난 폭발이 일어나는 현상을 발견한 것이다. 그러나 당시에는 그런 형태의 방사성붕괴가 발견된 적이 없었기 때문에 화학자들은 어안이 벙벙해졌다. 이 반응의 원리를 알아낸 사람은 오토 한의 옛 동료인 여성 물리학자 리제 마이트너Lise Meitner와 그녀의 조카 오토 프리슈Otto Frisch였다. 이 핵반응은 훗날 '핵분열nuclear fission'이라는 이름으로 불리게 된다. 빈의 유태인 가정에서 태어난 마이트너는 1938년 7월에 극적으로 독일을 탈출한 후,[19] 스톡홀름에 있는 노벨연구소에서 약간의 급여를 받으며 연구를 수행하고 있었다.

크리스마스 직후에 오토 한과 슈트라스만의 실험 결과를 전해 들은 마이트너와 프리슈는 우라늄 원자의 핵이 기존의 짐작처럼 단단한 덩어리가 아니라, 불안정하게 흔들리는 젤리와 비슷하다고 생각했다. 중성자가 우라늄 원자의 핵과 높은 에너지로 충돌하면 핵의 일부만 떨어져 나가는 것이 아니라, 핵 전체가 분열되어 가벼운 원자핵으로 변하고, 이 과정에서 엄청난 양의 에너지가 방출되는 것이다. 1939년 새해 첫날, 프리슈는 미국행을 하루 앞둔 보어에게 이 내용을 전달하면서 자신의 논문이 학술지에 실릴 때까지 비밀로 해달라고 부탁했다. 그러나 보어는 함께 승선한 동료 물리학자 레온 로젠펠트Léon Rosenfeld에게 금단의 지식을 털어놓았고, 두 사람이 핵분열의 세부사항을 계산하는 동안 어느새 배는 미국 본토에 도착했다. 보어와 프리슈 사이의 약속을 전혀 몰랐던 로젠펠트는 즉시 기차를 타고 프린스턴으로 달려가서 놀라운 소식을 전했고, 핵분열에 관한 소문은 거의 광속으로 퍼져나갔다. 노이만은 1939년 2월 2일 자로 오랜 친구 오르트베이에게 보내는 편지에 다음과 같은 질문을 던졌다. "우라늄 → 바륨 분해 과정에 대해 어떻게 생각하시나요? 여기 프린스턴에서는 이 문제 때문에 아주 난리가 났습니다."[20]

컬럼비아 대학교의 엔리코 페르미Enrico Fermi도 이 소식을 들었다. 그는 몇 달 전 스톡홀름에서 노벨상을 받은 직후 이탈리아의 파시스트 정권을 뒤로 하고 유태인 아내 라우라 카폰Laura Capon과 함께 미국으로 건너온 참이었다. 핵붕괴 이론의 대가였던 페르미는 프리슈의 이론을 듣는 즉시 앞으로 벌어질 일을 예측할 수 있었다. 그는 자리에서 일어나 한 손으로 책상을 짚은 채 창밖으로 맨해튼을 바라보며 혼자 중얼거렸다. "아주 작은 폭탄 하나로 모든 게 사라지게 생겼군…." 캘리포니아 대학교의 로버트 오펜하이머도 모든 상황을 파악했다. 얼마 후 그의 연구실 칠판에는 폭탄 하나가 덩그러니 그려져 있었다.

노이만은 1940년대 초까지 폭발물과 탄도학 연구에 몰두하면서 어느새 폭탄 전문가가 되어 있었다. 특히 폭탄의 외형과 파괴력-파괴 방향의 상호관계에 대해서는 자타가 공인하는 일인자였다. 그러나 그의 머릿속에는 전쟁과 전혀 무관한 분야도 여전히 생생하게 살아 있었다. 1942년에 노이만은 인도의 천문학자 수브라마니안 찬드라세카르Subrahmanyan Chandrasekhar(그도 나중에 탄도학연구소에 합류했다)와 함께 '움직이는 별 때문에 나타나는 중력장의 요동'을 분석하여 공동 논문을 집필했는데, 이 논문은 지금도 성단stellar cluster의 운동을 이해하는 데 중요한 자료로 남아 있다.[21]

1942년 9월, 노이만은 해군에 입대하기 위해 국방연구위원회를 떠났다. 탄도학연구소 소장 레슬리 사이먼Leslie Simon은 그를 떠나보낸 후 지인들에게 말했다. "장군은 점심 때 얼음물을 마시는데, 해변에 정박한 제독은 술을 마신다. 그래서 노이만은 장군보다 제독을 선호했다." 꽤 그럴듯한 설명이지만, 아마도 진짜 이유는 국방연구위원회보다 해군에서 그를 더 간절하게 원했기 때문일 것이다(그리고 간절한 정도는 연봉으로 표현되었을 것이다 – 옮긴이).

노이만은 1942년 10월에서 12월까지 워싱턴에 머물면서 해군을 위해 일하다가 향후 6개월 동안 영국에 파견되었다. 이 출장은 비밀리에 진행되었기 때문에 무슨 일을 했는지 알 수 없지만, 독일군이 대서양에 설치한 기뢰機雷(수중에 설치해놓으면 자기장이나 음향의 변화를 감지하여 스스로 터지는 폭탄 – 옮긴이)의 분포 패턴을 노이만이 분석하여 영국 해군에게 큰 도움을 준 것만은 분명한 사실이다. 아무튼 노이만은 영국의 과학자들을 통해 폭발과 관련된 새로운 정보를 얻었고, 영국인들도 노이만에게 많은 것을 배웠다. 이 시기에 노이만이 베블런에게 보낸 편지에는 다음과 같은 내용이 적혀 있다. "영국의 과학자들은 폭발 반응 자체보다 폭발 후 생성되는 충격파가 더 강력한 에너지를 발휘한다는 사실을 증명했습니다. 따라서 폭탄을 지면이나 해수면 바로 위에서 터뜨리는 것보다 어느 정도 높이를 두고 허공에서 터뜨리는 것이 훨씬 효과적입니다." 또한 노이만은 영국 바스에 있는 항해력연구소Nautical Almanac Office에서 금전등록회계장치National Cash Resister Accounting Machine가 작동하는 모습도 보았다. 이것은 일종의 기계식 계산기(전자회로 없이 톱니바퀴, 지레, 스프링 등 오직 기계적인 장치만으로 작동하는 계산 장치 – 옮긴이)인데, 조금만 수정하면 단순 회계 업무보다 훨씬 많은 일을 할 수 있을 것 같았다. 그날 저녁, 런던행 기차에 몸을 실은 노이만의 머릿속에는 새로운 계산기의 원형이 설계되고 있었다.

남은 체류 기간 동안 노이만이 영국에서 한 일은 여전히 미스터리로 남아 있다. 그에게 주어진 차기 임무로 짐작해보건대, 아마도 원자폭탄 프로젝트와 관련하여 영국의 과학자 및 수학자들과 정보를 교환했을 것이다. 현대식 컴퓨터에 지대한 공헌을 한 앨런 튜링을 다시 만났을 수도 있다. 만일 그렇다면 두 사람은 튜링이 이론상으로 설계한 '범용계산기계universal computing machine'를 전자회로로 구현하는 방법에 대하여 의견을 주고받았을 것이다. 전쟁 기간 동안 이들의 행적이 온통 비밀에 싸여 있어서 두 사람이 실제로 재회를 했는지 확실치 않지만, 노이만이 영국에 머물면서 컴퓨터에 대한 관심이 크게 높아진 것만은 분명한 사실이다. 노이만을 이런 쪽으로 자극한 것은 금전등록기일 수도 있고, 튜링과 나눴던 사담일 수도 있다. 노이만은 1943년 5월 21일 자로 베블런에게 보낸 편지에 "새로운 계산 테크닉에 완전히 매료되었다"고 적어놓았다.[22] 그러나 어느 날 갑자기 미국으로 소환되었기 때문에, 컴퓨터에 대한 그의 관심은 오래 지속되지 못했다. 세계에서 가장 큰 과학 프로젝트를 수행하는 데 노이만의 전문 지식이 절실하게 필요했던 것이다.

히틀러의 군대가 폴란드를 휩쓸던 1939년 9월까지만 해도, 핵분열에 기초한 신무기가 지금 막 시작된 전쟁의 판도를 바꿀 수 있다고 생각한 사람은 단 한 명도 없었다. 그러나 1941년 6월에 영국 정부의 위탁을 받은 일단의 과학자들이 충격적인 보고서를 제출하면서 분위기가 완전히 바뀌었다. 조지 톰슨George P. Thomson(1937년 노벨 물리학상 수상자. 그의 부친인 J. J. 톰슨도 1906년에 노벨 물리학상을 받았다)이 이끄는 MAUD 위원회[23]가 "1943년 초까지 원자폭탄을 만들 수 있다"고 선언한 것이다.

기본 원리는 이미 알려져 있었다. 처음에 우라늄 원자핵이 어떤 식으로든 분열되면 2~3개의 중성자가 빠른 속도로 튀어나와서 근처에 있는 다른 우라늄 원자핵과 충돌한다. 그러면 원자핵이 다시 분열되면서 중성자가 튀어나오고, 이들이 또 근처에 있는 다른 원자핵과 충돌하고… 이런 식으로 도미노가 쓰러지듯 연속 분열이 일어나는데, 이 과정을 핵연쇄반응nuclear chain reaction이라 한다. 연쇄반응이 유지될 정도로 우라늄의 양이 충분하다면(이것을 임계질량critical mass이라 한다), 수백만 분의 1초 사이에 엄청난 에너지가 방출될 수 있다. 프리슈와 루돌프 파이얼스Rudolf Peierls는 약간의 계산을 거친 후, "몇 킬로그램의 우라늄 동위원소 U-235가 연쇄반응을 일으키면, 수천 톤의 다이너마이트와 맞먹는 폭발력을 발휘할 수 있다"고 결론지었다.

MAUD 보고서에 잔뜩 흥분한 윈스턴 처칠Winston Churchill(당시 영국 수상)은 그 즉시 핵무기 개발 프로젝트에 착수하기로 결정했고, 한동안 개점 휴업 상태였던 미국의 폭탄 개발 프로그램도 그해 12월부터 바쁘게 돌아가기 시작했다.

과학연구개발국에서 핵폭탄 개발을 담당했던 부서는 훗날 그 유명한 맨해튼 프로젝트의 주역으로 활약하게 된다. '프로젝트 Y'라는 암호명으로 불린 원자폭탄 개발 계획에는 미화 20억 달러(현재 가치로 200억 달러 이상)가 투입되었으며, 가장 바빴던 시기에는 고용 인원이 무려 10만 명에 달했다.[24] 1942년 9월에 프로젝트의 수장으로 임명된 46세의 육군 소속 엔지니어 레슬리 그로브스Leslie Groves는 바로 다음 달에 일급기밀 연구소를 이끌 책임자로 로버트 오펜하이머를 영입했다.

그것은 누구나 수긍할 만한 선택이 아니었다. 대규모 팀을 이끈 경험이 거의 없었던 오펜하이머는 노벨상 수상자가 즐비한 연구팀을 대상으로 어떻게든 통솔력을 발휘해야 했다(오펜하이머는 노벨상을 받지 못했다 - 옮긴이). 군 당국의 입장에서도 오펜하이머는 결코 달가운 인물이 아니었다. 그는 정치적으로 좌익이었고 그의 가까운 지인들(여자친구, 아내, 형제자매 등)도 과거 한때 공산당원이었거나 지금도 공산당원으로 활동 중이었으며, 심지어 오펜하이머가 버클리에 머물던 집의 여주인까지 공산당원이었다. 훗날 1954년에 미국 정부는 이런 점을 이유로 오펜하이머에게 부여했던 비밀 취급 자격을 박탈했는데, 일부 과학자와 정치가들은 "초대형 프로젝트를 성공리에 끝낸 일등공신을 지나치게 푸대접했다"며 정부의 조치를 비난했다.

그러나 펜타곤pentagon(미국 국방부 건물) 건설에 직접 참여했고 무슨 일이건 끝장을 보는 것으로 유명했던 그로브스는 주변 시선에 조금도 신경 쓰지 않았다. 그의 부하직원이었던 한 사람은 훗날 이 시절을 회상하며 말했다. "말도 마세요. 그로브스는 내 인생 최악의 '개자식'이었습니다. 하지만 솔직히 말해서 제일 유능한 사람이기도 했지요. 덩치가 크고 뚱뚱해서 체력이 달릴 것 같은데도, 절대 지치는 법이 없었습니다. 한마디로 '피곤함을 모르는 사람'이었어요."[25] 그로브스는 오펜하이머 역시 "무슨 일이건 끝장을 보는 또 한 사람의 지칠 줄 모르는 리더"임을 한눈에 알아보았다. 그는 전쟁이 끝난 후 오펜하이머를 다음과 같이 평가했다. "그는 천재입니다. 진짜 천재였어요. 왜냐고요? 그는 모르는 게 없었으니까요. 어떤 질문을 던져도 그 자리에서 답을 주곤 했지요. 생각해보니 그도 모르는 게 있긴 있었네요. 스포츠에 대해서는 완전 까막눈이었습니다."[26] 그로브스는 육군 방첩대의 반대에도 불구하고 오펜하이머를 연구 책임자로 밀어붙였다.

그로브스와 오펜하이머는 프로젝트Y가 도시에서 멀리 떨어진 황량한 곳에서 진행되어야 한다는 점에 동의하고, 뉴멕시코주의 산타페로부터 65킬로미터 거리에 있는 텅 빈 부지에 본부를 짓기로 결정했다. 그곳에는 부잣집 아이들의 야외 교육 시설인 로스앨러모스 학교가 들어서 있었는데, 황량한 고원에 선인장과 작은 소나무가 겹겹이 에워싸고 있어서 비밀 임무를 수행하기에는 더없이 좋은 장소였다. 그로브스는 당장 소유주를 만나 거절할 수 없는 조건을 제시했고, 소유주는 기꺼이 부지를 넘겨주었다.

그 후로 1943년 중반까지 로스앨러모스에서는 '포신형 무기gun-type weapon' 개발 계획이 순조롭게 진행되었다.[27] 분열성 물질(핵분열이 자발적으로 일어나는 물질)에서 '총알(중성자)'이 발사되어 표적(다른 물질)을 때리면 핵연쇄반응이 일어나 폭탄이 터지는 원리인데, 구조가 간단하면서도 막강한 폭발력을 발휘하는 것으로 확인되었다. 한편, 1940년에 미국의 화학자 글렌 시보그Glenn Seaborg가 플루토늄Plutonium(Pu)이라는 새로운 원소를 발견했는데,[28] 우라늄처럼 연쇄반응을 일으키면서 우라늄과 달리 대량 정제가 가능하다는 장점을 갖고 있었다. 로스앨러모스에 모인 과학자들은 우라늄으로 만든 포신형 무기 '리틀보이Little Boy'처럼 플루토늄으로도 비슷한 무기(암호명 '신맨Thin Man')를 만들 수 있다고 생각했다.

그러나 오펜하이머는 포신형 무기의 메커니즘으로 2개의 플루토늄을 충분히 빠르게 결합시킬 수 있을지 확신이 서지 않았다. 폭탄용으로 생산한 플루토늄의 붕괴 속도가 우라늄보다 빠르면 임계질량에 도달하기 전에 총알과 표적이 녹아내려서 폭발이 일어나지 않을 수도 있기 때문이다. 그래서 오펜하이머는 미국의 실험물리학자 세스 네더마이어Seth Neddermeyer가 제안한 방법으로 플루토늄의 임계질량을 확보한다는 2차 계획을 수립했다[네더마이어는 과거에 뮤온 muon과 양전자positron(양전하를 띤 전자 – 옮긴이)를 발견하는 데 중요한 역할을 했지만, 나중에는 염력을 과학적으로 증명하겠다며 이상한 실험에 열을 올리기도 했다]. 네더마이어의 '내파형 폭탄implosion bomb'은 간단한 원리에서 출발한다. 플루토늄의 중심부에 고성능 폭발물을 설치해놓고 동시에 폭발시키면 중심부가 압축되어 녹기 시작한다. 그러면 플루토늄 원자들이 강한 힘으로 짓이겨지면서 다량의 중성자가 방출되어 연쇄반응이 일어나고, 그 결과로 폭탄이 터진다는 원리이다.

그러나 네더마이어의 연구팀은 인원이 부족하여 포신형 무기 프로젝트의 보조 역할밖에 할 수 없었고, 초기에 실행한 실험은 결과가 별로 좋지 않았다. 속이 빈 강철 파이프를 폭발물로 감싸놓고 폭발시키면 속이 꽉 찬 강철 막대가 될 줄 알았는데, 폭발 후 수거해보니 파이프가 마구잡이로 뒤틀려 있었던 것이다. 이로부터 연구진은 폭발로부터 발생한 충격파가 파이프를 비대칭적인 방향으로 압축시킨다는 사실을 알게 되었다. 내파형 무기가 제대로 작동하려면 충격파의 선단wave front이 핵분열 물질의 모든 면에 고르게 전달되어야 한다.

네더마이어가 실험 결과를 발표했을 때, 로스앨러모스의 공학자들은 이 문제를 "맥주를 사방으로 튀게 하지 않으면서 맥주캔만 폭파시키기"에 비유했고, 프린스턴에서 박사학위를 받자마자 로스앨러모스에 합류했던 24세의 리처드 파인만은 "냄새가 고약하다"는 한마디로 요약했다. 그 후로 여러 차례 우여곡절을 겪은 후, 1943년에 연구 지휘팀은 결국 내파식 설계를 포기하기로 결정했다.

오펜하이머는 로스앨러모스에서 적절한 시기에 적절한 결정을 내리는 사람으로 유명했는데, 내파 설계를 폐기한 직후에 그가 내린 결정은 그야말로 '신의 한 수'였다. 그는 1943년 7월에 노이만에게 한 통의 편지를 보냈다. "당신의 도움이 절실하게 필요합니다. 지금 이곳에서는 많은 이론가들이 최선을 다하고 있지만, 당신의 통찰력으로 우리가 직면한 문제를 바라본다면 새로운 해결책이 나오리라 확신합니다. 가능하다면 임시직이 아닌 정규직으로 모시고 싶습니다. 저의 설명을 백 번 듣는 것보다 한 번 오셔서 보기만 하면 제 말을 금방 이해하실 겁니다. 부디 긍정적으로 생각해주시기 바랍니다."[29] 노이만은 흔쾌히 수락했다.

내파형 폭탄 개발에 뛰어들다

사실 노이만은 오펜하이머의 제안을 수락하기 몇 달 전에, 폭발 및 충격파에 관한 사전지식과 영국에서 얻은 정보를 종합하여 미국의 원자폭탄 개발 프로젝트에 이미 첫 번째 기여를 한 상태였다. 전쟁이 끝난 후 미국 정부로부터 감사장을 받을 때에도 '프로젝트 Y'에 대해서는 단 한 마디도 언급되지 않았다. 모든 것이 비밀이었으니 별로 놀라운 일도 아니다. 그러나 해리 트루먼Harry Truman 대통령으로부터 공로훈장을 받을 때에는 다음과 같은 수상 사유가 공식적으로 낭독되었다. "고성능 폭탄에 대한 귀하의 연구는 아군의 공격 전술과 새로운 무기 개발에 지대한 공헌을 했으며, 일본에 원자폭탄을 투하한 공군력의 효율을 높이는 데에도 큰 도움이 되었습니다."

노이만은 신문에 실린 이 기사를 읽고 화가 치밀어 올랐다. 기사의 논지가 "안타를 친 것보다 헛스윙이 더 낫다는 것을 보여준 공로로 훈장을 받았다"는 뉘앙스를 풍겼기 때문이다. 그는 대형 폭탄이 지면에서 터질 때보다 허공에서 터질 때 살상력과 살상 범위가 훨씬 커진다는 사실을 증명했다. 이 원리는 전부터 알려져 있었지만, 정확한 이론과 구체적인 계산을 통해 가장 이상적인 폭파 고도를 산출한 사람은 오직 노이만뿐이었다. 그는 애버딘 무기연습장에서 얻은 실험 데이터와 영국의 이론물리학자들이 풍동 실험에서 얻은 결과를 절묘하게 결합하여 해군 본부에 제출할 보고서를 작성했는데, 거기에는 다음과 같은 내용이 포함되어 있다. "충격파의 입사각을 적절하게 조절하면 반사된 충격파가 원래 충격파보다 두 배 이상 강해질 수 있다! 이런 현상은 약한 반사가 일어날 것으로 예측될 때 비스듬한 각도에서 발생한다!"[30]

노이만은 오펜하이머의 편지를 받고 몇 개월이 지난 9월에 황량한 고원에 도착했다. 포신형 무기 개발 프로젝트에 참여했던 수리물리학자 겸 탄도 전문가 찰스 크리치필드Charles Critchfield는 "노이만의 아이디어가 모두를 일깨웠다"고 했다.[31] 그곳에서 노이만이 제일 먼저 한 일은 "네더마이어의 내파 실험으로는 폭파 장치가 실제로 어떻게 작동하는지 알 수 없다"는 점을 지적한 것이다. 이 실험에서는 파이프를 에워싼 폭발물을 단순히 증가시키는 것만으로도 충격파가 대칭적으로 퍼지도록 만들 수 있다. 그러므로 문제를 해결하려면 좀 더 정교하고 복잡한 방법을 써야 한다. 그가 두 번째로 한 일은 쐐기 모양의 하전물질(전하를 띤 물질)을 플루토늄 주변에 삽입하여 효율을 높이는 것이었다. 이런 상태에서 폭탄을 동시에 폭파시키면 하전물질이 제트 분사를 유도하여, 폭탄만으로 둘렀을 때보다 중심부가 훨씬 빠르게 압축된다. 노이만은 문제가 생길 때마다 에드워드 텔러에게 자문을 구했다. 텔러는 3월에 로스앨러모스에 합류한 헝가리 출신의 물리학자인데, 숙소에서 밤늦은 시간까지 피아노를 마구 쳐대는 바람에 주변 과학자들의 눈총을 한 몸에 받았던 인물이다. 여러 차례 실험을 거친 후 노이만과 텔러는 "노이만의 제안대로 설계를 변경하면 내파형 폭탄은 포신형 폭탄보다 효율적"이라는 결론에 도달했다. 적은 양의 플루토늄으로 동일한 파괴력을 발휘할 수 있게 된 것이다. 이것은 로스앨러모스의 모든 과학자에게 커다란 뉴스거리였다. 폭탄을 만들 수 있을 만큼 충분한 양의 우라늄과 플루토늄을 정제하는 것이 프로젝트의 가장 큰 난제였기 때문이다.

내파형 폭탄의 장점을 전해 들은 그로브스는 과학자들이 '안전한' 포신형 무기 개발에 집중하도록 독려했고, 오펜하이머는 우크라이나 태생의 미국인 화학자 조지 키스티야코프스키George Kistiakowsky를 영입하여 수학자들이 제안한 장치를 만드는 데 필요한 '폭파 렌즈explosive lens'의 연구를 의뢰했다. 광학렌즈가 빛의 경로를 바꾸는 것처럼, 하전물질로 만든 폭파 렌즈는 충격파를 한 곳에 집중시키는 역할을 한다. 노이만의 결과에 용기를 얻은 네더마이어는 플루토늄의 중심부를 균일하게 압축시키는 방법을 찾기 위해 더욱 정교한 후속 실험을 제안했는데, 처음에 여덟 명으로 출발했던 연구팀은 날이 갈수록 인원수가 늘어났다.

노이만은 연구 시간 중 거의 3분의 1을 폭탄 개발에 할애했다. 아마도 그는 로스앨러모스에 갇히지 않고 자유롭게 오갈 수 있는 연구원 중 유일하게 모든 것을 아는 사람이었을 것이다. 그가 로스앨러모스로부터 러브콜을 받았을 때 육군과 해군은 탄도학과 충격파에 관한 그의 연구가 자신들에게도 필요하다고 강력하게 주장했다. 그래서 노이만의 이론적 연구는 워싱턴에 있는 국립과학아카데미 National Academy of Sciences(NAS)의 보안사무실에서 삼엄한 경비하에 진행되었으며, 소규모 폭파 실험은 매사추세츠에 있는 우즈홀에서 역시 비밀리에 실행되었다. 그래도 노이만은 1년 중 한두 달을 로스앨러모스의 비밀 연구소에 머물면서 동료들과 포커 게임을 하고, 술을 마시고, 독한 담배를 피우며 토론을 벌이는 등 진한 동료애를 보여주었다.[32] 로스앨러모스에는 울람을 포함하여 헝가리 출신 과학자가 유난히 많았는데, 이것은 결코 우연이 아니었다. 노이만이 프로젝트에 참여한 직후부터 동료 수학자들을 적극적으로 영입했기 때문이다.

노이만은 동료들과 게임을 즐기는 와중에도 내파 폭탄 설계를 열심히 돕고 있었다. 폭탄이 터지려면 폭파 렌즈가 중심부의 플루토늄을 아주 빠르게 압축시켜야 하는데, 이 속도를 알아내려면 복잡한

전쟁이 끝난 후 1949년에 로스앨러모스에서 찍은 사진.
왼쪽부터 존 폰 노이만, 리처드 파인만, 스타니슬라프 울람.

유체역학 방정식을 풀어야 한다. 그래서 이 프로그램에 참여한 과학자들은 방정식 푸는 시간을 단축하기 위해 IBM의 펀치카드머신punch-card machine(키보드를 이용하여 카드나 종이 테이프에 구멍을 뚫는 장치. 이 카드를 입력 장치로 읽어 들이면 다시 문자 부호로 변환되고, 계산기는 문자의 지령에 따라 계산을 수행한다-옮긴이) 10대를 구입했다. 이 시절에 로스앨러모스에서 '컴퓨터computer'란 '기계식 탁상 계산기를 다루는 사람'을 칭하는 용어였고, 컴퓨터의 대부분은 여성이었다. 그로브스는 민간인 컴퓨터를 따로 고용할 만큼 예산이 많지 않다면서 로스앨러모스에 와 있는 물리학자와 공학자의 아내들을 컴퓨터로 고용했는데, IBM의 기계를 들여놓은 후에는 생각이 달라졌다. 기계는 아무리 심하게 부려먹어도 지치거나 불평하지 않았고, 학교나 탁아소에 데려다줄 아이도 없기 때문이다. 그리하여 기계는 여성을 물리치고 컴퓨터 자리를 독점했다. 적어도 그때까지는 그랬다.

1944년 봄, 플루토늄 폭탄 개발에 영혼을 바쳐 일하던 과학자들에게 반갑지 않은 소식이 날아들었다. 로마에서 페르미와 함께 일했던 유태계 이탈리아 물리학자 에밀리오 세그레Emilio Segrè가 핸퍼드와 워싱턴, 그리고 테네시주의 오크리지의 원자로에서 생산된 플루토늄 샘플에서 문제점을 발견했다는 것이다. 세그레는 로스앨러모스로부터 약 20킬로미터 거리에 있는 통나무집에서 세 명의 대학원생과 함께 플루토늄의 분열 속도를 연구하던 중 원자로에서 생산된 첫 번째 샘플을 수령한 지 며칠 만에 '샘플에서 자발적 분열이 일어나는 비율이 사이클로트론cyclotron(전하를 띤 입자를 가속시키는 입자가속기-옮긴이)의 내부에서 관측된 비율보다 5배나 높다'는 사실을 알아냈다. 오펜하이머의 걱정대로 플루토늄으로 작동하는 포신형 무기 '신맨'이 물 건너간 것이다.[33]

이제 노이만을 영입했던 오펜하이머의 '신의 한 수'가 진가를 발휘할 차례였다. 로스앨러모스의 과학자들은 구조가 단순한 리틀보이(우라늄 폭탄)가 예상대로 작동할 것이라고 확신했지만, 문제는 필요한 양의 우라늄이 제때 공급되지 않을 수도 있다는 점이었다. 어쨌거나 미국인의 세금을 있는 대로 퍼부어가며 밀어붙인 프로젝트였기에, 1개의 폭탄으로 만족할 수 없었던 정부와 군 당국은 비교적 생산이 용이한 플루토늄 폭탄을 어떻게든 만들어야 했다.

로스앨러모스의 과학자들은 내파 장치를 제때 만들어서 전쟁에 투입하는 것이 불가능하다고 생각했다. 그러나 그로브스는 무슨 일이 있어도 내파 장치를 먼저 완성해야 한다며 프로젝트 일정까지 수정했고, 오펜하이머는 그의 뜻에 동의했다. 그리하여 폭탄 중심부를 책임지는 장치제작팀과 렌즈를 만드는 폭파관리팀이 새로 구성되었으며, 그 바람에 수십 명의 과학자와 공학자들의 임무가 하룻밤 사이에 변경되었다. 로스앨러모스가 내파형 무기에 베팅을 한 것이다.

"나는 죽음이요, 이 세상의 파괴자이니…"

1944년 7월, 노이만을 비롯한 일단의 과학자들의 수많은 계산과 실험을 거친 끝에 드디어 내파 장치에 부착될 폭파 렌즈의 형태가 결정되었다. 그때부터 과학자들은 '가젯gadget'의 마무리 설계 작업에 박차를 가했고('가젯'은 폭탄의 암호명이다. 이 명칭은 로스앨러모스에서 임의로 지었는데, 설계가 바뀔 때마다 암호명도 같이 바뀌었다), 폭파관리팀은 폭발의 충격파가 플루토늄을 고르게 압축시키는 최적의 폭발물 조합을 찾기 위해 폭탄과 사투를 벌였다. 폭파 렌즈의 형태는 이론적으로 결정되었지만, 그것을 요구대로 정확하게 만들기란 결코 쉬운 일이 아니었다. 프로젝트 기간 동안 무려 2만 개의 렌즈가 제작되었는데, 이들 중 상당수는 결함이 발견되어 곧바로 폐기되거나 실험 폭발로 산산이 부서졌다. 전기회로를 통해 작동하는 기폭장치 detonator(폭탄을 터뜨리는 장치. '뇌관'이라고도 함-옮긴이)는 높은 고도에서 차가운 온도에 노출되거나 땅에 떨어질 때 강한 충격을 받아도 모든 렌즈를 동시에 폭파할 수 있을 정도로 안정적이어야 했다. 폭탄의 '외투'에 해당하는 2개의 반구형 외피를 결합할 때 사용할 볼트의 개수도 중요한 문제였다. 볼트의 수가 적으면 렌즈가 단단히 고정되지 않고, 너무 많으면 조립 시간이 길어진다. 일일이 나열하기 어려운 오만가지 우여곡절을 겪다가 1945년 2월에 드디어 내파형 폭탄의 청사진이 완성되었다. 제대로 작동한다고 믿는 사람은 단 한 명도 없었지만 시간이 너무나 촉박했기에, 연구원들은 곧바로 첫 번째 내파 장치 조립에 착수했다. 그런데 조립 도중 일부 렌즈에서 균열과 거품이 발견되는 바람에 또다시 발목이 잡혔고, 이것을 수리하려면 강철 같은 담력이 필요했다. 연구팀은 치과 의사가 예민한 치아에 구멍을 내듯이 렌즈에 작은 구멍을 뚫은 후, 거품 내부를 고성능 액체 폭탄으로 채워 넣었다.

렌즈는 총 32개로 구성되어 있다. 고성능 폭발물이 주입된 20개의 육각형 블록과 12개의 오각형 블록을 정교하게 이어 붙이면 일부가 잘려나간 20면체가 되는데, 언뜻 보면 거대한 축구공처럼 생겼다.[34] 두께가 무려 47센티미터나 되는 외피 속에는 여러 개의 동심구가 양파처럼 층층이 설치되어 있어서, 하나가 점화되면 다른 폭탄층이 연달아 폭발하는 식이다.

첫 번째 층은 '푸셔pusher'라 불리는 11.5센티미터 두께의 알루미늄층으로, 충격파 뒤에 나타나는 급격한 압력 저하를 방지하여 플루토늄에 강한 압력이 가해지도록 설계되었다.

두 번째는 '반사재tamper'라 불리는 천연 우라늄층인데(정제되지 않은 우라늄으로, 주성분은 핵분열이 자발적으로 일어나지 않는 동위원소인 우라늄-238이다), 폭탄이 터진 후에도 연쇄반응이 몇 분의 1초 동안 더 일어날 수 있도록 중심부에 있는 플루토늄(코어)의 팽창을 지연시키는 역할을 한다. 10나노초(1나노 초=10억 분의 1초) 간격으로 반사재가 코어를 진정시킬 때마다 플루토늄에서 또 다른 중성자가 방출되어 핵분열을 일으키고, 이 과정이 누적되면서 다량의 질량이 에너지로 변환되어 가공할 위력을 발휘한다(질량과 에너지는 아인슈타인의 유명한 방정식 $E=mc^2$을 통해 서로 상대방으로 변환될 수 있다 - 옮긴이).

반사재에 구멍을 뚫어서 무게 6.2킬로그램, 지름 9센티미터짜리 구형 플루토늄 덩어리(사과와 비슷한 크기)를 장치의 가장 깊숙한 곳에 삽입한다. 처음에 이 덩어리는 임계질량보다 조금 작지만, 충격파가 발생하면 강하게 압축되면서 임계질량에 도달하도록 조절되어 있다. 플루토늄이 삽입될 내부 공동cavity은 폴로늄Polonium(Po)과 베릴륨beryllium(Be)으로 만든 직경 2.5센티미터짜리 반구 2개로 이루어져 있으며, 비로 이곳에서 플루토늄의 연쇄반응이 시작된다.

골프공 절반만 한 크기의 발화장치initiator는 초정밀 공학이 낳은 최고의 걸작이다. 여기 사용된 폴로늄 동위원소 Po-210에서 알파입자가 방출되어 베릴륨을 때리면 다량의 중성자가 쏟아져 나온다. 이 과정에서 알파입자와 중성자가 섞이면 상황이 복잡해지는데, 다행히도 알파입자는 금속과 충돌했을 때 수백 분의 1밀리미터밖에 침투하지 못하기 때문에 중성자와 쉽게 분리할 수 있다. 단, 발화장치는 플루토늄 코어가 압축되는 순간에 베릴륨과 폴로늄이 완전히 섞이도록 설계되어야 하는데, 베릴륨을 니켈과 금으로 도금하고 표면에 폴로늄을 증착시키면 된다. 중심부의 덩어리는 가능한 한 많은 폴로늄을 수용하기 위해 니켈과 금으로 도금된 베릴륨 껍질로 에워싸여 있다. 내파에 의해 충격파가 발생하면 발화장치가 부서지면서

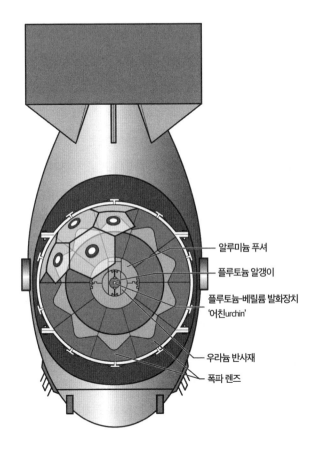

알루미늄 푸셔

플루토늄 알갱이

플루토늄-베릴륨 발화장치
'어친urchin'

우라늄 반사재

폭파 렌즈

플루토늄 기반 핵폭탄 팻맨.
사전에 실험용으로 제작된 트리니티와 기본적으로 동일한 형태로서,
유체역학적으로 설계된 강철 외피로 에워싸여 있다.

베릴륨 구껍질 사이에 샌드위치처럼 끼어 있던 폴로늄이 퍼져나가기 시작한다.

플루토늄을 이용한 수천 킬로그램짜리 내파형 폭탄은 7월 11~12일에 걸쳐 조립되었고, 포신형 폭탄은 우라늄 공급이 원활하지 않아서 5월부터 대기 상태였다. 그 결과 리틀보이Little Boy(우라늄 기반 폭탄)는 첫 번째 내파형 폭탄이 완성되고 2주가 지난 후에야 실전에 투입할 준비를 마칠 수 있었으며, 어렵게 완성된 내파형 폭탄은 실전용이 아닌 실험용이었다.

1943년 12월, 노이만은 자신이 수행한 유체역학 계산을 검증하기 위해 소규모 실험을 실행하게 해달라고 요청했다. 이때 그는 모든 실험이 폭발을 견딜 정도로 견고하게 제작된 폭 3미터짜리 상자 안에서 이루어지도록 고안했는데, 실험이 끝난 후 용기를 세척하면 분열되지 않은 플루토늄을 수거하여 재활용할 수 있었다. 처음에 오펜하이머는 "이 복잡한 기계가 실전에서 작동한다는 것을 확인하려면 실물과 똑같은 모형으로 전체 실험을 수행해야 한다"며 부분 실험에 난색을 표했지만, 얼마 후 두께 35센티미터, 무게 200톤짜리 원통형 철제 용기를 만들어서 '점보Jumbo'라는 암호명까지 부여했다. 그러나 이 장치는 한 번도 사용되지 않았다. "폭탄이 터지면 점보 자체가 200톤짜리 방사능 파편으로 돌변할 것"이라는 우려의 목소리가 높았기 때문이다. 그로브스는 1,200만 달러짜리 점보가 국회의 애물단지로 전락할까 전전긍긍하다가 결국 폭파해서 없애기로 했는데, 조금 겸손한 폭탄을 쓰는 바람에 그마저 실패하고 말았다. 지금도 점보는 한 귀퉁이가 날아간 채 뉴멕시코주의 황량한 사막에 우뚝 서서 급박했던 당시의 상황을 조용히 대변하고 있다.

　세계 최초의 핵무기 발파 계획이 막바지를 향해 치닫고 있었다. '트리니티Trinity'라는 암호명이 할당된 이 역사적 실험은 미국 대통령 트루먼과 영국의 처칠, 그리고 소련의 지도자 이오시프 스탈린 Iosif Stalin이 포츠담에서 만나기로 한 1945년 7월 16일(월요일)에 실행하기로 정해졌다. 트루먼은 실험이 성공리에 마무리되어 유럽에 대한 미국의 영향력이 더욱 강해지기를 간절히 바라고 있었다.

　실험 장소는 장비를 쉽고 안전하게 운반할 수 있으면서 원거리 측정이 가능한 곳이어야 했다. 즉 로스앨러모스 근처에서 넓게 트인 평원을 찾아야 하는 것이다. 이 임무를 맡은 위원회는 사방을 이 잡듯이 뒤지다가 로스앨러모스에서 남쪽으로 350킬로미터 거리에 있는 알라모고도Alamogordo(이곳은 공군의 폭격 훈련장이었다)의 북서쪽 귀퉁이에서 가로 29킬로미터, 세로 38킬로미터 규모의 넓게 트인 평지를 발견했다.

　1945년 7월 13일, 자정이 조금 넘은 시각에 트럭에 실린 가젯이 로스앨러모스를 떠났다. 그리고 바로 그날 오후에 플루토늄 알갱이와 베릴륨-폴로늄 발화장치가 폭탄 내부에 삽입되었다. 폭탄은 공중 폭발의 효과를 확인하기 위해 높이 90미터짜리 급조된 탑 꼭대기에 설치되었다. 이것으로 준비는 거의 끝났지만, 아직 안심하기엔 이르다. 인간이 조절할 수 없는 변수가 남아 있기 때문이다.

　7월 15일 오전 10시, 미국의 물리학자 케니스 베인브리지Kenneth Bainbridge는 폭탄을 무장시키기 위해 팀원을 이끌고 탑으로 다가갔다. 그로부터 몇 시간 후, 베인브리지는 탑에서 남쪽으로 약 9킬로미터 거리에 있는 S-10000 벙커에서 폭탄을 터뜨릴 수 있도록 점화 회로에 마지막 스위치를 달았다. 그런데 바로 그 순간, 잠시 후 그 일대를 휩쓸 대폭발을 예언이라도 하듯 하늘에서 이슬비가 내리기 시작했다. 로스앨러모스에 남은 일부 직원들은 점차 다가오는 폭풍우 소리에 마음을 졸이고 있었다. 실험은 날씨가 좋은 날에만 실행할 수 있다. 날씨가 나쁘면 폭발이 일어난 후 무거운 파편이 바람에 날아가 주거지역에 떨어질 수도 있기 때문이다. 베인브리지는 번개가 내리쳐서 폭탄이 계획보다 일찍 점화될까 봐 좌불안석이었다. 7월 16일 새벽 2시, 기어이 번개를 동반한 시속 50킬로미터의 강풍이 몰아치기 시작했다. 그로브스가 3개월 전에 자신이 트리니티 실험의 기상 예보팀장으로 임명했던 잭 허버드Jack Hubbard를 원망 어린 눈으로 바라보자, 그는 억울하다는 듯 되받아쳤다.

"그래서 제가 7월 14일 이전이나 7월 18일 이후에 해야 한다고 그랬잖아요."

"좀 더 세게 밀어붙였어야지! 이제 어쩔 거야? 이 일을 어쩌면 좋냐고!"

"동이 트기 전까지는 바람이 잦아들 겁니다. 좀 더 기다려 보자고요."

"그 말이 맞기를 기도나 해. 틀렸다간 넌 내 손에 죽을 줄 알아!"

그로브스는 실험 시작 시간을 오전 4시에서 오전 5시 30분으로 연기했다. 다행히 허버드가 명줄을 길게 타고났는지, 잠시 후 하늘이 맑아지기 시작했다.

오전 5시 9분 45초, S-10000 벙커에서 베인브리지는 점화 카운트다운을 20분 전으로 세팅했다. 탑에서 북서쪽으로 32킬로미터 떨어진 콤파니아힐Compania Hill에서 노이만을 포함한 수백 명의 과학자와 내빈들이 특수 제작된 전망대에 모여서 역사적 순간을 기다리고 있었다. 특히 과학자들 중에는 폭탄의 위력을 놓고 내기를 거는 사람도 있었는데, '불발'에 거는 사람이 가장 많았고 오펜하이머는 TNT 300톤, 낙관론자인 에드워드 텔러는 TNT 4만 5,000톤에 걸었다. 칠흑 같은 어둠 속에서 과학자들이 얼굴에 자외선 차단제를 바르자 내빈들의 표정이 굳어지기 시작했다.

일출 직전인 오전 5시 29분, S-10000 벙커에서 출발한 전기펄스가 9킬로미터 거리에 설치된 32개의 폭파 렌즈를 점화시켰고, 이때 발생한 충격파가 정교하게 배열된 폭발물 층을 지나 순식간에 하나의 구형파로 합쳐졌다. 폭발의 충격으로 플루토늄 코어가 원래 크기의 절반으로 압축되면서 충격파가 중심부에 도달했고, 발화 장치가 작동하면서 폴로늄과 베릴륨이 섞이기 시작했다. 그 후 10나노초 동안 9~10개의 중성자가 방출되었고(이 정도면 충분하다), 약 1킬로그램의 액화 플루토늄과 우라늄 반사체의 일부가 핵분열을 일으키기 시작했다. 이 과정에서 1그램의 물질이 순수한 에너지로 전환되는데, 이 정도면 주변의 모든 것을 증발시키기에 충분하다.

폭발 섬광이 얼마나 강했는지, 그라운드 제로ground zero(폭탄이 터진 지점 - 옮긴이)에서 32킬로미터 떨어진 콤파니아힐에서 보안경을 쓰지 않은 사람들은 폭발 지점을 직접 바라보지 않았는데도 일시적으로 시력을 잃을 정도였다. 몇 가닥의 금색 빛줄기가 나타나 일출을 예고하는가 싶더니, 1초 후 태양보다 훨씬 위협적인 또 하나의 태양이 허공에 나타났다. 용접용 보안경을 쓴 사람들의 눈에는 태양보다 두 배쯤 큰 노란색 반구와 연기 기둥을 따라 빠르게 치솟는 불덩어리들이 선명하게 보였다. 사막의 차가운 공기를 맞으며 한동안 창백했던 사람들의 얼굴이 어느새 한여름 선탠을 한 듯 붉게 달아올랐다. 거대한 노란색 반구는 잠시 후 붉은색으로 변하면서 구름을 분홍색으로 물들였고, 강력한 복사에너지에 공기 분자가 이온화되면서 푸른색으로 변했다. 시종일관 총천연색 컬러로 진행되던 장관은 초록색에서 흰색으로 서서히 잦아들다가 얼마 후 완전히 사라졌다. 그리고 40초쯤 지난 후, 콤파니아힐에는 강력한 충격파가 불어닥쳤다.

노이만이 조심스럽게 입을 열었다. "TNT 5,000톤은 되겠어요, 아니, 더 클지도 모르겠네요." 엔리코 페르미가 손에 들고 있던 종이를 잘게 찢어서 가만히 놓았더니, 2.5미터쯤 날아가다가 땅에 떨어졌다. 그는 약간의 암산을 거친 후, 폭탄의 위력이 TNT 1만 톤에 해당한다고 자신 있게 말했다. 하지만 두 사람의 예측은 모두 빗나갔다. 나중에 확인한 결과, 트리니티 실험의 파괴력은 TNT 2만~2만 2,000톤에 달하는 것으로 판명되었다. 오펜하이머는 갑자기 시인이 된 듯, 고대 힌두고 경전 『바가바드기타Bhagavad Gita』의 한 구절을 조용히 읊기 시작했다. "나는 죽음이요, 이 세상의 파괴자이니…" 그러자 옆에 있던 베인브리지가 마무리를 지었다. "… 그리하여 우리 모두는 세상에 둘도 없는 망나니가 되었다."

그로브스는 S-10000 벙커 남쪽 8킬로미터 지점에 설치한 베이스

캠프에서 그의 부관인 토머스 페렐Thomas Farrell과 짧은 대화를 주고받았다.

"됐어요, 이제 전쟁은 끝났습니다."
"그래. 저 무지막지한 녀석을 일본에 2개쯤 떨어뜨리면 끝나겠지."

폭발 현장에는 폭 150미터, 깊이 1.8미터짜리 거대한 구덩이가 생겼다. 그 일대에는 모래가 열기에 녹아서 얇은 유리층이 형성되었는데, 이것은 훗날 '트리니타이트trinitite'로 불리게 된다. 폭발이 일어난 후 일부 유리 조각이 작은 방울 모양(소구체)으로 변형되어 1킬로미터 떨어진 곳까지 비처럼 쏟아져 내렸다. 현장 일대의 대부분은 모래에 함유된 철 성분 때문에 옅은 초록색으로 변했고, 일부는 녹아내린 철탑(폭탄 지지대)과 엉켜서 검게 변했으며, 구리 전선과 섞인 부분은 붉은색과 노란색을 띠고 있었다. 실험이 끝난 후 몇 년 동안 현장에서 가져온 유리가 기념품이나 장신구로 가공되어 팔려나갔는데, 약한 방사선이 남아 있어서 피부에 닿으면 화상을 유발하기도 했다.

'인류의 멸망을 예견하는 묵시록의 첫 장'

트루먼은 포츠담회의 석상에서 소련의 태평양전쟁 참전이 미국에 별 도움이 되지 않는다는 것을 빠르게 알아차렸다. 트리니티 실험의 성공 소식을 보고받은 그는 잠시 동안 머릿속이 복잡해졌다. 이 자리에서 폭탄 이야기를 군이 꺼내야 할까? 미국이 원자폭탄을 개발했다고 선언하면 소련이 일본을 침공하겠다고 나서지 않을까? 어느 순간 트루먼은 결단을 내린 듯 스탈린 곁으로 주뼛주뼛 걸어가더니 조용히 입을 열었다. "우리가 전례 없이 강력한 폭탄을 손에 넣었소." 그러나 스탈린은 눈썹 하나 까딱하지 않고 차분하게 말했다. "축하하오. 부디 좋은 곳에 사용하시오." 사실 스탈린은 맨해튼 프로젝트에 파견된 소련 스파이를 통해 이미 모든 내용을 알고 있었다.

트리니티 실험이 실행되던 날 아침, 리틀보이는 배에 실린 채 도쿄에서 2,400킬로미터 떨어진 티니안섬Tinian island(마리아나제도의 섬. 일본의 식민지였다가 1944년 여름에 미국이 점령했음)을 향해 출발했다. 그 후 8월 2일에 내파형 폭탄 팻맨의 3개치 부품이 그곳에 도착했고, 8월 8일에는 탄두가 장착되지 않은 폭탄 1개가 태평양에 실험용으로 투하되었다. 그 후에 후속 투하 실험이 실행될 예정이었으나, 상황이 여의치 않아서 모두 취소되었다.

원자핵의 연쇄반응을 최초로 발견했던 레오 실라르트는 미국 정부의 원자폭탄 제조 계획에 긍정적인 여론을 조성하기 위해 백방으로 뛰어다녔으며, 그의 노력은 어느 정도 결실을 거두었다. 그러나 독일이 항복한 후인 1945년 5월부터 그는 민간인에 대한 핵폭탄 사용을 결사적으로 반대하고 나섰다. 그는 "원자폭탄(핵폭탄)은 최후의 순간에 오직 일본 군대만을 대상으로 사용되어야 한다"는 탄원서를 작성하여 위그너를 포함한 68명의 젊은 과학자들에게 서명을 받아냈지만, 이미 미국 정부는 일본 본토에 폭탄을 투하하기로 결정한 상태였다. 1945년 4월 23일에 그로브스는 미국의 정치가 헨리 스팀슨Henry Stimson에게 다음과 같은 편지를 보냈다. "우리의 작전 계획은 더욱 확실하고 강력한 포신형 폭탄을 기반으로 수립되었으며, 내파형 폭탄도 준비되는 즉시 동원 가능합니다. 목표물은 항상 그래왔듯이 일본이 될 것입니다."[35]

몇 가지 증거에 의하면 독일은 이미 1943년 3월부터 미국의 핵폭탄 공격 대상에서 제외되어 있었다. 정책 입안자들은 독일에 투하한 핵폭탄이 불발되었을 경우, 독일의 과학자들이 그것을 분해하여 그들만의 폭탄을 만들 수도 있다며 폭탄 투하를 반대해왔다. 그렇다면 일본은 어떤가? 당시 대부분의 정치인들은 일본의 과학기술이 독일보다 못하다고 믿었기 때문에, 일본에 핵폭탄을 투하하는 것은 심각한 문제가 되지 않는다고 생각했다. 역사학자들 중에는 인종차별주의에서 해답을 찾는 사람도 있다. 실제로 제2차 세계대전 중 미국인은 일본에서 건너온 이민자를 몹시 경멸했다. 일본이 진주만을 폭격한 직후 미국 정부는 수천 명의 일본계 미국인들을 집단수용소에 가둬놓고 평범한 시민을 범죄자로 모는 등 인종차별과 전시 히스테리wartime hysteria를 유감없이 발휘했다. 이것은 전시상황에 벌어진 비상대책이라기보다 정치적 리더십의 실패에 가깝다.[36] 혹자는 핵폭탄을 '진주만 공습의 복수'로 해석하기도 한다. 어떤 이유이건 간에, 맨해튼 프로젝트에 차출된 비-미국 출신 과학자들에게 "여기서 만든 핵폭탄은 독일이 아니라 일본에 떨어질 것"이라고 미리 통보했다면, 그들은 도중에 그만두거나 애초부터 합류하지 않았을 것이다.

노이만에게 양심의 가책 같은 것은 먼 나라 이야기였다. 헝가리에서 벨라 쿤의 횡포에 시달리고 독일에서 나치의 폭정을 목격한 그는 전체주의 정권이 얼마나 위험한지 누구보다 잘 알고 있었다. "독일이 항복한 후로 세계 평화를 위협하는 가장 큰 요인은 스탈린이 이끄는 소련이다. 그런 적을 견제하려면 핵폭탄을 하루라도 빨리 만들어서 확실한 경고를 날려야 한다. 그렇지 않으면 제2차 세계대전은 소련이 일본을 점령하면서 끝날 것이고, 스탈린은 태평양에서 확고한 입지를 굳히게 된다." 이것은 괜한 걱정이 아니었다. 전쟁이 끝나자마자 스탈린은 트루먼에게 일본 제2의 섬인 홋카이도를 넘겨달라는 '소박한 부탁'을 해왔고, 트루먼은 헛웃음을 참으며 일언지하에 거절했다. 만일 미국에 원자폭탄이 없었다면 그토록 강경하게 대처하지 못했을 것이다.

그로브스는 위원회를 구성하여 2개의 폭탄을 투하할 후보지를 물색했다. 여기서 다소 의외인 것은 그로브스와 오펜하이머가 수학자인 노이만을 패널로 영입했다는 점이다. 굳이 이유를 짐작해보자면, 감정적으로 흐르기 쉬운 사안에 노이만의 냉철하고 과학적인 관점을 투영하여 좀 더 현실적인 결론을 내리려는 시도였을 것이다. 위원회는 5월 10~11일 동안 두 차례의 회의를 거친 후 그로브스에게 통보할 후보지를 결정했다. 미국 공군은 1946년 1월까지 일본의 주요 도시를 파괴한다는 계획을 세워놓았는데, 그들이 정한 공격 대상은 ①교토, ②히로시마, ③요코하마, ④도쿄의 황궁(일본 천황의 거주지), ⑤고쿠라 무기고, ⑥니가타 순이었다. 정보국도 나름대로 공격 대상 우선순위를 정해놓았지만, 목록에 조선소와 제철소를 포함시킨 것은 신무기의 위력을 제대로 파악하지 못했음을 스스로 인정한 꼴이었다. 5월 회의에서 노이만이 남긴 메모에 의하면 위원회가 정한 공격 목표 중 유일하게 정보부 리스트와 일치한 곳은 공군 리스트에도 오른 곳이었다. 노이만은 고쿠라 무기고에 'OK'라 표기하고 곧바로 공군 리스트로 넘어가서 황궁을 제외시켰다. 그러고는 "향후 일본 황궁이 폭격 대상에 오르면 반드시 우리에게 알려달라"고 신신당부했다. 노이만은 정보가 부족하다는 이유로 니가타도 제외시켰다.

노이만이 최종적으로 선택한 곳은 교토, 히로시마, 요코하마, 고쿠라 무기고였는데, 이것은 나중에 위원회가 내리게 될 결정과 정확하게 일치했다.[37] 그런데 과거에 교토로 신혼여행을 다녀왔던 스팀슨이 "1,100년 동안 일본의 수도였고 지금도 문화의 중심지인 교토만은 절대로 폭격하면 안 된다"며 고집을 부리는 바람에, 교토 대신 나가사키가 후보 명단에 오르게 되었다. 그 후 8월 초에 요코하마가 미국 공군의 폭격으로 초토화되면서 목록에서 제외되었고, 이제 남은 곳은 히로시마와 고쿠라 무기고, 그리고 나가사키였다.

1945년 8월 6일, 티니안섬에서 미 공군의 B-29 폭격기 '에놀라 게이Enola Gay'가 리틀보이를 싣고 이륙하여 히로시마로 향했다. 날씨가 맑아서 목표물을 찾는 데에는 별 어려움이 없었지만, 리틀보이를 투하한 직후에 갑자기 측풍이 불어 원래 목표물인 아이오이바시로부터 580미터 빗나간 시마병원(미네소타주 로체스터에 있는 메이오병원을 모델로 삼아 지은 병원) 상공에서 폭발했다.

폭격지선정위원회Target Committee는 폭탄의 효과를 극대화하기 위해 TNT 15킬로톤(1만 5,000톤)에 해당하는 핵폭탄의 폭발 고도를 730미터로 정해놓았다.[38] 폭탄의 위력이 클수록 높은 고도에서 폭발해야 많은 피해를 줄 수 있지만, 당시에는 리틀보이와 팻맨의 폭발력을 정확하게 아는 사람이 아무도 없었다. 노이만은 회의석상에서 "최적 고도의 40퍼센트 아래 또는 14퍼센트 위에서 폭발하면 피해 면적이 25퍼센트 줄어든다"고 지적했다. 그러므로 폭파 고도에 오차가 생긴다면 일찍 터지는 것보다 늦게 터지는 편이 낫다.

히로시마에 투하된 리틀보이는 TNT 1만 7,000톤의 위력을 발휘하여 7만 명의 목숨을 한순간에 날려버렸고, 그들 중 대부분은 민간인이었다. 그리고 그해 말까지 수천 명이 화상과 방사능 중독으로 서서히 죽어갔다.

그로부터 3일 후, 에놀라 게이가 다시 이륙했다. 이번에 주어진 임무는 핵폭탄 투하가 아니라 팻맨을 탑재한 또 한 대의 B-29 폭격기 '복스카Bockscar'를 위해 기상 정찰을 수행하는 것이었다. 처음에 고쿠라의 하늘은 맑고 청명했으나, 전날 폭격당한 야하타에서 피어오른 연기가 옮겨오면서 어느새 시야가 흐려졌다. 복스카는 세 번에 걸쳐 폭탄 투하를 시도했지만 모두 실패했고, 결국 두 번째 후보지인 나가사키를 향해 기수를 돌렸다. 그러나 나가사키에 도착한 후에도 복스카의 폭격수는 정확한 낙하 지점을 찾지 못해 한동안 애를 먹었다. 짙게 낀 구름 위를 선회하며 목표물을 찾다 보니 어느새 연료 게이지가 위험 수위에 도달했고, 복스카는 거의 포기하는 심정으로 마지막 선회를 시도했다. 그러던 중 원래 폭격 지점에서 북으로 약 3킬로미터 떨어진 지점에서 갑자기 구름이 걷히며 계곡지대가

시아에 들어 왔고, 폭격수는 지휘부의 지시에 따라 TNT 2,100톤급 팻맨을 투하했다. 이 폭탄은 약 500미터 상공에서 폭발했는데, 도심과 폭발 지점 중간에 있는 언덕이 보호막 역할을 해준 덕분에 피해가 줄긴 했지만 그래도 사망자 수는 6만~8만 명에 달했다.

폭발 지점에서 700여 미터 거리에 있었던 마츠모토 시게코松本茂子는 기적적으로 살아남은 생존자 중 한 사람이다. 그녀는 그날의 끔찍했던 기억을 다음과 같이 회고했다.[39]

저는 방공호 입구에서 동생들과 함께 할아버지를 기다리며 놀고 있었습니다. 그런데 오전 11시가 조금 지났을 때 갑자기 하늘이 하얗게 변하더군요. 그 즉시 우리는 발이 허공에 뜬 채 방공호 안으로 날아가 버렸어요. 무슨 일이 벌어졌는지 전혀 모르는 채 말이죠.

한동안 충격에 빠져 혼란스러워하고 있는데, 끔찍한 화상을 입은 사람들이 방공호로 모여들기 시작했어요. 피부가 녹아서 바닥까지 흘러내리고, 머리카락은 죄다 타버렸더군요. 희생자 중 대부분은 방공호에 도착하자마자 쓰러졌고, 어느새 방공호 입구는 시체 더미로 막혀버렸어요. 악취가 코를 찔렀고, 열기가 너무 뜨거워서 견딜 수가 없었습니다.

저와 동생들은 그곳에 사흘 동안 갇혀 있었어요.

마침내 할아버지가 우리를 발견해서 집으로 돌아올 수 있었는데, 집에서 마주쳤던 끔찍한 광경은 평생 잊지 못할 겁니다. 반쯤 타버린 시체들이 사방에 널려 있는데, 얼굴에서 무언가가 반짝이길래 가까이 가서 봤더니 튀어나온 안구였어요. 길가에는 집에서 키우던 소들이 배가 풍선처럼 부푼 채 죽어 있고, 물을 흡수해서 퉁퉁 부은 수천 구의 시신이 강물에 떠서 이리저리 흔들리고 있더군요. 저는 몇 걸음 앞서가는 할아버지를 향해 목이 터져라 외쳤어요. "잠깐만요! 할아버지, 잠깐만요! 저랑 같이 가요!" 그 지옥 같은 곳에 혼자 버려질까 두려웠던 거지요.

바로 그날 스탈린은 일본에 선전포고를 하고 일본의 점령지였던 만주를 향해 쳐들어갔다. 그리고 1945년 8월 15일에 일본은 아무런 조건 없이 항복문서에 서명했다.

유럽전선에서 연합군(주로 영국 공군)은 독일의 드레스덴에 수백 대의 폭격기로 융단폭격을 시도하여 엄청난 사상자를 냈다. 그러나 리틀보이와 팻맨은 단 몇 분 만에 그보다 훨씬 많은 생명을 앗아갔다. 이런 일은 면밀한 조사 없이 역사 속으로 묻혀선 안 되며, 두 도시의 시민들이 겪었던 끔찍한 경험을 전쟁이라는 명분으로 정당화해서도 안 될 것이다. 그로부터 36년이 지난 후, 일본의 과학자와 의사들은 히로시마와 나가사키가 입은 피해 정도를 뒤늦게나마 분석했는데, 그들이 제출한 보고서는 다음과 같은 문장으로 마무리된다. "두 도시에 닥친 비극은 인류의 멸망을 예견하는 묵시록의 첫 장章이었다."[40]

영국의 폭격사령부는 1942년부터 독일의 모든 도시에 가차 없는 폭격을 감행해왔다. 이곳의 연구 분과에서 일했던 프리먼 다이슨은 훗날 출간한 자서전에 자신의 심정을 솔직하게 털어놓았다. "언제부터인가 나는 과거를 돌아보며 스스로 묻기 시작했다. 내가 어쩌다가 그 미쳐 돌아가는 살인 게임에 연루되었을까? 전쟁이 발발한 후로 나의 도덕관념은 한 위치에서 다른 위치로 조금씩 옮겨갔고, 전쟁이 끝날 무렵에는 도덕관념이라는 것이 아예 없었다."[41] 제2차 세계대전에 얽힌 모든 이야기도 결국 서서히 후퇴하는 도덕관념의 이야기로 귀결된다. 히로시마와 나가사키에 떨어진 원자폭탄은 '전쟁도 윤리적일 수 있다'는 섣부른 생각에 제동을 건 마지막 반증이었다.

하이젠베르크가 이끌었던 독일의 원자폭탄 개발 프로젝트는 순조롭게 진행되지 못했다. 1942년에 하이젠베르크는 히틀러의 수석 참모인 알베르트 슈페어Albert Speer가 주최한 회의에 참석한 적이 있는데, 그 자리에서 슈페어의 부관이 그에게 질문을 던졌다. "도시 하나를 통째로 날려버리려면 얼마나 큰 폭탄이 필요합니까?" 하이젠베르크는 몇 년 전에 페르미가 그랬던 것처럼 양 손바닥을 동그랗게 오므리며 대답했다. "이 정도면 됩니다. 파인애플 크기쯤 되지요." 이 말에 관심이 동한 슈페어는 미국이 보유한 것보다 큰 사이클로트론cyclotron(입자가속기)을 만들자고 제안했다. 그러나 하이젠베르크는 "전쟁 결과에 영향을 미칠 만큼 강력한 폭탄을 만들려면 상당히 긴 시간이 필요합니다"라며 살짝 찬물을 끼얹었고, 슈페어는 금방 마음을 접었다. 자신의 이름이 부각되지 않는 일에 시간과 돈을 투자할 생각이 없었기 때문이다.

전쟁이 끝난 후 하이젠베르크는 "도덕적 가책 때문에 일을 진행시킬 수 없었다"고 고백했지만, 이 말이 사실이라는 증거는 없다. 그는 시종일관 철저한 민족주의자였으며, 나치의 만행을 공개적으로 비판한 적도 없다. 그가 독일의 원자폭탄 개발에 열을 올리지 않은 것은 사실이지만, 연합군이 원자폭탄을 먼저 보유할 수도 있음을 일찍 간파했다면 누구보다 열성적으로 폭탄 개발에 앞장섰을 것이다. 하이젠베르크는 독일의 핵물리학이 다른 어떤 나라보다 우월하다고 생각했다. 사실 1933년까지는 그랬다.

미국과 소련의 무기 개발 경쟁

일본이 항복하고 며칠이 지난 후, 어느덧 열 살이 된 마리나는 새어머니인 클라라에게 편지를 썼다. "이제 전쟁이 끝났는데, 아버지는 여전히 여행을 자주 하시나요? 부디 그러지 않기를 바라요."[42] 어린 마리나가 보기에도 아버지의 스케줄이 지나칠 정도로 바빴던 것이다. 노이만의 떠도는 삶은 두 번째 결혼에도 부정적인 영향을 미쳤다. 어쩌다 집에 들어오면 클라라와 말다툼을 벌이곤 했는데, 냉정하고 차분하기로 유명한 노이만도 아내와 논쟁을 벌일 때에는 가끔씩 이성을 잃기도 했다. "저는 평생 동안 아버지가 화내는 모습을 두세 번밖에 못 봤어요. 하지만 새어머니는 아버지를 구석으로 밀어붙이는 방법을 누구보다 잘 알고 있었으니, 두 분은 꽤 자주 싸웠을 겁니다."[43]

다음 해 여름에 노이만은 한동안 무심했던 딸에게 보상하는 마음으로 마리나와 함께 자동차 여행을 떠났다. 두 사람은 프린스턴에서 출발하여 전국을 누비고 다녔는데, 노이만이 몰던 차는 "탱크를 살 수 없어서 차선책으로 구입한" 뷰익이었다. "그때 아버지는 시속 160킬로미터로 달렸어요. 단둘이 떠난 여행이어서 오랜만에 많은

산타페 거리를 산책 중인 노이만과 마리나(당시 열한 살).

대화를 나눌 수 있었지요."[44]

두 부녀는 실내 화장실이 없는 싸구려 모텔에서 묵어가며 열심히 달린 끝에 뉴멕시코주의 산타페에 도착했고, 그곳에서 노이만은 아메리카 원주민이 만든 은색과 청록색 벨트를 딸에게 선물로 사주었다. "로스앨러모스에 도착했을 때, 아버지가 갑자기 어린 소년처럼 잔뜩 흥분한 표정을 지으며 외부인도 출입할 수 있는 구역으로 저를 데려갔어요. 폭탄과 관련된 곳은 예외 없이 출입금지 푯말이 걸려 있더군요." 노이만은 스타니스와프 울람과 그의 동생 프랑수아즈 울람Françoise Ulam에게 마리나를 소개시켜 주었다. "그곳은 세상에 공개된 지 1년도 채 안 되는 은밀한 동네였어요. 도로는 인도가 따로 없는 진흙탕 길이었고, 아파트 위층으로 올라가는 계단은 실내가 아닌 옥외에 나 있더라고요. 말이 아파트지, 사실은 다 쓰러져가는 목조 건물이었어요. 줄곧 도시에서 살아온 저의 눈에는 그냥 원시인들이 모여 사는 부락 같더군요."[45]

마리나의 설명은 계속된다. "아버지는 여행 기간 내내 서너 시간밖에 안 주무셨어요. 사고를 한 번도 내지 않고 캘리포니아의 샌타바버라에 도착한 건 거의 기적이었죠." 노이만은 그곳에서 만난 클라라에게 마리나를 맡긴 채 혼자 비밀 여행을 떠났고, 클라라와 마리나는 아름다운 해변에서 휴가를 만끽했다. "말도 마세요. 햇볕에 살을 그토록 까맣게 태워본 건 생전 처음이었어요."[46]

1946년 7월, 노이만은 마셜제도의 목가적인 산호섬으로 유명한 비키니환초(고리 모양으로 큰 원을 이룬 산호초를 환초라 한다-옮긴이)로 가서 트리니티 실험 이후 첫 번째 핵무기 실험인 '크로스로드 작전 Operation Crossroad'을 참관했다. 물론 이것은 핵무기와 관련된 마지막 실험은 결코 아니었다.

그해에 노이만은 독일의 이론물리학자 클라우스 푹스Klaus Fuchs와 함께 특허를 출원했다. 독일공산당(KPD)의 당원이었던 푹스는 1933년에 독일을 떠나 1942년에 영국 시민권을 획득한 후 루돌프 파이얼스의 초청을 받아 영국 원자폭탄 비밀 프로젝트인 '튜브 앨로이스Tube Alloys'에 합류했다. 다음 해에 파이얼스와 함께 맨해튼 프로젝트에 영입되어 미국으로 이주한 푹스는 1944년 8월부터 로스앨러모스의 이론물리학 부서에서 내파형 폭탄 설계에 참여했고, 1946년 4월에는 로스앨러모스에서 개최된 열핵무기thermonuclear weapon 회의에 노이만과 함께 참석했다. 두 사람이 공동으로 출원한 특허의 제목은 '핵에너지 활용법 개선안Improvements in Method and Means for Utilizing Nuclear Energy'이었는데, 사실 주요 골자는 열핵무기 개발계획이었다.

푹스와 노이만의 설계는 '평범한 별이 초신성supernova으로 변하는 물리학 원리를 지구에서 구현한다'는 에드워드 텔러의 '클래시컬 슈퍼Classical Super'에서 착안한 것이다. 텔러는 과거에 포신형 핵분열 폭탄을 이용하여 핵융합 반응을 일으킨다는 아이디어를 제안한 적이 있다. 이때 발생한 충격파와 열이 액체 중수소(또는 중수소와 삼중수소의 혼합물)로 채워진 관을 타고 전달되어 후속 핵융합 반응을 연달아 일으킨다는 원리이다.[47] 텔러는 핵융합을 이용한 폭탄의 위력이 TNT 10메가톤(1,000만 톤)에 달한다고 주장했다. 리틀보이 1,000개가 동시에 폭발한 것과 비슷하다.[48] 문제는 원료가 소진될 때까지 핵융합 반응이 계속되려면, 아주 짧은 시간이나마 태양의 중심부와 비슷한 수준의 온도와 압력(지구에서 겪는 온도와 압력의 수백만 배)이 유지되어야 한다는 것이다. 푹스와 노이만은 핵분열 폭탄에서 방출된 방사선으로 문제를 해결할 수도 있다고 생각했다.

포신형 폭탄이 폭발하면 다량의 엑스선이 방출된다. 이 에너지를 이용하여 산화베릴륨(반사재tamper)으로 에워싸인 핵원료를 가열하면 핵융합 반응을 유도할 수 있다. 이것이 바로 푹스와 노이만이 출원한 특허의 핵심이었다. 물론 이 과정에서 반사재와 핵원료는 순식간에 증발하지만, 뜨거운 산화베릴륨 기체가 강한 힘으로 압축되면서 핵융합을 촉발할 정도로 충분한 연료를 만들어낼 수 있다. 전자기파를 이용하여 목표물을 압축하는 과정을 '방사능 내폭radiation implosion'이라 하는데, 이것을 처음으로 떠올린 사람이 바로 푹스와 노이만이었다.

노이만과 울람은 일련의 계산을 통해 "클래시컬 슈퍼와 같은 구조로는 핵융합 반응에 필요한 온도와 압력을 구현할 수 없다"는 결론에 도달했고, 여기에 기초한 푹스와 노이만의 아이디어도 용두사미처럼 사라졌다. 이 문제는 몇 년 후 울람과 텔러의 아이디어로 해결되어 현대식 열핵무기의 기초가 된다. 이들이 제시한 핵심 아이디어 중 하나는 방사능 내폭을 사용하는 것이다. 러시아 열핵무기 개발팀의 일원이었던 물리학자 게르만 곤차로프German Goncharov는 이렇게 말했다. "푹스와 노이만이 특허를 출원한 1946년에는 아이디어를 구현할 기술이 개발되기 전이었다. 한마디로 시대를 너무 앞서간 것이다. 그들이 제안한 아이디어의 가치를 미국인이 납득하려면 최소한 5년은 걸렸을 것이다."[49] 그 무렵 푹스는 영국의 감옥에 갇혀서 점차 쇠약해지고 있었다. 열성적 공산당원이었던 그가 소련의 스파이 행위를 했다는 혐의를 받고 수감된 것이다. 실제로 그는 1948년에 열핵무기의 자세한 설계도를 소련으로 보냈다.

푹스와 노이만의 특허는 지금도 미국에서 기밀문서로 취급되고 있지만, 내용은 공개된 상태이다. 1990년대부터 소련에 자유화의 바람이 불면서 폭탄 개발과 관련된 기록물이 줄줄이 공개되었는데, 그중에는 소련 스파이를 통해 입수한 맨해튼 프로젝트 관련 문서도 상당수 포함되어 있다. 푹스는 1950년에 영국 법정에서 공직자 비밀엄수법 위반으로 14년형을 언도받을 때 방사능 내폭을 발명한 공로를 인정해달라며 자신을 변호했다. 그러나 노이만은 이 문제에 대하여 아무런 언급도 하지 않았다. 한때 소련 스파이와 공동 연구를 했다는 것을 굳이 강조할 필요가 없었기 때문이다.

소련 정보부를 통해 열핵반응기 설계도가 입수되자 소련의 과학자들은 폭탄점화법과 방사선으로 반사재와 연료를 가열하는 방법에 지대한 관심을 보였다. 그러나 푹스의 기밀문서가 낳은 가장 중요한 결과는 소련 정부가 과학자들의 권유에 못 이겨 슈퍼 프로젝트를 발족했다는 사실이다. 곤차로프는 당시의 분위기를 다음과 같이 회고했다. "슈퍼 폭탄과 관련된 기밀문서가 소련의 정치 지도부에 전달되었다. … 그것은 미국이 이 분야에서 상당한 진전을 이루었다는 신호였다. 그래서 그들은 중앙정부의 공식적인 지원하에 포괄적 프로그램을 추진하기로 결정했다."[50]

소련 최초의 핵융합 폭탄 실험이 실행되기 1년 전, 그리고 트루먼 대통령이 미국의 슈퍼 프로그램을 지원하기로 결정하기 한참 전에, 러시아는 열핵무기 개발 프로젝트에 본격적으로 착수했다. 그리고 이들의 노력은 1955년 11월 22일에 완벽한 실험으로 결실을 맺게 된다. 노이만은 스탈린을 견제해야 한다는 일념으로 최선을 다해 미국을 도왔지만, 본의 아니게 소련의 열핵폭탄 개발을 도와준 장본인이 되었다[원자폭탄은 핵분열을 이용한 폭탄이고, 열핵폭탄은 핵융합을 이용한 폭탄이다. 그런데 현재 기술로는 핵융합을 구현할 수 있는 대상이 수소뿐이어서, 열핵폭탄을 수소폭탄hydrogen bomb(또는 H-bomb)이라 부르기도 한다-옮긴이].

전쟁이 끝난 후에도 노이만은 로스앨러모스를 수시로 방문하면서 텔러의 '슈퍼'가 만들어지는 과정을 지켜보았다. 이 폭탄은 분열형 폭탄(기존의 원자폭탄)을 기폭제로 사용하여 핵융합 반응을 유도하는 방식이었기에, 내부 구조가 내파형 폭탄보다 훨씬 복잡하고 다루기도 어려웠다. 게다가 폭탄이 설계대로 작동할지 확인하려면 산더미 같은 계산을 수행해야 하는데, 기존의 기계식 계산기로는 도저히 감당할 수 없는 양이었다. 무언가 획기적인 계산 장치가 절실한 시점에 펜실베이니아 대학교의 무어스쿨Moore School 전기공학부에서 그런 기계를 개발 중이라는 소식이 들려왔고, 노이만은 당장 프로젝트에 합류했다. 현대식 컴퓨터의 탄생이 드디어 코앞으로 다가온 것이다.

The Man from the Future

5장

컴퓨터의 탄생

ENIAC에서 애플까지, 세상을 바꾼 계산기계

"미래의 컴퓨터는 진공관이 1,000개밖에 없고
무게도 1.5톤이 채 안 될 것이다."
— 《파퓰러 머캐닉스Popular Mechanics》, 1949년 3월호

1945년의 어느 봄날 아침, 일본의 폭격 지점을 선정하느라 로스앨
러모스에서 바쁜 나날을 보내던 노이만이 갑자기 집으로 돌아와 침
대 위로 쓰러지더니 12시간 동안 곯아떨어졌다. 그의 아내 클라라
의 회고록에는 이렇게 적혀 있다. "그렇게 오래 자는 모습도 처음이
었지만, 무엇보다 식사를 두 끼나 거른 것이 걱정이었다."[1]

밤늦게 깨어난 노이만은 몹시 긴장한 듯 말을 더듬으면서도, 엄청
나게 빠른 속도로 무언가를 예언하기 시작했다.

지금 우리는 인류의 역사를 송두리째 바꿀 무지막지한 괴물을 만드
는 중이라오. 물론 군사적으로 끔찍한 결과가 초래될 수도 있지만, 원
리적으로 가능한 일을 포기하는 건 과학자의 도리가 아니지. 게다가 지
금은 단지 시작일 뿐이거든! 지금 사용 가능한 에너지원은 훗날 모든
나라에서 과학자를 가장 혐오스러우면서도 꼭 필요한 존재로 만들어
줄 거요.

노이만은 한동안 원자력에 대해 장광설을 늘어놓다가 갑자기 "중요한 정도가 아니라 없어선 안 될" 기계의 위력에 대해 설명하기 시작했다.

"사람들이 자신의 발명품과 보조를 맞출 수만 있다면 우리는 달을 넘어 우주로 진출할 수 있겠지. 하지만 보조를 못 맞추면 그 기계는 우리가 만든 폭탄보다 훨씬 위험할 거요."

노이만은 미래의 기술을 구체적으로 예견하면서도 몸은 사시나무처럼 떨고 있었다. 보다 못한 클라라가 그에게 수면제 두 알과 독한 위스키를 먹였더니 불길한 망상에서 깨어난 듯 평소의 표정으로 돌아왔다.[2]

그날 밤 그를 사로잡았던 미래의 비전이 무엇이었건 간에 노이만의 관심은 순수수학에서 그가 두려워하는 미래의 기계로 옮겨갔고, 한번 불붙은 열정은 끝까지 식을 줄을 몰랐다.

열렬한 컴퓨팅 기술 지지자가 되다

계산에 대한 노이만의 관심은 1930년대로 거슬러 올라간다.[3] 군부대의 신참 시절, 그는 모형 폭탄의 폭발력을 예측하는 데 요구되는 계산량이 탁상용 계산기의 한계를 곧 초과할 것으로 예상했다. 저널리스트 노먼 맥레이Norman Macrae는 말한다. "노이만은 사람의 두뇌와 비슷한 방식으로 작동하는 계산기계가 곧 나올 것으로 예측했다. 그리고 미래에는 그런 기계가 통신망과 전기 공급망, 대형 공장 등에 배치되어 상상을 초월하는 위력을 발휘할 것이라고 했다." 요즘 사용하는 인터넷Internet은 컴퓨터끼리 서로 연결되기 한참 전인 1960~1970년대에 아르파넷Advanced Research Projects Agency Network(ARPANET, 미국 고등연구계획국DARPA에서 개발한 컴퓨터 네트워크-옮긴이)이 등장하면서 여러 번 논의된 바 있다.

노이만이 계산기계에 관심을 갖게 된 것이 전쟁 기간 중에 만났던 앨런 튜링의 영향이었을까? 아마도 두 사람은 서로 영향을 주고받았을 가능성이 높다. 영국 국립연구개발공단National Research Development Corporation(NRDC)의 초대 회장을 역임한 과학자 토니 지파드Tony Giffard도 여기에 동의한다.[4] 그는 1971년에 컴퓨터과학자이자 역사학자인 브라이언 랜델Brian Randell을 만난 자리에서 이렇게 말했다. "노이만과 튜링은 서로 상대방에게 강한 자극제 역할을 했습니다. 두 사람 다 반쪽 그림만 갖고 있다가 둘이 만나면 완전한 그림으로 합쳐지곤 했지요."[5]

노이만이 1943년에 영국에서 어떤 일을 겪었건(이제 그 흔적은 거의 사라졌다), 미국으로 돌아온 그는 로스앨러모스에서 가장 열렬한 '컴퓨팅 기술 지지자'가 되어 있었다. 1944년 1월에 그는 과학연구개발국의 응용수학부 책임자인 워런 위버Warren Weaver에게 보낸 편지에서 "미국에서 제일 빠른 계산기계를 찾아달라"고 요청했다. 내파 장치에 필요한 계산량이 감당할 수 없을 정도로 많아졌기 때문이다. 울람은 그때의 일을 다음과 같이 회상했다.

어느 날, 나는 노이만과 계산 문제에 관한 대화를 나누다가 계산량이 너무 많다는 이야기를 듣고 나름대로 공략법을 제안했다. "그냥 단계별로 열심히, 꾸준히 계산하면 되지 않을까요? 물론 분량이 많아서 시간이 엄청 걸리겠지만 그것만큼 확실한 게 없지요." 그러나 노이만은 내 말을 전혀 듣지 않는 것 같았다. 그가 이제 막 떠오르는 신형 계산기계를 활용하기로 결심한 것은 아마 그 무렵이었을 것이다.[6]

위버는 노이만에게 하버드 대학교의 물리학자 하워드 에이킨Howard Aiken을 소개해주었다. 그는 자신이 설계한 전자식 계산기가 IBM에서 출시될 날을 기다리고 있었는데, 이 계산기는 자동순서적제어계산기Automatic Sequence Controlled Calculator(ASCC)로 불리다가 나중에 '하버드 마크 IHarvard Mark I으로 개명되었다. 에이킨을 만난 후 로스앨러모스로 돌아온 노이만은 자신이 풀던 기밀 문제 중 하나를 골라서 용도를 지워버리고 에이킨에게 보냈다. 에이킨은 전혀 모르고 있었지만, 사실 그것은 로스앨러모스에서 설계한 폭탄의 충격파 시뮬레이션이었다. 그러나 하버드 마크 I은 로스앨러모스의 펀치카드 계산기보다 느렸고(결과는 좀 더 정확했다), 이미 해군에서 사용하기로 계약이 체결된 상태였다. 그 후로 몇 년 동안 노이만은 미국 전역을 누비며 강력한 계산 장치를 찾아다녔다.

전자식 컴퓨터를 최초로 학술적 연구에 사용했던 천문학자 마틴 슈바르츠실트Martin Schwarzschild는 이렇게 말했다. "전쟁이 끝난 후 현대식 계산기가 설치된 곳에 가면 충격파 문제와 씨름하는 사람이 항상 있었다. 그들에게 '누가 이런 일을 의뢰했습니까?'라고 물으면 예외 없이 '노이만'이라는 이름이 튀어나왔다. 현대식 컴퓨터로 가는 길목에서 노이만은 이런 식으로 곳곳에 발자국을 남기고 다닌 것이다."[7]

이상하게도 위버는 노이만에게 펜실베이니아 대학교의 무어스쿨 전기공학부에 대해 아무런 언급도 하지 않았으며, 노이만의 멘토이자 1943년 4월에 프로젝트 지원금을 승인한 오스왈드 베블런도 마찬가지였다. 하버드 마크 I이나 콘라드 제우스 Z3 Konrad Zeus's Z3 같은 초기 계산기계는 톱니와 기어, 그리고 계전기 스위치를 이용하여 숫자를 표현한 반면, 무어스쿨의 ENIAC(전자식 수치적분 및 계산기 Electronic Numerical Integrator and Computer)은 움직이는 부품이 하나도 없었다. 설계자들은 ENIAC이 진공관과 전기 회로만으로 기계식 컴퓨터보다 수천 배 이상 빠른 속도를 낼 수 있다고 장담했다.

위버와 베블런은 아직 검증되지 않은 ENIAC 개발팀이 이 분야의 선두주자가 되리라곤 꿈에도 생각하지 못했을 것이다. 또는 ENIAC이 앞으로 2년 안에는 완성되지 못할 것으로 생각하여 노이만에게 이야기를 안 했을 수도 있다. 어쨌거나 노이만은 탄도학연구소에서 회의를 마치고 애버딘 역에서 집으로 가는 기차를 기다리던 중 한 동료로부터 ENIAC에 대한 이야기를 우연히 듣게 되었다.

미국 육군 신분으로 제2차 세계대전에 참전했던 헤르만 골드스타인은 전쟁이 일어나기 전에 미시간 대학교의 수학과 교수였다. 그가 태평양 전선에 배치될 무렵, 탄도학연구소에서 일할 과학자를 모집 중이던 베블런은 그를 찾아가 더 좋은 조건을 제시했다. 얼마 후 골드스타인에게 배에 타라는 승선명령서와 애버딘 무기실험장에

와서 경력을 발표하라는 요청서가 같은 날 배달되었고, 수학자 기질이 살아 있던 그는 후자를 선택했다. 그후 골드스타인은 탄도계산팀에 배정되었는데, 주 업무는 베블런이 제1차 세계대전 때 수행했던 탄도 계산과 별로 다를 것이 없었다.

1944년 여름의 어느 날, 골드스타인은 애버딘 기차역의 플랫폼에서 낯익은 얼굴을 발견했다. 과거에 그의 강의를 들은 적이 있고, 지금은 미국에서 아인슈타인 다음으로 유명한 과학자가 된 사람, 바로 존 폰 노이만이었다. 그는 노이만에게 자신을 소개한 후 기차를 기다리는 동안 이런저런 잡담을 주고받다가, 자신이 필라델피아 무어

펜실베이니아 대학교 무어스쿨에 설치된 세계 최초의 컴퓨터 ENIAC.

스쿨에 연줄이 있고 그곳 사람들과 프로젝트를 함께 추진 중이며, 그들이 만든 컴퓨터는 1초당 곱셈을 300번까지 할 수 있다고 자랑했다.

"무어스쿨은 다른 학교와 분위기가 많이 다릅니다. 보통 대학생들은 휴게실에 편하게 앉아서 시시한 농담이나 주고받잖아요. 그런데 무어스쿨에서 잡담을 나누다 보면 대학원 박사학위 과정에서 수학 면접시험을 치르는 기분이 들더라고요."[8]

그로부터 얼마 지나지 않은 8월 7일, 골드스타인은 한창 제작 중인 계산기계가 있는 무어스쿨로 노이만을 데려갔다. "그날 이후로 노이만의 삶은 완전히 달라졌습니다. ENIAC이 그의 삶을 송두리째 바꿔놓은 거지요."[9]

폭 9미터, 길이 17미터짜리 연구실의 벽을 따라가며 설치된 ENIAC은 1만 8,000개의 진공관과 거미줄 같은 전선, 그리고 수많은 스위치가 달린 2.4미터 높이의 계기판으로 이루어져 있었다.

"요즘 컴퓨터는 휴대용 물품이죠. 그런데 우리는 ENIAC을 들고 다닌 게 아니라, 우리가 그 안에서 살았습니다." 1950년부터 이 프로젝트에 참여해온 수학자 해리 리드Harry Reed의 말이다.[10]

ENIAC의 탄생

ENIAC은 1930년대에 미국을 강타한 경제 대공황 때문에 학자의 꿈을 접은 전직 물리학 교사 존 모클리John W. Mauchly의 작품이다. 그는 메릴랜드주 볼티모어에 있는 존스홉킨스 대학교에 장학생으로 입학한 후 학부 과정을 속성으로 마치고 대학원에 진학하여 1932년에 물리학 박사학위를 받았다. 그 후 잠시 동안 연구조교로 재직하면서 적당한 일자리를 물색했는데, 때마침 사상 최악이자 최장의 경제공황이 불어닥치는 바람에 번듯한 대학 교수가 되겠다는 꿈을 포기할 수밖에 없었다. 그 대신 모클리는 펜실베이니아의 소규모 학부 중심 대학인 어시누스Ursinus의 학장 겸 물리학과의 유일한 직원으로 채용되어 전쟁 기간 내내 그 자리를 지켰다.

모클리는 경제공황이라는 대재앙 때문에 하나의 꿈을 접었지만, 그 후에 닥친 또 하나의 재앙 덕분에 다른 쪽으로 꿈을 이루게 된다. 1941년에 그는 무어스쿨에서 전시 기간 중 과학자들을 재교육하기 위해 개설된 전자공학 과정을 수강하다가 그곳에서 22세의 새파란 청년 프리스퍼 에커트J. Presper Eckert를 알게 되었다(당시 모클리는 34세였다). 에커트는 바로 그 교육 과정을 재정적으로 지원하는 지역 부동산 재벌의 아들이자 전자공학에 뛰어난 수재였다. 죽이 잘 맞았던 두 사람은 탄도 계산용 기계를 만든다는 야심 찬 계획을 세웠는데, 이 작업을 실행하려면 무어스쿨에 있는 계산기계를 거의 독점하다시피 휩쓸고 다녀야 했다.

대포를 다루는 포병들에게 가장 중요한 것은 '사표firing table'이다. 여기에는 다양한 발사 각도와 지형 조건에 따른 포탄의 궤적과 사거리가 빼곡하게 적혀 있다. 물론 대포와 포탄(대포알)의 종류에 따라 사표도 달라져야 한다. 무어스쿨에서는 탄도학연구소의 데이터를 입수하여 사표 작성에 필요한 계산을 수행하고 있었는데, 고도와 발사 각도, 사거리, 바람의 속도 등 입력 데이터에 공기의 저항(포탄의 고도와 속도에 따라 달라진다)과 포탄의 형태를 추가하여 정확한 궤적을 산출하는 식이었다. 수십~수백 줄의 숫자열로 이루어진 사표에서 단 한 줄에 해당하는 결과를 얻으려면 숙련된 직원이 탁상용 컴퓨터 앞에 앉아서 꼬박 이틀 동안 작업해야 한다. 그러나 1930년대에 매사추세츠 공과대학(MIT)의 버니바 부시가 발명한 미분분석기 differential analyzer를 이용하면 동일한 계산을 단 20분 만에 끝낼 수 있었다. 웬만한 방을 가득 채울 정도로 덩치가 컸던 이 기계는 나사가 잔뜩 박힌 탁상용 축구 게임기를 연상시킬 정도로 용도를 짐작하기가 어려웠다고 한다. 그러나 축과 기어, 그리고 바퀴를 문제에 맞게 세팅하고 분석기에 달린 팔을 움직여서 입력 곡선을 읽어 들이면, 복잡한 역학적 과정을 거쳐 원하는 결과가 출력된다. 물론 미분분석기에는 계산 능력의 가치를 입증하듯 엄청난 가격표가 달려 있었고, 미 육군은 이 비싼 기계를 구입하여 '유사시에 우선 징발권을 가진다'는 조건으로 무어스쿨에 기증했다. 그런데 1940년에 바로 그 '유사시'가 도래하여 탄도학연구소 소속의 골드스타인 중위가 연락장교의 신분으로 무어스쿨에 파견되었던 것이다.

1942년 말에 무어스쿨에는 미분분석기를 직접 조작하는 운영팀과 주 6일 동안 탁상용 계산기 앞에서 궤적을 산출하는 계산팀(수백 명의 여성으로 구성된 팀)이 각자 임무를 수행하고 있었다. 두 팀은 매달 1개의 사표를 완성했는데, 수많은 여성 직원들의 헌신적인 노력에도 불구하고 일정은 계속 늦어지고 있었다.

모클리도 이런 상황을 충분히 인지하고 있었다(모클리의 아내이자 수학자인 메리 오거스타 월즐Mary Augusta Walzl도 무어스쿨 팀의 일원이었다).

그는 1941년 9월에 무어스쿨의 조교수로 임용된 후 분석기 주변을 샅샅이 훑어보면서 전자기기를 이용하여 작업 속도를 높이는 방법을 연구하다가 '고속진공관을 이용한 계산법'이라는 아이디어를 떠올리고 메모지에 기록해놓았다. 그 후 1943년 봄에 골드스타인이 이 메모를 발견하고 모클리의 아이디어에 완전히 매료되어 탄도학연구소의 담당자를 찾아가 필사적으로 설득했다. "이거 진짜 물건이에요. 계산 속도가 엄청 빨라질 겁니다. 정말이라니까요!" 그리하여 1943년 6월에 탄도학연구소는 15개월 안에 ENIAC 변신 프로젝트를 완성한다는 조건으로 15만 달러짜리 투자 계약을 체결했고, 컴퓨터의 최종 가격은 50만 달러를 훌쩍 넘어섰다. 지금 가치로 따지면 무려 800만 달러에 달한다.

이로써 '프로젝트 PX'라는 암호명 아래 ENIAC의 대수술이 시작되었다. 전기공학자 존 브레이너드John Brainerd가 예산을 감독하는 프로젝트 총책임자로 임명되었고, 새파란 청년 프리스퍼 에커트는 수석엔지니어가 되었다. 프로젝트의 기본 아이디어를 떠올린 모클리는 시간제 고문으로 밀려났지만 많은 교수들이 전쟁에 기여하는 시기였기에, 무어스쿨은 그에게 강의를 계속해달라고 요청했다.

프로젝트 초기에 에커트는 회로 설계와 테스트를 맡은 10여 명의 팀원을 이끌었다. 그러나 1944년에 본격적인 공사가 시작되자 필요한 인원이 급속도로 불어났다. 그리하여 부품을 설치하고, 전선으로 연결하고, 50만 개의 접합부를 납땜하여 컴퓨터가 작동하도록 만들기 위해 35명의 전선공과 조립공 및 기술자들이 새로 고용되었으며, 여성 인력도 대거 충원되었다. ENIAC을 설계한 사람은 남성이었지만, 실제로 그 기계를 만드는 과정에서 힘들고 성가신 일을 맡은 사람은 대부분 여성이었다. 새로 충원된 여성 직원들은 주말에 밤늦은 시간까지 일하면서 컴퓨터를 완성하는 데 핵심적 역할을 했다. 그러나 이때 작성된 급여 지급 기록에는 50명에 가까운 여성들의 이름이 누락되어 있고, 명단에 오른 이름도 상당수가 약자로 적혀 있어서 신분을 확인하기가 쉽지 않다.[11]

수많은 인원들의 밤샘 작업에도 불구하고 프로젝트 일정이 계속 지연되면서 육군 참모들의 인내심은 점차 바닥을 드러내고 있었다. 전시 상황에서 부품(진공관, 저항소자, 스위치, 소켓, 엄청난 길이의 전선 등) 공급이 원활하지 않았기 때문이다. 역사학자 토머스 헤이그Thomas Haigh는 "평상시에 3개월이면 끝날 일이 18개월이나 걸렸다"고 했다.[12]

1944년 8월, 노이만이 무어스쿨을 처음 방문했을 때 ENIAC은 완공일을 1년 이상 앞두고 있었다. 그가 프로젝트 PX를 위해 했던 첫 번째 일은 지원금이 계속 들어오도록 군 당국을 설득한 것이었다. 그 무렵 노이만은 정부와 군에 상당한 영향력을 행사하는 거물급 과학자가 되어 있었다. 그는 ENIAC이 원래 목적을 훨씬 뛰어넘는 환상적인 무기가 될 것이라며 군 당국자를 끈질기게 설득했고, 1945년 12월에 프로젝트가 완료되면서 그의 예측은 그대로 실현되었다. ENIAC에게 주어진 첫 번째 임무가 사표 계산이 아닌 로스앨러모스의 수소폭탄 개발 프로젝트였던 것이다.

로스앨러모스에서는 두 명의 물리학자 니컬러스 메트로폴리스 Nicholas Metropolis와 스탠 프랭켈Stan Frankel을 무어스쿨에 파견했다. 기계의 작동 원리를 알아야 계산 능력을 최대한 활용할 수 있기 때문이다. 두 사람은 골드스타인의 아내이자 수학자인 아델 골드스타인 Adele Goldstein(그녀는 훗날 ENIAC 사용 설명서를 작성했다)과 새로 고용된 6명의 오퍼레이터(컴퓨터를 조작하는 사람 - 옮긴이)의 도움을 많이 받았는데, 모두 수학 학위를 받은 여성이었다. 물론 계산의 진정한 목적은 메트로폴리스와 프랭켈만 아는 비밀이었다. "텔러의 슈퍼Super(수소폭탄)를 점화시키려면 그 비싼 티타늄titanium이 얼마나 필요한가?" 이 문제의 답을 구하려면 편미분방정식 3개를 풀어야 했고, 이 일을 원하는 시간 안에 처리할 수 있는 기계는 ENIAC뿐이었다.[13] 미국의 초기 폭탄 개발 계획과 마찬가지로 모든 과정은 비밀리에 진행되었지만, 향후 몇 주 동안 무려 100만 장의 펀치카드가 수송선에 실려 무어스쿨로 배달되었으니, 군 당국자들은 살얼음판을 걷는 기분이었을 것이다. 텔러는 1946년 4월에 로스앨러모스에서 개최된 회의에서 "결국 내가 옳았음을 컴퓨터가 증명했다"고 주장하며 자신의 입지를 굳혔는데, 그 자리는 노이만과 푹스가 공동 특허를 출원하기로 합의했던 바로 그 회의였다(훗날 푹스는 이때 수집한 정보를 소련에 유출시켜 감옥살이를 하게 된다).

노이만은 ENIAC이 단순한 폭탄 제조용 도구가 아님을 보는 즉시 간파했다. 그는 ENIAC을 처음 본 순간부터 완전히 다른 종류의 컴퓨터를 구상하고 있었다.

ENIAC의 설계자들은 프로젝트 초기부터 기계에 단점이 많다는 것을 잘 알고 있었다. 150킬로와트(kW)에 달하는 소비전력의 절반 이상이 진공관을 달구거나 식히는 데 소비되었고, 각 부위의 계산

부하량을 고려하여 배치를 아무리 열심히 조절해도 이틀에 한 번꼴로 진공관이 파열되었다. 연구원들은 오작동이나 연결 불량으로 발생하는 작동 중단 사태를 최소화하기 위해, ENIAC의 부품을 신속하게 교체할 수 있는 표준 플러그-인 단위로 바꾸었지만, 그래도 작동하는 시간보다 작동을 멈춘 시간이 더 길었다. 1947년 12월, ENIAC이 계약에 따라 탄도학연구소로 옮겨졌을 때, 《뉴욕타임스》에는 다음과 같은 기사가 실렸다. "전체 가동 시간의 17퍼센트가 기계를 설정하고 테스트하는 데 사용되고, 41퍼센트는 문제점을 찾고 해결하는 데 소모된다. 실제로 필요한 계산을 하는 시간은 전체의 5퍼센트에 불과하다. 즉 일주일 내내 켜놓아도 유용하게 쓸 수 있는 건 단 2시간뿐이다."[14]

ENIAC은 단 하나의 목적을 위해 태어난 전쟁 기계였다. 그러나 전쟁이 끝나고 다른 용도가 부각되자 기계의 존재 이유가 가장 큰 단점으로 떠올랐다. 프로젝트 팀원 중 이 문제를 가장 정확하게 간파한 사람은 노이만이었다. 팀원뿐만 아니라, 그만큼 잘 아는 사람은 이 세상에 존재하지 않았을 것이다. 더욱 중요한 것은 "프로그램을 수시로 바꿀 수 있는 유연한 컴퓨터"의 설계도가 이미 노이만의 머릿속에 그려지고 있었다는 점이다. ENIAC 운영팀은 프로젝트를 진행하는 동안 나름대로 기계의 단점을 인식하고 해결책을 물색해왔는데, 여기에 노이만이 합류하여 날개를 단 셈이 되었다. 이들은 ENIAC의 후속 컴퓨터 개발계획서를 빠르게 작성하여 탄도학연구소에 제출했고, 8월 29일에 개최된 지휘부 회의에서는 골드스타인과 노이만이 지켜보는 가운데 이 계획을 승인했다. 그리고 낭보를 전해 들은 무어스쿨의 연구팀은 새로운 컴퓨터 개발 계획에 '프로젝트 PY'라는 암호명을 붙이고 곧바로 열띤 토론에 들어갔다. 이들은 다음 해 3월까지 노이만이 토론 결과를 요약해줄 것으로 기대했지만, 실제로 노이만은 기대를 훨씬 뛰어넘는 엄청난 기여를 하게 된다.

어느덧 노이만은 자신의 전공이 아닌 전자공학 분야에서도 상당한 지식을 갖게 되었다. 진공관의 형태에 따른 장단점까지 파악한 그는 새로운 기계에 사용할 전기 회로를 직접 설계하고 싶었다. 그러나 그는 공학자가 아니라 복잡한 문제를 낱낱이 분해하여 가장 근본적인 질문으로 바꾸는 데 능통한 수학자였기에, 자신의 재능을 십분 발휘해서 중구난방으로 제기되는 ENIAC 팀의 아이디어를 체계적으로 정리하는 쪽에 쓰기로 했다. 헤이그와 그의 동료들은 이렇게 회상한다. "노이만을 심미주의자라 할 수는 없겠지만, ENIAC을 대하는 그의 태도는 신실한 칼뱅주의자가 중세의 화려한 성당에 들어가서 프레스코화에 하얀 회칠을 하고 쓸데없이 화려한 장식을 사정없이 지워버린 행위와 비슷하다."[15] 이 과감한 자세는 새로운 컴퓨터의 기본 형태를 결정했을 뿐만 아니라, 후대의 공학자와 과학자들에게 영감을 불어넣어 "자신이 머릿속에 그린 이미지대로" 컴퓨터를 만들도록 이끌었다.

흥미로운 것은 노이만이 20세기 초에 수학에 닥쳐온 위기를 극복하면서 연마한 실력이 첨단 컴퓨터의 탄생에 결정적 기여를 했다는 점이다. 현대 컴퓨터의 지적 기원이 완전하고 결정 가능한 수학 체계를 세우려는 힐베르트의 시도와 맞물려 있는 것이다. 힐베르트가 자신의 원대한 계획을 발표한 직후에 오스트리아의 수학자 쿠르트 괴델은 "수학이 완전하거나 자체 모순이 없음을 증명하는 것은 원리적으로 불가능하다"는 악몽 같은 정리를 증명했다. 그리고 그로부터 5년 후, 23세의 영국인 수학자 앨런 튜링은 힐베르트의 '결정 문제'를 완전히 다른 방향에서 공략하여 수학이 결정 불가능함을 보여주는 상상 속의 기계를 소환했다. 노이만은 현대식 컴퓨터의 개념을 구체화할 때 괴델과 튜링의 논리 체계를 가이드라인으로 삼았는데, 이들 사이의 연결고리는 컴퓨터 역사상 가장 중요한 논문으로 꼽히는 노이만의 역작 「EDVAC에 대한 첫 번째 보고서 First Draft of a Report on the EDVAC」에 잘 나와 있다.[16] (EDVAC은 Electronic Discrete Variable Automatic Computer의 약자이다 - 옮긴이) 컴퓨터 공학자 볼프강 코이Wolfgang Coy는 이 논문을 "현대식 컴퓨터의 출생증명서"로 정의했다.[17] 완벽한 수학을 추구했던 힐베르트의 프로그램이 좌초된 지 10년 만에 엉뚱한 곳에서 결실을 맺은 것이다.

20세기 최고의 지적 쾌거

괴델이 계산법computing 분야에서 이룩한 연속 안타 중 첫 번째 홈런은 1930년에 수학의 기초를 주제로 쾨니히스베르크에서 3일 동안 열린 학회의 마지막 날에 쟁쟁한 수학자들이 보는 앞에서 터져 나왔다(그 자리에는 젊은 노이만도 있었다).[18] 괴델의 연구는 결국 힐베르트의 프로그램을 좌절시켰지만, 당시에는 그것을 이룩하기 위해 나름대로 최선을 다하고 있었다. 실제로 괴델이 선택한 박사학위 논문의 주제는 힐베르트의 요구사항 중 하나였던 '1차논리first-order logic(술어해석predicate calculus이라고도 한다)의 완전성'을 증명하는 것이었다.

1차논리란 (예를 들어) 아리스토텔레스Aristoteles의 고전 논리학에 포함된 형식적 논거나 삼단논법을 일련의 규칙과 기호로 표현한 논리이다.[19] 수학자들이 기호논리학을 '아름답다'고 찬양하는 이유는 일상적인 자연어를 형식화하여 순수하고 간결한 논리로 압축시키기 때문이다. 힐베르트는 1917~1922년 동안 일련의 강의를 베풀면서 1차논리를 개발하는 데 결정적 역할을 했고, 1928년에는 그의 제자인 빌헬름 아커만Wilhelm Ackermann과 함께 1차논리를 소개하는 교과서까지 집필했다.[20] 그러나 힐베르트는 아직도 무언가가 누락되었음을 인정하면서 "기호언어로 표현된 증명이 항상 신뢰할 수 있다는 것도 증명되어야 한다"며 뜻있는 수학자들의 동참을 호소했다. 물론 1차논리를 통해 매우 이상한 결론에 도달하는 경우도 있지만,[21] 힐베르트의 걱정거리는 다음과 같은 것이었다. "참true인 전제에서 출발하여 1차논리로 얻은 결론은 항상 참인가?" 수학적으로 표현하면 다음과 같다. "1차논리는 완전한가?" 이 질문에 답하는 것이 바로 23세 청년 괴델의 박사학위논문 주제였다.

쾨니히스베르크 학회의 둘째 날, 괴델은 20분에 걸친 발표를 통해 자신의 증명 과정을 소개했고, "1차논리는 완전하다"는 희소식으로 발표를 마무리했다. 좌중에 앉아 있던 수학자들은 생전 처음 보는 젊은 수학자의 차분하고 당당한 모습에 깊은 감명을 받았다. 괴델은 이 분야에 갓 입문한 신참이었지만 그가 사용한 논리는 흠잡을 곳이 없었기에, 그 자리에 모인 세계적 수학자와 철학자들은 고개를 끄덕이며 괴델의 증명을 인정했다. 그러나 이 젊은 수학자는 수학계를 발칵 뒤집어놓을 비장의 카드를 은밀하게 숨기고 있었다.

회의 마지막 날 마무리를 위한 원탁토론이 거의 끝나갈 무렵, 드디어 괴델이 비장의 카드를 꺼내 들었다. 마지막 순간에 그가 던진 한마디는 지난 사흘 동안 거론된 모든 것을 무용지물로 만들었고, 수학의 기초를 송두리째 뒤흔들었다. 대체 무슨 말을 했기에 최고의 수학자들이 공포에 질린 것일까? 괴델은 지극히 공손한 말투로 조심스럽게 포문을 열었다. "내용상으로는 참이지만 고전 수학의 형식으로는 증명 불가능한 명제가 존재합니다. '골드바흐의 추측Goldbach's conjecture'이나 '페르마의 마지막 정리Fermat's Last Theorem'가 그런 종류에 속합니다."

다시 말해서, 수학에는 '수학으로 증명할 수 없는 참인 명제'가 존재한다는 뜻이며, 더 간단히 줄이면 '수학은 태생적으로 불완전하다'는 뜻이다. 그가 즉석에서 예로 들었던 골드바흐의 추측(2보다 큰 모든 짝수는 두 소수prime number의 합으로 나타낼 수 있다)과 페르마의 정리(a, b, c가 정수일 때 $a^n + b^n = c^n (n \geq 3)$을 만족하는 정수 n은 존재하지 않는다)는 그때까지 풀리지 않았던 수학 최고의 난제이다.[22] 그러나 괴델의 선언은 학교에서 가르치는 기초 수학에도 절대로 입증할 수 없는 진리가 존재할 수도 있음을 암시하고 있었다.

그것은 인류가 20세기에 이룩한 최고의 '지적 쾌거' 중 하나였다. 하지만 어느 누가 그런 악몽 같은 선언을 환영하겠는가? 둘째 날 맛보기로 보여줬던 증명에 갈채를 보냈던 사람들이 정작 중요한 선언에는 입을 다물고 있으니, 괴델의 기분도 그리 유쾌하지는 않았을 것이다. 회의에 참석한 수학자들은 디너파티에서 불청객의 불쾌한 농담은 들은 사람처럼, 괴델의 폭탄선언을 애써 무시했다.

사실 그 자리에 있던 사람들은 괴델의 선언에 다음과 같은 질문을 제기했어야 했다. "증명 불가능한 수학 명제가 참이라는 것을 어떻게 알 수 있는가?" 불행 중 다행히도 좌중에는 괴델이 이룬 업적의 의미를 간파한 사람이 한 명 있었다. 또 한 차례의 원탁회의가 끝난 후, 힐베르트 프로그램의 선교사를 자처했던 노이만이 괴델의 옷소매를 잡고 조용한 곳으로 끌고 가서 질문을 퍼붓기 시작했다.

다음 날, 힐베르트는 세계적인 수학자들을 모아놓고 은퇴 연설을 하면서 "수학에 풀 수 없는 문제란 존재하지 않는다"는 신념을 재차 강조했다. 그리고 그 자리에서 훗날 자신의 묘비에 새겨질 유명한 말을 남겼다. "우리는 알아야만 한다. 우리는 결국 알게 될 것이다." 그러나 힐베르트의 바위 같던 믿음은 이미 하루 전에 괴델에 의해 틀린 것으로 판명되었다.

괴델의 증명에는 그 유명한 '거짓말쟁이의 역설'이 다시 등장하는데, 일상적인 언어로 풀어쓰면 다음과 같다. "이 문장은 거짓이다." 이상하게도 이 명제는 거짓일 때만 참이다. 지난 수 세기 동안 문법학자와 논리학자들은 이 역설 때문에 한시도 마음 편할 날이 없었다. 그러나 괴델은 이것을 참, 거짓의 여부가 아닌 '증명 불가능성'의 관점에서 다음과 같이 재서술했다. "명제 g는 주어진 계system 안에서 증명될 수 없다."

문장 자체는 전혀 역설적이지 않다. 그러나 괴델은 문장 전체를 G라는 명제로 표현하고 이것을 다시 g에 대입하여 재귀적인 문장으로 만들었다. 자, 이제 명제 G가 증명될 수 없다면 G는 참이다. 이와 반대로 G가 증명될 수 있다면 G는 거짓이다. 그런데 이는 곧 "G는 증명될 수 없다"는 원래 진술이 참이라는 뜻이므로, G는 참이기도 하다. 그러나 참이면서 동시에 거짓인 진술은 수학에서 아무런 쓸모가 없다. 그러므로 우리는 첫 번째 옵션, 즉 "참이지만 증명할 수 없는 진술이 존재한다"는 쪽을 택할 수밖에 없다. 이 결과에 담긴 의미 중 하나는 플라톤의 이데아idea 철학과 일맥상통하는 면이 있다(괴델도 말년에는 이 점에 동의했다). "수학적 진실은 '이곳in here'에 있지 않고 '저 너머out there'에 존재한다. 따라서 수학은 발명된 것이 아니라 발견된 것이다."

사람들은 괴델이라는 이름을 들으면 논리적 역설을 떠올리지만, 사실 그는 역설 외에도 많은 업적을 남겼다. 그가 이룩한 모든 증명은 산술적 언어인 수학정리mathematical theorem로 표현된다. 괴델은 논리적 서술에 숫자를 할당하고 엄밀한 규칙과 대수적 공리에 따라 조작하는 독창적인 체계를 개발했는데, 이것을 '괴델 기수법Gödel numbering'이라 한다('괴델 수 매기기'나 '괴델 숫자 붙이기'로 표기한 책도 있다-옮긴이). 형식을 갖춘 논리에 등장하는 모든 문자와 기호를 숫자로 바꾼다고 상상해보자. 이것은 별로 어려운 일이 아니어서 누구나 할 수 있다. 어린 시절, 가까운 친구에게 비밀 메시지를 전할 때 모든 알파벳을 숫자로 바꿔서 난수표 같은 편지를 써본 경험이 있을 것이다. 괴델도 『수학원리』에 등장하는 모든 기호에 고유의 숫자를 대응시켰는데,[23] 단순한 '바꿔치기'가 아니라 일련의 산술 규칙에 따라 모든 수학적 진술과 수학적 진술의 집합(수학적 정리도 여기 포함된다)에 숫자를 할당하는 식이었다(이렇게 읽은 수를 괴델수Gödel number라 한다). 또한 이 과정은 가역적이어서, 괴델수에 변환 규칙을 역으로 적용하면 원래 문장을 정확하게 복구할 수 있다.

괴델은 수학적 진술에 대한 모든 논리적 연산이 "각자 자신에게 할당된 숫자에 대한 산술연산을 수반한다"는 사실을 확인했다. 예를 들어 "모든 오렌지는 초록색이다"라는 서술의 괴델수를 3778이라 하면(실제 괴델수는 이보다 훨씬 크다). 이 서술의 부정형, 즉 "모든 오렌지가 녹색인 것은 아니다(오렌지 중에는 녹색이 아닌 것도 있다)"의 괴델수는 이전의 두 배인 7556이 된다. 이것이 괴델이 말한 계에 속한다면 7556이라는 숫자를 인수분해했을 때 "모든 오렌지가 녹색인 것은 아니다"라는 서술이 복원될 것이다. 게다가 임의의 진술에 해당하는 괴델수를 두 배로 키우면 항상 원래 진술의 부정형이 된다. 놀랍게도 괴델은 자신이 구축한 계에서 진행되는 모든 논리연산 logical operation이 그에 해당하는 산술연산을 갖고 있음을 확인했다. 그러므로 연달아 이어지는 서술(삼단논법 등)의 괴델수 사이에는 특정한 대수적 관계가 성립한다. 각 서술들이 논리법칙에 따라 연결되어 있는 것과 같은 이치다. 모든 수학적 증명은 이런 종류의 논리적 추론이 모여서 이루어지며, 증명의 가장 깊은 뿌리에 자리 잡은 공리도 그 자체로 논리적 서술에 해당한다. 또한 모든 타당한 증명에는 그에 해당하는 괴델수가 존재해야 하며, 이 숫자는 공리의 괴델수로부터 대수법칙을 통해 유도될 수 있어야 한다.

괴델이 고안한 코딩 시스템(수학적 서술을 숫자로 바꾸는 시스템)을 이용하면 임의의 증명을 간단한 수학으로 검증할 수 있다. 우선 괴델의 '복구 규칙'에 따라 주어진 증명에 대응하는 괴델수를 분해한다. 이 과정을 거치면 증명의 기초가 되었던 '공리'에 대응하는 괴델수가 드러날 것이다. 다음에 할 일은 공리의 괴델수가 주어진 계(즉 『수학원리』의 공리)에서 허용된 수인지 확인하는 것이다. 이 과정은 반복해서 되풀이된다. 그래서 괴델은 '원시재귀함수primitive recursive functions'(본질적으로 '수학적 고리loop'에 해당함)의 조합을 정의하여, 모든 정리를 검증할 수 있는 일종의 증명 검증용 기계, 즉 알고리듬algorithm을 만들었다. 즉 '정리의 타당성을 묻는 질문'을 '숫자를 더하는 문제'로 바꾼 것이다(하지만 계산은 엄청나게 복잡하다!). 주어진 정리의 괴델수를 알고리듬 기계에 입력하고 손잡이를 돌려서 공리에 대응하는 괴델수가 출력되면, 계의 기본 공리 목록을 뒤져서 출력된 수가 목록에 있는지 찾는다.

마지막으로 괴델은 "주어진 계 안에서 명제 g는 증명될 수 없다"는 서술(원한다면 더 복잡한 서술에서 시작해도 된다)에 해당하는 산술적 서술을 생성한 후, 여기서 얻은 괴델수가 'g 자체'가 될 수 있음을 증명했다. 즉 산술의 본질에 대한 산술적 대화를 만들어서, 원래의 서술에 또 하나의 자기참조 계층self-reference layer을 추가한 것이다. 이로써 괴델은 수학적 언어가 수학 자체에 대한 초문meta-statement(서술의 구성 요소를 정의하는 서술-옮긴이)을 만드는 데 사용될 수 있음을 발견한 주인공이 되었다.

괴델의 증명에 도전한 학자들

그 후로 여러 세대에 걸쳐 철학사와 신비론자들은 괴델의 정리의 아류를 양산해왔고, 내용도 뒤로 갈수록 거칠어졌다. 미국의 인지과학자 더글러스 호프스태터Douglas Hofstadter는 자기참조형 루프loop of self-reference에서 인간 의식의 본질을 발견했고,[24] 심지어는 신의 존재를 증명했다는 사람도 나타났다(진리가 자유롭게 떠돌다가 수학자에게 발견되도록 방치한 자는 누구인가?). 특히 괴델이 세상을 떠난 후 신의 존재에 대한 괴델의 미완성 증명이 발견되면서 이런 류의 주장이 더욱 빈번하게 제기되었다.

괴델의 논문과 관련하여 한 가지 놀라운 사실은 이 엄청나고 신비한 논문이 수학자들 사이에서 널리 읽히지 않았다는 점이다. 괴델은 프로그램 가능한 컴퓨터가 등장하기 한참 전인 1930년부터 컴퓨터 프로그램을 작성했다.[25] 그는 구문syntax(단어와 형태소 등이 어울려 문장을 이루는 방식—옮긴이)과 데이터의 차이를 일거에 날려버렸고, (컴퓨터의 명령어와 비슷한) 논리적 서술이 숫자로 표현되는 엄밀한 체계를 구축할 수 있다는 것도 보여주었다. 1945년에 노이만은 프린스턴 고등연구소에서 사용할 컴퓨터를 설계하면서 "명령을 부호화하는 '단어'는 메모리에서 숫자처럼 처리된다"고 했는데,[26] 이것이 바로 현대식 코딩coding의 본질이자 소프트웨어의 핵심 개념이다. 모든 프로그램은 컴퓨터의 중앙처리장치로 들어가기 전에 이진수 부호로 변환되며, 개개의 숫자는 칩에 내장된 작업에 일대일로 대응된다. 괴델의 증명에 등장하는 원시귀납함수primitive recursive function는 현대식 컴퓨터 프로그램의 for-루프(지정된 블록 내의 명령을 반복 실행하는 부분)에 해당하며, 컴퓨터의 메모리 항목을 참조할 때 사용되는 숫자 주소 number address는 논리적 서술을 추적하는 괴델수와 비슷하다.

미국의 수학자 마틴 데이비스Martin Davis는 괴델의 논리와 컴퓨터의 유사성에 대해 다음과 같이 설명했다. "프로그래밍 언어를 잘 아는 사람이 '결정 불가능성undecidability'에 대한 괴델의 논문을 읽는다면, 번호가 매겨진 45개의 공식들이 마치 컴퓨터 프로그램처럼 보일 것이다. 이것은 결코 우연이 아니다. 괴델은 『수학원리』에 등장하는 증명의 부호적 속성이 『수학원리』 안에서 표현 가능하다는 것을 보이기 위해, 요즘 프로그래밍 언어 개발자나 프로그래머가 직면하는 문제를 수도 없이 다루었다."[27]

노이만은 쾨니히스베르크 회의가 끝난 후에도 괴델의 증명을 계속 생각하다가, 11월 20일에 편지 한 통을 써서 괴델에게 보냈다. "당신이 성공적으로 도입했던 방법을 그대로 사용해서 … 저 역시 놀라운 결론에 도달했습니다. 이젠 저도 '수학에 자체 모순이 없음을 증명하는 것은 불가능하다'는 것을 증명할 수 있게 되었습니다. 하루빨리 저의 증명을 보여드리고 싶군요. 출판 준비도 이미 마쳤습니다."

그러나 이미 때는 늦어 있었다. 괴델이 자신의 논문을 학술지에 보낸 후였기 때문이다.[28] 아마도 그는 노이만이 쾨니히스베르크에서 자신의 증명을 캐물으며 잔뜩 흥분한 모습을 보였을 때 "추월당할 위기감을 느끼고" 출판을 서둘렀을 것이다. 그 후 괴델은 노이만에게 논문 복사본을 보내주었고, 풀이 죽은 노이만은 감사의 답장을 보냈다. "보내주신 논문 잘 받았습니다. 이전에 들었던 불완전성을 하나의 정리로 완성하셨더군요. 따라서 저는 이 주제로 논문을 발표하지 않을 것입니다." 이 한마디로 노이만은 수학 역사상 가장 놀라운 결과를 발표할 절호의 기회를 조용히 넘겨버렸다(이 부분에서는 저자가 노이만의 편을 심하게 드는 것 같다. 이때 노이만이 선수를 쳤다면 남의 것을 도둑질한 거나 다름없고, 심약했던 괴델은 원조 싸움에서 물러섰을 가능성이 높다 — 옮긴이).

그 후에 발표한 괴델의 '제2 불완전성 정리'의 결과는 먼저 발표한 '제1 불완전성 정리'보다 훨씬 충격적이었다. 노이만이 지적한

쿠르트 괴델과 아내 아델.

대로 괴델의 제1 불완전성 정리가 있는 한, 산술을 포함할 정도로 복잡한 체계는 어떤 형태이건 (체계 안에 존재하는 도구를 사용하지 않는 한) 타당성을 증명할 수 없다. 다시 말해서, 괴델은 수와 관련하여 우리의 상식에 위배되는 서술(2+2=5 등)이 결코 증명될 수 없음을 증명하는 것이 불가능하다는 것을 보여주었다.

다른 수학자들이 괴델의 정리와 씨름을 벌이고 있을 때, 노이만은 힐베르트는 물론 괴델조차도 받아들이기 어려운 것을 완벽하게 파악하고 있었다. "내 개인적인 의견이지만 (그리고 대부분 여기에 동의하겠지만) 괴델은 힐베르트의 프로그램이 본질적으로 가망이 없다는 것을 확실하게 보여주었다." 노이만은 괴델이 "아리스토텔레스 이후 가장 위대한 논리학자"라며 수학의 기초를 다지는 연구에 더 이상 손을 대지 않기로 마음먹었다. 1938년에 나치독일이 오스트리아를 강제로 합병했을 때 괴델은 "유태인 거주 지역을 자주 방문했다"는 이유로 빈 대학교 교수 임용에 탈락했고, 이 소식을 전해 들은 노이만은 그를 프린스턴으로 데려오기 위해 백방으로 뛰어다녔다. 이 무렵에 노이만이 에이브러햄 플렉스너에게 쓴 편지에는 다음과 같이 적혀 있다. "괴델은 절대로 대체 불가입니다. 이 세상 어느 누구도 그를 대신할 수 없습니다. 그는 제가 이런 말까지 하게 만들 정도로 대단한 학자입니다. 누구든지 지금 그를 위태로운 유럽에서 구해온다면, 과학에 위대한 업적을 남긴 사람으로 오래도록 기억될 것입니다."[29]

노이만의 노력은 결실을 거두었다. 얼마 후 프린스턴으로 이주한 괴델은 집에 있는 냉장고과 방열기(라디에이터)에서 유독가스가 나온다며 내다버렸고. 처음 몇 년 동안은 겨울마다 날씨가 너무 춥다면서 바깥출입을 하지 않았다. 또 괴델은 노이만이 없을 때 그의 집에 와서 책을 꺼내 읽곤 했는데, 다 읽고 나면 다른 책을 꺼내서 그냥 자기 집으로 가져가곤 했다(노이만의 아내에게 양해를 구한 적도 없다). 프린스턴의 과학자들은 연구소에서 일을 마치고 집으로 돌아가는 길에 괴델과 아인슈타인이 함께 걸어가는 모습을 자주 목격했다. 두 사람은 정치와 물리학, 그리고 철학에 대해 의견을 교환하면서 자주 논쟁을 벌였지만, 목소리를 높인 적은 없었다고 한다. 젊고 엄숙한 논리학자와 사교성이 강한 60대 물리학자는 별로 어울리는 조합이 아니었음에도 불구하고 오랫동안 친밀한 관계를 유지했다. 1950년대에 아인슈타인과 노이만이 세상을 떠난 후, 괴델은 연구논문을 더 이상 발표하지 않고 혼자만의 세상으로 빠져들기 시작했다. 그는 1978년에 아내 아델과 함께 중병에 걸려 병원에 입원했는데, 평생 동안 그를 괴롭혀온 편집증이 재발했는지 "음식에 독이 들었다"며 식사를 거부하는 바람에 하루가 다르게 쇠약해져 갔다. 아델이 어느 정도 건강을 회복한 후 부부는 5개월 후에 퇴원했지만, 거의 뼈대만 남은 괴델은 얼마 후 다시 병원에 입원했고 그곳에서 1979년 1월 14일에 30킬로그램의 야윈 몸으로 세상을 떠났다.

튜링 머신의 등장

1931년에 괴델은 "수학이 완전하거나 자체 모순이 없음을 증명하는 것은 불가능하다"는 것을 증명했다. 그로부터 5년 후, 앨런 튜링은 힐베르트가 제기한 세 가지 질문 중 마지막 질문, 즉 "수학은 결정 가능한가decidable?"라는 질문에 부정적인 답을 내놓았다.[30] 그가 논문 출판을 준비하고 있을 때 미국의 논리학자 알론조 처치Alonzo Church의 논문이 케임브리지에 배달되었는데, 이 논문에서 처치도 결정 문제에 자신이 개발한 논리 체계인 '람다 계산법lambda calculus'을 적용하여 튜링과 동일한 답에 도달했다.[31]

보통 이런 상황에 놓이면 진도가 늦은 쪽은 논문 출판을 꺼리기 마련이다. 다른 분야도 대체로 그렇지만 특히 수학에서는 2등을 기억해주지 않기 때문이다(게다가 당시 튜링은 24세의 대학원생이었고 처치는 33세의 대학 교수였다 - 옮긴이). 그러나 튜링의 접근법이 워낙 기발하고 참신했기 때문에, 케임브리지의 수학자이자 그의 멘토였던 맥스 뉴먼Max Newman은 무조건 출판하라고 다그쳤고, 튜링의 논문을 "한번 검토해보라"는 뜻으로 처치에게 보냈다. 튜링의 아이디어에 탄복한 처치는 출판을 적극 권했을 뿐만 아니라, 다음 해에 프린스턴에서 튜링의 박사학위 과정 지도교수가 되었다.

튜링은 그의 유명한 논문에서 기호를 쓰고 지울 수 있는 무한히 긴 테이프와, 이 테이프에 기록된 기호를 읽는 상상의 기계를 제안했다(이것이 그 유명한 튜링머신Turing Machine이다!-옮긴이).[32] 이 기계의 헤드는 한 번에 한 칸씩 좌우로 움직이면서 기호를 읽어 들이고, 기호의 내용에 따라 인쇄, 삭제, 이동 등 미리 정해진 기능을 수행한다. 테이프는 작은 정사각형으로 나뉘어 있는데, 기계가 각 사각형 구획을 읽을 때마다 하는 일은 튜링이 말했던 'm-배열m-configuration'에 의해 결정되며, 기계의 내부 상태도 사각형에 기록된 내용에 따라 달라질 수 있다. 여기서 튜링은 기계가 빈 테이프에 무한히 긴 이진수 01010101…을 써나가는 간단한 사례를 제시한다. 첫 번째 사각형 구획은 빈칸(0)이고, 그 후에는 두 구획마다 한 번씩 빈칸이 반복되는 식이다.[33]

적절한 명령이 주어지면 그가 떠올린 상상 속의 기계는 덧셈이나 곱셈 등 기초 수학 연산을 수행할 수 있다.[34] 그러나 튜링은 굳이 이것을 증명하지 않고, 그 대신 특정 기호를 검색 또는 교체하거나 지우는 등 다양한 보조 임무를 위한 일련의 명령서instruction table를 작성했다. 그리고 논문의 끝부분에서 이 명령서를 이용하여 임의의 튜링머신을 똑같이 흉내 낼 수 있는 '범용계산기계'를 제안했다. 요즘 컴퓨터 프로그래머들은 튜링의 전략을 이해할 것이다. 현대식 프로그램은 '서브루틴subroutine'이라 불리는 간단한 프로그램 라이브러리를 사용한다. 서브루틴은 프로그램의 구조를 단순화하고, 프로그램이 단순하면 이해하기 쉽다. 물론 문제점을 해결하거나 개선하기도 쉬워진다.

튜링은 자신이 고안한 계산기계(튜링머신)를 순전히 추상적인 어휘로 설명했지만, 실제로 구현하는 것은 별로 어렵지 않다. 단 하나의 작업만 수행할 수 있는 초간단 튜링머신은 스캐너와 프린터 헤드(물론 프린터로는 문자를 지우기 어렵다. 인정한다), 그리고 무한히 긴 테이프(보통 돌돌 말려 있다)를 앞뒤로 움직이는 모터로 구성된다. m-배열과 입/출력은 장치에 내장되어 있어서 스캐너가 기호를 읽으면 프린터 헤드가 움직이면서 명령서에 따라 글자를 지우거나 인쇄한다.

이런 기계를 '프로그램 제어 컴퓨터program-controlled computer(프로그램을 제어하는 컴퓨터가 아니라, '프로그램으로 제어되는' 컴퓨터라는 뜻이다-옮긴이)'라 하는데, 최신형 세탁기가 대표적 사례이다. 세계 최초의 컴퓨터로 알려진 ENIAC도 프로그램 제어 컴퓨터였다(단, ENIAC은 세탁기와 달리 구식 전화 교환대처럼 케이블을 다른 소켓에 바꿔 끼우면 새로운 작업을 수행할 수 있다). 두 기계 모두 단추를 누르거나 스위치를 켜면 하나(더러운 옷, 탄환의 사거리 데이터가 기록된 펀치카드)를 다른 하나(깨끗한 옷, 탄환의 궤적이 계산된 펀치카드)로 바꾸는 일련의 계산 이벤트가 시작된다.

그러나 튜링의 '범용계산기계'는 이들과 사뭇 달라서 다른 튜링 머신의 명령서를 이 기계에 입력하면 똑같은 명령을 수행할 수 있다. 튜링의 설명은 기계가 알아들을 수 있도록 명령서를 변환하는 것으로 시작된다. 이 명령은 테이프에 기록된 일련의 문자열이다. 튜링은 이것을 머신의 '표준서술standard description'이라 불렀는데, 요즘은 '프로그램program'이라는 용어로 불리고 있다. 프로그램은 내장되어 있지 않고 컴퓨터의 메모리에 저장된다.[35]

튜링이 정의한 서브루틴 라이브러리subroutine library(다양한 서브루틴이 저장되어 있는 곳-옮긴이)와 명령서를 재료 삼아 공들여 만든 범용계산기계는 구조가 꽤 복잡하지만 크기는 유한하다. 튜링은 그 유명한 논문에서 단 4페이지만을 할애하여 이 놀라운 기계의 작동 원리를 완벽하게 설명했다. 적절한 명령서가 주어지면 범용계산기계는 무한히 다양한 직업을 수행할 수 있다.

1948년에 노이만은 튜링의 논문을 다음과 같이 평가했다. "언뜻 생각하면 불가능할 것 같다. 예를 들어 A라는 자동화 기계가 있는데, 그보다 두 배 크면서 두 배 복잡한 기계가 어떻게 A와 똑같은 성능을 발휘한다는 말인가? 그러나 튜링은 이런 기계가 원리적으로 가능하다는 것을 명백하게 보여주었다."[36]

튜링의 범용계산기계는 학계로부터 대단한 호응을 받았지만, 그가 이 기계를 발명한 이유(힐베르트의 '결정 문제' 해결하기)를 깊이 생각하는 사람은 거의 없었다. 사실 튜링의 논문에 등장하는 모든 논리적 도구는 오직 '결정 문제 해결'이라는 한 가지 목적으로 조립된 것이었다.[37] 그러나 튜링은 이렇게 조립된 기계를 이용하여 "1차논리(술어 해석)에서 파생된 서술의 증명 가능성을 판단하는 일반적이고 체계적인 과정은 존재하지 않는다"는 것을 증명함으로써, 힐베르트의 마지막 꿈을 좌초시켰다.

튜링이 논문을 쓰던 무렵, '컴퓨터'는 기계가 아니라 어떤 특정 직업에 종사하는 사람을 칭하는 단어였다. 당시에는 연필과 종이를 펼쳐놓고 탁상용 계산기계 앞에서 일하는 사람을 컴퓨터라고 불렀는데, 치밀하고 꼼꼼한 일 처리가 생명이었기에 대부분이 여성이었다(그러나 튜링은 이들을 언급할 때 남성형 대명사를 사용했다). 튜링머신은 바로 이 '인간 컴퓨터'를 원형으로 삼아 설계된 것이다(예를 들어 머신의 m-배열은 '마음의 상태'에 해당한다). 튜링은 1936년에 발표한 논문 「계산 가능한 수와 결정 문제의 응용에 관하여」의 마지막 부분에서, 자신이 고안한 기계(튜링머신)가 사람(컴퓨터)이 수행하는 모든 알고리듬을 똑같이 수행할 수 있다고 주장했다. 물론 사람도 튜링머신에서 이루어지는 계산을 모두 수행할 수 있지만(도중에 지루해서 죽지만 않는다면), 머신이 할 수 없는 일은 사람도 할 수 없다.

오늘날 튜링의 범용계산기계는 '프로그램이 가능한 다목적 컴퓨터[노트북 컴퓨터나 스마트폰처럼 저장장치(메모리)에서 원하는 응용 프로그램을 실행할 수 있는 컴퓨터]'의 원형으로 간주되고 있다. 노이만의 아내 클라라는 튜링머신을 색다른 관점에서 평가했다. "옛날 기계들이 하나의 음만 나오는 뮤직박스였다면, 다목적 기계는 다양한 곡을 연주하는 악기와 같다."[38]

범용계산기계('범용튜링머신'이라고도 함)는 1950년대부터 현대식 컴퓨터 이론의 초석으로 인정되어왔다. 그러나 튜링의 이름은 '프로그램 가능한 컴퓨터'와 한 세트로 묶여서 언급되는 경우가 많았기 때문에, 언제부턴가 세간에는 "튜링이 컴퓨터를 발명했다"는 소문이 떠돌기 시작했다. 게다가 튜링은 실제로 컴퓨터를 설계한 적이 있고(그는 EDVAC에 대한 노이만의 보고서를 읽은 후 1945년에 영국 물리학연구소National Physical Laboratory에서 사용할 컴퓨터 ACE 설계에 참여했다), 인공지능artificial intelligence(AI) 분야에도 많은 기여를 했기 때문에, 많은 사람들이 튜링을 '컴퓨터의 최초 발명자'로 알고 있다. 그러나 그의 논문 「계산 가능한 수와 결정 문제의 응용에 관하여」는 추상적인 논리 수준에 머물렀을 뿐, 컴퓨터 제작을 위한 실질적인 지침은 한마디도 언급되지 않았다. 논문의 진짜 목적은 컴퓨터 제작이 아니라 힐베르트의 결정 문제를 해결하는 것이었기 때문이다. 튜링의 논문이 발표되기 12개월 전에 세상을 떠들썩하게 만들었던 슈뢰딩거의 고양이처럼, 튜링머신도 머릿속에서만 진행되는 일종의 사고실험이었다. 미국의 역사학자 토머스 헤이그는 말한다. "슈뢰딩거의 의

도가 '고양이 안락사 장치 발명'이 아니었던 것처럼, 튜링의 목적도 새로운 계산기계를 만드는 것이 아니었다."[39]

그 시대에 튜링이 컴퓨터 분야에 실질적으로 기여한 부분을 군이 찾는다면, 파인홀의 연로한 학자들에게 '기계를 이용한 계산'에 대해 긍정적인 마인드를 심어줬다는 점을 꼽을 수 있다. 튜링의 논문에 찬사를 아끼지 않았던 노이만은 프린스턴 고등연구소에서 컴퓨터 프로젝트를 진행할 때 정신없이 바쁜 팀원들에게 튜링의 난해한 논문을 읽으라고 다그치곤 했다. 튜링의 열렬한 지지자인 영국의 철학자 잭 코플랜드Jack Copeland는 이렇게 말한다. "노이만은 튜링의 논문「계산 가능한 수와 결정 문제의 응용에 관하여」를 무어스쿨의 실질적인 작업에 접목시켰다. 그는 튜링의 추상적 논리 덕분에 '메모리에 저장된 명령을 이용하면 구조가 이미 결정된 단일 기계로 명령서에 기록 가능한 모든 명령을 수행할 수 있다'는 사실을 깨달았다."[40] 노이만은 1945년 6월 30일에 EDVAC 보고서를 완성함으로써, 괴델과 튜링의 추상적인 생각을 '프로그램 저장형 계산기stored-program computer'의 표준 청사진으로 바꿔놓았다.

인공지능의 기본 개념을 수립하다

노이만이 제출한 「EDVAC에 대한 첫 번째 보고서」는 참으로 유별난 보고서였다. 이 글에서 '전자 부품'이라는 단어는 "전자 부품에 대해 군이 설명하지 않는 이유"를 제시할 때만 등장한다. 보고서의 목적은 세부적인 공학에 얽매이지 않고 컴퓨터 시스템 전체를 포괄적으로 서술하는 것이었다. "본 보고서에서는 자잘한 세부사항을 피하기 위해, 원리적으로 진공관과 동일한 기능을 수행하는 가상의 부품에 기초하여 논리를 진행해나갈 것이다."[41] 그가 말하는 '가상의 부품'이란, 복잡한 생리학적 요소를 제거하여 가장 이상적으로 단순화시킨 뉴런neuron(신경단위)을 의미한다. 지금은 다소 이상하게 들리지만 노이만과 튜링, 노버트 위너Norbert Wiener 등 인공지능의 기본 개념을 수립한 사람들은 한동안 컴퓨터를 '전자 두뇌'로 간주했다. 요즘 컴퓨터에 '두뇌'나 '뉴런'이라는 단어를 사용하면 조금 우습게 들리겠지만, 사실 지금도 컴퓨터의 저장 기능을 의인화해서 '기억 장치'라 부르고 있으니 마냥 웃을 일은 아니다.

노이만이 EDVAC 보고서에 언급한 이상적 뉴런은 신경생리학자 워런 매컬러Warren McCulloch와 수학자 월터 피츠Walter Pitts가 1943년에 발표한 논문에서 차용한 개념이다.[42] 두 사람은 뉴런을 몇 개의 입력 신호로 단순화 시킨 후, 신호의 합이 임계값을 초과하면 뉴런으로부터 신호가 방출된다고 가정했다. 물론 실제 뉴런은 이보다 훨씬 복잡하다. 임의의 순간 하나의 뉴런에 전달되는 입력은 수천 개에 달하고, 데이터 처리 방식도 직렬이 아닌 병렬식이어서 동시에 여러 개의 신호를 처리할 수 있다. 그런데도 매컬러와 피츠는 뉴런을 하나의 스위치로 간주하면 두뇌의 기능을 어느 정도 이해할 수 있다고 주장했다. 이들은 단순화된 뉴런의 네트워크가 무언가를 배우고, 계산하고, 자료를 저장하고, 논리적 기능을 수행할 수 있음을 증명했는데, 이것은 우리가 알고 있는 컴퓨터와 매우 비슷하다. 그렇다면 매컬러와 피츠는 인간의 두뇌가 (사람이 만든, 또는 사람이 낳은) 튜링머신과 실질적으로 동등하다는 것을 증명한 셈일까? 그렇다고 단정할 수는 없지만 부정하기도 어렵기 때문에, 이 문제는 지금까지 뜨거운 논쟁거리로 남아 있다.

노이만은 최초의 프로그램 저장형 계산기stored-program computer의 원리를 설명할 때 매컬러와 피츠가 도입했던 용어와 표기법을 그대로 사용했다. 노이만이 EDVAC 보고서에서 인용한 문헌은 매컬러와 피츠의 논문 단 하나뿐이다. 노이만이 서술한 조립법에는 총 5개의 '기관organ(부품)'이 등장하는데, 처음 3개는 덧셈이나 곱셈 같은 수학 연산을 수행하는 '중앙산술장치central arithmetic unit'와 명령이 올바른 순서로 실행되도록 제어하는 '중앙제어장치central control unit', 그리고 계산기의 코드와 숫자를 저장하는 '메모리memory'였다. 나머지 네 번째와 다섯 번째는 계산기의 내부와 외부로 데이터를 전송하는 입력 및 출력 장치이다. 또한 노이만은 매컬러와 피츠의 연구 의도를 최대한 반영한다는 의미에서, 친절한 그림을 통해 사람의 신경계와 기계 사이의 유사성을 부각시켰다. 신경계의 경우 입력 장치는 수용체에 접수된 신호를 중앙신경계로 전달하는 감각뉴런이고, 출력 장치는 신경을 통해 전달된 자극을 근육과 내장의 운동으로 바꾸는 운동뉴런이다. 그리고 이들 사이에는 신호를 조절하는 결합뉴런associative neuron이 있는데, 이들은 노이만이 설명했던 처음 3개의 부품(중앙산술장치, 중앙제어장치, 메모리)과 동일한 역할을 한다.

노이만의 보고서를 받아들고 잔뜩 흥분한 골드스타인은 당장 노이만에게 편지를 썼다. "완벽한 논리에 따라 작동하는 기계의 골격이 세계 최초로 완성되었었네요. 정말 축하드립니다! 말끔하게 빠진 EDVAC의 최신식 디자인은 묵직한 기계로 가득 찬(그리고 존 모클리 덕분에 아직도 그 자리를 지키고 있는) ENIAC과 아예 비교가 되지 않는군요. 정말 대단하십니다!"[43]

지금도 컴퓨터 설계자들은 컴퓨터의 전체적인 구성을 '폰 노이만 구조von Neumann architecture'라 부르고 있으며, 요즘 사용되는 대부분의 컴퓨터(스마트폰, 노트북, 데스크톱 등)는 이 원칙에 따라 제작된다. 단, 여기에는 메모리에서 명령과 데이터를 찾거나 가져올 때 순차적으로 처리할 수밖에 없다는 근본적 단점이 있다. 이것을 '노이만 병목현상von Neumann bottleneck'이라고 하는데, 수많은 사람들이 일렬로 줄을 서서 메시지를 앞뒤로만 전달하는 상황과 비슷하다. 이것은 어떤 연속 처리 방식보다 시간이 오래 걸린다. 그러나 단순한 구조에서 얻은 엄청난 장점을 생각하면, 이 정도 단점은 전혀 문제가 되지 않는다. ENIAC은 더하고 빼는 모듈module(독립적인 구성 요소 - 옮긴이)이 20개인 반면, EDVAC에는 단 하나밖에 없다. 회로가 단순하면 고장이 적고, 이는 곧 기계의 신뢰도가 그만큼 높아진다는 뜻이다.

노이만은 로스앨러모스 시절 숫자 처리 능력 때문에 고생했던 사례를 강조하면서 "저장장치(메모리)는 무조건 커야 한다"고 주장했다. 그는 EDVAC 보고서에서 저장 용량을 단어 8,000개(한 단어당 32비트)로 지정했는데, 10자리 숫자 10개를 간신히 저장했던 ENIAC보다 훨씬 컸다. 그래서 역사학자들은 이렇게 말한다. "ENIAC은 사표 firing table 작성용이고, EDVAC은 원자폭탄 개발용이었다."[44]

노이만은 EDVAC 보고서의 상당 부분을 '지연선delay line'을 설명하는 데 할애했다. 지연선은 1944년에 프리스퍼 에커트가 발명한 회로소자로서, 이것을 적용하면 저렴한 가격으로 저장 용량을 크게 늘릴 수 있다. 전자공학에 뛰어난 에커트는 모클리를 만나기 전에 군용 레이더 개발 프로젝트에 참여한 적이 있는데, 주된 목표는 움직이는 물체와 고정된 물체의 레이더 신호를 정확하게 구별하는 것이었다. 이때 에커트는 수신된 레이더 신호를 음파로 변환한 후 수은으로 채워진 튜브를 통과시킨다는 아이디어를 떠올렸다. 음파가 튜브의 끝에 도달하면 전기펄스로 바꿔서 원래의 신호를 복구할 수 있다. 중간에 이 과정을 거치면 당연히 신호 전달이 지연되는데, 에커트는 튜브의 길이를 조절하여 지연 시간이 "접시형 레이더 안테나가 한 바퀴 회전하는 데 걸리는 시간"과 일치하도록 만들었다. 이런 식으로 계기를 세팅한 후, 들어온 신호에서 지연된 신호를 빼면 움직이는 물체의 흔적만 남는다(안테나가 한 바퀴 돌아가는 동안 물체가 움직이지 않았다면, 두 신호를 뺐을 때 아무것도 남지 않는다−옮긴이). 그 후 에커트는 무어스쿨에서 ENIAC과 씨름을 벌이다가 '수은 지연선 mercury delay-line'이 데이터를 저장하고 검색하는 데 사용될 수 있음을 깨달았다. 밖으로 나가는 신호를 장치 안으로 되돌리면 튜브 안에 데이터를 거의 무한정 저장할 수 있고, 튜브에서 나오는 특정 펄스를 '잡아서' 새 데이터로 교체하면 저장된 내용을 바꿀 수도 있다(즉, '덮어쓸' 수도 있다). 또한 지연선에 저장되는 데이터의 자릿수는 튜브의 길이에 따라 수백 자리까지 가능하다.

ENIAC에 설치된 1만 8,000개의 변덕스러운 진공관 중 1만 1,000개는 데이터 저장용이었다. 반면에 EDVAC을 모델로 한 1세대 컴퓨터는 수은 튜브에서 음향 신호를 순환시키는 식으로 데이터를 저장했기 때문에, 진공관의 수가 10분의 1로 줄어들었다. 그러나 지연선은 전성기를 제대로 누리지 못하고 물러나게 된다. 형광면에 하전입자로 점을 새겨서 데이터를 저장하는 음극선관cathode ray tube이 새로 등장했고, 세라믹 고리의 자화상태magnetization를 뒤집어서 0 또는 1을 저장하는 자기코어 기억장치magnetic-core memory가 연이어 발명되었기 때문이다. 게다가 이 모든 것들은 저장 용량이 수은튜브의 수백만 배에 달하는 소형 트랜지스터transistor와 이들로 구성된 반도체 메모리칩이 등장하면서 역사의 뒤안길로 사라졌다. 그러나 오늘날 컴퓨터에 장착된 메모리는 여전히 에커트의 지연선 원리에 따라 작동한다. 데이터를 일시적으로 보관하는 장치도 저장된 비트를 주기적으로 리프레시refresh(주기적으로 동일한 데이터를 다시 써주는 동작. 시간이 흐를수록 축전기에 저장된 전하량이 감소하기 때문에, 오래 방치하면 데이터가 손상될 우려가 있다-옮긴이)를 해주면 거의 영구적으로 저장할 수 있다.[45]

EDVAC 보고서는 완성되지 않았다. 1945년 여름에 노이만에게 더욱 시급한 임무가 떨어졌기 때문이다. 그가 골드스타인에게 보낸 보고서 초안은 글이 도중에 갑자기 끊겨 있고 참고사항과 주석을 위해 비워둔 부분은 여전히 백지 상태였으며, 입력과 출력에 대한 설명도 매우 부실했다. 노이만은 자기 테이프에 프로그램을 저장하고 읽는 방법을 나중에 추가하여 개정판을 출간하자고 건의했다. 그러나 미완성 상태의 보고서만으로도 뛸 듯이 기뻤던 골드스타인은 부족한 부분을 대충 채워 넣어서 보고서를 마무리한 후, 노이만과 모클리, 그리고 에커트에게도 알리지 않은 채 미국을 비롯한 여러 나라에서 컴퓨터를 설계 중인 과학자와 공학자들에게 배포했다. 그때 이 보고서를 읽고 영감을 떠올린 사람 중에는 영국의 앨런 튜링도 있었다[그로부터 9개월 후, 튜링은 자동연산장치Automatic Computing Engine(ACE)를 위한 계획서의 끝부분에서 노이만의 보고서를 인용했다].

노이만의 보고서가 모든 사람에게 환영받은 것은 아니었다. 골드스타인은 보고서를 마무리하면서 표지에 노이만의 이름만 적어놓았는데, 이것이 불씨의 화근이었다. 컴퓨터 설계도로 특허 출원을 마음에 두고 있었던 에커트와 모클리는 자신의 이름이 누락되었다며 크게 분노했고, ENIAC을 만든 사람들은 노이만이 전임자가 했던 일을 그대로 따라 하면서 자신의 역할을 부풀렸다고 주장했다. 이 무렵 모클리는 학술지의 편집자에게 다음과 같은 편지를 보냈다. "노이만은 무엇이건 빨리 배웁니다. 그 사람의 주특기지요. 그는 우리가 '기관organ'이라 불렀던 모듈을 '가상의 진공관'이나 '가상의 뉴런'으로 바꿔서 설명했지만, 결국은 우리의 논리를 재서술한 것에 지나지 않습니다. 한마디로 똑같은 논리라는 말이지요. 노이만은 우리가 EDVAC을 개발하면서 체계를 잡아놓은 개념을 조금도 바꾸지 않았습니다."[46]

모클리와 에커트는 노이만이 수백만 달러를 훔쳤다며 맹렬히 비난했고. 노이만이 그들(모클리와 에커트)의 가장 큰 경쟁사로부터 수천 달러를 받고 자문 계약을 체결했다는 소식을 들었을 때에는 거의 이성을 잃을 정도로 격분했다. 그때 감정의 골이 얼마나 깊었는지, 두 사람의 분노는 노이만이 죽은 후에도 좀처럼 가라앉지 않았다.

노이만이 세상을 떠나고 무려 20년이 지난 1977년에 에커트는 한 인터뷰 자리에서 노이만 이야기가 나오자 갑자기 목소리를 높였다. "노이만은 우리가 개발한 모든 아이디어를 IBM에 알뜰히 팔아넘겼습니다. 그것도 앞문이 아닌 뒷문으로 말이죠."[47]

소송전에 휘말린 EDVAC

ENIAC과 노이만의 고등연구소 컴퓨터에 모두 관여했던 수학자이자 나중에 공학자로 변신한 아서 벅스Arthur Burks는 저장형 프로그램stored program의 변천사와 진정한 주인을 밝히기 위해 EDVAC 관련 기록을 손에 닿는 대로 수집하여 철저히 분석한 후, 다음과 같은 결론을 내렸다. "무어스쿨에서 일했던 사람들 중 노이만이 오기 전부터 EDVAC 같은 기계를 떠올린 사람은 단 한 명도 없었다."[48] 노이만에게 처음으로 ENIAC을 보여주고 훗날 프린스턴에서 함께 일했던 골드스타인도 여기에 동의했다. "노이만의 보고서가 나온 후로 컴퓨터의 개념이 확고해졌다는 건 부인할 수 없는 사실이다. 그는 무어스쿨의 연구팀에게 절대 없어선 안 될 인물이었다."

에커트와 모클리가 노이만을 비난한 것도 무리는 아니었다. 노이만이 EDVAC 보고서에서 ENIAC을 '의도적으로' 언급하지 않았다는 주장은 아마도 사실일 것이다. 하지만 당시에 ENIAC과 관련된 사항은 국가기밀이었으므로, 보고서를 마음 놓고 배포하려면 그 부분을 뺄 수밖에 없었다. 훗날 노이만은 자신이 EDVAC의 배후에 있는 유일한 두뇌라고 굳이 주장하지 않으면서 애써 부정하지도 않았다. 에커트와 모클리의 말대로, '돈'은 노이만의 상처 난 양심을 치료하는 데 중요한 역할을 했을 것이다. IBM은 여러 해 동안 매년 한 달씩 자문을 받는 대가로 노이만에게 거의 1년 치 연봉을 지불했지만, 노이만이 IBM과 일하기 시작한 것은 1951년부터였다. 1945년에 IBM이 노이만과 처음으로 접촉을 시도했을 때, 그는 당시 진행 중인 컴퓨터 프로젝트의 연구기금 때문에 곤란을 겪고 있었는데도 IBM의 도움을 거절했다. 그에게 돈이 중요했다면 왜 6년이 지난 후에야 제안을 받아들였을까?

노이만이 좀 더 깊은 뜻에서 에커트와 모클리의 역할을 일부러 축소했다는 증거도 있다. 컴퓨터 개발 속도를 높이고 싶었던 노이만은 ENIAC을 만든 사람들이 상업적 이윤을 추구하다가 비밀이 누설되거나 법정 다툼에 휘말려서 개발이 지연되는 사태를 누구보다 걱정하고 있었다. 1946년에 에커트와 모클리가 대노했다는 소식을 접했을 때, 노이만은 "EDVAC의 일부는 완전히 나 혼자 만든 작품이며, 나머지 부분에 대해서도 공동 소유권이 있다"면서 불쾌한 속내를 드러냈다. 이 시기에 그가 변호사에게 썼던 편지를 보면 부분적으로나마 그의 심정이 이해가 가기도 한다. "내가 무어스쿨에서 자문해 줬던 사람들이 장사꾼 집단이라는 걸 진작 알았다면, 처음부터 그곳에 발을 들이지도 않았을 겁니다."[49]

다음 해에 노이만은 법정에 출두하여 다음과 같이 증언했다. "EDVAC 보고서의 목적은 팀원들의 생각을 좀 더 명확하게 다듬어서 하나로 통일하고 … 연구 결과를 가능한 한 빠르게, 널리 알려서 고성능 컴퓨터의 설계 기술을 발전시키는 것이었습니다. 과거에도 그랬고 지금도 그렇지만, 저는 제가 하는 일이 미국에 최선의 이익을 가져다주리라 생각합니다."[50]

노이만은 프린스턴 고등연구소에서 자신이 사용할 컴퓨터의 제작 계획을 세우던 무렵, 로스앨러모스에서 무어스쿨로 파견되었던 스탠 프랭켈에게 편지를 썼다. "저는 이 분야의 지식과 거기서 파생된 혜택을 (특허의 관점에서) 누구나 공유할 수 있도록 최선을 다할 것입니다."[51] 이 선언을 증명이라도 하듯 고등연구소의 컴퓨터에 대한 특허권은 1947년에 미국 정부의 소유로 넘어갔고, 고등연구소 컴퓨터 설계팀은 자세한 보고서를 작성하여 전 세계 175개 연구소에 보내는 등 컴퓨터 시대를 앞당기는 데 커다란 역할을 했다. 전쟁 기간과 전후에 튜링과 함께 일했던 어빙 굿Irving Good은 1970년에 발표한 논문에 다음과 같이 적어놓았다. "그 보고서에는 설계 의도가 명확하게 제시되어 있었다. 개발자의 속내를 완전히 드러낸 것이다. 그 후로 나는 이처럼 공개적이고 투명한 논문을 본 적이 없다."[52]

ENIAC과 EDVAC에 대한 지적재산권 및 특허권 관련 소송은 향후 수십 년 동안 계속되었다. 노이만이 살아 있었다면 1973년 10월 19일에 내려진 최종 판결에 매우 흡족했을 것이다. 그때 담당 판사는 디지털 전자 컴퓨터를 '만인의 소유'로 선언하면서 기나긴 논쟁에 마침표를 찍었다.

미국 법에 의하면 발명가는 발명품의 정상 작동 여부가 확인된 날부터 1년 안에 특허를 신청해야 한다. ENIAC은 1945년 12월에 로스앨러모스에서 요청한 계산에 착수했고 1946년 2월에 《뉴욕타임스》

의 1면에 실리면서 일반 대중에게 공개되었지만, 특허는 그 존재가 공개되고 16개월 후인 1947년 6월에 접수되었다. 담당 판사는 1945년 중반부터 배포되기 시작한 노이만의 EDVAC 보고서가 디지털 전자 컴퓨터의 핵심 아이디어를 공동 발명자의 허락 없이 일찍 공개했으며, 디지털 컴퓨터는 에커트와 모클리의 발명품이 존 빈센트 아타나소프John Vincent Atanasoff의 아이디어에서 비롯된 것이라고 판결했다. 아타나소프는 아이오와 주립대학교의 물리학자로, 대학원생들과 함께 디지털 전자 컴퓨터를 개발한 사람이다. 이때 완성된 아타나소프-베리 컴퓨터Atanasoff-Berry computer(ABC)는 280개의 삼극진공관triode(일반적인 이극진공관의 양극과 음극 사이에 '그리드grid'라는 극을 삽입한 진공관-옮긴이)을 기반으로 한 쌍의 동축 회전 드럼에 장착된 3,000개의 축전기에 이진수를 저장하는 방식이었는데, 무게가 320킬로그램에 불과한 초미니 사이즈에 범용 컴퓨터도, 프로그램 저장형 컴퓨터도 아니었다(이 계산기의 유일한 목적은 연립방정식을 푸는 것이었다). 모클리는 ENIAC이 그런 장난감의 영향을 받았겠냐며 법정의 판결을 끝까지 인정하지 않았지만, 무어스쿨의 전자공학 강좌(1941년)가 개설되기 전에 모클리가 아타나소프를 찾아가서 그의 기계를 직접 보고 설계도와 설명서를 익힌 것은 분명한 사실이다.

연방법원의 최장기 재판 기록을 세운 이 기나긴 소송전에서 결국 법정은 20세기 최고의 발명품에 "어느 누구도 독점할 수 없다"는 판결을 내렸다. 그로부터 약 10년 후, 미국에서는 "기업 비밀을 지양하고, 가능한 한 많은 정보를 공유하여 공동의 이익을 추구하자"는 오픈소스운동open source movement이 일어나 수많은 발명가와 혁신가들이 꿈을 펼칠 수 있는 토대가 마련되었다. 컴퓨터 분야에서 이런 분위기가 초창기부터 조성될 수 있었던 것은 노이만 덕분이라고 해도 과언이 아닐 것이다.

노이만은 무어스쿨을 정기적으로 방문해오다가 특허권 분쟁으로 연구팀이 사분오열된 1946년부터 발길을 끊었다. EDVAC은 노이만의 보고서 덕분에 가장 널리 알려진 '이론적 기계'가 되었지만, 정작 EDVAC이라는 이름이 붙은 실물 컴퓨터는 1949년에 배에 실려 탄도학연구소로 배달되었다. 에커트와 모클리, 그리고 노이만과 골드스타인 같은 리더가 없는 상황에서 기계를 넘겨받은 연구팀은 시도 때도 없이 발생하는 문제를 해결하느라 진공관을 계속 추가했고, 노이만이 작성한 보고서의 의도로부터 멀어지면서 점차 이상한 괴물로 변해갔다. 온갖 기술적 문제에 시달리던 EDVAC은 탄도학연구소에 배달된 지 3년 만에 처음으로 쓸모 있는 계산을 할 수 있게 되었지만, 그때는 이미 노이만의 설계를 충실하게 반영한 다른 컴퓨터에게 추월당한 상태였다.[53]

프린스턴 고등연구소 프로젝트를 시작하다

노이만은 새로운 컴퓨터 프로젝트를 유치하려는 명문 대학들로부터 수많은 러브콜을 받았다. 특히 노버트 위너는 노이만을 MIT로 데려오기 위해 다음과 같은 편지를 보냈다. "당신의 계획이 프린스티튜트Princetitute(노이만이 있는 프린스턴과 위너가 있는 MIT의 합성어-옮간이)에 잘 어울릴 것 같지 않나요? 컴퓨터를 만들려면 크고 좋은 실험실이 필요할 겁니다. 물론 이론만 캐는 상아탑에는 그런 실험실이 없겠지요?"[54]

시카고 대학교에서도 노이만에게 교수직과 그가 이끌 새로운 연구소를 통째로 제안했다. 열띤 스카우트 열풍에 위기감을 느낀 프린스턴 고등연구소 소장 프랭크 에이들럿Frank Aydelotte은 이사회를 찾아가 연구비 10만 달러를 당장 노이만에게 지급하라고 강력하게 주장했고, 함께 있던 노이만은 그를 진정시키면서 차분하게 말했다. "이미 많은 학자들이 그런 기계에 깊은 관심을 갖고 있어요. 요즘 사람들이 꿈으로만 그리는 것을 이 기계가 실현해줄 겁니다."[55]

당시 노이만에게 필요한 연구비는 30만 달러였는데, 나머지 20만 달러는 군부로부터 지원받았다. 노이만이 육, 해, 공군의 장성들을 찾아가 끈질기게 설득했기 때문이다. "고성능 컴퓨터가 가장 필요한 곳은 군대입니다. 제트기와 미사일을 설계하고, 해상 작전 중 적의 동태를 파악하려면 컴퓨터가 꼭 있어야 합니다. 아, 물론 슈퍼폭탄을 만들 때도 없어선 안 되겠죠." 놀라운 것은 프로젝트의 세부사항을 일반에게 공개해야 한다는 노이만의 주장을 군부에서 받아들였다는 점이다. "당신들이 요구하는 강력한 무기를 가장 확실하게, 그리고 가장 빠르게 확보하는 길은 다른 사람들이 우리 프로젝트의 초안으로부터 무언가를 배울 수 있도록 허용하는 것입니다. 그래야 개발 도중에 필요한 요소를 외부에서 빨리 가져올 수 있으니까요."

이로써 노이만의 제1 과제가 확실하게 결정되었다. 이 무렵에 그는 최근 브라질에서 돌아온 러시아계 이탈리아인 물리학자 글렙 워터긴 Gleb Wataghin(노이만의 오랜 친구)을 만나 뼈대 있는 농담을 주고받았다.

"자네, 이젠 수학에 관심 없지?"
"컴퓨터도 결국은 수학입니다. 관심이 없을 수가 없지요."
"거짓말 마. 자네 머릿속은 온통 폭탄 생각뿐이잖나."
"절대 아닙니다. 지금 저는 폭탄보다 훨씬 강력한 걸 생각하고 있다
    구요."
"폭탄보다 강력한 게 세상에 어디 있나?"
"당연히 있지요. 바로 컴퓨터입니다!"[56]

그러나 위너의 예측과 달리 프린스턴 고등연구소는 '전자 컴퓨터 프로젝트Electronic Computer Project'를 별로 달가워하지 않았다. 클라라의 이야기를 들어보자. "그가 프린스턴에서 칠판과 분필, 또는 종이와 연필이 아닌 다른 수학 도구에 대해 이야기를 꺼내기만 하면. 그 저명하고 박식한 수학자들이 손사래를 치며 뒤로 물러나곤 했다. 신성한 연구소에서 전자 컴퓨터를 만드는 것은 그들에게 그다지 반가운 일이 아니었을 것이다."[57]

노이만은 동료 학자들의 반대에도 불구하고 특유의 추진력으로 강하게 밀어붙여서 결국 뜻을 이루었다. 그는 기회가 있을 때마다 컴퓨터의 장점을 홍보하고 다녔는데, 예를 들면 다음과 같은 식이었다.

그런 컴퓨터가 수학자와 물리학자 등 여러 분야의 학자들에게 새로

운 지식의 장을 열어준다는 점에는 의심의 여지가 없습니다. 직경 5미터짜리 천체망원경이 등장하면서 관측 가능한 우주가 엄청나게 넓어진 것처럼, 컴퓨터는 과학이 탐구할 수 있는 영역을 과거와 비교가 안될 정도로 넓혀줄 것입니다.[58]

노이만은 육군과 해군 장성들에게 컴퓨터의 단기적이고 실용적인 용도를 강조한 반면, 동료 과학자와 고등연구소의 임원들 앞에서는 장차 컴퓨터를 통해 해결될 학술적 문제를 나열하면서 거창한 청사진을 보여주었다. 그가 고등연구소의 이사 중 한 명인 루이스 스트라우스Lewis Strauss에게 쓴 편지에는 다음과 같이 적혀 있다. "제가 계획 중인 장치, 또는 처음으로 선보일 장치는 완전히 새로운 것이어서, 어떤 이득을 가져다줄지 지금 당장은 예측하기가 어렵습니다. 가동을 시작한 후에야 그 용도가 분명해질 것입니다. 이 기계가 해결할 수 있는 문제는 우리의 시야를 훨씬 넘어서 있기 때문에, 지금 대부분의 사람들은 그런 문제가 존재하는지조차 모르고 있을 겁니다."[59]

고등연구소 프로젝트는 서서히 탄력을 받기 시작했고, 노이만은 골드스타인과 아서 벅스를 첫 팀원으로 고용했다(골드스타인은 프로젝트 책임자로 임명되었다). 사실 전쟁이 끝난 후 프린스턴 고등연구소는 공간이 넉넉지 않았다. 에이들럿 소장이 국제연맹League of Nations[국제연합(UN)의 전신-옮긴이]의 직원과 그 가족들에게 연구소의 상당 부분을 피난처로 제공했기 때문이다. 그래서 골드스타인과 벅스는 괴델의 연구실 옆에 간신히 공간을 마련하여 거의 웅크린 자세로 앉아 있어야 했다. 그곳은 원래 괴델의 비서를 위한 자리였는데,

프린스턴 고등연구소 컴퓨터 프로젝트 팀(1952년).

편집증이 심한 독불장군 괴델은 한 번도 비서를 고용하지 않았다.

에커트는 프로젝트 참여를 거절하고 모클리와 함께 사업가로 변신했다. 노이만은 에커트를 대신할 수석엔지니어를 찾기 위해 사방을 물색하다가, 전시에 위너에게 스카우트된 후 MIT에서 줄곧 일해 온 줄리안 비글로Julian Bigelow에게 시선이 꽂혔다. 노이만이 비글로를 적극적으로 영입한 두 번째 이유는 그의 탁월한 실력 때문이고, 첫 번째 이유는 비글로가 면접을 보기 위해 노이만의 집을 방문했을 때 그가 몰고 온 자동차 때문이었다. 최고 실력을 보유한 공학자만이 다룰 수 있다는 구형 잘로피jalopy가 노이만의 집 앞에 멈춰서는 순간, 비글로는 이미 고용된 거나 다름없었다. 이제 팀원들을 위한 공간을 확보하는 일이 남았는데, 에이들럿은 건물 지하에 있는 보일러실을 내주면서 겸연쩍게 말했다. "좋은 점도 있습니다. 남자 화장실이 바로 옆에 있거든요." 그 후 컴퓨터가 들어갈 새 건물을 위한 공사기금이 확보되었고, 1946년 크리스마스 직전에 전자 컴퓨터 프로젝트 팀은 고등연구소 부지 한 귀퉁이에 지은 단층 건물로 이사했다.

이로써 팀원들의 거처는 어렵사리 마련되었지만, IAS 머신(프린스턴 고등연구소 컴퓨터)의 제작 진도는 노이만의 기대만큼 빠르게 진행되지 않았다. 처음에 그는 10명의 인원으로 3년 안에 끝낼 수 있다고 생각했으나 컴퓨터는 여전히 작동하지 않았고(이 컴퓨터는 1951년이 되어서야 가동되기 시작했다), 로스앨러모스에서는 핵폭탄 개발에 필요한 계산법을 빨리 찾아달라며 압박을 가해왔다. 향후 몇 년 안에 완성될 가능성이 없음을 간파한 노이만은 머리를 쥐어짜며 대책을 모색하다가, 1947년 4월에 'ENIAC을 EDVAC과 비슷한 프로그램 저장형 컴퓨터로 개조한다'는 과감한 아이디어를 떠올렸다.

노이만은 헤르만 골드스타인, 아델 골드스타인(두 사람은 부부이다)과 함께 ENIAC 개조 계획을 수립했다.[60] 당시 아델은 26세의 젊은 나이였지만 수학 석사학위 과정을 마쳤고 ENIAC을 속속들이 알고 있었다. 그해 7월에 그녀는 프로그램에 사용할 51개의 명령어와

ENIAC이 명령을 해독하고 수행하는 데 필요한 배선 및 스위치 설정을 일목요연하게 정리하여 변환 계획서를 만들었다. ENIAC의 운영자 중 한 사람이었던 진 바틱Jean Bartik(원래 이름은 베티 진 제닝스Betty Jean Jennings임)은 1947년 3월에 프로그램 전문가로 고용되었는데, 오직 이 업무 하나를 위해 사람이 고용된 것은 역사상 처음이었다. 지구촌에 '프로그래머'라는 직종이 드디어 등장한 것이다. 그러나 로스앨러모스에는 핵무기와 관련된 기밀사항을 누설할 염려가 없으면서 ENIAC의 단점을 속속들이 알고 있는 인력이 필요했고, 거기에 딱 맞는 사람은 노이만의 아내 클라라였다.

클라라는 그녀의 회고록에서 자신을 '수학 천치'라고 고백했지만, 자신을 과소평가하는 습성은 지구에서 가장 똑똑한 사람과 결혼하면서 생긴 부작용일 가능성이 높다. 울람은 클라라가 "매우 똑똑하면서도 과민한 사람으로, 사실은 전혀 그렇지 않은데도 사람들이 자신에게 관심을 갖는 이유가 똑똑한 남편 때문이라는 콤플렉스에 빠져 있었다"고 했다.[61]

고졸 학력(10대를 위한 영국 기숙학교)이 전부였던 그녀는 전쟁 기간 동안 프랭크 노트스타인Frank W. Notestein이 이끄는 연구팀에서 일한 적이 있다(노이만과 결혼한 것은 전쟁이 일어나기 전인 1938년이었다). 프린스턴 대학교 인구조사국Office of Population Research의 설립자 중 한 사람인 노트스타인과 그의 연구팀은 전후 유럽과 러시아 등 세계 여러 나라의 인구 동향을 정확하게 분석하여 정부 기관으로부터 꽤 높은 신뢰를 받았다. 소위 '수학 천치'가 이런 곳에 취직했다면 견뎌내기 어려웠을 텐데 클라라는 맡은 일을 훌륭하게 처리하는 우수 직원이었다. 빼어난 업무 처리 능력으로 고속 승진을 하던 그녀는 1944년에 들어온 대학 교수직 제안을 정중하게 거절하고 폭탄에 관심을 갖기 시작했다. '인구 이동'에 대한 그녀의 관심이 '수소폭탄 속에서 일어나는 중성자의 이동'으로 옮겨간 것이다.

몬테카를로와 컴퓨터 시뮬레이션의 탄생

"가능하다면 승마용 장비와 스케이트를 챙겨오세요. 아주 좋은 기회입니다." 1945년 12월 15일, 로스앨러모스에 있던 노이만이 아내에게 전보를 쳤다.[62] 전쟁이 끝난 후 처음 찾아온 크리스마스에 클라라는 남편이 근무하는 비밀 연구소를 방문했다. 드디어 노이만의 삶을 가리고 있던 비밀의 커튼이 걷히고, 끈끈한 동료애로 뭉친 로스앨러모스의 과학자들은 클라라를 열렬히 환영해주었다. 노이만의 말은 거짓이 아니었다. 꽁꽁 얼어붙은 애슐리연못Ashley Pond(그곳에 있던 청소년 훈련학교 랜치스쿨Ranch school의 설립자 이름을 딴 것임)은 스케이트를 타기에 더없이 좋은 곳이었다. 연구원 숙소에서는 밤마다 포커판이 벌어졌고, 헝가리에서 온 과학자들의 자유분방한 모습은 어린 시절에 습득한 클라라의 '파티 정신'을 사정없이 자극했다. 도시에서 상실감에 빠져 살았던 그녀가 아이러니하게도 황량한 사막에서 활기와 더불어 남편까지 되찾은 것이다. 매사에 자신감을 회복한 클라라는 텔러의 슈퍼 폭탄(수소폭탄)이 작동하는 데 필요한 수학 및 물리학 문제에도 관심을 갖기 시작했다. 텔러는 수소폭탄과 관련된 계산이 탁상용 계산기나 IBM의 펀치카드 머신으로 해결될 문제가 아니라고 생각했기에, 노이만은 연구원을 데리고 펜실베이니아 대학교의 무어스쿨을 찾아가서 폭탄 점화 과정을 컴퓨터로 모델링하기 시작했다(시뮬레이션을 했다는 뜻이다-옮긴이). 그 무렵 컴퓨터에 대한 노이만의 관심은 '집중'의 단계를 넘어 '집착'으로 치닫고 있었다. 어느 날, 클라라가 노이만의 연구팀이 만든 프로그램에서 '버그bug(프로그램상의 사소한 오류. 논리적 오류는 버그가 아니라 재앙 또는 대형 참사에 속한다-옮긴이)'를 발견했다. 감탄한 노이만은 클라라를 한껏 치켜세웠고, 자신감을 얻은 그녀는 ENIAC과 함께 보내는 시간이 점점 많아지다가 1947년 여름에 로스앨러모스 연구단지의 자문위원이 되었다. 훗날 클라라는 이 시절을 회상하며 말했다. "그 시기에 제가 한 일은 대수방정식을 수치 형식numerical form으로 바꾼 후, 이것을 기계가 알아들을 수 있는 기계어로 변환하는 것이었습니다. 당시에는 잘 몰랐지만, 내가 바로 최초의 코더coder(프로그래머)였던 셈이죠." 그녀는 요즘 프로그래머들에게 친숙한 용어를 써가며 로스앨러모스에서 자신이 했던 일을 설명했다. "아주 복잡하고도 재미있는 퍼즐게임 같았지요. 너무 재미있어서 시간 가는 줄도 몰랐습니다."[63]

노이만과 울람은 전통적인 방법으로 풀 수 없는 방정식의 대략적인 해를 구하기 위해, 확률을 이용한 새로운 방법을 개발했다. 클라라가 하는 일은 ENIAC의 수치 처리 능력을 최대한으로 발휘하여 핵폭탄 안에서 사방으로 퍼져나가는 중성자의 궤적을 계산하는 것이었는데, 노이만과 울람의 아이디어를 테스트하기에 딱 좋은 문제였다.

"새 아이디어를 적용해서 문제를 해결해봅시다. 아마 좋은 결과가
   나올 거요."
"그런데 그 방법에 무슨 이름을 붙였다면서요?"
"아, 그거… 그냥 몬테카를로Monte Carlo라 부르기로 했소."
"풉! 몬테카를로…."
(노이만과 클라라가 처음 만난 곳은 몬테카를로의 한 카지노였다)

무작위성을 이용하여 문제를 풀 생각을 처음으로 떠올린 사람은
울람이었다. 그는 바이러스성 뇌염으로 병원에 입원했을 때 이 기발
한 아이디어를 떠올렸다고 한다. 의사는 그에게 "가능한 한 머리를
쓰지 말고 절대 안정을 취하라"고 당부했지만, 머리가 근질거려서
참을 수 없었던 그는 카드 한 벌을 구해 솔리테어solitaire(혼자 하는 카
드 게임 - 옮긴이)를 시작했다.[64] 그러나 단순한 게임으로는 성이 안 찼
는지 얼마 후에는 솔리테어 게임에서 이길 확률을 계산하기 시작했
는데,[65] 경우의 수가 너무 많아서 감당이 안 될 지경이었다. "복잡한
계산에 지쳐 머리가 아파올 무렵, 갑자기 추상적 사고(계산)보다 훨
씬 유용한 방법이 떠올랐다. 그냥 아무 생각 없이 게임을 100번 해
서 몇 번 이기는지 세어보는 게 낫지 않을까?"
울람은 현실 세계에서 직면하는 많은 문제들도 본질적으로 솔리
테어 게임에서 이긴 횟수를 세는 것과 비슷하다는 것을 깨달았다.
"폭탄 1개를 직접 만들어서 터뜨리는 것보다, 폭탄이 터지는 과정을
컴퓨터로 수천 번 모방하는 게(즉 시뮬레이션하는 게) 훨씬 싸게 먹히
지 않는가!"[66]

몬테카를로가 등장하면서 연쇄반응을 컴퓨터로 흉내 내는 것이 처음으로 가능해졌다. 핵폭탄 속에서 중성자가 취할 수 있는 거동은 너무 많아서 계산이 거의 불가능하지만, 이 과정을 컴퓨터로 수백, 수천 번 반복하면 핵반응의 전체적인 양상을 거의 정확하게 알 수 있다. 즉 내부 구성이 어떤 배열일 때 폭탄의 효율이 극대화되는지 오직 컴퓨터만으로 알 수 있다는 뜻이다. 로스앨러모스에서 원하던 분석법이 바로 이것이었다.

건강을 회복한 울람은 노이만이 로스앨러모스를 방문했을 때 자신의 아이디어를 설명했고, 함께 자동차를 타고 기차역으로 가면서 구체적인 사항을 논의했다. 그 후 1947년 3월에 노이만은 11페이지 짜리 「전자 컴퓨터를 이용한 몬테카를로 폭탄 시뮬레이션 계획서」를 작성하여 로스앨러모스의 이론분과 책임자인 로버트 리히트미어Robert Richtmyer에게 보냈다. 요즘 컴퓨터는 하루에도 수천 번씩 몬테카를로 시뮬레이션을 수행하면서 주식투자 전략을 짜고, 신소재의 특성을 실험하고, 대학원생들의 적분을 도와주고 있다.

노이만은 원자폭탄을 "크기가 다른 여러 개의 구껍질(속이 빈 공)이 양파처럼 층을 이루고 있는 동심원의 집합"으로 단순화시켰다. 폭탄이 점화되었을 때 중성자의 속도가 느려질 확률과 핵분열을 유발할 확률, 중성자가 구껍질에 흡수될 확률, 또는 반사되어 중심부로 향할 확률 등은 각 구껍질의 성분(실제 사용될 금속과 합금의 특성이 반영되어 있음)에 의해 결정된다. 노이만은 난수random number(정해진 범위 안에서 아무런 규칙 없이 생성된 수-옮긴이)를 이용하여 폭탄 안에서 움직이는 중성자 100개의 궤적을 그려서 모든 가능한 상호작용의 결과를 수집한다는 계획을 세웠다. 여기에는 중성자 1개의 몬테카를로 시뮬레이션에 필요한 81단계의 계산 과정도 포함되어 있었다.

그 후로 노이만과 골드스타인은 몇 개월에 걸쳐 이 계획을 프로그램으로 구현하는 보고서와 몬테카를로 프로그램의 진행 순서를 한눈에 보여주는 순서도flowchart(또는 흐름도)를 작성했다(순서도는 요즘 컴퓨터 알고리듬에도 여전히 사용되고 있다). 이들은 고등과학원의 연구실 하나를 빌려서 컴퓨터 시뮬레이션 계획을 수립하는 본부로 사용했는데, 사람들은 그곳을 '로스앨러모스 프린스턴 지부'라고 불렀다. 이곳에 처음 입주한 아델 골드스타인과 리히트미어는 얼마 지나지 않아 '하마 프로젝트Project Hippo'라는 또 다른 핵폭탄 개발 계획에 차출되어 프린스턴을 떠났고, 그 후로 클라라가 책임자로 임명되어 노이만이 그린 순서도를 컴퓨터 언어로 변환하는 작업에 착수했다.[67]

클라라와 노이만은 1948년 4월 8일에 애버딘에 도착했다가 곧 떠났다. 몇 주 후 메트로폴리스가 도착하여 클라라가 개발한 몬테카를로 프로그램을 실행할 준비를 마쳤지만 ENIAC이 작동하지 않았다. 사실 탄도학연구소의 연구원들은 ENIAC을 EDVAC 같은 프로그램 저장형 컴퓨터로 개조하기 위해 지난 몇 달 동안 사투를 벌여왔다. 그러나 1947년 12월에 ENIAC이 《뉴욕타임스》에 대대적으로 보도되었음에도 불구하고,[68] 본격적인 개조 작업은 아직 시작도 하지 못한 상태였다.

이미 계획된 51개의 저장형 명령은 60개로 늘어났다. 하마 프로젝트에서 계산을 수행하던 아델과 진 바틱은 리처드 클리핑거Richard

Clippinger를 영입했는데, 그는 전부터 ENIAC으로 초음속 기류 시뮬레이션을 계획해온 수학자였다. 바틱의 연구팀은 ENIAC의 배선 연결 상태를 바꿔서 확장된 명령을 수행하는 방법을 알아냈고, 개조작업이 완료된 후 실행할 프로그램을 작성했다.

메트로폴리스와 클라라는 아델과 탄도학연구소팀이 세운 계획에 기초하여 ENIAC에 사용할 명령어를 79개로 확장시켰다. 그로부터 3주 후, 드디어 ENIAC이 "최초의 프로그램 저장형 컴퓨터"라는 타이틀을 달고 가동 준비를 마쳤다. 훗날 메트로폴리스는 이렇게 말했다. "클라라 덕분에 새로운 계획이 수립되었고, 우리는 그것을 ENIAC에 구현했다. 최초의 몬테카를로 시뮬레이션이 새로운 환경에서 실행된 것이다."[69]

노이만은 리히트미어에게 보낸 편지에서 펀치카드를 이용하여 한순간에 하나의 중성자를 나타내는 방법을 제안했다. 카드에는 중성자의 거동을 결정하는 난수가 기록되어 있고, 중성자가 흡수되거나 산란되거나 핵분열을 유발하면, 새로운 카드가 기계에 수동으로 입력되는 식이다. 그러나 이 방법은 채택되지 않았고, 클라라가 만든 프로그램은 업그레이드된 ENIAC에서 1947년 12월까지 시뮬레이션을 계속했다.

중성자는 폭탄 안에서 10나노초(1억 분의 1초. 핵물리학에서는 이 찰나의 시간을 '셰이크shake'라 한다) 동안 이동한다. 즉 중성자는 새 펀치카드가 준비되기 전에 산란된다는 뜻이다. 노이만은 8자리, 또는 10자리 이진수를 제곱한 후 가운데 자릿수를 취하여 난수를 만드는 방법을 제안했다(이것을 유사난수pseudo-random number라 한다. 가운데 자릿수를 또 제곱해서 다음에 나올 난수를 만들 수도 있고, 이 과정을 계속해서 반복할 수도 있다). 이것을 노이만의 '중앙제곱법'이라 하는데, 이렇게 생성된 수는 진정한 난수가 아니다. 이 사실을 누구보다 잘 알고 있었던 노이만은 1951년 논문에 다음과 같이 적어놓았다. "대수적 방법으로 난수를 만들려는 사람은 수학적 죄인이 될 것을 감수해야 한다."[70] 그러나 그가 만든 유사난수의 무작위성은 프로그램을 실행하기에 충분했고, 그 외의 다른 목적에도 다양하게 사용할 수 있었다.

첫 번째 몬테카를로 시뮬레이션은 4월 28일에 시작해서 5월 10일에 종료되었다. 울람은 곧바로 노이만에게 편지를 썼다. "방금 닉하고 통화했는데, ENIAC이 정말로 기적 같은 일을 해냈어요. 무려 2만 5,000장의 카드가 생성되었답니다!"[71]

연구팀은 더 이상 시간을 낭비할 수 없었기에, ENIAC과 함께 밤을 새워가며 작업에 매달렸다. 노이만은 울람에게 답장했다. "클라라가 애버딘에서 일에 어찌나 시달렸는지, 체중이 7킬로그램이나 빠졌습니다. 그녀의 건강이 걱정되는군요."[72] 울람과 클라라는 같은 시기에 휴가를 가려고 했지만 작업 일정 때문에 취소되었고, 몸이 쇠약해진 클라라는 프린스턴 병원에 입원해서 건강진단을 받았다. 그로부터 한 달 후, 그녀는 "온갖 검사와 이상한 치료 때문에 짜증만 난다"며 불만을 토로했다.[73] 이런 상황에서도 클라라는 ENIAC의 개조 및 활용 방안에 대한 보고서를 작성했으니, 역시 일에 대한 그녀의 열정은 알아줄 만하다. 이 문서는 클라라와 메트로폴리스의 감독하에 실행된 몬테카를로 시뮬레이션의 중요한 기록으로 지금까지 남아 있다.

그해 10월에 클라라는 탄도학연구소로 돌아왔다. 최근 들어 역사학자들이 이때 실행된 두 번째 몬테카를로 시뮬레이션 프로그램을 발견했는데, 클라라가 직접 작성한 코드는 28페이지나 되고,[74] 계산은 11월 7일에 완료되었다. 노이만은 울람에게 보낸 편지에 "클라라의 이번 '애버딘 원정'은 지난번보다 성공적"이라고 평가했다.[75] 클라라는 12월에도 혼자 로스앨러모스 원정길을 떠났다. 그러나 이번에는 텔러와 페르미 같은 대학자들 앞에서 자신이 한 일을 설명하고, 시도 때도 없이 터져 나오는 질문에 답하느라 스트레스가 이만저만이 아니었다. 노이만은 아내와 전화 통화를 하다가 그녀가 심각한 우울증에 시달리고 있음을 간파하고 곧바로 편지를 보냈다. "나는 지금 걱정하는 정도가 아니라 공포에 떨고 있소. 제발 좀 쉬면서 해요." 그러나 6개월도 채 지나기 전에 클라라는 독일계 미국인 여성 물리학자 마리아 괴페르트 메이어Maria Goeppert Mayer(1963년 노벨물리학상 수상자)와 함께 몬테카를로 알고리듬을 개선하기 위해 시카고로 떠났다 그러나 이때 메이어와 클라라가 제시한 개선안은 우여곡절을 겪다가 결국 반영되지 않았다. ENIAC의 몬테카를로 시뮬레이션을 하루라도 빨리 끝내야 하는 상황에서, 노이만이 '안전제일'을 선택했기 때문이다. 그에게 안전이란 새로운(그리고 잠정적으로 문제를 일으킬 가능성이 있는) 개선안을 가능한 한 피하는 것이었다.

클라라는 세 번째 몬테카를로 시뮬레이션을 앞두고 울람에게 편지를 썼다. "상황이 반전된 것 같아요. 저를 위해 기도해주시고, 행운을 빌어주세요."[76] 1949년 6월 24일에 마지막 시뮬레이션을 성공적으로 끝낸 후, 거의 탈진 상태에 이른 클라라는 같은 달 28일에 비밀문서를 들고 프린스턴의 집으로 돌아왔다. 아마도 그 문서에는 여러 물질에서 핵분열이 일어날 확률을 말해두는 핵 단면적nuclear cross-section(핵의 구성 입자가 서로 충돌하거나 상호작용을 교환할 수 있는 영역의 면적 - 옮긴이) 데이터가 실려 있었을 것이다. 계산에 사용된 펀치카드는 커다란 상자 10개에 담겨 로스앨러모스로 배달되었는데, 클라라는 펀치카드보다 먼저 도착하기 위해 7월 7일에 비행기를 타고 그곳으로 날아갔다. 세계 최고의 물리학자와 수학자들이 보기 전에 다시 한번 검토를 해야 한다고 생각했기 때문이다. 1950년에 그녀는 마지막으로 애버딘을 방문하여 "핵분열 폭탄으로 핵융합 폭탄을 점화시킬 수 있는지" 확인하는 텔러의 슈퍼폭탄 테스트 작업에 참여했다. 그러나 시뮬레이션 결과 텔러의 설계로는 충분한 열이 발생하지 않는 것으로 판명되었고, 결국 그 설계도는 서랍 속으로 들어갔다. 나중에 텔러와 울람은 완전히 새로운 방식으로 '다단계 내파형 staged implosion' 수소폭탄을 제작하게 된다.

"이제 우리는 결코 예전으로 돌아갈 수 없을 것이다"

클라라는 1950년에 수소폭탄과 관련된 계산을 마친 후 컴퓨터의 최전선에서 은퇴했고, 얼마 후 로스앨러모스에는 메트로폴리스의 지휘하에 제작된 'MANIAC I('미치광이'를 뜻하는 단어와 철자가 같다)'이 가동되기 시작했다.[77] 클라라는 은퇴를 한 후에도 도와달라는 요청이 사방에서 쇄도했는데, 로스앨러모스의 연구원들은 새로운 폭탄 시뮬레이션을 앞두고 이런 편지를 보내왔다. "우리가 완전 헛다리를 짚은 건 아닌지, 한 번만 주의 깊게 검토해주실 수 있겠습니까?" 그러나 불안감과 우울증에 시달리던 그녀는 남편이 설계한 고등연구소 컴퓨터가 안정적으로 가동되기 시작한 1952년부터 더 이상 코딩 작업을 하지 않았다.

컴퓨터의 여명기에 클라라가 남긴 업적이 세상에 알려진 것은 비교적 최근의 일이다. 오늘날 ENIAC의 후손 컴퓨터에서 실행되는 몬테카를로 프로그램은 여전히 믿을 만한 결과를 출력하고 있으며, 노이만의 설계를 이어받은 내파형 폭탄의 내부에서 중성자의 위치를 알려주고 있다. "세계 최초의 프로그램 저장형 전자 컴퓨터"라고 하면, 많은 사람들이 영국 맨체스터 대학교에서 제작한 SSEM(Small-Scale Experimental Machine)을 떠올린다. '맨체스터 베이비Manchester Baby'라는 별명으로 더 유명한 이 컴퓨터는 클라라의 코드가 애버딘의 ENIAC에서 실행되기 두 달 전인 1948년 6월 21일에 처음으로 가동되었는데,[78] 52분 동안 17개의 명령을 실행하여 $264,144(2^{18})$의 가장 큰 약수가 131,072임을 알아냈다. 이 정도면 똑똑한 초등학생보다 훨씬 느리다. 그러나 같은 해 4월에 애버딘에서 실행된 클라라의 프로그램(800개 명령어)은 원자폭탄의 구조를 결정했다. 게다가 이 프로그램에는 본체 프로그램이 호출할 때마다 별도로 실행되는 '폐쇄형 서브루틴closed subroutine'까지 포함되어 있다. 폐쇄 서브루틴을 최초로 발명한 사람은 영국의 컴퓨터공학자 데이비드 휠러David Wheeler로 알려져 있지만, 클라라가 노이만의 '중앙제곱법'으로 난수를 생성하기 위해 프로그램에 서브루틴을 끼워 넣은 것은 휠러의 아이디어가 발표되기 1년 전의 일이었다.

　지금도 일각에서는 개조된 ENIAC이 진정한 프로그램 저장형 컴퓨터였는지 여부를 놓고 격렬한 논쟁을 벌이는 중이다. 그러나 클라라의 몬테카를로 코드가 "복잡하면서도 유용한" 최초의 현대식 프로그램이라는 데에는 이견의 여지가 없다[컴퓨터가 인식할 수 있는 기계어(이진수의 배열)를 '코드code'라 하고, 기계어를 작성하는 행위를 '코딩coding'이라 한다. 그러나 이것은 컴퓨터 초창기 때 이야기고, 요즘 컴퓨터는 Python, C, Java, C++ 등 다양한 프로그램 언어를 알아들을 수 있다. 그러므로 '코드'와 '프

프린스턴 고등연구소 컴퓨터(1952년).

로그램'은 동의어로 간주해도 무방하다 - 옮긴이].

1951년, 개발 일정에 차질을 빚었던 고등연구소 컴퓨터가 드디어 첫 가동에 들어갔다. 완벽주의자였던 수석엔지니어 줄리안 비글로는 골드스타인과 궁합이 맞지 않았는지 거의 모든 문제에서 의견충돌을 겪었고, 꾸준히 진도를 나가는 사람은 노이만뿐이었다. 훗날 비글로는 이 시절을 다음과 같이 회상했다. "노이만은 헤르만(골드스타인)과 내가 언쟁을 벌일 때마다 기적 같은 화술을 발휘해서 사태를 진정시켰다. 우리는 정말 물과 기름, 개와 고양이 같았다. 그러나 헤르만과 나 사이에 노이만이 끼어들면 순식간에 교통정리가 되면서 모든 것이 제자리로 돌아가곤 했다."[79]

비글로가 1년 동안 구겐하임 재단Guggenheim Foundation의 연구 보조금을 받게 되었을 때, 골드스타인은 기다렸다는 듯이 동료 전기공학자 제임스 포머런스James Pomerence를 임시로 영입하여 비글로의 빈자리를 채웠다. 마무리를 코앞에 두었던 컴퓨터는 대부분이 비글로의 설계에 따라 제작되었지만, 결국 그가 없는 상태에서 완성되었다. 고등연구소 컴퓨터를 거대한 엔진에 비유했던 작가 조지 다이슨George Dyson의 이야기를 들어보자. "그 기계는 높이 1.8미터, 폭 60센티미터, 길이 2.4미터짜리 V-40(40기통) 터보차저 엔진 같았다. 컴퓨터 본체는 알루미늄 프레임으로 덮여 있는데, 요즘 말로 하면 450킬로그램짜리 마이크로 프로세서에 해당한다. 크랭크 케이스crank case 안에는 양쪽으로 20개의 실린더가 달려 있고, 실린더 안에는 피스톤 대신 1,024비트의 메모리 튜브가 장착되어 있다."[80]

이 무렵 골드스타인과 노이만의 보고서에 따라 제작된 수많은 고등연구소의 후속 컴퓨터들이 그 뒤를 바짝 쫓고 있었다. 메트로폴리스의 MANIAC I은 1952년에 로스앨러모스에서 운영되기 시작했고, 오크리지Oak Ridge 국립연구소와 아르곤Argonne 국립연구소에서는 1953년에 각각 ORACLE과 AVIDAC을 공개했다. 그러나 가장 주목을 끈 것은 1953년에 대중에게 공개된 IBM의 701과 최초의 상업용 컴퓨터였다.

과학 연구를 위해 제작된 IBM 701은 주 매출원이 펀치카드 제표기punch card tabulator(천공된 카드의 내용을 프린트해서 표로 만드는 기계-옮긴이)였던 IBM에 커다란 전환점이 되었다. 프린스턴 고등연구소의 노이만 프로젝트에 합류하기 전에 몇 년 동안 IBM에서 일했던 비글로는 1938년에 한 인터뷰 자리에서 "IBM은 매우 기계 지향적인 회사로서 전자식 컴퓨터에 강한 반감을 갖고 있다"고 했다.[81] 노이만이라는 인물과 그로부터 탄생한 수많은 컴퓨터에 자극받은 IBM은 회사의 방침을 대대적으로 수정하여 EDVAC에 기초한 프로그램 저장형 디지털 기기를 생산했다. 이 사실을 잘 알고 있었던 비글로는 IBM 701이 "우리 기계의 단순 복제품"이라며 깎아내렸지만,[82] 1960년대에 IBM은 전 세계 전자 컴퓨터의 70퍼센트를 생산하는 초대형 기업으로 성장했다. 텔러는 IBM이 벌어들인 돈의 절반이 노이만에게 진 빚이나 다름없다고 했다.[83]

노이만은 자신이 발명한 기계의 잠재적 가치를 알고 있었을까? 그렇다. 누구보다 정확하게 알고 있었다. 그는 1955년에 컴퓨터의 전체적인 능력이 1945년 이후로 매년 거의 두 배씩 향상되어왔음을 지적했고,[84] 그 후에도 이런 추세가 계속될 것이라고 했다. 노이만의 예측은 집적회로integrated circuit에 들어가는 회로소자의 개수가 매년 두 배씩 증가한다는 '무어의 법칙Moore's law'을 연상시킨다. 이것은 인텔Intel의 공동 창업주였던 고든 무어Gordon Moore가 1965년에 했던 말인데, 연도로 보나 경험치로 보나 노이만이 원조였음은 두말할 필요도 없다.

현대 컴퓨터의 기초인 논리학과 수학을 누구보다 깊이 이해했던 사람이 그것을 구현하는 데 필요한 기술과 영향력, 그리고 운영 능력을 최고 수준으로 발휘하면서 더욱 강력한 기계가 만들어지도록 밀어붙이는 추진력까지 갖췄다니, 인류의 역사에 이런 인물이 또 나올 수 있을지 의심스럽다. 노이만이 세상을 떠난 후, 비글로는 다음과 같은 글로 그를 추모했다. "노이만은 우리 마음속에 엉켜 있는 거미줄을 말끔하게 제거했다. 그가 아니고서는 도저히 할 수 없는 일이다. 과거와는 비교할 수 없을 정도로 막강해진 계산 능력이 과학을 비롯한 모든 분야에 침투하여 세상을 완전히 바꿔놓았다. 이제 우리는 결코 예전으로 돌아갈 수 없을 것이다."[85]

6장

게임이론이라는 혁명

인간과 사회를 보는 시선을 뒤집다

오마르 리틀: "나한테는 총이 있고 너한테는 가방이 있지,
어차피 이건 다 게임이야. 그렇지 않나?"
— 〈더 와이어The Wire〉, 2003

노이만은 합리적인 사람이었다. 그와 가까웠던 지인들 사이에서는 "지나칠 정도로 합리적인 사람"이라는 평가가 지배적이다. 그의 합리적 사고방식을 잘 보여주는 사례가 있다. 딸 마리나가 두 살 아기였을 때, 이혼을 앞둔 노이만과 아내 마리에트는 딸의 양육 지침에 관하여 다음 사항에 동의했다. ①일단 마리나가 열두 살이 될 때까지는 어머니와 함께 살면서 휴가는 아버지와 함께 보내고, ②그 후 이성理性의 시대인 사춘기에 접어들면 아버지와 함께 살면서 그의 천재성에서 파생되는 모든 혜택을 누린다.[1]

훗날 마리나는 이렇게 회고했다. "매우 사려 깊은 선의의 합의였습니다. 하지만 제 부모님은 사람의 한평생 중 이성에서 제일 거리가 먼 시기가 바로 사춘기라는 걸 몰랐어요. 그 정도로 경험이 없었던 거지요."[2]

마리나의 회고는 계속된다. "아버지가 보낸 편지를 읽다 보면 태생적으로 무질서하고 불합리한 세상에 질서와 합리성을 부여하려는 그분의 열망이 느껴지곤 했습니다."[3] 게임이론은 인류 역사상 가장 "무질서하고 비이성적이었던" 시기에 복잡다단한 현실 세계의 문제를 깔끔한 수학 논리로 해결하고 싶은 노이만의 열정에서 탄생했다. 게임이론의 해답은 가끔 냉정하고 파격적이면서 사람의 복잡한 감정을 전혀 고려하지 않은 것처럼 보이지만, 이 모든 단점에도 불구하고 매우 효과적이다. 마리나는 훗날 뛰어난 경제학자가 되어 대통령 경제자문위원회에서 최초의 여성 위원으로 활약했으니, 노이만 부부의 양육 지침도 게임이론 못지않게 효과적이었던 셈이다.

게임이론이란 무엇인가?

게임이론이란 무엇인가? 독자들이 생각하는 것과는 사뭇 다르다. 노이만은 제2차 세계대전 중 폴란드 태생의 영국인 수학자 제이콥 브로노우스키Jacob Bronowski와 함께 런던에서 택시를 타고 가다가 이 용어를 언급한 적이 있다. 브로노우스키는 그의 저서 『인간 등정의 발자취 The Ascent of Man』에서 노이만과 나눴던 대화를 다음과 같이 소개했다.

　체스광이었던 나는 그에게 물었다. "그 게임이론이라는 게, 일종의 체스 같은 겁니까?" 그러자 노이만이 손사래를 치며 말했다. "아뇨, 전혀 아니에요. 일단 체스는 게임이 아닙니다. 그건 정확하게 정의된 계산의 한 형태일 뿐이죠. 플레이어가 둔하면 해답을 못 찾을 수도 있지만, 이론상으로는 어떤 위치에서건 올바른 답이 존재하니까요. 하지만 진짜 게임은 그렇지 않습니다. 실제 세상은 그런 식으로 돌아가지 않아요. 우리가 사는 현실 세계는 과장된 허풍과 소소한 기만전술, 그리고 '다른 사람은 내 행동을 어떻게 생각할까?'라는 자문自問 등으로 이루어져 있습니다. 이런 것이 바로 제가 생각하는 게임이론의 요소들이지요."[4]

현실 세계에서 일어나는 갈등을 이런 식으로 분석한 사람은 노이만이 처음이 아니었다. 현대 게임이론 교과서에는 노이만의 말대로 체스가 별다른 역할을 하지 않지만, 독일과 오스트리아-헝가리의 수학자들이 갈등의 심리학을 이론화하는 데 가장 큰 영감을 준 것은 '왕들의 게임'이었다. 노이만은 그런 수학자들 중 한 사람이었을 뿐이다. 그의 체스 실력은 그리 뛰어난 편이 아니었지만, 1925년에 취리히로 이사한 후 곧바로 도시에서 가장 유명한 체스클럽에 가입했다(세계에서 가장 오래된 클럽이기도 했다).[5]

내로라하는 체스 선수들 중 가장 유명한 사람은 아마도 1894년부터 27년 동안 세계 챔피언 타이틀을 보유했던 프러시아의 전설, 에마누엘 라스커Emanuel Lasker일 것이다. 하지만 그가 가장 좋아했던 것은 체스가 아니라 수학이었다. 라스커는 베를린과 하이델베르크, 그리고 괴팅겐에서 수학을 공부했고. 힐베르트는 그를 각별히 챙겨주었다. 그러나 힐베르트의 후원과 뛰어난 논문에도 불구하고, 유태인이었던 그는 독일에서 안정적인 일자리를 구하기가 어려웠기에, 졸업 후 한동안 맨체스터와 뉴올리언스에서 임시 강사직을 전전하다가 결국 수학을 우선순위에서 살짝 제쳐놓고 체스로 생계를 꾸리기 시작했다.

라스커는 교과서적인 수 대신 위험한 수를 남발하여 상대방을 혼란스럽게 만들었고, 체스계는 그의 무모한 공격 스타일에 대경실색했다. 사실 그가 중점을 둔 것은 체스 전략이 아니라 심리전이었다. 사람들은 그가 "체스를 두는 게 아니라 상대 선수를 '둔다'"며 혀를 내둘렀고,[6] 라스커는 "자신이 완벽하게 구사할 수 있는 전술에만 의존하면 시간이 흐를수록 상상력이 빈약해진다"고 경고했다.[7]

또한 라스커는 체스를 전쟁, 또는 경제와 사회생활 속의 투쟁에 비유하면서 "완벽한 전략이란 최소의 노력으로 우위를 점하는 것"이라고 했다.[8] 그가 1925년에 출간한 『체스 입문서Manual of Chess』의 마지막 장에는 수학을 이용하여 갈등을 해결하려는 그의 열망이 잘 나타나 있다. 라스커의 스승인 힐베르트는 당시 막강한 영향력을 행사했고, 수학의 공리 체계를 완성하겠다는 그의 꿈은 제자들의 마음속에 생생하게 살아 있었다. 라스커 역시 힐베르트의 영향을 받아 수학의 응용 범위를 넓히는 데 많은 관심을 갖고 있었다. 자연의 모든 것이 수학 법칙을 따르는데, 인간의 협동과 반목을 이론적으로 분석하지 못할 이유가 어디 있는가?

라스커는 『체스 입문서』에서 "경쟁의 원리를 설명하는 과학은 첫 단계에서 약간의 성공을 거두는 즉시 아무도 말릴 수 없을 정도로 빠르게 발전할 것"이라고 예측했다. "새로운 교육을 추구하는 기관이라면, 끔찍한 딜레탕티즘diletantism(학문이나 예술을 투철한 직업의식 없이 취미로 즐기려는 자세. 또는 그런 경향 - 옮긴이)으로부터 대중을 구하고 정치를 완전히 개혁하여 인류에게 진보와 평화를 가져다줄 수 있는 유능한 교사를 양성해야 한다. 그들의 궁극적인 역할은 합의에 도달할 수 있는 합리적인 방법을 제공하여 전쟁이라는 행위 자체를 무용지물로 만드는 것이다."[9] 일부 사람들은 게임이론이 냉소적인 마음의 산물이라고 주장한다. 그러나 이와 대조적으로 "수학은 평화를 유지하는 데 도움이 될 수 있다"는 순진한 희망에 매달리는 사람도 있다.

1925년에는 라스커의 원대한 꿈을 실현할 도구가 없었다. 그가 추구했던 '경쟁의 과학'은 다음 해 말이 되어서야 비로소 첫걸음을 내딛게 된다. 1926년 12월 7일, 노이만은 괴팅겐의 수학자들 앞에서 최대최소 정리minimax theorem를 증명했다. 이 내용을 담아 1928년에 출판한 논문 「응접실 게임의 이론적 분석On the Theory of Parlour Games」[10]에서, 노이만은 게임이론의 학문적 기반을 구축하고 사람들 사이의 협동과 갈등 관계를 수학적으로 분석했다.

"모든 인간은 완벽하게 합리적으로 사고한다"

노이만은 어린 시절부터 각종 게임과 장난감의 저변에 깔려 있는 과학적 원리에 관심이 많았다. 성인이 되어서도 그의 책상 위에는 비눗방울로 채워진 유리관과 팽이 등 온갖 잡동사니가 어지럽게 널려 있었다. 그의 딸 마리너는 말한다. "아버지는 유리관을 손으로 집어들고 한참 흔들다가 다시 책상 위에 올려놓고 한동안 물끄러미 바라보곤 했다. 물방울의 표면장력이 어떤 과정을 거쳐 엔트로피 법칙을 따르는지 눈으로 확인하고 싶었던 것이다. 또 팽이를 힘껏 돌린 후, 가운데 박힌 뾰족한 침이 최종적으로 도달하는 위치를 일일이 확인하면서 확률의 법칙을 분석하기도 했다. 만일 그때 레고Lego 블럭이 있었다면, 아버지는 레고로 컴퓨터를 만들었을 것이다."[11]

노이만은 헝가리의 동료 수학자들이 체스 전략을 수학적으로 분석한 논문을 작성할 때에도 자신의 수학적 직관을 발휘하여 그들을 성심껏 도와주었다. 그는 힐베르트의 제자답게 수학의 공리적 방법을 심리학 같은 모호한 과학에 적용하여 수학에 버금가는 명확한 과학으로 재구성하기를 원했다. 이런 그가 '게임의 수학적 분석'에 관심을 갖게 된 것은 너무도 당연한 일이었다.

최대최소 정리를 증명한 노이만의 논문은 게임의 전략을 가장 근본적인 단계에서 파헤치는 것으로 시작된다. 카드 게임 중 하나인 러미rummy[손에 든 카드를 조합하여 특정 배열(족보)을 만들어서 일찍 내려놓은 사람이 이기는 게임. 기본 규칙은 훌라hula와 비슷하다 – 옮긴이]를 예로 들어보자. 각 플레이어는 자기 차례가 돌아올 때마다 어떤 플레이를 할지 결정해야 하는데, 이 결정은 자신이 손에 들고 있는 카드와 이전 플레이어가 버린 카드에 따라 달라진다. 마땅한 카드가 없으면 덱deck(플레이어들에게 카드를 나눠주고 남은 카드 더미 – 옮긴이)에서 한 장을 가져오고 다음 플레이어에게 순서를 넘긴다. 이 와중에 누군가가 완전한 조합(족보)을 만들어서 들고 있는 카드를 모두 내려놓으면 게임이 종료되고, 다른 플레이어들은 손에 들고 있는 카드만큼 점수를 잃는다.

이 게임은 핵심 요소를 그대로 유지한 채 몇 종류의 사건으로 단순화할 수 있다. 그중에는 순전히 확률에 의존하는 사건도 있고(노이만은 이것을 '드로draw'라 불렀다), 플레이어의 자유의지에 따라 결정되는 사건도 있다(노이만의 정의에 따라 이런 사건을 '스텝step'이라 하자). 게임이 끝나면 긱 플레이어는 배당금(점수 또는 현금)을 받게 되는데, 그 액수는 경기 중 실행했던 드로와 스텝의 결과에 따라 달라진다. 이런 게임에서 최선의 결과를 얻으려면 어떤 전략을 구사해야 할까? 노이만의 설명은 다음과 같다. "모든 플레이어는 자신뿐만 아니라 다른 플레이어에게도 영향을 미친다. 게임 중에는 자신이 들고 있는 카드에만 온 정신을 쏟는다 해도, 그 결과는 결코 독립적일 수 없다(세상만사가 다 그렇다!). 그러므로 최선의 결과를 얻으려면 족보에 연연하지 말고 플레이어들끼리 주고받는 영향을 분석해야 한다."

어떤 플레이어도 자신이 얻을 점수를 마음대로 조절할 수 없다. 다른 플레이어들이 실행한 '드로'와 '스텝'의 결과를 결정할 수 없기 때문이다. 노이만은 "실행 가능한 전략과 배당금의 규모를 조절하면 확률이 게임에 미치는 영향을 설명할 수 있다"는 전제하에, 드로가 중요하지 않다는 것을 수학적으로 증명했다. 궁극적으로 러미 게임은 "각 플레이어가 매 순번마다 구사하는 단일 전략(사실상으론 게임이 진행되는 동안 구사하는 모든 전략의 집합체)"과 "각 플레이어의 선택의 결과로 주어진 최종 배당금(행운의 결과)"으로 간단하게 표현할 수 있다.

노이만은 설명이 길어지는 것을 피하기 위해, 플레이어가 단 두 명 뿐인 제로섬 게임zero-sum game(한쪽의 이득과 다른 쪽의 손실을 더하면 항상 0이 되는 게임-옮긴이)을 예로 들었다. "성공만으론 충분치 않다. 상대방이 실패해야 진정한 성공이다." 아일랜드의 소설가 아이리스 머독Iris Murdoch의 말이다. 노이만이 제로섬 게임을 떠올린 것도 한쪽의 이득이 필연적으로 다른 쪽의 손실을 초래하는 '완전한 갈등 상황'을 분석하려는 의도였다. 요즘 제로섬 게임이 일상적인 용어로 자리 잡은 것만 봐도, 노이만의 게임이론이 후대에 얼마나 큰 영향을 미쳤는지 짐작할 수 있을 것이다.

노이만의 논문에서 플레이어 S_1과 S_2는 상대방이 어떤 전략을 선택했는지 전혀 모르는 상태에서 자신만의 전략 x와 y를 선택한다. 게임이 종료된 후 S_1이 x와 y에 따라 결정된 배당금 g를 획득했다면, S_2는 g만큼 손실을 보게 된다. 왜냐하면 이 게임은 득과 실의 합이 항상 0인 제로섬 게임이기 때문이다. 노이만은 둘 사이에 벌어지는 경쟁을 팽팽한 줄다리기에 비유했다. "2인 경쟁 상황을 머릿속에 그리는 것은 별로 어렵지 않다. 지금 $g(x, y)$는 이 값을 최대화하려는 S_1과 최소화하려는 S_2에 의해 양방향으로 당겨지고 있다. 단, S_1이 조절할 수 있는 것은 x뿐이고 S_2가 조절할 수 있는 것은 y뿐이다. 자, 과연 어떤 일이 벌어질 것인가?"[12]

게임의 규칙을 조금 바꿔서, 두 사람이 상대방의 전략을 미리 알 수 있다고 가정해보자. 노이만의 게임이론에는 "모든 참가자는 완벽하게 합리적인 사고를 한다"는 가정이 깔려 있다(웬 멍청이가 바보짓을 해서 논리의 흐름을 망치는 불상사까지는 고려하지 않겠다는 뜻이다. 그러나 현실에서는 이런 일이 꽤 자주 발생한다-옮긴이).[13] S_2의 입장에서 가장 합리적인 전략은 S_1에게 돌아갈 이득을 최소한으로 줄이는 것이다. 그러나 S_1도 잔인할 정도로 합리적인 사람인 데다 S_2의 욕심이 하늘을 찌른다는 것도 잘 알고 있기 때문에 자신에게 돌아올 이익(g)을 극대화하기 위해 최선을 다할 것이다. 또한 S_2는 이에 질세라 자신의 손실(g)을 줄이기 위해 안간힘을 쓸 것이다. 이런 경우 S_2가 "자신이 입을 수 있는 손실의 최대치를 최소화하기 위해" 펼치는 전략이 바로 '최대최소 전략'이다. 상대방이 무조건 최악의 상태에 빠지기를 바라는 살벌한 세상이라면, S_2에게는 이것이 최선이다. 그리고 이런 상황에서 S_1이 펼칠 수 있는 최선의 전략은 "상대방은 반드시 가져야 할 최소한의 이득을 필사적으로 지킨다"는 가정하에 자신의 이득을 최대화하는 것인데, 이것을 '최대전략maximum strategy'이라 한다. 노이만은 그의 논문에서 2인 제로섬 게임과 유사한 모든 게임에 '해답'이 존재한다는 것을 증명했다. 오직 자신만을 위해 합리적인 선택만 하는 적을 대상으로 최선의 이득을 거두는 전략을 찾은 것이다.

2인 제로섬 게임의 간단한 사례로 '케이크 자르기'라는 문제가 있다. 시장에서 돌아온 어머니가 케이크를 사왔는데, 욕심 많은 두 남매 톰과 메리가 서로 많이 먹겠다며 경쟁을 벌인다. 보다 못한 어머니는 한 가지 묘안을 떠올렸다. "케이크를 자를 권리는 톰한테 주고, 둘 중 하나를 먼저 고를 권리는 메리한테 줄게. 그러면 되겠지?" 톰이 게임이론에서 요구하는 대로 합리적인 생각을 할 줄 안다면, 칼질을 할 때 가능한 한 두 조각의 크기가 같아지도록 최선을 다할 것이다. 크기가 다르면 둘 중 큰 조각을 메리가 덥석 집을 것이 불을 보듯 뻔하기 때문이다. 그러므로 톰은 메리가 선택하지 않은 '작은 조각'이 '가능한 한 크도록' 잘라야 한다. 즉 케이크 조각의 최소량을 최대화해야 하는 것이다. 이 경우 메리의 최대최소 전략은 자명하다. 그냥 두 조각 중에서 큰 것을 선택하면 된다.

'케이크 자르기' 게임에서는 최대최소 전략과 최대 전략이 서로 일치한다. 양보할 마음이 손톱만큼도 없는 똑똑한 남매가 대치한 상황에서, 자르는 사람과 고르는 사람 모두 만족할 수 있는 최선의 결과는 케이크를 정확하게 반으로 자르고, 남은 부스러기도 똑같이 반으로 나누는 것이다. 이때 톰과 메리가 서로 합의한 지점을 '안장점 saddle point'이라 한다. 말 안장을 가로로 자르면 가운데가 가장 높은 지점인데, 세로로 자르면 가운데가 가장 낮은 지점이기 때문이다. 즉 안장의 가운데는 최대점이면서 동시에 최소점이기도 하다.

대부분의 2인 제로섬 게임은 케이크 자르기보다 훨씬 복잡하며, 개중에는 안장점이 없는 게임도 있다. 노이만이 증명한 것은 위의 사례처럼 자명한 경우가 아니다. 게임이론의 선구자 중 한 사람인 프랑스의 수학자 에밀 보렐Émil Borel은 2인 제로섬 게임에 일반해 general solution가 존재하지 않는다고 결론지었다.[14] 그는 1920년대 초에 게임이론을 주제로 여러 편의 논문을 발표했는데, 그가 정의한 '최선의 전략(완벽하게 합리적인 게이머가 상대방을 이기거나, 지더라도 손실을 최소화하는 전략)'은 노이만과 크게 다르지 않다. 보렐은 구사할 수 있는 전략이 2개, 또는 5개밖에 없는 2인 게임에서 최선의 해답을 알아냈지만, 모든 2인 게임에 이상적인 해가 존재한다는 주장에는 다소 회의적인 반응을 보였다.

보렐의 논문은 모리스 프레셰Maurice Fréchet가 미국의 수학자 레너드 새비지Leonard Savage의 도움을 받아 영어 번역본을 출간한 후부터 널리 알려지기 시작했는데,[15] 이 번역본에 첨부된 해설서에서 프레

셰는 보렐이 게임이론의 창시자라고 주장했다.[16]

노이만은 프레셰의 글을 읽고 몹시 분노했다. 일단 새비지의 증언을 들어보자. "어느 날 노이만의 전화를 받았는데, 아마 로스앨러모스에서 걸었을 겁니다. 화가 머리끝까지 났더군요. 얼마 후 그는 보렐의 논문에 대한 비평을 영어로 발표했습니다. 물론 감정이 섞인 글은 아니었어요. 비난하는 글을 점잖게, 매너 있게 쓰는 것이 노이만의 주특기였으니까요." 조지 버코프와 쿠르트 괴델에게 뒤통수를 세게 얻어맞았던 그였기에, 게임이론의 창시자라는 타이틀만은 포기할 생각이 없었다. 사실 노이만은 게임이론의 해를 유도할 때 보렐이 논문을 썼다는 사실조차 모르고 있었다. 만일 알았다면 크게 낙담하여 논문 발표를 포기했을지도 모른다.[17] 보렐의 논문을 비평했다는 노이만의 글을 조금만 읽어보자. "문제가 되는 그 기간에, 나는 최대최소 정리가 증명되지 않는 한 게임이론과 관련된 어떤 논문도 발표할 가치가 없다고 생각했다. 내가 아는 한, 이 정리에 기초하지 않고서는 게임과 관련된 어떤 이론도 존재할 수 없다. 보렐은 최대최소 정리가 틀렸다는 가정하에 제로섬 게임의 일반해가 존재하지 않는다고 판단한 것 같다."

지금도 프랑스를 제외한 대부분의 나라에서는 노이만의 1928년 논문을 게임이론의 초석으로 인정하고 있다. 이 논문에서 노이만이 제시한 증명의 핵심은 '혼합전략mixed strategies'인데, 나중에 그가 이 개념을 설명하기 위해 도입한 2인 제로섬 게임이 바로 '동전 짝맞추기Matching Pennies' 게임이다. 동전을 하나씩 가진 두 사람이 각자 자신의 동전을 왼손 손바닥 위에 올려놓고, 상대방 눈에 안 보이도록 오른손으로 덮어서 가린다. 동전은 앞면 아니면 뒷면이 위를 향하고 있지만 상대방은 전혀 모르는 상태이다(물론 본인은 알고 있다-옮긴이). 이제 두 사람이 오른손을 동시에 치워서 두 동전의 상태(앞면 또는 뒷면)가 같으면 한쪽이 동전을 모두 갖고, 상태가 다르면 다른 쪽이 모두 갖는다. 이 게임에는 안장점이 없다. 상대방 동전의 상태를 알기 전에 자신의 이익을 극대화하는 '최선의 전략'이라는 것이 존재하지 않기 때문이다. 그러나 이 게임을 하도록 강요받은 사람이 지루함을 이기지 못하고 도중에 그만두는 경우를 제외한다면, 동전 짝맞추기 게임에는 명백한 '승리 전략'이 있다. 매 게임마다 동전의 상태를 무작위로 바꾸는 것이다. 이런 식으로 '혼합전략'을 펼치면 게임 횟수가 충분히 많아졌을 때 무승부가 보장된다. 만일 당신이 매번 똑같이 동전의 앞면(또는 뒷면)만 선택하는 '단순전략pure strategy'을 고수한다면, 눈치 빠른 상대방이 이 사실을 간파하고 당신의 동전을 거덜 내는 수가 있다.

노이만의 유일한 박사학위 과정 제자였던 이즈라엘 핼퍼린Israel Halperin은 노이만을 '마법사'라고 불렀다. "그는 대수학이건 기하학이건 또는 그 무엇이건 간에, 한번 손에 들어오면 무조건 논리적인 결론을 이끌어내야 직성이 풀리는 사람이었다. 다른 사람들과 확실하게 구별되도록 자신을 부각시키는 그만의 방법이 있었던 것 같다."[18] 헝가리의 수학자 로자 피터Rózsa Péter의 평가는 훨씬 파격적이다. "대부분의 수학자들은 증명이 가능한 것을 증명하는데, 노이만은 자신이 원하는 것을 증명했다."[19]

최대최소 정리에 대한 노이만의 증명이 바로 이런 경우에 속한다.

그는 모든 2인 제로섬 게임에서 단순전략 또는 혼합전략에 해당하는 해가 항상 존재한다는 것을 증명하기 위해, 복잡하기 그지없는 대수학적 논리를 무려 6페이지에 걸쳐 불도저처럼 밀고 나갔다.

우리에게 친숙한 대부분의 게임에서 한 플레이어가 이기려면 혼합전략을 구사해야 한다. 이 세상 모든 타짜들이 알고 있듯이, 예측 불가능한 요소는 상대방을 혼란스럽게 만든다. 자신의 논문에 담긴 의미를 누구보다 깊이 이해했던 노이만은 다음과 같은 설명으로 화려한 피날레를 장식했다. "수학을 통해 내려진 결론과 경험적 사실(예를 들면 포커에서 적절한 블러핑bluffing이 효과적이라는 사실)이 일치한다는 것은 우리의 이론이 이미 실험적으로 검증되었음을 보여주는 확실한 증거이다."

모든 사건은 게임이다

오늘날 게임이론은 경제학의 한 분야로 널리 알려져 있지만, 노이만의 1928년 논문에는 둘 사이의 연결고리가 서운할 정도로 간략하게 언급되어 있다. "어떤 일이건 간에, 각 참가자들에게 미치는 영향에 주안점을 두고 바라본다면 모든 사건은 전략 게임으로 간주할 수 있다." 노이만은 참가자들 사이에 오가는 상호작용을 '고전 경제학의 핵심 문제'로 간주했다. "이 세상에 오로지 자기 자신밖에 모르는 '호모 이코노미쿠스homo economicus'는 주어진 외부 환경에 어떻게 반응할 것인가?"

그 후로 노이만은 10년이 넘도록 이 분야를 다시 들여다보지 않았고, 게임이론도 더 이상 아무런 진전이 없었다. 그 사이에 노이만은 다른 각도에서 경제학을 분석했는데, 그 출발점은 1932년에 프린스턴에서 "특정 경제 방정식과 브라우어의 고정점 정리의 일반화에 관하여On Certain Equations of Economics and a Generalization of Brouwer's Fixed-Point Theorem"라는 제목으로 진행된 그의 세미나였다. 이 자리에서 노이만은 강의 노트도 없이 즉석에서 독일어로 강연을 했지만, 참가자들은 대체로 그의 말을 알아듣는 분위기였다. 그러나 말을 속사포처럼 쏘아대면서 청중들이 미처 따라오기도 전에 칠판에 빼곡하게 적은 설명을 사정없이 지워버리는 바람에, 노이만의 설명을 즉석에서 이해하는 사람은 거의 없었다. 그로부터 4년 후에 빈 대학교에서 동일한 주제로 강연 요청이 들어왔고, 노이만은 제대로 된 강의 노트를 준비했다. 9페이지에 걸쳐 글자와 문자가 빼곡하게 들어찬 이 노트는 1937년에 연구회의록proceedings으로 출판되었으며,[20] 노이만의 친구인 헝가리의 경제학자 니콜라스 칼도르Nicholas Kaldor(나중에 배런 칼도르Baron Kaldor로 개명했다)의 도움을 받아 1945년에 영문판으로 출간되었다.[21] 훗날 칼도르는 이렇게 말했다. "조니(노이만)가 출간에 동의했습니다. 사실 그는 당시 하던 일에 완전히 빠져 있었기 때문에, 자신이 나서서 해야 할 일을 제가 대신해줬다며 매우 고마워했지요. 자신의 이론이 세상에 알려지게 된 것도 그에게는 좋은 일이었습니다. 그때 노이만을 사로잡았던 일은 아마도 컴퓨터였을 겁니다."[22] 노이만은 로스앨러모스에서 바쁜 일정을 보내는 와중에도 잊지 않고 칼도르에게 교정본을 보내주었다.

오늘날 '확장경제모형Expanding Economic Model'으로 알려진 그의 경제 이론은 생산과 소비, 그리고 퇴화가 반복되면서 경제가 '동적 평형dynamic equilibrium'을 향해 나아가고, 이 과정에서 경제가 '자연스럽게' 최대 성장률에 도달한다는 것을 골자로 하고 있다. 이 모형에 의하면 경제가 평형에 도달했을 때 모든 상품은 최저가에 최대량으로 생산된다. 과거의 경제 모형은 평형점이 존재한다는 것을 아무런 증명 없이 그냥 가정하고 넘어갔다. 그러나 노이만은 "(예를 들어) 노동력을 무한히 공급할 수 있고 생활비를 초과한 수입은 모두 재투자된다"는 가정을 포함한 일련의 경제적 공리에서 출발하여 평형점이 나타난다는 것을 성공적으로 증명했다.

노이만의 증명은 네덜란드의 수학자 베르투스 브라우어Bertus Brouwer가 개발한 위상수학topology에 기초한 것이다. 브라우어는 평소 '직관주의intuitionism'를 주장하며 힐베르트를 무던히도 괴롭혔던 사람인데, 그가 증명한 '고정점 정리'에 의하면 특정 함수의 경우 함수에 입력된 숫자와 그 출력에 해당하는 함숫값이 같은 경우가 적어도 하나 이상 존재한다. 이런 함수를 직교좌표에 그래프로 그렸을 때, 고정점에서는 x와 y의 값이 같다.[23]

노이만이 참고했던 브라우어의 위상수학 증명을 시각화하는 한 가지 방법은 같은 지역이 그려져 있으면서 축척만 다른 2개의 지도를 포개는 것이다. 작은 지도가 큰 지도 안에 들어가는 한, 두 지도를 포개놓고 적당한 위치에 핀을 꽂았을 때, 핀으로 뚫린 지점이 두 지도상에서 동일한 지점인 경우가 적어도 하나 이상 존재한다. 이것은 둘 중 하나의 지도를 임의의 방향으로 회전시켜도 항상 성립한다.

베르투스 브라우어의 고정점 정리.
축척이 작은 지도를 큰 지도 위에 올려놓으면 한 지점이
두 지도상에서 동일한 지점을 가리키는 경우가 적어도 하나 이상 존재한다.

노이만은 자신이 제안한 모형이 실물경제의 자세한 시뮬레이션이 아니라 대략적인 비유일 뿐이라고 했다. 경제에 대한 연구가 세부사항을 다룰 수 있을 정도로 충분히 발달하지 않았다고 느꼈기 때문이다. 그는 1956년에 발표한 논문에서 자신의 의견을 다음과 같이 피력했다.

> 자연과학은 천년도 넘은 과거에 최초의 중요한 진보가 이루어졌다. … 경제과학도 다른 분야보다 빠르게 발전한 편이다. 그러나 기본적인 개념과 유용한 아이디어가 개발되려면 아직도 많은 연구가 이루어져야 한다.[24]

노이만은 사무적인 대외 관계(외교)에 능한 사람이 아니었다. 그는 1947년에 가까운 친구와 당대에 발표된 가장 유명한 경제학 논문에 대해 이야기를 주고받다가 속마음을 솔직하게 털어놓았다. "만일 이 논문이 수백 년 후에 발견된다면, 발견자들은 그것이 1900년대 중반에 쓰여진 논문이라는 걸 믿지 못할 거야. 뉴턴 시대에 출간된 논문으로 생각할 거라고. 지금 경제학에서 사용하는 수학이 그 시대의 수학이거든. 물리학 같은 과학과 비교하면 경제학은 수백만 킬로미터쯤 뒤처진 것 같아."[25]

대부분의 경제학자들은 영어로 번역된 노이만의 논문을 제대로 이해하지 못했다. 이 분야의 노학자들은 듣도 보도 못한 위상수학의 정리로 경제학의 중요한 부분을 침범했다면서 노이만의 논문을 "기괴한 수학적 취향의 산물"로 취급했고, 개중에는 "노이만이 최저임금으로 노동력을 착취하는 노예경제를 옹호한다"고 비난하는 사람도 있었다. 그러나 이것은 사실이 아니다. 노이만의 논문의 핵심은 가파른 임금 상승이 경제 성장을 둔화시켜서, 장기적으로 임금 하락을 초래한다는 것이었다. 또 다른 경제학자들은 노이만의 경제 모형 중 일부가 비현실적임을 지적했다. 노이만의 논문을 이해했던 영국의 수리경제학자 데이비드 챔퍼나운David Champernowne은 "경제학 이론에서도 고도로 일반화된 문제임에도 불구하고 우아한 수학적 해를 찾아냈다"고 칭찬하면서도, "원하는 결과를 유도하기 위해 지나치게 인위적인 가정을 내세웠다"며 일침을 놓았다.

경제학자들의 냉담한 반응에도 불구하고, 노이만의 '일반적 경제 균형의 모형A Model of General Economic Equilibrium'은 경제학계에 일대 혁명을 불러일으켰다. 노이만의 논문에 자극받은 수학자들은 너나 할 것 없이 경제 분야로 뛰어들어 암울했던 과학에 새로운 방법을 적용하기 시작했고, 1950년대에는 고정점 정리로부터 경제학의 핵심적 결과가 줄줄이 증명되었다. 드디어 수리경제학의 시대가 열린 것이다. 노이만의 영향을 받아 이 분야에 투신해서 노벨상을 받은 사람은 무려 여섯 명이나 되는데,[26] 케니스 애로Kenneth Arrow와 제라르 드브뢰Gérard Debreu는 자유시장경제의 거동을 모형화한 일반균형이론으로 각각 1972년과 1983년에 노벨 경제학상을 받았고, 영화 〈뷰티풀 마인드Beautiful Mind〉의 주인공으로 유명한 존 내시John Nash도 노이만의 경제 이론을 발전시킨 내시 균형Nash Equilibrium의 개념을 정립하여 1994년에 노벨 경제학상을 수상했다. 노이만이 프린스턴에서 세미나를 하고 거의 반세기가 지난 후, 미국의 역사학자 로이 와인트라웁Roy Weintraub은 노이만의 논문을 수리경제학 역사상 가장 중요한 업적으로 평가했다.[27]

그러나 항상 그래왔듯이, 노이만은 누군가가 자신의 업적을 깨닫기 한참 전에 거침없이 앞으로 나아갔다. 자신의 논문이 영어로 번역되기 1년 전에, 그는 사회과학의 새로운 지평을 열었고 1950년대부터 오늘날까지 정치-경제의 의사결정에 지대한 영향을 미쳐온 최고의 명저 『게임이론과 경제 행위Theory of Games and Economic Behavior』를 출간했다. 1928년에 최대최소 정리를 증명한 후 노이만이 다시 게임이론으로 돌아오는 데 중요한 역할을 한 사람은 그의 가까운 독일인 친구이자 경제학자인 오스카 모르겐슈테른Oskar Morgenstern이었다 (모르겐슈테른은 이 책의 공동 저자이다-옮긴이).

모르겐슈테른과 폰 노이만

모르겐슈테른은 참으로 유별난 사람이었다. 커다란 키에 다소 오만한 성격의 소유자였던 그는 항상 깔끔한 정장 차림에 자동차 대신 말을 타고 프린스턴 거리를 누비고 다녔다. 1902년 1월 24일에 독일의 괴를리츠에서 태어난 그는 프러시아의 슐레지엔 지방에서 어린 시절을 보낸 후 오스트리아에서 교육을 받았다. 어머니가 독일 황제 프리드리히 3세Frederick III의 사생아라는 사실을 자랑스럽게 여겼던 그는 미국으로 이주한 후에도 할아버지 황제의 초상화를 거실에 항

상 걸어두었다고 한다.[28]

모르겐슈테른은 학창 시절에 친구들의 영향을 받아 열성적인 민족주의자가 되었다. 이 무렵에 그가 친구에게 쓴 편지를 보면 섬뜩한 느낌마저 든다. "독일 국민이 없었다면 이 세상이 어떻게 되었을지 상상해봐. 건전한 사상을 침해하는 잡종들은 무력을 동원해서라도 쓸어버려야 해!"[29]

모르겐슈테른은 그다지 뛰어난 수학자가 아니었으며, 빈 대학교에서 정치과학 학위 과정을 이수하는 동안에도 따로 수학을 공부한 적은 없다. 처음에 그는 학생들 사이에서 선풍적 인기를 끌었던 보수적 사상가 오트마르 스판Othmar Spann의 강의에 완전히 매료되었다. 스판은 "자본주의적 민주주의 사회에서 억압받는 대중들은 결국 사회주의 정권을 지지할 것"이라고 주장하여 유럽의 파시스트fascist(국수주의자)들에게 절대적인 지지를 받았고, 그 역시 히틀러를 찬양하다가 나치당원이 되었다.

그러나 얼마 후 모르겐슈테른은 오스트리아학파의 유태인 경제학자 루트비히 폰 미제스Ludwig von Mises가 주장하는 고전적 자유주의에 심취하면서 스판의 사상으로부터 멀어지게 된다. 자유시장경제의 잠재력을 믿었던 미제스는 대부분이 좌익 진보주의자였던 유태인 교수들의 심기를 자극하여 종신교수직을 얻지 못했지만, 여전히 막강한 영향력을 발휘하고 있었다.

미제스가 개최한 비공개 세미나에 모여든 사람 중에는 훗날 노벨상을 수상한 오스트리아 태생 영국인 경제학자 프리드리히 하이에크Friedrich Hayek도 있었다. 사회주의와 중심계획central planning(소련 경제를 모델로 한 사회주의 국가의 중앙집중식 경제 계획 – 옮긴이)을 향한 하이에크의 통렬한 비판은 마거릿 대처Margaret Thatcher와 로널드 레이건Ronald Reagan처럼 자유경제를 지지하는 정치 지도자들에게 뚜렷한 사명감을 심어주었고, 심지어 칠레의 독재자 아우구스토 피노체트Augusto Pinochet도 그의 영향을 받았다. 모르겐슈테른도 여러 해에 걸쳐 미제스의 세미나에 참석했는데, 그의 일기장에는 이런 글이 적혀 있다. "세미나에 참석한 여덟 명 중 순수 아리아인은 나밖에 없다. 몹시 불편하다. 게다가 토론 중에 제멋대로 끼어드는 오만방자한 유태인들, 정말 짜증난다."[30]

　　1925년, 23세의 모르겐슈테른은 박사학위 논문을 제출했다. 논문을 심사했던 교수들은 그의 명쾌하고 뚜렷한 논지에 깊은 감명을 받아 록펠러 재단의 후원을 받도록 연결해주었고, 모르겐슈테른은 그 후 3년 동안 영국과 미국, 프랑스, 이탈리아 등지를 여행하며 견문을 넓혔다. 특히 영국을 방문했을 때 만났던 옥스퍼드 대학교의 저명한 통계학자 프랜시스 에지워스Francis Edgeworth(그는 모르겐슈테른을 만나기 직전에 정치경제학과 드러먼드 석좌교수직에서 은퇴했다)에게 깊은 감명을 받고 오랫동안 무관심해왔던 수학을 새로운 눈으로 바라보게 되었다. 다음 해에 에지워스가 세상을 떠난 후, 모르겐슈테른은 다음과 같은 글을 남겼다. "독일의 젊은 경제학자들은 새로운 토대 위에서 새로운 방법으로 문제에 접근해야 한다고 믿고 있다. 그러나 영국은 다른 어떤 나라보다 수학의 활용도가 높다. 경제학에 한쪽 발만 어설프게 걸치고 있는 딜레탕트(아마추어)에게는 생소한 환경이 아닐 수 없다."

모르겐슈테른은 연구 지원을 받는 동안 경기 순환의 원리를 깊이 파고들었다. 하버드 대학교와 컬럼비아 대학교의 전문가들과 일하면서 의무연구 기간을 마친 그는 이 문제를 주제로 교수 자격 논문을 제출하여 종신교수 자격을 얻게 된다. 당시 미국의 교수들은 '경기 침체의 사전 예측'이라는 원대한 목표 아래 각종 경제 관련 통계자료에 기초하여 호황과 불황의 차이를 분석하고 있었다. 그러나 수학적 사고에 어느 정도 익숙해진 모르겐슈테른은 1928년에 발표한 논문을 통해 경기를 예측하는 것이 원리적으로 불가능하다고 주장했고, 평론가들은 학계의 시류를 거스르는 그의 논문에 부정적인 반응을 보였다. 한 평론가는 "저자가 밝혔듯이 논문의 취지는 알겠는데, 아무리 봐도 무슨 풍자소설 같다"고 했다. 그런데 다음 해에 월스트리트에서 주가 폭락 사태가 발생했고, 떨어지는 주가만큼이나 모르겐슈테른의 인지도는 하루가 다르게 높아졌다.

모르겐슈테른의 요지는 경기 예측이 기업과 대중들에게 영향을 미치고, 이들의 집단적 반응이 그 예측을 빗나가게 만든다는 것이었다. 정부 당국에서 이런 사태를 예상하고 다른 예측을 내놓으면 똑같은 이유로 또다시 빗나간다. 모르겐슈테른은 이처럼 예측과 반예측이 반복되는 순환 과정의 사례를 아서 코넌 도일Arthur Conan Doyle의 소설 『마지막 사건The Final Problem』에서 발견했다.

여기, 꽤 적절하면서도 흥미로운 비유가 있다. 숙적 모리어티 교수에게 쫓기던 셜록 홈스는 런던에서 도버로 가는 기차에 올라탄다. 이 기차는 중간의 다른 역에도 정차하는 완행열차였는데, 홈스는 도버까지

가지 않고 도중에 내린다. 기차를 타기 전에 런던 빅토리아역에서 모리어티 교수를 봤던데, 똑똑한 그가 급행열차를 타고 도버에 먼저 도착하여 자신을 기다릴 것이라고 생각했기 때문이다. 소설에서는 홈스의 판단이 옳았다. 하지만 모리이디 교수가 홈스보다 똑똑해서 홈스가 도중에 내릴 것을 미리 예측했다면 어떻게 될까? 이런 경우라면 모리어티 교수도 당연히 도중에 내릴 것이다(달리는 급행열차에서 뛰어내리면 몸이 성할 리 없지만, 모리어티는 악당이니까 웬지 끄떡없을 것 같다 - 옮긴이). 그런데 너무나 똑똑해서 이런 경우까지 예측한 홈스는 도중에 내리지 않고 도버까지 갔고, 또 이것을 예측한 모리어티 교수도 도버까지 갔다. 그러나 이것마저 예측한 홈스는 도중에 내리기로 했고, 또 이것을 예측한 모리어티 교수는 … 이런 식으로 계속 맴돌다 보면 결국 "아무런 행동도 취하지 않는 게 낫다"는 결론에 도달하게 된다. 결국 두 사람은 생각을 너무 많이 하다가 기차를 타지 못하고, 둘 중 조금이라도 덜 똑똑한 사람이 빅토리아역에서 상대방에게 잡힐 것이다. 이와 비슷한 사례는 우리 주변에서 흔히 볼 수 있는데, 대표적 사례가 바로 체스이다. 단, 체스는 복잡한 규칙에 따라 진행되기 때문에 상황이 훨씬 복잡하다.[31]

모르겐슈테른은 이 수수께끼에 대해 글을 계속 써 내려가면서 경제 이론에 내재된 '무한 회귀'를 설명하지 못하는 학자들을 비난했지만 정작 자신도 답을 찾지 못했다. 그 후 1930년대 중반에 이와 관련된 주제로 연구 결과를 발표하는 자리에서 한 수학자로부터 의외의 소식을 들었다. 1928년에 게임이론 논문을 발표한 노이만이라는 수학자가 바로 이 문제를 다뤘다는 것이다.[32] 모르겐슈테른은 귀가

솔깃했지만 직접 찾아볼 정도로 관심이 끌리진 않았다. 그는 1928
년부터 하이에크와 함께 빈에 있는 오스트리아 경기변동연구소Trade
Cycle Institute의 공동 소장직을 맡고 있었는데, 하이에크는 1931년에
런던경제학교로 자리를 옮겼다.

1938년 1월, 모르겐슈테른은 카네기 국제평화재단으로부터 한동
안 미국에서 강의를 해달라는 요청을 받았다. 좋은 기회라고 생각한
그는 자신이 자리를 비운 동안 직무를 대신 맡아줄 사람으로 라인하
르트 카미츠Reinhard Kamitz를 추천했다. 그런데 독일군이 빈으로 입성
했던 3월 12일에 카미츠는 나치 정복을 차려입은 모습으로 연구소
에 나타났고(전쟁이 끝난 후 그는 오스트리아의 재무장관이 되었다), 연구소
이사회는 참을 수 없는 정치적 모독이라며 모르겐슈테른을 해고했
다. 나치의 독일-오스트리아 합병 선언이 모르겐슈테른의 반유대
주의적 사고에 제동을 걸었는지, 1938년 이후로 그의 일기에는 유
태인을 비난하는 글이 눈에 띄게 줄어들었다. 그러나 오스트리아에
거주하는 그의 가족들은 나치 당원들에게 자신의 조상이 아리안족
임을 증명해야 했다(확실하게 증명하려면 거의 500년 전까지 거슬러 올라가
야 한다).

미국에서 강의 중이던 모르겐슈테른은 자신이 게슈타포Gestapo(나
치 비밀경찰)의 블랙리스트에 올랐다는 소식을 전해 듣고(아마도 연구
소 임용에서 탈락한 카미츠의 복수였을 것이다) 오스트리아로 돌아가지 않
기로 결심했다. 다행히 미국의 여러 대학에서 교수직을 제안해왔는
데, 그는 프린스턴 대학교의 강사직을 택했다. 그 근처의 프린스턴
고등연구소에 노이만이 있었기 때문이기도 했고, 강사직을 교두보

로 삼아 월급을 두 배로 받으면서 연구에만 전념할 수 있는 고등연구소로 옮겨갈 가능성도 있었기 때문이다.[33] 어느 날 그는 일기장 한 구석에 낙서처럼 휘갈겨놓았다. "고등연구소로 갈 수만 있다면 얼마나 좋을까…".[34]

프린스턴에 도착한 모르겐슈테른은 5년 전에 아인슈타인이 했던

모르겐슈테른(왼쪽)과 존 폰 노이만.

말이 과장이 아니었음을 금방 알 수 있었다. "프린스턴은 조그만 반신반인半神半人들이 죽마를 타고 돌아다니는, 아주 희한하면서도 격식을 갖춘 마을입니다."[35] 그는 곧바로 열다섯 살 연하의 빨간 머리 은행원 도러시 영Dorothy Young과 결혼하여 점잖은 동네에 파문을 일으켰고, 그해 학기가 끝난 직후에 드디어 노이만을 만날 수 있었다. 여기서 잠시 모르겐슈테른의 이야기를 들어보자.

노이만을 처음 만난 곳이 어디였는지 기억에 없지만, 두 번째로 만난 장소는 확실하게 기억난다. 신기한 것은 노이만도 나와 똑같다는 점이다. 1939년 2월 1일, 나는 낫소클럽Nassau Club(프린스턴에 있는 교수들을 위한 사교클럽 - 옮긴이)에서 닐스 보어와 오스왈드 베블런 등 쟁쟁한 인사들을 코앞에 앉혀놓고 오찬 세미나를 했다. 세미나가 끝난 후 노이만과 보어는 나를 파인홀의 티타임에 초대했고, 우리는 그곳에서 몇 시간 동안 대화를 나누었다. 그때 노이만과 처음으로 게임이론에 대해 열띤 토론을 벌였는데, 보어가 옆에 있었기에 더욱 뜻 깊은 시간이었다. 물론 보어는 "관찰자에 의한 물리계의 교란"을 연구하여 양자역학의 토대를 닦은 당대 최고의 물리학자였다.[36]

보어는 물리학자답게 경제 행위자들 사이의 상호작용에 의한 교란과 파동함수의 붕괴를 초래하는 물리적 교란 사이의 유사성을 지적했고, 노이만은 완전히 다른 분야를 기발하게 하나로 엮으면서 듣는 사람을 즐겁게 해주었다.

모르겐슈테른은 고등연구소의 교수들, 특히 물리학자와 수학자들의 환심을 사기 위해 백방으로 노력하면서도 간간이 사소한 불평을 늘어놓았다. "프린스턴에는 생기가 없어, 완전 촌구석이라니까!"[37] 결국 그는 노이만과 가까운 친구가 되었지만, 고등연구소의 멤버가 되겠다는 꿈만은 끝내 이루지 못하고 1970년에 은퇴했다.

『게임이론』, 수학으로 세상을 보다

당대 최고의 수학자에게 인정받기를 간절히 원했던 모르겐슈테른은 수시로 노이만을 찾아가 자신의 이론에 대한 그의 의견을 물었고, 노이만이 경제학자를 비난할 때마다 동질감을 느끼며 맞장구를 쳤다. "노이만과 대화를 나누면 새로운 사고를 하게 된다" 그가 일기장에 썼던 말인데,[38] 구체적인 설명이 없어서 그 새로운 사고가 무엇을 뜻하는지는 알 길이 없다. "나는 노이만이 하는 말을 즉석에서 이해하고, 반드시 필요한 개념이라는 데 100퍼센트 동의했다. 그런데 그와 헤어지고 나면 아무것도 생각나지 않는다. 이 모든 것은 나의 수학 실력이 부족하기 때문이다. 정말 슬픈 현실이다."[39]

얼마 후 두 사람은 각자의 연구 주제를 서로 비교하다가 공통점을 발견했다. 알고 보니 모르겐슈테른의 '풀 수 없는 문제(같은 논리가 반복되면서 영원히 끝나지 않는 문제)'는 노이만의 게임이론으로 다룰 수 있는 문제였다. 수백만 명의 사람들이 남을 조금도 배려하지 않고 오직 자신의 이익만 추구하면서 경제 활동을 하고 있을 때, 이로부터 초래되는 결과를 부분적으로나마 예측할 수 있을까? 만일 이것이 가능하다면 예측과 반예측의 끝없는 순환은 "모든 참가자들이 펼치는 최선의 전략의 집합"으로 수렴하도록 만들 수 있다.

생각이 여기에 이르자 게임이론을 향한 노이만의 투지가 다시 불타오르기 시작했다. 사실 그는 과거에 2인 게임 문제의 완벽한 해답을 알아낸 장본인이 아니었던가. 앞서 언급했던 '케이크 자르기' 사례에서는 결과를 예측한다 해도 남매의 전략은 달라지지 않는다. 노이만은 자신의 이론을 "플레이어가 세 명 이상인 일반적인 경우"로 확장하는 작업에 착수했다. 캐나다의 수학자이자 열성적 사회활동가였던 이즈라엘 핼퍼린은 1940년 여름에 일주일에 몇 번씩 노이만을 찾아와 자문을 구했는데, 당시 그는 게임이론에 지나치게 몰두하여 다른 사람을 챙길 여유가 없었다. "우리의 대화는 한 번 불이 붙으면 90분 동안 쉬지 않고 이어졌다. 가끔은 노이만이 대화 도중에 의자에서 벌떡 일어나 갈색 눈으로 허공을 바라보며 알아들을 수 없는 말을 빠르게 웅얼대곤 했는데, 그럴 땐 도저히 그를 방해할 수 없었다. 내가 아니라 어느 누구라도 마찬가지였을 것이다."[40]

모르겐슈테른도 경제학자들에게 게임이론을 소개하는 논문을 쓰기 시작했고, 노이만이 공동 집필을 제안했을 때에는 세상을 다 얻은 듯 기뻐했다. 1941년 7월 12일, 그는 일기장에 다음과 같이 적어놓았다. "드디어 노이만과 함께 게임이론 논문을 쓰기로 했다. 이 얼마나 신나는 일인가! 9월 전에 끝낼 수 있을 것 같다."[41] 그는 논문의 분량이 100페이지쯤 될 것으로 예상했지만, 정작 발을 들여놓고 보니 말 그대로 장난이 아니었다. 게다가 당시 노이만은 수시로 미군 고위 장성들의 부름을 받고 온 나라를 정신없이 돌아다니던 중이었다. 클라라의 증언에 의하면 "노이만은 저녁때 집에 들어오자마자 모르겐슈테른에게 전화를 걸어서 논문에 관한 이야기를 나누기 시작했고, 두 사람의 대화는 밤늦은 시간까지 계속되었다"고 한다.[42]

논문이 진행될수록 경제와 수학에 대한 모르겐슈테른의 '상대적' 자격지심은 날로 심해지기만 했다. "집합론을 도저히 따라갈 수가 없고, 그렇다고 포기할 수도 없다. 빈 대학교에서 철학을 공부하느라 그 많은 시간을 투자했는데, 건진 것이 거의 없다. 그 시간을 조금이라도 할애해서 수학 공부를 했다면 이렇진 않았을 텐데, 나는 정말 멍청한 바보였다." 그는 노이만의 천재성에 탄복하면서도, 그것 때문에 마음 한구석이 항상 불편했다. "오늘 조니(노이만)가 전화를 걸어서 내 원고가 마음에 든다고 했다…. 듣기 좋은 말이긴 한데, 왠지 섬뜩한 기분이 든다. 이 늦은 시간까지 계산을 하고 있다는 게 아닌가. 그는 한 번 시작하면 멈출 줄을 모른다. 정말 무서운 사람이다."[43]

몇 주면 끝날 것 같았던 일이 몇 달로 길어졌다. 이제 막 탄생한 게임이론의 기술적 측면에 기여하기가 힘에 부쳤던 모르겐슈테른은 경제학 분야에서 조언을 하거나 간간이 흥미로운 질문을 던지는 등, 노이만을 보조하는 역할로 만족해야 했다.[44] 그러나 두 사람이 붙어다니는 모습에 누구보다 질린 사람은 노이만의 아내 클라라였다. 평소 취미 삼아 코끼리 장식품을 수집해왔던 그녀는 "두 사람이 쓴 책에 코끼리가 등장하지 않았다면 나와는 완전히 무관한 책이 되었을 것"이라고 했다. 아닌 게 아니라, 이 책의 8.3절에 제시된 집합론 다이어그램에는 코끼리가 절묘하게 숨어 있다.

나날이 늘어나는 책의 분량에 지레 겁을 먹은 프린스턴 출판부에

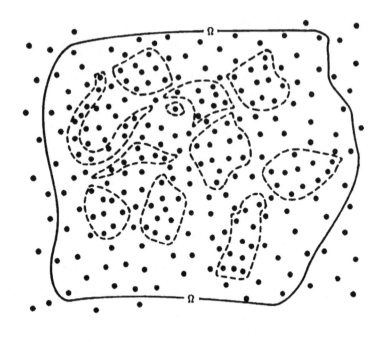

코끼리를 숨기는 방법 – 『게임이론』.

서는 당장 프로젝트를 중단하라고 압력을 가해왔다. 그러나 두 사람
은 얼굴에 철판을 깐 듯 끈질기게 연구를 밀어붙인 끝에 1943년 4월
에 무려 1,200페이지짜리 '소책자'를 탈고했고, 이 원고는 몇 단계
의 중간 과정을 거친 후 편집자의 책상 위에 "쿵!"하는 소리와 함께
배달되었다.

  이 책에서 모르겐슈테른이 가장 많이 기여한 부분은 전체적인 내
용을 소개하는 서문Introduction인데, 독자들에게 가장 많이 읽힌 부분
이기도 하다. 그는 이 글을 쓰면서 자신이 쌓아온 경력에 대한 환상

에서 완전히 깨어났다고 한다. 그의 일기에는 이런 글도 있다. "과학의 '과'자도 모르는 경제학자들. 그들의 쓰레기 같은 논문에 진절머리가 난다."[45] 또한 모르겐슈테른은 20세기에 여러 국가의 정부 정책에 지대한 영향을 미친 영국의 경세학사 존 메이너드 케인스John Maynard Keynes에게도 직격탄을 날렸다. "모든 사람들이 그의 면전에 서기만 하면 바짝 엎드리는데, 사실 그는 경제과학 역사상 최대의 사기꾼이다."

모르겐슈테른은 서문을 최대한 점잖은 문체로 써 내려갔지만, 주요 메시지는 위의 주장과 크게 다르지 않다. 케인스는 벌거벗은 임금님이고, 나머지 사람들은 감히 지적을 하지 못하는 어리석은 백성이다. 『게임이론과 경제 행위』는 경제학에 대한 비판으로 시작된다. 당시만 해도 경제학자들이 다루던 사회 문제는 전혀 체계가 잡혀 있지 않아서 수학적 분석이 불가능했다. 분자 1개의 거동이 모여서 기체의 거시적 특성을 결정하는 것처럼 개인의 경제 활동이 모여서 거시경제의 향방이 결정되어야 마땅한데, 경제학자들이 이 '개인적 요소'를 완전히 무시했던 것이다(지금부터 『게임이론』은 노이만과 모르겐슈테른이 공동 집필한 책을 뜻하고, 낫표가 없는 '게임이론'은 보통명사로 이해해주기 바란다 – 옮긴이).

경제학이 침체기를 겪은 이유 중 하나는 데이터가 턱없이 부족했기 때문이다, 17세기에 아이작 뉴턴의 고전역학이 물리학에 혁명적 변화를 일으킬 수 있었던 것은 수천 년에 걸쳐 누적된 천문 관측 데이터가 이론을 뒷받침해준 덕분이었다. 『게임이론』은 단정적으로 말한다. "경제과학 분야에서는 이와 비슷한 일이 한 번도 일어나지 않았다. 아주 적은 증거를 바탕으로 섣부른 일반화가 이루어졌을 뿐이다. 그들에게 수학은 취약한 기초를 가리는 위장 수단에 불과했다. 경제학자들은 스케일이 크고 중요한 질문을 제기하면서, 후속 논리에 걸림돌이 될 것 같은 요소를 모두 무시해왔다. 그러나 첨단 과학의 상징인 물리학의 역사를 돌아볼 때, 이런 성급한 처사는 진보를 방해할 뿐, 아무런 도움도 되지 않는다." 『게임이론』이 내세운 '소박한' 목적은 가장 단순한 형태의 상호작용을 엄밀하게 정의된 수학적 개념으로 재정립하여 전술한 단점을 극복하는 것이었다. 살짝 도발적인 서문이 끝나면 집합론과 함수해석에 기초한 일련의 증명이 거의 600페이지에 걸쳐 이어진다(이 부분은 주로 노이만이 집필했다).

『게임이론』의 본론은 개인과 자연이 대치하는 사례에서 출발한다. 무인도에 표류한 로빈슨 크루소의 경제학이다. 방해할 사람이 아무도 없으니, 크루소는 섬이 허용하는 범위 안에서 모든 욕망을 충족시킬 수 있다. 만일 그가 코코넛 마니아라면 엄청나게 운이 좋은 것이고, 필레미뇽filet mignon(소고기의 안심 또는 등심-옮긴이)이나 베토벤 5번 교향곡을 간절히 원한다면 상황은 절망적이다. 섬이 허용하는 한도 안에서 크루소의 욕망 채우기—이것은 아주 쉬운 수학 문제에 속한다. 게임이론에 등장하는 상황은 '인내력 게임'과 같은 1인 게임과 비슷하다. 인내력 게임에서 플레이어의 전략이 덱에 쌓인 카드의 순서에 따라 달라지는 것처럼, 크루소의 전략은 오직 섬에서 구할 수 있는 자원에 의해 결정된다.

그런데 섬에 프라이데이(크루소가 섬에서 만난 원주민-옮긴이) 같은 또 다른 사람이 나타나면 어떻게 될까? 한 사람만 늘어나도 전략은 크게 달라져야 한다. 섬이 허용하는 한도 안에서 자신의 욕망만 채우면 되는 단순한 문제가 아니기 때문이다. 두 사람이 원하는 항목 중에 겹치는 것이 있으면 당장 충돌이 일어날 것이다. 노이만과 모르겐슈테른은 말한다. "이것은 단순한 최대 문제가 아니라, 몇 개의 최대 문제가 섞인 독특하고도 당혹스러운 문제이다."

노이만과 모르겐슈테른은 이런 상황에서 미적분 같은 고전적인 수학은 무용지물이라고 선언했다. 팔자에 없는 미적분학을 공부하느라 무진 고생을 해온 경제학자들에게는 그야말로 사지에 맥이 빠지는 선언이 아닐 수 없다. 두 사람의 설명은 다음과 같이 계속된다. "사람들은 위와 같은 유사-최대 문제pseudo-maximum problem(최대 문제처럼 보이지만 알고 보면 아닌, 복잡한 문제-옮긴이)를 잘못 이해하여 이룰 수 없는 목표를 설정하거나 엉뚱한 결론을 내리곤 한다. '모든 사회적 노력은 최대한 많은 사람들에게 최대한의 이익이 돌아가도록 배분하는 것을 목표로 한다'는 슬로건이 그 대표적 사례이다. 2개(또는 그 이상)의 함수를 동시에 최대화하는 일반적인 방법은 존재하지 않는다."

물론 올바른 접근법은 게임이론에서 제시한 방법이다. 노이만은 2인 제로섬 게임의 원리를 설명한 후, 플레이어가 3인 이상이면서 손익의 총합이 0이 아닌 게임으로 논리를 확장해나갔다.

무엇보다도, 한 사람이 펼칠 수 있는 '최선의' 전략을 이론 안에서 명확하게 정의하려면 플레이어가 좋아하는 것과 싫어하는 것을 정량적으로 간단하게 표현할 수 있어야 한다. 예를 들어 사업가의 목표는 비용(가능하면 작게!)과 이익(가능한 한 크게!)으로 쉽게 가늠할 수 있다. 그러나 우리가 삶에서 추구하는 것은 돈 말고도 많기 때문에, 게임이론은 충돌이 일어날 수 있는 모든 상황을 포함해야 한다.

당시 주류 경제학자들은 '개인의 선호도를 수치로 나타내는 것은 불가능하며, 단지 순위만 매길 수 있다'고 생각했다. 모르겐슈테른이 이 점을 지적하자, 노이만은 즉석에서 개인의 호불호를 행복 수치(또는 유용성 수치)로 나타내는 혁명적인 방법을 떠올렸다. 접시에 담긴 수프의 뜨거운 정도를 온도계로 측정하는 것과 비슷한 개념이다. 훗날 모르겐슈테른은 이날 있었던 일을 회상하며 말했다. "지금도 생생하게 기억난다. 노이만이 노트에 공리 하나를 빠르게 휘갈기더니, 의자에서 벌떡 일어나 소리쳤다. 'Ja hat denn das neimand geshen?(누구 본 사람 없지?)'"[46] 당연히 그 자리에는 모르겐슈테른밖에 없었다.

"사회과학 역사상 가장 중요한 이론이 담긴 책"

한 개인이 싫어하거나 좋아하는 대상(또는 상황)을 하나도 빠짐없이 목록으로 작성할 수 있을까? 단순하면서도 복잡하고, 아름답고, 추하고, 미묘하고, 절묘하고, 때론 역겹기까지 한 세상에서, 한 개인이 호불호를 느끼는 종목을 망라하는 것이 과연 가능한 일일까? 노이만은 "가능하다"고 단언한다. 그래서 게임이론은 이 목록이 완벽하게 정의된 개인의 존재를 가정하고 있다. 즉 2개의 사물이나 2개의 사건이 주어졌을 때, 게임이론에 등장하는 인물은 종류가 무엇이건 둘 중 하나를 항상 선택할 수 있다(극장에 가서 영화를 보실래요, 아니면 집에서 텔레비전을 보실래요? 등등). 그리고 여기서 한 걸음 더 나아가, 양자선택의 달인이 '두 종목의 조합'까지 선택할 수 있다고 가정해보자. 예를 들어 극장과 텔레비전 중 극장을 선택하고 당당하게 집을 나섰는데, 차가 막혀서 제시간에 도착하지 못할 가능성이 50퍼센트다. 이런 경우 우리는 영화를 포기하고 볼링을 치러 갈 수도 있다.

노이만은 이런 '소박한' 가정이 성립하는 한, 모든 대상에 '효용 점수utility score'를 매길 수 있다고 주장한다(점수의 단위는 '유틸util'이다). 이제 효용 점수의 영점을 맞추기 위해, 2개의 사건을 생각해보자.[47] 하나는 당신이 이 세상에서 가장 끔찍하게 싫어하는 사물이나 사건으로 효용 점수는 0유틸이고, 다른 하나는 당신이 상상할 수 있는 최상의, 가장 값진 사물이나 사건으로 효용 점수는 100유틸이다. 이것은 물의 어는 점(0도)과 끓는 점(100도)을 이용하여 섭씨 온도계의 눈금을 설정하는 것과 비슷하다.[48]

오늘이 당신의 생일이라고 상상해보자. 당신이 이 세상에서 제일 좋아하는 사람이 놀라운 생일파티를 준비했는데, 생일상에는 젤리와 아이스크림, 그리고 초콜릿 케이크가 놓여 있다. 그런데 어디선가 연기가 뭉게뭉게 피어오르더니, 짜잔! 하면서 마법사 옷을 차려입은 노이만이 나타났다. 남의 파티를 난데없이 화생방 훈련장으로 만들어놓고는, 기분 나쁘게 웃으면서 이상한 제안을 한다(이것은 『게임이론』에 나오는 사례가 아니라, 이 책의 저자가 만들어낸 이야기다-옮긴이).

"생일파티를 당장 취소하면, 그 대가로 복권을 주겠소. 이 복권에 당
첨되기만 하면 당신은 천국에 가는 거요. 물론 천국은 당신에게
100유틸의 가치가 있소. 유틸이 뭔지는 알고 있겠지?"

"그냥 천국행 티켓을 주면 되지, 복권은 또 뭡니까? 당첨 안 되면 어
떻게 되는데요?"

"당첨이 안 되면 영원히 악몽 속에서 사는 거지. 어때? 이 정도면 공
정한 거래 아닌가?"

"(잠시 생각하다가) 잠깐! 중요한 게 빠졌네요. 그 복권이라는 거, 당첨
될 확률이 얼마나 됩니까?"

그렇다. 당첨 후에 받을 상품 못지않게 중요한 것이 바로 확률이
다. 당첨 확률이 75퍼센트라면 당신의 생일파티는 $100 \times 0.75=75$유
틸의 가치가 있다(가치가 이 정도면 복권과 맞바꿔도 된다는 뜻이다. 당신이
보기에 파티의 가치가 75유틸 이상이라고 판단되면 바꿀 이유가 없고, 그 이하
면 감사하는 마음으로 바꿔도 된다-옮긴이). 평소에 위험한 투자를 꺼리
는 사람이라면 당첨 확률이 98퍼센트인 복권을 원할 수도 있다. 이
런 경우 그의 생일파티는 그에게 98유틸의 가치가 있는 셈이다.

노이만은 '합리적rational'이라는 말의 의미를 게임이론의 관점에
서 새롭게 정의했다. "합리적 사고를 하는 다른 플레이어를 상대로
자신의 이득을 극대화하는 전략을 펼치는 사람이 바로 '합리적인'
플레이어다. 물론 양쪽 다 합리적인 경우에는 최소한의 이득만이 돌
아오지만, 상대방이 실수하면(즉 비합리적인 전략을 펼치면) 더 많은 이
득을 챙길 수 있다." 그러므로 합리적 행동은 게임 중 일어날 수 있

는 모든 상황에서 이익을 극대화하는 방법을 하나로 모은 '완벽한 전략 지침서'로 요약된다.[49] 그리고 여기에 효용이론utility theory을 적용하면 플레이어가 원하는 모든 것을 숫자로 나타낼 수 있으므로 수학이 엄청나게 단순해진다.

노이만은 불가능하다고 여겨졌던 것을 가능하게 만들었다. 인간의 막연한 욕망과 편애적 성향에 숫자를 할당하는 엄밀한 방법을 개발한 것이다. 『게임이론』이 출간되고 60여 년이 지난 2011년에, 노벨 경제학상 수상자인 대니얼 카너먼Daniel Kahneman은 이 책을 가리켜 "사회과학 역사상 가장 중요한 이론이 담긴 책"이라고 했다.[50] 『게임이론』이 출간된 후 이론의 핵심인 '효용이론'과 '합리적 계산'의 개념은 상아탑을 넘어 모든 분야로 빠르게 퍼져나갔다.

효용이론으로 기본 무장을 마친 노이만은 2인 게임을 본격적으로 분석하기 시작한다. 그중 일부는 합리적인 행동을 일일이 명시할 수 있을 정도로 간단하다. 예를 들어 틱택토tic-tac-toe(가로 3개, 세로 3개로 이루어진 9개의 사각형 배열 안에 ○ 또는 ×를 그려 넣어서 3개가 일직선상에 놓이도록 만드는 게임 - 옮긴이)의 전략 지침은 종이 한 장에 다 쓸 수 있다. 대부분의 아이들도 알고 있듯이 이 게임은 두 플레이어가 합리적인 전략을 펼치는 한, 항상 무승부로 끝난다.

노이만은 게임을 표현하는 두 가지 방법을 고안했다. 이 방법은 지금까지도 사용되고 있는데, '확장형extensive form'과 '정규형normalized form'이 바로 그것이다(이런 그림을 다이어그램diagram이라 한다). 두 가지는 원리적으로 동일하기 때문에, 문제의 형태에 따라 편리한 것을 골라서 적용하면 된다.

확장형 표현은 나무와 비슷하다. 모든 움직임(플레이어의 행동)은 '노드node'라 불리는 분지점에 대응되고, 하나의 분지점에서는 플레이어가 취할 수 있는 행동의 수만큼 가지가 갈라져 나간다. 그리고 가지가 끝나는 곳에 달린 '리프leaf(잎사귀)'에 게임의 최종 결과가 대응되는 식이다. 비 오는 날 오후, 아무런 약속도 없이 혼자 집을 지킬 때 종이와 연필만 있으면 심야 영화가 시작되기 전에 틱택토 게임의 완전한 다이어그램을 완성할 수 있다(아래 그림 참조). 게임에서 이길 때까지 거쳐야 할 분지점의 수(먼저 둔 선수가 이기는 데 필요한 움직임의

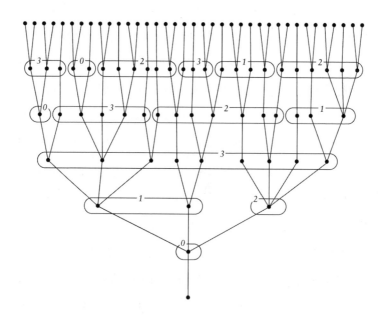

노이만과 모르겐슈테른이 개발한 확장형 다이어그램.
이 그림은 틱택토 게임을 다이어그램으로 나타낸 것이다.

수)는 최소 5개이며, 가장 많은 경우도 9개밖에 안 된다. 사각형 구획이 9개밖에 없으니, 두 선수가 합해서 아홉 번의 수를 두면 더 둘 곳이 없기 때문이다.

그러나 종목을 틱택토에서 체스로 바꾸면 다이어그램이 감당이 안 될 정도로 복잡해진다. 기물이 세 번 이동한 후 체스판의 기물들이 배열될 수 있는 경우의 수는 무려 1억 2,100만 가지에 달한다. 디지털 회로 설계 및 현대 정보 이론의 대가인 미국의 수학자 클로드 섀넌Claude Shannon은 체스 게임에서 나올 수 있는 가능한 경기의 수가 10^{120}개 이상이라고 했다. 이 정도면 우주에 존재하는 입자의 수보다 많다(그냥 많은 정도가 아니라, 비교 자체가 무의미할 정도로 많다-옮긴이).

노이만은 체스와 틱택토 게임을 '완전정보형 게임game of perfect information'이라 불렀다. 모든 움직임이 양쪽 플레이어 모두에게 공개되어 있기 때문이다. 그리고 그는 게임이 영원히 계속되지 않는 한, 완전정보형 2인 제로섬 게임에는 항상 해가 존재한다는 것을 증명했다.[51] 틱택토 게임은 분명히 이 조건을 만족하며, 좀 복잡하긴 하지만 체스도 마찬가지다. 왜냐하면 체스에는 무승부로 끝나는 다양한 규칙이 존재하기 때문이다[기물이 부족해서 체크메이트를 부를 수 없거나(기물 부족), 똑같은 위치가 세 번 반복되면 무승부를 선언할 수 있다].

모든 완전정보형 게임은 이기거나 무승부로 끝나야 하며, (이 점이 제일 중요함) 다이어그램의 각 노드(분지점)에서 각 플레이어가 취할 수 있는 이상적인 움직임은 단 하나뿐이다. 노이만은 이 정리를 증명하기 위해 '역진귀납법backward induction'을 사용했다. 게임 다이어그램의 경우, 역진귀납법이란 각 가지의 리프(끝)에서 시작하여 나무의 본줄기(몸체)에 도달할 때까지 거꾸로 거슬러 올라가면서 '비합리적인' 움직임을 제거해나가는 수학적 과정에 해당한다.

예를 들어 백white이 이긴 게임의 리프에서 시작해보자. 여기서 거꾸로 거슬러 가다가 노드를 만날 때마다 그곳에서 갈라져 나간 가지 중 백이 지거나 무승부로 끝나는 가지를 잘라내고, 백이 더 적은 수로 이기는 가지가 있으면 그보다 긴 가지를 잘라낸다. 이런 과정을 거쳐 시작점에 도달하면 가장 이상적으로 승리에 도달하는 길을 알 수 있다. 그다음으로 할 일은 이 가지에 있는 모든 노드에서 흑의 이동에 해당하는 노드를 검사하는 것이다. 만일 그중에 무승부로 끝나거나 흑이 이기는 길이 하나라도 있으면, 그 가지는 백의 입장에서 볼 때 이상적인 길이 아니므로 미련 없이 잘라낸다. 체스 나무의 모든 리프에 대해 이 작업을 수행한다고 상상해보라. 현실적으로는 불가능한 이야기지만, 어떤 괴물이 이 엄청난 일을 완수한다면 두 명의 합리적인 플레이어가 두는 가장 이상적인 게임이 남을 것이다. 이 게임은 처음부터 끝까지 완벽하게 결정되어 있다. 그래서 노이만은 "체스 게임이 완벽하게 알려지면 게임 자체가 무의미해진다"고 했다.

노이만이 런던의 택시 안에서 브로노우스키에게 "체스는 게임이 아니다"라고 말한 것은 바로 이런 의미였다. 하지만 체스 애호가들에게 당부하건대, 실망할 필요는 전혀 없다. 이런 작업을 실행할 수 있는 컴퓨터는 지구상에 존재하지 않기 때문이다. 완벽하게 합리적인 체스 게임이 백의 승리로 끝날지 무승부로 끝날지는 아무도 모른다. 확률이 지극히 작긴 하지만, 체스라는 게임이 세상에 생긴 후로 지구 어딘가에서 누군가가 이브닝가운을 걸치고 거실에 앉아 자신도 모르는 사이에 '가장 합리적인 게임'을 두었을 수도 있다.

확장형 다이어그램은 대체로 복잡하다. 앞에서 소개한 틱택토 다이어그램은 그런대로 봐줄 만했지만, 게임이 조금만 복잡해도 다이어그램은 거의 알아볼 수 없는 지경이 되어버린다. 이럴 때는 게임의 득과 실(효용 점수)이 명기된 정규형(또는 전략형strategic) 다이어그램이 훨씬 유용하다. 노이만은 『게임이론』에서 몇 가지 사례를 제시했는데, 앞서 언급한 '동전 짝맞추기'의 정규형 다이어그램은 아래와 같다.

언뜻 보기에 동전 짝맞추기와 완전히 다른 것 같으면서도, 알고 보면 2인 제로섬 게임인 경우가 종종 있다. 노이만은 이것을 보여주기 위해 모르겐슈테른이 말했던 '불가능한 문제', 즉 코넌 도일의 소설을 다시 소환하여 홈스와 모리어티 교수가 펼칠 수 있는 가장 이상적인 전략과 홈스가 탈출에 성공할 확률을 계산했다.

노이만은 모리어티 교수가 도버나 캔터베리에서 홈스를 잡으면 100유틸을 획득하고, 모리어티가 캔터베리에서 내렸는데 홈스가

	앞면	뒷면
앞면	1페니	-1페니
뒷면	-1페니	1페니

동전 짝맞추기 게임의 정규형 다이어그램.
명시된 소득(페니)은 "동전 2개의 면이 같을 때 이기는 사람"을 기준으로 매긴 것이다.

도버에 도착하여 유럽 대륙으로 탈출하는 데 성공하면 50유틸을 잃는 것으로 설정했다(런던을 서울에, 도버를 부산에 비유하면 캔터베리는 대구쯤 된다-옮긴이). 그리고 모리어티 교수가 런던에서 급행열차를 타고 도버까지 갔는데 홈스가 캔터베리에서 하차하여 모리어티의 추격을 따돌린다면 이 게임은 무승부가 된다. 왜냐하면 홈스는 대륙으로 탈출하지 못했고, 모리어티 교수는 홈스를 잡지 못하여 추격전이 계속될 것이기 때문이다.

모리어티 교수의 입장에서 볼 때 캔터베리에서 내려서 홈스를 잡는다면 최상의 결과를 얻을 수 있지만, 예측이 빗나가서 홈스가 도버까지 간다면 50유틸을 잃는 최악의 사태가 발생한다. 어느 특정한 날에 모리어티는 도버로 가는 것을 선호할 수도 있다. 그러나 도버를 선호하는 모리어티의 경향이 예측 가능할 정도로 뻔하다면, 홈스는 이 사실을 미리 간파하고 캔터베리에서 내릴 것이다. 그러므로 모리어티는 '캔터베리 하차'를 여러 가지 옵션 중 하나로 간직해야 한다.

모리어티에게 최선의 전략은 60퍼센트의 확률로 도버까지 가고,

홈스 / 모리어티	도버	캔터베리
도버	100	0
캔터베리	-50	100

모리어티 교수의 효용 점수표.

40퍼센트의 확률로 캔터베리에서 내리는 것이다(앞에서도 지적했지만, 그냥 내리는 게 아니라 달리는 열차에서 뛰어내려야 한다 - 옮긴이). 이렇게 하면 홈스가 어떤 선택을 하건 모리어티에게 주어질 평균 효용 점수는 40유틸이 된다.[52] 그러나 홈스의 입장에서 최선의 전략은 이와 정반대이다. 즉 60퍼센트의 확률로 캔터베리에서 내리고, 40퍼센트의 확률로 도버까지 가야 한다.

코넌 도일의 소설 『마지막 사건』은 캔터베리에서 내린 홈스가 역에 쌓여 있는 화물 더미 뒤에 숨어서 모리어티를 태우고 달리는 급행열차를 바라보는 것으로 일단락된다. 노이만의 분석에서는 두 사람 모두 '개연성이 가장 높은' 경우를 선택하지만, 확률은 모리어티에게 유리한 쪽으로 설정되어 있다. 그의 가정에 의하면 기차가 빅토리아역에서 출발할 때 셜록 홈스가 잡힐 확률은 48퍼센트이고, 추격을 따돌릴 확률은 16퍼센트밖에 안 된다. 어쨌거나 노이만은 모르겐슈테른이 "풀 수 없는 문제"라고 단언했던 문제를 깔끔하게 해결했고, 입장이 난처해진 모르겐슈테른은 책의 각주에 "내가 고수해왔던 비관적 견해를 철회한다"고 적어놓았다.

포커 판에 앉은 노이만

노이만은 1928년에 게임이론 논문을 탈고한 후 "게임이론의 관점에서 포커를 분석하여 발표할 것"이라고 약속한 적이 있다. 그리고 그로부터 15년이 지난 후, 그는 약속을 지켰다. 다들 알다시피 포커는 시종일관 다른 플레이어의 카드를 볼 수 없는 상태에서 진행되기 때문에, 체스와 달리 '불완전 정보형 게임game of imperfect information'이다. 하지만 바로 이것이 포커의 매력이다. 모든 카드가 공개된 채 진행되는 포커 게임은 여러 사람이 하는 솔리테어 게임과 다를 것이 없다. 포커 게임에서 최선의 전략을 펼치려면 이 점을 반드시 고려해야 한다. 포커를 쳐본 사람은 알겠지만, 승리의 열쇠는 낮은 족보를 손에 들고 큰돈을 거는 예술적(또는 과학적) 블러핑bluffing이다.

라디오 전파 중 미사용 대역폭bandwidth을 통신사에 판매하는 경매 방식을 고안하는 데 도움을 준 영국의 수학자 켄 빈모어Ken Binmore는 저서 『게임이론Game Theory』에 다음과 같이 적어놓았다.

내가 게임이론을 연구하게 된 것은 노이만이 분석한 포커 게임 때문이었다. 포커를 잘 치는 사람이 블러핑도 잘한다는 것은 익히 알고 있었지만, 노이만의 분석 결과를 처음 접했던 무렵에는 블러핑이 최선의 전략이라는 그의 주장을 믿지 않았었다. 하지만 그건 결정적인 패착이었다. 나는 대가의 말을 믿었어야 했다! 그 후 기나긴 계산을 수행한 끝에 비로소 노이만이 옳았음을 깨달았고, 어느새 내가 게임이론에 흠뻑 빠져서 도저히 헤어날 수 없다는 사실도 깨달았다.[53]

노이만은 문제가 처음부터 복잡해지는 것을 방지하기 위해, 플레이어가 단 두 명인 포커 게임을 분석 대상으로 삼았다. 사실 노이만의 『게임이론』의 3분의 1은 2인 제로섬 게임에 관한 내용이다. 표준 포커 게임은 각 플레이어에게 다섯 장의 카드를 나눠주면서 시작되는데, 이때 한 플레이어에게 들어올 수 있는 카드 배열의 경우의 수는 2,598,960가지이다(카드 한 벌은 52장이므로 52장에서 5장을 고르는 방법의 수와 같다. 즉, $_{52}C_5=52\times51\times50\times49\times48\cdots5\times4\times3\times2\times1=2,598,960$ 이다 - 옮긴이). 노이만은 이것을 섬수로 환산하여 "각 플레이어는 저음 5장을 받는 순간 족보(원페어, 투페어, 트리플 등등)의 높낮이에 따라 0에서 100 사이(1~99)의 효용 점수를 얻는다"고 가정했다. 그런데 모든 점수는 나올 확률이 똑같으므로, 한 플레이어에게 주어진 5장의 카드가 66점이라면 그는 자신의 족보가 상대방보다 높을 확률이 낮을 확률보다 두 배 크다고 생각할 것이다. 물론 그의 생각은 전적으로 옳다.[54]

포커 게임에는 다양한 버전이 있다(포커 게임은 크게 두 가지 형태로 나뉘는데, 모든 카드를 손에 들고 한 장도 오픈하지 않은 상태로 진행되는 게임을 드로 포커draw poker라 하고, 손에 들고 있는 1~3장의 카드를 제외하고 나머지 카드를 오픈한 상태에서 진행되는 게임을 스터드 포커stud poker라 한다 - 옮긴이). 예를 들어 드로 포커의 경우, 한 플레이어는 손에 들어온 카드 중 일부를 바꿀 수 있으며, 베팅betting(돈을 거는 행위)의 액수와 횟수도 정하기 나름이다. 그러나 노이만은 이런 복잡한 규칙도 단순하게 만들었다. 그가 정의한 포커 게임에서는 카드를 바꿀 수 없고, 베팅은 단한 번만 할 수 있으며, 베팅액수는 '하이high 베팅(액수가 큰 베팅)'에 해당하는 H파운드와 '로low 베팅(액수가 적은 베팅)'에 해당하는 L파운드 중 하나만 선택할 수 있다. 따라서 H와 L의 차이가 클수록 게임의 위험도가 높아진다(베팅 기회는 단 한 번뿐이고, 그나마 베팅 액수도 'H파운드' 아니면 'L파운드', 둘 중 하나로 정해져 있다는 뜻이다 - 옮긴이).

두 플레이어는 5장의 카드를 받은 후 자신의 베팅 의사를 동시에 밝힌다(이것도 실제 카드 게임과 다르다. 실제 게임에서는 둘 중 한 사람이 먼저 베팅을 하도록 되어 있다). 둘 다 하이 베팅을 하거나 로 베팅을 했다면, 손에 들고 있는 카드를 비교해서 점수가 높은 쪽이 H파운드(로 베팅을 해서 이겼다면 L파운드)를 가져가면 된다. 단, 두 사람의 카드가 똑같으면 베팅한 돈을 회수하거나 그대로 쌓아둔 채 다음 게임으로 넘어간다. 그러나 두 사람의 베팅이 다른 경우에는 로 베팅을 한 사람에게 선택권이 주어진다. 그는 카드를 공개하지 않은 채 자신이 베팅한 L파운드를 상대방에게 양보하고 '패스pass'를 선언하거나, 자신의 베팅을 하이로 바꿀 수 있다. 후자의 경우에는 둘 다 카드를 공개해서 점수가 높은 사람이 이긴다.

이것이 노이만이 정의한 포커 게임이다. 실제 게임보다 훨씬 단순하지만, 이 정도면 블러핑의 논리를 설명하기에 충분하다. 노이만은 두 플레이어의 최대최소 전략이 "점수가 높은 카드를 손에 들고 하이 베팅을 하는 것"이라고 했다. 물론 당연한 이야기다. 하이 베팅을 해도 되는 점수의 임계점, 즉 점수의 하한선은 하이와 로에 걸린 돈(H와 L)의 상대적 크기에 따라 결정되는데, H가 L의 2배이면 손에 든 카드가 50점 이상일 때 하이 베팅을 할 만하고, H가 L의 3배이면 66점 이상, H가 L의 4배이면 75점 이상일 때 하이 베팅을 추천한다. 다시 말해서, 게임의 위험도가 높은 게임(H와 L의 차이가 큰 게임)에서 하이 베팅을 하려면 손에 든 카드의 점수가 위험성을 상쇄할 정도로 높아야 한다는 뜻이다.[55]

이제 노이만의 심상치 않은 질문과 함께 본론이 시작된다. "임계

점수보다 낮은 카드를 받은 플레이어는 어떤 전략을 구사해야 할까?"그의 설명에 따르면 이런 플레이어는 대부분의 경우 로 베팅을 하는 것이 안전하지만, 가끔은 낮은 패임에도 불구하고 하이 베팅을 할 필요가 있다. 즉 가끔은 블러핑을 시도할 필요가 있다는 것이다. 블러핑의 이상적인 빈도수는 H와 L의 비율에 따라 달라지는데, H가 L의 2배이면 세 게임 중 한 번, 3배이면 네 게임 중 한 번, 4배이면 다섯 게임 중 한 번꼴로 블러핑을 시도하는 것이 이상적이다.[56] 절제된 블러핑은 억지로 상대의 기를 죽이려는 자폭형 전략이 아니라, 수학적으로 검증된 최선의 전략이다.

노이만은 말한다. "게임의 규칙을 단순화하는 바람에 지극히 초보적인 '블러핑'밖에 이끌어내지 못했지만, 포커 게임을 해본 사람이라면 블러핑이 필요한 순간을 본능적으로 알 수 있다."

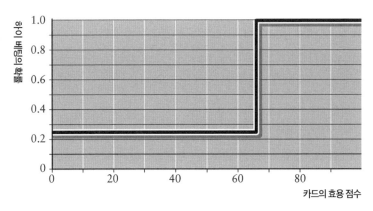

노이만식 포커 게임의 이상적인 전략.
하이 배팅의 액수(H)가 로 배팅의 액수(L)의 3배인 경우.

블러핑의 기능은 다음 두 가지 중 하나이다. ①낮은 패를 들고 하이 베팅을 해서 상대방이 나의 패를 과대평가하여 '패스'를 하도록 유도하거나 ②상대방이 "저 친구, 패가 좋아서 하이 베팅을 한 길까?"라는 의심을 계속 품도록 만드는 것이다. 카드 패가 좋을 때만 하이 베팅을 한다면, 당신의 성향을 금방 눈치 챈 상대방이 연이은 패스 전략으로 돈을 따가고, 당신의 승률은 급격하게 줄어들 것이다.

노이만은 둘 중 ②가 더 좋은 설명이라고 자적했다. 상대방이 최적의 전략을 고수한다면 블러핑에 실패해도 큰 손실을 입지 않는다 (당신이 낮은 카드로 블러핑을 해서 딴 돈과 상대가 당신의 블러핑에 넘어가지 않고 '콜'을 외쳐서 잃은 돈이 균형을 이루기 때문이다). 그러나 똑똑한 플레이어는 최선의 전략에 집착하지 않고, 평소 블러핑을 하지 않는 상대가 하이 베팅을 할 때마다 패스를 외치고 자신은 블러핑을 자주 시도할 것이다, 켄 빈모어는 말한다. "블러핑의 핵심 기능은 낮은 패로 상대방을 이기는 것이 아니라, 당신의 패가 좋을 때 그저 그런 패를 든 상대방이 끝까지 따라오도록 부추기는 것이다."[57] (평소 적절한 빈도로 블러핑을 시도하여 '상습적 블러퍼'라는 인식을 상대에게 심어준 후, 나에게 좋은 패가 들어온 결정적 순간에 상대방이 "저 친구, 또 블러핑이군" 하면서 따라오게 만든다는 뜻이다-옮긴이)

게임이론을 현대의 경제 시스템에 적용할 수 있을까?

2인 제로섬 게임에 대한 노이만의 자세한 설명은 포커를 끝으로 마무리된다. 그는 게임이론의 공리를 제시하고 '게임'과 '전략' 같은 단어를 자신의 이론에 맞게 재정의했으며, 1928년에 발표했던 논문보다 훨씬 기본적인 단계에서 최대최소 정리를 증명했다. 프랑스의 수학자 에밀 보렐의 제자인 장 빌Jean Ville은 최대최소 정리를 간단한 대수학으로 증명해서 1938년에 논문으로 발표했는데, 모르겐슈테른이 고등연구소 도서관에서 우연히 이 논문을 발견하고 걱정스러운 마음으로 노이만에게 보여주었다. 증명은 간단할수록 우월하게 보이기 때문이다. 그러나 노이만은 이미 장 빌보다 훨씬 단순한 형태로 증명을 수정한 상태였고, 모르겐슈테른은 놀란 가슴을 쓸어내렸다. 『게임이론』의 나머지 부분에서 노이만은 지금까지 얻은 결과를 여러 사람이 참여하는 '다중 게임'과 상호 이익mutual benefit(2인 이상이 동시에 이득을 얻는 것 - 옮긴이)이 가능한 상황으로 확장시켰다.

다중 게임과 비제로섬 게임non-zero sum games(한쪽의 이득과 다른 쪽의 손실의 합이 0이 아닌 게임-옮긴이)을 다루려면, 이들을 2인 제로섬 게임으로 단순화하는 방법부터 찾아야 한다. 노이만의 최대최소 정리에 의하면 이런 게임에는 항상 해가 존재하므로, '가짜' 2인 게임을 분석하면 진짜와 가짜를 다루는 최선의 방법이 드러날 수도 있다.

노이만이 출발점으로 삼은 것은 세 사람으로 진행되는 '3인 전략 게임'이었다. 세 사람이 서로 이기려고 경쟁하는 상황에서는 1등을 하기 위해 처음부터 기를 쓰는 것보다, 두 명이 연합해서 나머지 한 명을 먼저 제거한 후 2인 게임을 벌이는 것이 훨씬 효과적이다. 3인용 '모노폴리' 보드게임이나 '카탄의 개척자Settlers of Catan'를 해본 사람이라면 이런 상황에 익숙할 것이다. 처음에는 "내 몫은 내가 챙긴다"는 원칙 아래 모든 상대를 적으로 간주하면서 남의 것을 무조건 빼앗으려 하지만, 누군가 한 사람이 독주 체제를 굳히면 뒤처진 두 사람은 원칙을 가뿐하게 무시하고 둘이 함께 선두주자를 협공하는 모드로 전환한다. 이런 양상이 얼마나 일찍 시작되는지, 그리고 이 '미심쩍은 동맹'이 얼마나 오래 유지되는지에 따라 승자와 패자가 결정된다.

모노폴리와 카탄은 너무 복잡해서 3인 게임의 사례로 적절치 않다. 그래서 노이만은 세 명 중 두 명이 '짝'을 이뤄서 한 명을 탈락시키는 간단한 3인 게임을 떠올렸는데, 진행 방식은 다음과 같다. 각 플레이어는 다른 두 명 중 한 명의 이름을 종이에 적은 후, 세 명이 모두 보는 앞에서 동시에 공개한다. 이때 두 명이 서로 상대방의 이름을 적었으면 둘 다 0.5점을 획득하고, 나머지 한 명은 1점을 잃는다. 그 외의 경우, 즉 "서로 마음이 통한 짝"이 하나도 없으면 아무도 점수를 얻지 못한다. 물론 합리적인 플레이어는 게임에서 승리를 보장하는 유일한 방법을 알고 있다. 게임이 시작되기 전에 경기장 밖에서 참가선수 중 한 명을 포섭하여 서로 상대방 이름을 적어주기로 약속하면 된다('합리적인' 사람이 반드시 '양심적인' 사람일 필요는 없다 – 옮긴이). 게임 자체는 무의미해 보이지만, 여기에서도 일상생활과 밀접하게 관련된 질문을 제기할 수 있다. 예를 들어, 사전에 결탁한 상대가 약속을 지킨다는 것을 어떻게 확신할 수 있는가? 이 약속이 일종의 계약이었다면, 계약이 이행되기 위해 어떤 장치가 필요한가? 노이만은 말한다. "대부분의 게임은 공정한 규칙에 따라 진행되지만, 참가자의 행동은 반드시 공정하다는 보장이 없다. 그리고 모든 협상은 일종의 게임으로 간주할 수 있다."

『게임이론』에서 노이만은 자신이 고안한 게임 모형에 살짝 복잡한 요소를 추가했다. 플레이어들이 배당을 똑같이 나누는 게임에서 유독 한 사람이 더 갖겠다고 욕심을 부리면, 그를 상대하는 사람은 이득이 줄어들게 된다. 이 '욕심 많은' 플레이어는 자신에게 돌아온 초과 배당을 포기하지 않는 한 다른 플레이어와 연합을 결성할 수 없으며, 다른 두 플레이어는 그들의 배당을 극대화하기 위해 항상 협동할 것이다.

마찬가지로, 두 명의 플레이어가 세 번째 플레이어로부터 초과 배당의 일부를 받으면 둘 사이의 연대가 약해지면서 세 번째 플레이어와 협력하기 시작할 것이다. 논리적으로 생각해보면 '짝couple(2인 연대)'이란, 둘 중 하나가 연대의 이점을 활용하여 세 번째 플레이어 때문에 생긴 손실을 완전히 만회할 수 있을 때에만 형성된다. 노이만은 보상(뇌물?)과 연대로 이루어진 계를 분석하여, 플레이어들이 서로 협상을 하거나 각자 개인 플레이를 하게 되는 조건을 수학적으로 표현하는 데 성공했다. 후자의 경우, 각 플레이어에게 돌아가는 배당은 자신이 선택한 전략과 다른 두 사람의 전략에 따라 결정된다. 이와 달리 세 플레이어 중 둘이 연합을 형성하면 두 공모자는 한 사람으로 간주할 수 있으며, 따라서 이런 경우는 "두 공모자와 나머지 한 사람 사이에서 벌어지는" 2인 게임으로 간주할 수 있다.

여기까지는 별문제 없는 것 같다. 그런데 분석 과정을 좀 더 자세히 들여다보면 균열이 보이기 시작한다. 플레이어가 세 명일 때 가능한 2인 연합은 세 가지가 있다.[58] 노이만은 자신의 이론이 적용되는 대상을 '정적 1회성 게임static one-off game'으로 한정했다. 그렇지 않으면 〈왕좌의 게임Game of Thrones〉마냥 최후의 승자 한 사람만 남을 때까지 동맹과 배신, 희생, 권모술수 등 피로 얼룩진 난장판을 막을 길이 없기 때문이다.[59] 이런 제약을 뒀음에도 불구하고, 노이만의 이론으로는 세 가지 가능한 연합 중 실제로 어떤 연합이 형성될지 예측할 수 없다. 결국 노이만은 많은 경우에 안정적이고 유일한 해를 구할 수 없다는 것을 인정해야 했다. 『게임이론』의 서두에서는 합리적 행동을 완벽하게 설명하겠다고 장담했지만, 이런 설명은 끝내 제시되지 않았다. 그 대신 노이만과 모르겐슈테른은 "현실 세계에는 특정 시대나 특정 지역의 문화적 규범처럼 '이미 확립된 사회적 질서established order of society'가 존재하기 때문에, 특별한 형태의 연합은 안정적으로 유지될 수 있다"고 주장함으로써 부족한 부분을 보완했다. '차별'이 용인되는 사회에서는 난폭하고 부당한 해결책도 허용된다는 것이다. 극단적인 예로 3인 게임에서 다른 한 사람과 협상하는 것이 금지되어 있다면, 형성될 수 있는 연합은 단 한 가지뿐이다. 노이만은 이 점을 내세우며 3인 제로섬 게임 문제가 풀렸음을 선언했다.

다음은 4인 게임을 다룰 차례다. 이 부분에서 노이만은 몇 가지 특수한 경우를 집중적으로 다루었다(4인 게임의 일반론을 펼치기가 어려웠기 때문이다-옮긴이). 그는 4인 게임 중에서 이미 해가 알려진 2인 게임이나 3인 게임으로 축소할 수 있는 경우를 발견했는데, 예를 들어 쌍둥이로 이루어진 두 팀 사이에 벌어지는 게임이나(2:2) 세쌍둥이와 한 사람 사이에 벌어지는 게임(3:1)은 2인 제로섬 게임으로 간주할 수 있고, 이미 굳건한 연합을 구축한 두 명의 플레이어가 승리를 완전히 굳히기 위해 나머지 두 명 중 하나를 포섭하려고 애쓰는 상황은 3인 게임으로 간주할 수 있다. 그 후에 등장하는 5인 게임은 훨씬 더 제한적이어서, 노이만은 전략에 대한 보상이 그 전략을 펼친 사람과 무관하게 다른 전략에 의해 결정되는 '대칭 게임symmetric games'만 다루었다. 대칭 게임이 중요한 이유는 모든 사람이 동일한 것을 원하는 사회적 상황이 반영되어 있기 때문이다(예를 들어 물과 관련된 문제는 국제적인 충돌을 일으키고, 결국 협상으로 이어진다).[60] 그러나 노이만은 한 플레이어가 다른 한 사람 또는 두 사람과 동맹을 맺어야 배당의 균형이 이루어지는 5인 대칭 게임만 설명할 수 있었다(사례로 든 것도 단 2개뿐이다).

이제 드디어 플레이어의 수가 특별히 정해지지 않은 n-게임에 도달했다('n인 게임'이나 'n명 게임'의 어감이 어색하여 n-게임으로 표기했다-옮긴이). 노이만은 말한다. "n이 큰 경우, 계의 지배 조건을 이해하는 것은 매우 중요하다. 왜냐하면 이것은 게임이론을 경제와 사회에 적용하는 가장 중요한 관문이기 때문이다." 그러나 그는 곧바로 "지금 단계에서는 포괄적이고 체계적인 정보를 얻기 어렵다"고 인정했다.

우선 노이만은 더 작은 게임으로 분해할 수 있는 간단한 게임에 집중했다. 이런 '분할 가능 게임'은 게임의 규칙상 남에게 영향을 주지 않고 영향을 받지도 않는 독립적인 일단의 플레이어들에 의해 진행된다. 노이만은 이와 같은 방식으로 분할 가능한 게임을 골라내는 방법과 이런 환경에서 형성될 수 있는 '연합(동맹)'에 대해 설명했다.

다음 단계에서 노이만은 더욱 일반적인 답을 향해 나아가면서,

요즘 게임이론 학자들이 '안정적 집합stable set'이라 부르는 집합을 정의한다. 이것은 다른 어떤 대안으로도 대치될 수 없는 최상의 해집합으로, 각각의 해는 연합 파트너들 사이의 신뢰를 보장하는 일련의 '측면 보상(또는 지원금)'에 해당한다.[61] 즉 어떤 구성원도 지금보다 더 나은 거래를 할 수 없기 때문에, 이들로 이루어진 연합은 매우 안정적이다. 그러나 앞에서와 마찬가지로 이 많은 해들 중 어떤 것이 현실 세계에 나타날 것인지를 판단하는 수학적 기준은 없다. 어떤 해가 최후의 승자가 될지는 이들 사이에 보편적으로 수용된 '표준 행동'에 따라 결정된다.

지금까지 노이만은 제로섬 게임만 다뤄왔다. 그러나 인간의 삶에 오로지 갈등과 충돌만 있는 것은 아니며, 경제 성장은 제로섬 게임이 아니다. 요즘 세상은 200년 전보다 훨씬 풍요로워졌고, 지금도 나날이 발전하고 있다. 사람들 사이의 경쟁은 가끔 윈-윈 게임win-win game(모두가 이득을 보는 게임-옮긴이)으로 끝나기도 하고, 모든 사람이 손실을 보기도 한다. 영국의 경제학자 마이클 배커랙Michael Bacharach은 "제로섬 게임은 게임이론을 낳은 역사적 출발점이지만, 게임이론에서의 역할은 재즈에서 12마디 블루스12-bar blues(단 12마디로 구성된 블루스 곡의 표준 형태-옮긴이)의 역할과 같다"고 했다.[62]

노이만과 모르겐슈테른은 책의 제목에 적은 것처럼 '경제 행위 Economic Behavior'에 대해 무언가 유용한 결론을 도출하려면 비제로섬 게임을 다루는 방법부터 개발해야 한다는 것을 잘 알고 있었다. 그리고 『게임이론』의 마지막 부분에서 두 사람은 실제로 그 방법을 제시했다. 그러나 이것은 노이만이 앞에서 다뤘던 2인, 3인 제로섬 게임과 달리 수학적 엄밀함이 결여된 임시방편처럼 보였다. 이 부분에서 노이만은 수동적인 '가상의 플레이어'를 도입했는데, 게임에서 그에게 주어진 유일한 역할은 다른 플레이어가 이득을 본 것만큼 손해를 보거나, 다른 플레이어가 입은 손실만큼 이득을 보는 것이다 (간단히 말해서, 일종의 '유틸은행' 역할을 한다). n-제로섬 게임에 이 유령 같은 플레이어를 끼워넣으면 $(n+1)$-제로섬 게임으로 변형되며, 이 문제는 앞에서 수백 페이지에 걸쳐 개발한 각종 장치를 이용하여 해결할 수 있다. 이로써 노이만은 게임이론을 가장 단순한 경제 시스템에 적용할 준비를 마쳤다.

『게임이론』에 대한 경제학자들의 반응

현대에 통용되는 경제 모형은 프랑스의 경제학자 레옹 발라Léon Walras의 이론에 기초한 것이다. 일반균형이론의 대부로 알려진 그는 1970년대에 '완벽한 경쟁'이라는 가정하에 경제의 동향을 예측하는 방정식을 개발했다. 이런 이상적인 조건에서는 판매자와 구매자가 너무 많기 때문에 개인이 상품 가격에 영향을 미치는 경우는 거의 없으며, 상품 가격이 상승하거나 하락하여 공급이 수요를 충족시켰을 때(또는 수요가 공급을 충족시켰을 때) 경제는 균형점에 도달하게 된다. 또한 발라의 이론에서 독점이나 과점과 같은 일시적 일탈 행위는 '시장의 마법'에 의해 자연스럽게 제거된다.[63]

노이만과 모르겐슈테른이 『게임이론』 집필에 착수했던 1940년대에 경제학자들은 독점 경쟁이 예외적 일탈 행위가 아니라 하나의 규칙임을 깨닫기 시작했다. 20세기 중반에 석유와 자동차 산업을 독식했던 빅-3(스탠더드 오일standard Oils, 포드Ford, 제너럴모터스General Motors)가 그랬고, 지금 IT 업계를 휩쓸고 있는 페이스북Facebook과 애플Apple, 아마존Amazon, 구글Google도 독점 기업으로 자랄 가능성이 높다.

『게임이론』은 엄격한 독점금지법이나 견제 장치가 없는 상황에서 독과점이 잡초처럼 자라는 이유를 설명해준다. 1개 또는 몇 개의 대기업이 시장 지배권을 손에 넣으면 이익을 극대화하기 위해 자신의 큰 덩치를 최대한으로 활용할 것이고, 이들이 적극적으로 담합을 하지 않더라도 노이만과 모르겐슈테른의 '연합'이 그랬던 것처럼 소비자 가격을 올릴 것이다. 이런 현상은 또 다른 가정을 추가할 필요 없이 노이만의 공리만으로도 충분히 설명 가능하다.

노이만과 모르겐슈테른의 책에서 게임이론을 경제에 적용하는 부분은 비교적 간략하게 설명되어 있으며, 주로 1~3인 비제로섬 게임의 결과를 인용했다. '로빈슨 크루소' 같은 1인 게임의 결과는 누구나 예상하듯이 "한 사람의 이득을 주어진 자원 안에서 극대화하는" 단순한 전략으로 요약되는데, 이것이 바로 중심계획에 기초한 공산주의 경제에 해당한다. 반면에 구매자와 판매자로 이루어진 2인 시장은 '쌍방 독점bilateral monopoly'의 사례로서, 그 해는 일반적인 상식과 크게 다르지 않다. 이런 체계에서 상품의 가격은 구매자가 감당할 수 있는 최대 가격과 판매자가 양보할 수 있는 최소 가격 사이의 어딘가에서 결정될 것이다. 최종 합의가 이루어지는 정확한 지점은 협상과 흥정, 에누리, 그리고 계약과 재계약 등을 통해 결정될 텐데, 이 부분에서 『게임이론』은 조용히 입을 다물었다.

세 사람으로 이루어진 3인 시장은 엄청나게 다양한 방식으로 진행될 수 있기 때문에, 노이만은 한 명의 판매자가 제시한 "절대로 나눠 가질 수 없는 상품"을 놓고 두 명의 구매자가 경쟁을 벌이는 시나리오에 초점을 맞추었다. 제일 먼저 떠오르는 결과는 두 구매자 중 한쪽이 다른 쪽보다 월등한 가격(경쟁자가 감당할 수 없는 가격)을 제시하여 상품을 손에 넣는 것이다. 그러나 노이만은 두 구매자가 연합을 결성하는 흥미로운 경우까지 고려했다. 이제 동지가 된 두 사람은 판매자와 흥정을 벌여서 판매가를 둘 중 구매력이 약한 사람의 상한가 이하로 낮출 수 있고, 잘하면 판매자가 생각했던 '절대 하한가'보다 낮은 가격으로 구매할 수도 있다. 이제 물건을 손에 넣은 두 사람 중 구매력이 강한 쪽이 물건을 갖고, 담합 작전 덕분에 절약한 돈의 일부를 다른 쪽(구매력이 약한 쪽)에게 대가로 지불하면 된다.

그러나 노이만은 2명의 판매자와 1명의 구매자로 이루어진 시장, 즉 수요독점monopsony에 대해서는 자세한 설명을 하지 않고 "독자들을 위한 수학 연습문제"로 남겨두었다. 구매자가 두 명인 경우에서 유추해보면 ①구매자가 두 판매자의 가격 중 저렴한 쪽을 선택하거나(이 가격은 둘 중 높은 가격을 제시한 판매자의 하한가보다 낮다), ②두 판매자가 담합하여 구매자가 감당할 수 있는 상한선까지 가격을 높일 수도 있다.

『게임이론』에서 경제학자들을 위해 집필된 부분은 지금까지 논한 '1, 2, 3인 시장 게임'이 전부이다. 그것도 자세한 설명은 없고, 이론의 잠재력을 감질나게 소개한 정도이다. 다행히도 게임이론을 실제 사업에 적용한 사례는 미국의 경제 전문기자인 존 맥도널드John McDonald에 의해 널리 알려지기 시작했다. 열렬한 트로츠키주의자였던 그는 1937년에 멕시코로 이주하여 트로츠키의 비서관으로 일했으며, 1945년에《포천Fortune》의 기자가 된 후 노이만과 모르겐슈테른의 도움을 받아 게임이론을 소개하는 몇 권의 대중서를 집필했다.

맥도널드는 미국 자본주의를 대표하는 거대 기업의 경쟁사를 기사로 쓴 경험이 있었기에, 게임이론이 현실 세계의 경제적 상호작용에 적용 가능하다는 것을 잘 알고 있었다. 1950년에 출간된 그의 책『포커와 비즈니스, 그리고 전쟁의 전략Strategy in Poker, Business and War』에는 다음과 같이 적혀 있다. "게임이론에서 '3인 연합 게임'이 중요한 이유는 오랜 세월 동안 경제학자들의 논리적 사고를 방해해온 '독과점'의 속성을 낱낱이 보여주기 때문이다. 과거에 이 문제를 다뤘던 경제학자들과 달리, 노이만과 모르겐슈테른은 '연합'이라는 개념을 이론의 다른 개념과 자연스럽게 통합시켰다."[64]

맥도널드는 게임이론의 용어를 이용하여 2개의 소규모 잡화점이 하나의 대형 슈퍼마켓 때문에 도태되는 과정을 다음과 같이 서술했다.

두 잡화점은 소비자에게 대응하기 위해 연합을 결성하고, 소비자의 돈을 더 많이 취하려는 그들만의 2인 게임을 시작한다. 반면에 슈퍼마켓은 소비자에게 잡화점보다 낮은 가격을 제안한다(이것은 대량 생산과 낮은 임금 덕분에 가능하다). 잡화점의 연합에 대응하여 슈퍼마켓과 소비자가 또 다른 연합을 맺은 것이다. 슈퍼마켓은 매출을 올림으로써 보상을 받고, 소비자는 절약한 돈을 저축하는 것으로 보상을 받는다. 그러나 두 잡화점의 연합이 시장에서 사라져도 게임은 끝나지 않는다. 슈퍼마켓을 위협하는 또 다른 경쟁자들이 나타나면, 항상 그렇듯이 소비자는 새로운 경쟁자들 사이의 연합을 위협하면서 자신의 군건한 입지를 유지한다. 그러나 슈퍼마켓과 그 경쟁자들이 새로운 연합을 맺으면 더 높은 가격으로 소비자의 지갑을 털 수 있고, 여기에 또 다른 집단이 개입되면 모든 상황은 처음으로 되돌아간다.[65]

1944년에 완성된 노이만과 모르겐슈테른의 『게임이론』 초판은 출간 즉시 매진되었다. 표지에 실린 《뉴욕타임스》의 추천사와 저명한 기자들의 서평이 의외의 베스트셀러를 낳은 것이다. 한 평론가는 "이런 책이 열 권만 더 있으면 경제학은 장족의 발전을 이룰 것"이라고 했다.[66]

그러나 쏟아지는 찬사에도 불구하고 『게임이론』은 경제학자들에게 별다른 관심을 끌지 못했다. 무엇보다도 내용이 지나치게 수학적이라는 것이 문제였다. 게임이론의 온상은 프린스턴의 수학과였는데도, 그곳의 경제학자들조차 적대적인 반응을 보였다. 책을 집필한 저자의 경력도 논란의 불씨로 작용했다. 노이만은 수학과 물리학, 그리고 컴퓨터에 관한 한 알아주는 천재였지만 경제학 분야에서는 여전히 아웃사이더일 수밖에 없었고, 모르겐슈테른의 거만한 태도는 책에 대한 거부감을 더욱 악화시켰다. 오직 게임이론을 연구하기 위해 1949년에 프린스턴으로 자리를 옮긴 미국의 경제학자 마틴 슈빅Martin Shubik은 이렇게 말했다. "경제학과 교수들은 오스카(모르겐슈테른)를 아주 싫어했다. 그렇지 않아도 책을 이해하지 못해서 스트레스를 받는 판에 오스카가 아무 데서나 귀족티를 내고 다녔으니, 불난 집에 기름을 부은 거나 다름없었다."[67] 훗날 노벨상을 받은 경제학자 폴 새뮤얼슨Paul Samuelson은 자신의 홈그라운드인 MIT에서 상황을 예의주시하고 있었다. 그는 역사학자 로버트 레너드Robert Leonard를 만난 자리에서 조용히 말했다. "모르겐슈테른은 나폴레옹 같아요. 그걸 증명할 방법은 없지만, 본인은 분명 그렇게 생각하고 있을 겁니다."[68]

사람들이 『게임이론』을 푸대접한 진짜 이유는 "경제 문제를 다루는 이론"으로서 자신의 가치를 충분히 입증하지 못했기 때문이다. 사실 『게임이론』을 읽다 보면 곳곳에서 느슨한 결말이 눈에 띄는데, 그중에서도 가장 문제가 되었던 것은 3인 이상이 참여한 게임에서 노이만과 모르겐슈테른이 제시한 '협동해cooperative solution'였다. 『게임이론』은 참가자가 얻은 효용성(소득)이 다른 참가자에게 항상 매끄럽게 넘어갈 수 있다고 가정한다. 하지만 그 '소득'이 묵직한 돈다발이 아니라 성가신 물건이라면 이 가정은 성립하지 않는다. 예를 들어 10파운드짜리 지폐 한 장은 백만장자보다 노숙자에게 더 많은 가치가 있다. 게다가 『게임이론』은 연합을 맺은 플레이어들이 수익을 나누는 규칙도 명시하지 않았다. 각자의 역할이 다른 경우, 공정한 분배의 원칙은 무엇인가?

n-게임에서 노이만과 모르겐슈테른이 제시한 '안정적 집합'도 논쟁거리로 떠올랐다. 모든 형태의 다중 게임에서 누군가가 더 나은

거래를 위해 기존의 계약을 파기해도 피해를 입지 않는 굳건한 연합이 존재할 것인가? 노이만은 답을 제시하지 못했다.『게임이론』이 출간되고 25년이 지난 후, 수학자 윌리엄 루카스William Lucas는 안정적 집합이 존재하지 않는 10인 게임을 찾아냈다.[69]

비제로섬 게임에 대한 노이만의 접근방식을 문제 삼는 사람도 있다. 수학자 제럴드 톰슨Gerald Thompson은 말한다. "노이만이 도입한 가상의 플레이어는 몇 가지 면에서 도움이 되었지만 비제로섬 게임을 완벽하게 설명하기에는 부족한 점이 많다. 이것이 유난히 아쉽게 느껴지는 이유는 비제로섬 게임이 현실에 적용될 가능성이 아주 높기 때문이다."[70]

『게임이론』의 가장 큰 맹점은 플레이어들이 연합을 결정할 수 없거나, 연합을 원치 않거나, 연합 자체가 금지된 경우를 고려하지 않았다는 것이다.『게임이론』이 치열한 경쟁을 벌이는 이기적인 개인에게 초점을 맞춰서 대중의 인기를 끌었듯이, 책의 저자인 노이만 자신도 경쟁에서 살아남기 위해 앞만 보고 달려온 이기적인 사람이었다. 그러나 연합을 결정해야 유리해지는 상황에서 굳이 개인 플레이를 선택하는 것은 노이만이 간직해온 중앙유럽인의 기질과 다소 거리감이 느껴진다. 노이만은 세상이 그런 식으로 돌아가지 않는다고 생각했다. 로버트 레너드는 "노이만에게 동맹과 연합은 모든 사회조직 이론에 반드시 필요한 요소였다"고 했다.

『게임이론』은 노이만과 모르겐슈테른이 생각했던 "전략적 행동의 완벽한 지침서"가 아니었다. 이 책을 통틀어 가장 우아하면서도 즉시 적용 가능한 모형으로 알려진 '2인 제로섬 게임'은 책이 출간되기 거의 20년 전에 노이만이 증명했던 최대최소 정리에 기초한 것이고, n명의 참가자들로 진행되는 n-제로섬 게임은 『게임이론』을 집필하던 무렵에도 노이만의 머릿속에서 한창 개발되던 중이었다. 그러나 효용성utility의 개념과 게임의 엄밀한 서술, 그리고 다양한 표현법 등 노이만이 이룬 위대한 업적은 후대 수학자들이 세울 웅장한 건축물의 주춧돌이 되었다. 노이만의 손때가 잔뜩 묻은 이론은 훗날 존 내시와 로이드 섀플리Lloyd Shapley, 데이비드 게일David Gale 등 신세대 학자들의 연구 의욕을 사정없이 자극했고, 노이만을 계승한 이들의 업적은 1960년대 경제학과 사회과학의 새로운 지평을 열게 된다.

자신의 가치를 증명한 게임이론

노이만과 모르겐슈테른의 『게임이론』이 출간되고 정확하게 50년이 지난 1994년, 노벨상 수상자를 선정하는 노벨위원회는 그해 경제학상 후보 명단을 테이블 위체 펼쳐놓고 깊은 고민에 빠졌다.[71] 『게임이론』 출간 50주년을 맞이하여 게임이론을 연구한 학자에게 경제학상을 준다는 데에는 모두 동의했는데, 노이만과 모르겐슈테른이 모두 사망한 후여서 의견을 모으기가 어려웠던 것이다. 한동안 갑론을박이 오가다가 결국 마지막 순간에 1994년 노벨 경제학상 수상자는 존 내시(그는 수십 년 동안 정신병에 시달리다가 최근에 회복했다)와 독일의 게임이론 학자 라인하르트 젤텐Reinhard Selten, 그리고 헝가리계 미국인 경제학자 존 하사니John Harsanyi로 결정되었다.

그로부터 얼마 지나지 않아 게임이론은 자신의 가치를 확실하게 입증했다. 세 명의 게임이론 학자가 스웨덴 왕으로부터 골드메달을 받은 바로 그해에, 미국 정부는 통신회사들을 대상으로 무선 주파수 대역 경매를 준비하고 있었다. 수십억 달러가 걸린 수천 개의 '영업권'이 매물로 나오는 초대형 경매인데, 행사를 앞둔 정부 관계자들은 고민이 많았다. 과거에 실행했던 이런 종류의 경매가 종종 유찰로 끝났기 때문이다.[72] 뉴질랜드에서는 최종 낙찰자가 최고 입찰가가 아니라 "두 번째로 높은 입찰가"를 지불하는 변칙적인 경매를 실시했다가 700만 달러를 써낸 기업이 단돈 5,000달러에 매물을 가져간 사례가 있고, 한 대학생이 지방 텔레비전 네트워크 운영권을 공짜로 접수한 적도 있다(입찰자가 그 학생밖에 없었기 때문이다).

미국 연방통신위원회Federal Communications Commission(FCC)는 이런 황당한 사태를 미연에 방지하기 위해 해결책을 공모했고, 게임이론 학자 폴 밀그럼Paul Milgrom과 로버트 윌슨Robert Wilson이 설계한 경매 관리 시스템이 채택되었다. '동시오름경매simultaneous ascending auction'라는 규칙에 따라 작동하는 이 시스템은 여러 개의 매물을 동시에 올릴 수 있고, 입찰자는 아무런 제한 없이 자신이 원하는 가격을 제시할 수 있다.[73] 밀그럼과 윌슨이 오랜 시간 동안 공들여 제작한 이 걸작품은 그해 노벨 경제학상 수상자 세 사람이 집중적으로 연구했던 '비협동적 게임이론non-cooperative game theory'의 산물이다. 그리고 이 시스템은 많은 사람들의 걱정에도 불구하고 커다란 성공을 거두었다.

1994년 7월에 열린 경매에서 무선 호출 서비스 공급권이 6억 1,700만 달러에 낙찰되었고, 다음 해에는 《뉴욕타임스》가 "역사상 가장 위대한 경매"라고 극찬했던 정부 주도 경매에서 99개의 통신 서비스 공급권이 총 70억 달러에 판매되었다. 그리고 1997년 말에 미국 정부는 자잘한 방송전파 사용권을 경매에 붙여서 예상 수입의 두 배에 가까운 20억 달러를 벌어들였다.[74] 미국의 성공 사례가 알려지면서 여러 국가들이 미국의 경매 관리 시스템을 채택했고, 그들 역시 큰 성공을 거두었다. 미국의 역사적인 경매 후 25년이 지난 2020년에 밀그럼과 윌슨은 나란히 노벨 경제학상을 수상했다.

내시와 젤텐, 그리고 하사니 이후로 수많은 게임이론 학자들이 노벨상의 영예를 안았다. 2005년에는 토머스 셸링Thomas Schelling과 로버트 아우만Robert Aumann이 충돌과 협동에 관한 연구로 노벨상을 받았고, 협동적 게임이론cooperative game theory을 개발한 로이드 섀플리는 89세가 된 2012년에 노벨위원회로부터 수상 소식을 전해 듣고 "저는 평생 동안 경제학을 공부한 적이 한 번도 없는데요?"라고 되물었다. 그와 노벨상을 공동 수상한 앨빈 로스Alvin Roth는 섀플리가 설계한 매칭 알고리듬을 이용하여 병원에서 일하는 젊은 의사와 공부하는 대학생, 그리고 신장 기증자와 환자를 연결시켜주었다.

2009년에는 노벨 경제학상이 사상 최초로 여성에게 돌아갔다. 주인공인 엘리너 오스트롬Elinor Ostrom[75]은 게임이론을 이용하여 공동 자원(집단 행동에 의해 쉽게 고갈될 수 있는 공동 자원) 관리법을 개선하기 위해 세계 각지를 돌아다닌 사람으로 유명하다.[76] 그녀는 여러 국가의 지역 주민들이 공동 자원을 보호하는 방법을 추적하다가 네팔을 방문했을 때 매우 인상적인 현장을 목격했다. 한 농부가 공동 우물의 사용 규칙을 어겼는데, 마을 사람들이 그 벌로 농부가 키우는 소

를 '소 감옥'에 가둔 것이다. 농부는 소정의 벌금을 지불해야 소를 돌려받을 수 있다.[77]

　오스트롬이 그랬던 것처럼, 게임이론의 기본 원칙에 질문을 제기하면 의외의 통찰이 생기는 경우가 종종 있다. 또 한 사람의 노벨 경제학상 수상자이자 심리학자인 대니얼 카너먼Daniel Kahneman은 게임이론의 가정, 즉 "인간은 전적으로 합리적이며, 그들의 취향과 선호도는 절대 변하지 않는다"는 가정에 도전장을 내밀었다. 20세기 최고 지성인 중 한 사람인 노이만을 항상 동경해왔다는 카너먼과 그의 동료 아모스 트버스키Amos Tversky는 현실 세계에서 사람들이 무언가를 결정하는 방식을 연구한 끝에 그들만의 '전망이론prospect theory'을 개발하여, 효용이론의 예측과 일치하지 않는 결과를 얻어냈다.[78]

　2014년도 노벨상 수상자인 장 티롤Jean Tirole은 게임이론을 이용하여 소수의 대기업이 지배하는 산업계를 분석했다. 오늘날의 인터넷 경제에 딱 들어맞는 주제이다. 경제학자들은 여러 기업들이 경쟁을 벌이거나 하나의 대기업이 독점한 경제 시스템에 대해서는 꽤 체계적인 이론을 개발했지만, 과점oligopoly(몇 개의 기업이 시장의 대부분을 지배하는 상태-옮긴이)에 대한 이론은 아직도 개괄적인 수준을 벗어나지 못했다. 이런 이유에서 과점 시장을 이해하고 규제하는 티롤의 이론은 눈여겨볼 만하다. 인터넷 검색 및 광고 시장에서 압도적 지배율을 자랑하는 구글과 미국 인터넷 판매의 절반을 장악한 아마존을 생각해보라.

　기술 회사들은 온라인 광고와 시장, 입찰 시스템, 우선 제품 선별 알고리듬 등을 개발하고 정부의 규제보다 앞서 나가기 위해 최고 수준의 게임이론가를 고용해왔는데,[79] 그중에서도 가장 유용한(그리고 수익성 있는) 응용 분야는 '경매 설계auction design'이다. 특히 검색 결과에 광고를 같이 띄우는 데 사용되는 키워드의 가격을 효과적으로 결정하려면 이들의 도움이 절실하게 필요하다.[80] 현재 키워드 경매는 수많은 인터넷 관련 기업의 주 수입원으로 떠오르고 있다. 인터넷 검색의 대명사인 구글은 말할 것도 없고, 광고보다 상품을 판매하는 회사로 알려진 아마존, 애플, 알리바바Alibaba도 키워드 경매로 엄청난 수익을 올리는 중이다. 요즘 게임이론가들은 '가격 책정 클라우드 컴퓨팅 서비스pricing cloud computing service'에서 웹페이지를 한 번 방문했던 사용자가 다시 찾아오도록 유도하는 '보상 등급 시스템reward and ratings system'에 이르기까지, 인터넷 상거래의 거의 모든 분야에 진출하여 맹활약을 펼치고 있다(택시를 부르는 콜 시스템도 이들의 작품이다).

진화게임이론으로의 진화

새플리와 내시를 비롯한 이 분야의 차세대 선구자들은 게임이론을 놀라운 영역으로 이끌었다. 게임이론이 진출한 분야 중 가장 의외인 곳은 아마도 동물의 본능과 습성, 그리고 행동 방식을 연구하는 동물행동학 분야일 것이다. 게임이론은 인정사정없이 가혹한 자연에서 협동 관계가 형성되고 진화하는 원리를 이해하는 데 중요한 역할을 했다. 이 분야의 선구자 중 한 사람인 윌리엄 해밀턴William D. Hamilton은 케임브리지 대학교의 학부생이었던 1950년대 후반에 노이만과 모르겐슈테른의 『게임이론』을 읽은 후로 게임이론에 관심을 갖게 되었다고 한다. 1996년에 출간된 그의 저서에는 다음과 같이 적혀 있다. "노이만의 책을 펼쳐 들고 앞부분을 어느 정도 읽었을 때 … 게임이론의 생물학 버전이 머릿속에 섬광처럼 떠올랐다."[81] 이 분야에서 해밀턴이 남긴 가장 중요한 업적은 개개의 종種들이 발휘하는 이타심과 관련도(친족 관계) 사이의 상호관계를 수학 모형으로 설명한 것이다. 그는 자신의 혈족(자신과 동일한 유전자를 갖고 있을 확률이 매우 높은 개체)에게 이득이 되는 한, 희생을 감수하는 이타적 유전자가 널리 퍼진다는 것을 입증했다. 흔히 '포괄 적응도inclusive fitness'로 알려진 그의 이론은 리처드 도킨스Richard Dawkins의 『이기적 유전자The Selfish Gene』를 통해 널리 알려지게 된다.

그 후로 많은 사람들이 해밀턴의 연구를 더욱 발전시켰는데, 제2차 세계대전 때 맨해튼 프로젝트에 참여했다가 영국으로 건너가 유전학 분야에 괄목할 만한 업적을 남긴 미국의 화학자 조지 프라이스George Price도 그중 한 사람이다.[82] 그는 해밀턴의 기본 아이디어에 모든 진화적 변화(친족에게 유리한 특성뿐만 아니라, 모든 특성을 포함한 변화)를 추가하여, 자연선택을 수학적으로 우아하게 해석한 '프라이스 방정식Price Equation'을 유도했다. 그 후 프라이스는 항공공학자에서 생물학자로 변신한 존 메이너드 스미스John Maynard Smith와 함께 자연에서 관찰되는 다양한 행동 양식을 동물들 사이에서 벌어지는 '게임'이나 '경쟁'으로 재구성하여 '진화론적으로 안정한 전략evolutionarily stable strategy'이라는 개념을 확립했다. 이 개념은 집단 구성원 내의 소그룹이 다른 성향으로 변하는 이유를 설명해준다.

프라이스와 스미스는 이것을 '매와 비둘기의 게임Hawk-Dove game' 으로 설명했다. 매는 항상 공격적이지만, 비둘기는 절대로 다른 동물을 해치지 않는다. 그러므로 비둘기 집단이 서식하는 곳에 매 한 마리가 주기적으로 출몰하여 비둘기를 몰아내고 그 일대의 식량과 자원을 독점하면, '평화를 사랑하는' 비둘기는 대책 없이 멸종할 것이다. 그러나 호전적인 매들이 모여 사는 곳에 비둘기가 출현하면 위험해지는 쪽은 비둘기가 아니라 매들이다. 싸움이라는 것을 아예 모르는 비둘기는 부상당할 위험이 없기 때문에, 건강한 몸 상태를 유지하면서 음식과 자원을 찾을 수 있다. 이런 식으로 긴 세월 동안 집단적 시행착오를 겪다 보면 매와 비둘기는 적절한 비율로 섞여서 공생하게 된다. 자연선택에 의해 안정적인 상태로 '고정'된 것이다. 자연에서 발견된 놀라운 실제 사례로 쇠똥구리를 들 수 있다. 이들의 수컷 중 커다란 뿔이 달린 왕수컷은 다른 수컷을 물리치고 암컷을 독차지한다. 몸집이 왜소하고 뿔도 없는 다른 수컷들은 번식할 기회가 없을 것 같지만, 몸동작이 빠르고 눈에도 잘 안 띄기 때문에 왕수컷의 감시망을 피해 빠르게 침투하여 암컷과 짝짓기를 한다. 그래서 쇠똥구리 집단에는 왕수컷과 왜소한 수컷이 "집단 번식에 가장 유리한 비율"로 섞여서 안정적으로 살아가고 있다(물론 각 개체의 속사정은 파란만장하겠지만, 전체적인 비율은 거의 일정하게 유지된다 – 옮긴이).

프라이스는 중요한 발견을 해놓고도 마음이 편하지 않았다. 동물의 이타적 행동이 고귀한 희생정신에서 발현된 것이 아니라 고작 이기심 때문이었다니, 전통적 도덕관에 익숙한 그로서는 도저히 받아들일 수 없는 결과였다. 그는 만나는 사람마다 무작정 호의를 베풀면서 자신이 틀렸음을 입증하려 했지만, 한 개인의 부자연스러운 행동으로 수학적 결과를 뒤집을 수는 없었다. 좌절에 빠진 그는 1975년에 손톱용 가위로 자신의 경동맥을 자르고 53세의 젊은 나이에 세상을 떠났다.

프라이스와 해밀턴, 메이너드, 그리고 스미스는 친족을 위한 이타적 행동이 진화하고 고정되는 과정을 수학이라는 도구를 통해 확실하게 보여주었다. 그렇다면 혈연관계가 없는 집단에서도 협동이 번창할 수 있을까? 그렇다. 컴퓨터와 생물학, 그리고 게임이론에 의하면 이런 현상은 실제로 일어날 수 있다.

해밀턴은 1978년에 런던 임페리얼 칼리지에서 미국의 미시간 대학교로 자리를 옮겼고, 몇 년 후부터는 정치과학과 교수 로버트 액설로드Robert Axelrod와 함께 (게임이론가를 포함한) 학자들을 초청하여 컴퓨터게임 전략을 주제로 경연을 벌였다. 이 대회는 200종의 '죄수의 딜레마prisoner's dilemma' 중 하나를 골라서 각 라운드마다 상대방과 겨루는 식으로 진행된다. 논리적으로 생각할 때 죄수의 딜레마는 모두에게 불리한 거래이다. 이것을 진화론의 관점에서 서술하면, 집단 속의 한 개체가 "다른 개체와 협력하면 자신을 포함한 모든 개체가 장기적으로 이득을 볼 수 있음에도 불구하고", 자신에게 돌아올 단기적 이익을 극대화하기 위해 완전히 이기적인 행동을 하는 경우이다. 그러나 현실에서 이와 같은 상황에 직면했을 때 모든 개체가 항상 그런 선택을 하는 것은 아니다. 또한 액설로드는 '일회성 죄수의 딜레마' 논리에서 두 개체가 여러 번 마주칠 가능성이 고려되지 않았음을 깨달았다. 그렇다면 토너먼트 참가자들은 가장 이기적인 선택을 선호했을까? 결과는 그렇지 않았다. 죄수의 딜레마가 여러 번 반복될 때 참가자가 펼칠 수 있는 최선의 전략은 게임이론 학자 아나톨 래퍼포트Anatol Rapoport가 제안한 '팃포탯Tit-for-Tat'으로 알려져 있는데, 내용은 아주 단순하다. 기본적으로 협동정신을 발휘하되, 상대가 배신하면 나도 똑같이 배신하는 것이다. 액설로드의 게임은 이기적인 쪽으로 진화한 동물들 사이에서도 협동 관계가 형성될 수 있음을 보여주었다.

액설로드와 해밀턴의 연구는 수백 편의 후속 논문을 낳았고, 도킨스는 이것을 가리켜 "완전히 새로운 산업"이라고 했다. 노이만의 게임이론에 등장하는 합리적 플레이어를 진화 전략과 자연선택으로 대치한 '진화게임이론evolutionary game theory'은 남녀 간의 짝짓기 전략에서 언어의 진화에 이르기까지 다양한 인간사에 적용되어, 그럴듯한 설명과 함께 숱한 논쟁을 야기했다.

엘리너 오스트롬은 2012년에 발표한 논문에 다음과 같이 적어놓았다. "테니스를 칠 때나 공직 출마 시기를 저울질할 때, 포식자와 피식자의 관계를 분석할 때, 낯선 사람의 신뢰도가 궁금할 때, 공익을 위한 일을 계획할 때 등등. 이 많은 경우에 한결같이 적용 가능한 도구가 있으니, 그것이 바로 게임이론이다. 게임이론은 사회과학의 모든 분야에 적용할 수 있는 강력한 분석 도구이다."[83] 그러나 오스트롬의 목록에는 게임이론 초기에 등장했던 응용 분야 하나가 누락되어 있었다. 경제학자들이 노이만과 모르겐슈테른의 『게임이론』을 읽으며 머리를 긁적이고 있을 때. 이 책의 가치를 제일 먼저 간파한 집단은 다름 아닌 미국 군대였다. 전략가들의 눈에 『게임이론』이 핵무기 전략을 수립하는 지침서로 보였던 것이다. 그 후 캘리포니아 샌타모니카 해변에서 한 블록 거리에 위치한 RAND 연구소RAND corporation에는 최고의 두뇌들이 모여 글로벌 정책과 핵무기 전략을 수립하기 시작했고, 이들 중 상당수는 "상상할 수 없는 것을 생각하는" 게임이론 전문가들이었다.

The Man from the Future

7장

게임이 된 전쟁

RAND 연구소와 전쟁의 과학

"도덕과 윤리에 최고의 가치를 부여해온 우리의 문명,
그리고 게임이론 말고는 모든 사람이 한꺼번에 죽는 사태를
걱정할 필요가 없었던 우리의 문명은
앞으로 어떤 길을 가게 될 것인가?"
— 로버트 오펜하이머, 1960

소련 공산당 기관지 《프라우다Pravda》는 분홍색과 흰색 회반죽으로 덮인 건물을 소개하면서 "죽음과 파괴를 몰고올 미국 먹물들(지식인)의 본거지"로 낙인찍었다. 그 후 2003년에 현대식 건물로 이전했지만, RAND는 여전히 미−소 냉전과 핵 저지력의 냉담한 논리를 상징하는 단어로 통용되고 있다.[1] RAND의 악명이 절정에 달했던 1960년대에 미국의 포크 가수 피트 시거Pete Seeger가 〈RAND 찬가The RAND Hymn〉라는 곡을 발표했는데, 1절 가사만 소개하면 다음과 같다.

> 오, RAND 연구소는 세상을 위한 곳이라네.
> 그들은 돈을 받고 하루 종일 생각하지.
> 그들은 앉아서 불꽃을 일으킬 게임을 하고 있다네.
> 문제는 너와 나, 그리고 꿀벌이 게임에 나온다는 거지.
> 그들은 너와 나를 이용하고 있다네.[2]

RAND 연구소의 직원들에게 "설립자가 누구냐"고 물으면, 다들 이상한 눈으로 노려보거나 먼 하늘만 바라본다. 그러나 관련 정보를 종합해서 생각해볼 때, 가장 유력한 사람은 제2차 세계대전 때 미국 공군 사령관이었던 헨리 햅 아널드Henry 'Hap' Arnold일 것이다. 그는 전쟁 기간 내내 강력하면서도 독자적인 군대의 필요성을 강조했고, 적을 공격할 수만 있다면 어떤 희생도 감수할 수 있는 사람이었다. 미국 전쟁부 장관 헨리 스팀슨이 독일 동부의 도시 드레스덴 폭격 작전에 회의적인 반응을 보였을 때, 그는 단호하게 말했다. "물렁하게 보여선 절대 안 됩니다. 모름지기 전쟁이란 파괴적이어야 하고, 어느 정도는 비인간적이고 무자비할 필요도 있는 겁니다!" 아널드가 안타깝게 여겼던 것은 독일 폭격이 너무 느리게 진행된다는 것뿐이었다. 그는 전쟁에 동원된 과학자들에게 아무도 상상하지 못한 강력하고 끔찍한 폭탄을 만들라고 다그쳤고,[3] 과학자들은 그의 지시를 따를 수밖에 없었다. 아널드의 별명은 그의 쾌활한 성격 때문에 붙은 것이라고 한다. 그의 중간이름 'Hap'은 'Happy'의 약자였다.

"연구만 하고 개발은 안 하는 팀"

전쟁이 끝나기 몇 달 전부터 아널드는 미국의 군사력 증강을 위해 애써 모아놓은 전문 지식과 고급 인력이 종전과 함께 흩어지는 것을 걱정하기 시작했다. 예지력이 뛰어났던 그는 대륙간탄도미사일

Intercontinental Ballistic Missile(ICBM)의 출현을 예고하기도 했다. 그가 1943년에 작성한 보고서가 이것이 사실임을 입증한다. "머지않은 미래에 어디선가 정체 모를 무언가가 우리를 향해 날아올지도 모른다. 우리는 그것을 볼 수도, 들을 수도 없지만, 그중 하나라도 제대로 떨어지면 워싱턴 정도의 도시는 순식간에 잿더미로 변할 것이다."[4]

아널드의 확신에 찬 주장은 계속된다. "다가올 전쟁에서 주도권을 잡으려면 과학자를 양성해야 하고, 그 일은 반드시 공군이 맡아야 한다. 지난 20년 동안 우리는 주로 조종사에 초점을 맞춰서 공군을 운영해왔지만, 유인 비행기로 폭탄을 실어 나르는 시대는 곧 끝날 것이다. 지금부터 우리는 20년 후에 무엇이 필요할지 신중하게 생각해야 한다."[5] 그는 1944년 11월 7일에 수석 과학고문에게 다음과 같은 편지를 썼다. "저는 미국의 안보가 전문 과학자들의 손에 달려 있다고 굳게 믿습니다. 전쟁이 끝난 후에도 미국 공군이 언제 터질지 모를 차기 전쟁에 대비하려면 굳건한 토대 위에서 연구·개발이 계속 진행되어야 합니다."[6]

이 편지를 받은 테오도르 카르만은 이 책의 2장에서 이미 만났던 사람이다. 노이만의 아버지 믹사가 "우리 아들이 수학과에 가지 않도록 설득해달라"고 간곡히 부탁했던 저명한 항공공학자, 바로 그 카르만이었다. 역사상 가장 잔혹한 전쟁이 한창 진행되는 와중에도, 아널드는 그의 과학고문인 카르만(당시 그는 미국 시민권을 획득한 후 캘리포니아 공과대학의 항공공학연구소 소장으로 재직 중이었다)에게 아직 일어나지도 않은 전쟁의 모든 가능성을 조사하여 대비책을 강구하라고 다그친 것이다.[7] 아널드가 1949년에 저술한 책에는 이렇게 적혀 있다. "나는 과학자들에게 계속 생각하라고 당부했다. … 초음속 비행기와 무인 비행기, 더욱 강력한 폭탄 … 첨단 비행기와 미래형 비행기의 공격을 막아내는 방어 전술 … 통신 체계 … 텔레비전 … 일기예보, 의술, 원자력에너지 등등 … 미래의 공군력 증강에 도움이 되는 것은 하나도 빼지 말고 하루 종일 생각하라고 했다."[8]

그로부터 9개월 후, 카르만과 그의 동료들은 「새로운 지평을 향하여Toward New Horizon」라는 제목이 붙은 33권짜리 보고서를 제출했고,[9] 묵직한 보고서를 받은 아널드는 며칠 동안 꼼꼼하게 읽은 후 매우 흡족한 표정을 지었다. 이 보고서에서 카르만은 "공기역학과 전자공학, 그리고 핵물리학에서 이룩한 과학적 발견은 미래 공군력의 새로운 지평을 열었다"고 선언한 후, ICBM과 드론drone(무인항공기) 등을 제작하는 데 필요한 기술 개발 과정을 수백 페이지에 걸쳐 나열해놓았다(대부분의 정보는 독일이 항복한 후 미국으로 데려온 독일 과학자들로부터 얻은 것이다). 그중에서도 훗날 RAND 연구소의 초석이 될 기본 개념은 '과학의 응용-운영 분석'이라는 작은 섹션에 실려 있었는데, 그것은 바로 전쟁 기계의 '두뇌'에 관한 내용이었다. 미국은 제2차세계대전을 치르는 동안 임무계획mission-planning과 관련된 전문 기술을 부지런히 개발해왔는데, 카르만의 보고서는 "전쟁이 끝났다고 해서 그 일을 그만두는 것은 엄청난 실수"라고 경고하고 있었다. 단, 전선의 지휘관과 참모들에게 집중되었던 지원을 전쟁이 끝난 후에는 과학자들에게 돌려서, 핵무기 개발 프로젝트가 평화 시에도 정상적으로 진행되도록 관리해야 한다고 강조했다. 물론 여기에는 각종 통계 자료와 기술, 경제, 그리고 정치인들의 적극적인 협조가 필수

적이었다.

「새로운 지평을 향하여」는 기대를 훨씬 넘어서는 훌륭한 보고서였지만 당장은 전쟁에서 이기는 게 급선무였기에(1945년 8월 초는 태평양 전쟁의 광기가 절정에 달했던 시기였다－옮긴이), 아널드는 1945년 9월에 프랭크 콜봄Frank Collbohm이 자신의 사무실을 방문할 때까지 보고서에서 요구한 조치를 단 한 건도 실행에 옮기지 않았다. 다부진 체격의 콜봄은 1928년에 더글러스에어크래프트사Douglas Aircraft Company에 입사한 전직 시험비행사로서, 전쟁이 끝날 무렵 더글러스사는 미국 최고의 항공기 제조 업체로 성장했고, 콜봄은 회사의 설립자인 도널드 더글러스Donald Douglas의 오른팔이었다. 또한 그는 아널드 못지않게 귀도 밝은 사람이었다. 전쟁 기간 중에 콜봄은 한 공군 장성에게 MIT에서 개발한 최첨단 레이더 시스템을 소개한 적이 있는데, 얼마 후 그 장성으로부터 B-29 폭격기를 일본 본토 폭격에 적합하도록 개조해달라는 요청을 받았다. 콜봄은 항속 거리와 기체의 무게, 그리고 폭탄 탑재량을 신중하게 검토한 후 "기체에 부착된 대부분의 장갑판을 떼어내고, 기관총도 테일건tail gun(비행기의 후미에 설치된 기관총－옮긴이)만 남기고 모두 제거하면 B-29의 항속 거리가 길어지고 폭탄도 더 많이 실을 수 있다"고 권고했다. 콜봄의 제안을 받아들인 공군은 튼튼하기로 유명했던 B-29를 거의 깡통 수준으로 개조해서 일본으로 출격시켰고, 일본의 주요 도시와 시민들은 쏟아지는 폭탄에 지옥 같은 나날을 보내야 했다. 콜봄은 미래의 전쟁에서 과학이 승패를 좌우한다는 것을 누구보다 잘 알고 있었다. 그러나 전쟁이 막바지에 접어들었을 때 군에 종사하던 과학자들이 약속이나

한 듯 일제히 대학으로 돌아가는 모습을 보면서 머릿속이 복잡해졌다.

일본이 항복하고 몇 주가 지난 후, 콜봄은 워싱턴 D.C.에 있는 아널드의 집무실을 방문했다.

"장군님, 제가 요즘 걱정이 많습니다. 특히 공군은 말이죠…."

(쿵!" 하고 책상을 세게 내리치며) "프랭크, 말 안 해도 다 알아요. 그게 바로 우리가 지금 당장 해야 할 가장 중요한 일이오!"

"역시 다 아시는군요. 여기 더글러스 회장님께서 직접 작성한 제안서를 가져왔습니다. 공군의 무기 개발을 지원하는 연구팀을 회사에서 독립적으로 운영하고 싶다고 하더군요."

"어찌 이리도 이쁜 말만 골라서 하실까. 정말 마음에 듭니다!"[10]

그 후로 아널드와 더글러스는 가까운 친구가 되었고, 몇 년 후에는 아널드의 아들과 더글러스의 딸이 결혼하면서 친구를 넘어 사돈지간이 된다. 아무튼, 그날 아널드는 콜봄에게 "이틀 후 더글러스와 함께 점심 식사나 하자"면서 샌프란시스코 해안 북쪽에 있는 해밀턴 공군기지로 두 사람을 초대했다.

콜봄은 그 즉시 제일 먼저 출발하는 비행기(민항기가 아니라 B-25 폭격기였음)를 타고 본사가 있는 샌타모니카로 날아가서 더글러스와 회사 중역 몇 명에게 기쁜 소식을 전했다. 물론 문제될 것이 없었기에 계약은 일사천리로 진행되었다. 아널드는 전시 연구 예산 중 아직 사용하지 않은 1,000만 달러를 더글러스에어크래프트사에 결성될 연구팀에게 지원하기로 약속했고, 더글러스는 샌타모니카 본사에 새 조직을 위한 특별 공간을 마련하기로 했다. 이때 더글러스사의 수석엔지니어인 아서 레이먼드Arthur Raymond가 '연구·개발Research ANd Development'이라는 뜻의 RAND를 새 연구팀의 명칭으로 제안했다고 한다. 콜봄은 마땅한 사람이 나타날 때까지 연구팀을 이끌기로 했는데, 그의 '임시직'은 향후 20년 동안 그대로 유지되었다. 그러나 최고 전문가들만 모였다는 싱크탱크에서는 한동안 아무런 무기도 만들지 않은 채 연구 보고서만 잔뜩 쌓여갔다. '연구·개발팀'이 아니라 '연구만 하고 개발은 안 하는 팀Research And No Development'이라는 이름이 더 어울릴 정도였다. 일부 육군 장성은 그곳을 가리켜 "담배 연기로 가득 찬 안경잽이 먹물 동호회"라고 빈정대기도 했다.

1946년 3월 1일, 공군 대표가 계약서에 서명을 휘갈기면서 드디어 프로젝트 RAND가 공식으로 출범했다. 세부 조항에는 "지원금은 공중전을 포함하여 공군에게 요구되는 광범위한 전술과 과학기술을 지속적으로 연구·개발하는 데 사용된다"고 명시되어 있었다. 초기에 RAND에 고용된 과학자와 수학자들은 핵추진 장치에서 항공기 개발에 이르는 다양한 기술 프로젝트에 투입되었으며, 드디어 1946년 5월 2일에 최초의 싱크탱크 정식 보고서가 완성되었다. 「실험적 지구 선회 우주선의 사전 설계Preliminary Design of an Experimental World-Circling Spaceship」라는 거창한 제목이 달린 이 보고서의 결론은 다음과 같다. "현대의 과학기술은 인공위성을 설계하는 수준까지 발전했다. 이 기술은 20세기의 가장 강력한 과학 도구 중 하나가 될 것이며, 인류의 상상력을 한껏 자극하여 원자폭탄 못지않은 반향을 일으킬 것이다." 그러나 그로부터 11년 후에 소련이 스푸트니크 Sputnik 위성을 지구 궤도에 올리면서 미국을 한없이 초라하게 만들었고, 자존심이 상할 대로 상한 미군은 우주 경쟁과 군비 경쟁에 모든 자원을 쏟아붓기 시작했다.

좋은 분위기에서 시작했던 RAND와 더글러스의 관계는 얼마 가지 않아 빠르게 악화되었다. 더글러스는 "공군이 특정 기업을 편애한다는 비난을 피하기 위해 더글러스에어크래프트의 경쟁사에게 일거리를 퍼주고 있다"며 불만을 토로했고, 규모가 커진 RAND의 수학자와 사회과학자들은 "마치 구속복을 입고 일하는 느낌"이라며 회사의 경직된 분위기를 비난했다. 콜봄에게 다섯 번째로 고용된 천문학자 존 윌리엄스John Williams도 이 점을 지적한다. "원래 학구적인 사람들은 생활 습관이 불규칙하다. 그들에게 8시 칼출근과 5시 칼퇴근을 강요하는 건 일을 하지 말라는 것이나 다름없다."[11] 심지어 연구원들은 칠판과 분필에도 불만을 쏟아냈다. 분명히 네 가지 색 분필을 청구했는데, 정작 배달된 것은 흰색 분필 한 종류뿐이라는 것이다. 오만가지 일로 갈등을 겪던 끝에 결국 1948년 5월 14일에 '프로젝트 RAND'는 'RAND 연구소'라는 독립적 비영리조직으로 재편성되었고(당시 연구원은 200명이 넘었다), 수시로 마찰을 빚었던 더글러스에어크래프트와 작별을 고했다.

현실로 다가온 '경쟁의 과학'

공학 및 물리학 분야에서 RAND가 추구하는 경향은 윌리엄스가 영입된 후로 커다란 변화를 맞이하게 된다. 그는 응용수학위원회 Applied Mathematics Panel(국방연구위원회의 산하기관 - 옮긴이)의 전시 책임 자이자 콜봄의 가까운 친구였던 워런 위버의 추천을 받아 1946년에 RAND에 합류했다.[12] 응용수학위원회는 콜봄이 "평화시에 해야 한 다"고 주장했던 바로 그 연구를 전쟁 기간 중에 수행하면서 군 관계 자들을 헛갈리게 만들었다.

위버는 한때 수학과 교수였지만 대책 없이 꿈만 크면서 일류의식 에 사로잡힌 반사회적 천재를 양성하는 일에는 별로 관심이 없었으 며, 그런 일에 매진하는 동료 교수들도 마땅치 않게 생각했다.[13] 이런 그가 윌리엄스를 RAND에 추천한 것은 그만큼 실용적인 업무에 능 했기 때문이다. 윌리엄스는 1937년에 애리조나 대학교를 졸업한 후 프린스턴 대학교 천문학과 박사학위 과정에 입학했으나, 제2차 세 계대전 발발 후 전쟁 관련 업무에 종사하느라 끝내 학위를 받지 못 했다.

응용수학위원회는 제2차 세계대전 기간 동안 물리학자 패트릭 블 래킷Patrick Blackett이 영국에서 새로 개발한 '작전 연구operation research' 프로젝트를 지원했다. 작전 연구의 목적은 과학을 이용하여 전시에 발생한 문제를 해결하는 것으로, 기본 개념은 아주 단순하다. 가능 한 한 많은 데이터를 수집·분석해서 가설을 세우고, 현장에서 가설 을 테스트하여 이상적인 해결책을 찾아내는 것이다. 1941년부터 연안방위대에 합류한 블래킷은 9개월 만에 독일 U-보트U-boat를 상대하는 영국 공군의 작전에 연구를 적용하여 몇 가지 문제점을 찾아냈는데, 그중 하나가 폭뢰depth bomb(공중에서 투하하여 일정한 수심에 도달하면 폭발하는 수중 폭탄-옮긴이)와 관련된 문제이다. 블래킷과 그의 팀원들은 정밀한 계산을 수행한 끝에 폭뢰의 폭발 수심을 기존의 30미터에서 7.5미터로 수정할 것을 권고했고, 덕분에 영국 공군의 공격 성공률이 2.5배나 높아졌다. 그 여파가 얼마나 컸는지, U-보트 선원들 사이에 "영국이 새로운 수중 폭탄을 개발했다"는 소문이 돌았다고 한다.[14] 여기에 고무된 군 지휘부는 이들의 조언에 더욱 귀를 기울이기 시작했고, 전쟁이 끝날 무렵 미국, 캐나다, 영국에서 작전 연구에 동원된 과학자는 무려 700명에 달했다.

전쟁이 끝난 후 군 지휘부는 또 다른 문제에 직면했다. 전쟁을 치르면서 얻은 귀한 지식을 어디에, 어떻게 활용해야 하는가? 국방 예산이 현저하게 줄어든 상황에서 신무기 개발이나 군사 작전에 필요한 지출은 다른 지출 항목과 신중하게 비교되어야 했다. 위버는 이 문제를 해결하기 위해 각 항목의 장단점을 분석하여 점수로 나타내는 '군사적 가치 산출법'을 제안했고, 이 작업을 수학적으로 완벽하게 처리할 수 있는 도구는 게임이론뿐이었다. 위버는 1946년에 제출한 보고서에서 이 사실을 분명하게 지적했다. "군사적 가치는 경제 이론에서 일반적으로 통용되는 '효용성'의 개념과 밀접하게 관련되어 있다." 이어서 그는 노이만과 모르겐슈테른의 『게임이론』을 언급하며 다음과 같이 주장했다. "지금 우리가 직면한 문제의 해답은 게임이론의 원조라 할 수 있는 이 뛰어난 책에서 찾아야 한다. 왜냐하면 이 책은 경쟁에서 야기되는 모든 문제를 수학적으로 분석하여 최선의 답을 제시하고 있기 때문이다."[15]

1947년 9월, RAND에서 주최한 뉴욕학회에서 위버는 초기 조직을 위한 선언문을 낭독했다. "작전 연구는 오직 전쟁이라는 절박한 상황에서 탄생했습니다. 그러나 RAND는 평화로운 시기에도 전시에 획득한 기술을 십분 활용하여 일반적인 전쟁 이론을 분석할 수 있는 환경을 만들어줄 것입니다." 체스 챔피언 에마누엘 라스커가 꿈꿨던 '경쟁의 과학'이 드디어 현실로 다가온 것이다. 위버는 선언문을 계속 읽어나갔다.

이 자리에 계신 분들은 무지와 맹신 속에 표류하는 삶보다 합리적인 삶에 관심이 많고, 또 그렇게 살기 위해 노력하고 계시리라 믿습니다. 저는 전쟁보다 평화에 관심이 많습니다. 여러분도 저와 같으리라 생각합니다. … 또한 여러분은 민주주의의 이상을 실현하고, 사업을 운영하고, 집안 청소를 하고, 외국과의 관계를 개선하기 위해 최선을 다하고 계십니다. 따라서 이런 일의 가치가 얼마나 크고 귀한지는 굳이 말을 하지 않아도 잘 알고 계실 것입니다.[16]

지금도 RAND의 분석가들은 '합리적인 삶'에 인생을 바쳐온 자신을 매우 자랑스럽게 생각하고 있다. 그러나 (국내뿐만 아니라 국경 밖에서도) 평화와 민주주의에 헌신하겠다는 공약은 항상 의심을 받아왔고, 이 의문은 앞으로도 끊임없이 제기될 것이다.

위버의 제자인 윌리엄스가 RAND에 고용되었을 때, 그는 '군사적 가치 평가'를 전담한 새 연구팀을 이끌었다. 게임이론 마니아였던 그는 『전술대전The Compleat Strategyst』이라는 유머러스한 게임이론 입문서를 집필했는데, 만화 캐릭터로 등장한 RAND의 분석가들이 재미있는 농담을 주고받는 형식이어서 일반대중에게 큰 호응을 얻었다. 러시아어를 포함하여 최소 5개 언어로 번역된 이 책은 지금도 RAND에서 출간한 가장 인기 있는 출판물로 남아 있다.

윌리엄스는 RAND에 고용된 즉시 해당 분야의 전문가를 모집하기 시작했다. 1950년에 작성된 RAND의 연례보고서를 보면, 게임이론이 그들에게 어떤 의미였는지 한눈에 알 수 있다.

> 전략 폭격과 대공 방어, 공중 보급, 공중 지원, 심리전 등 RAND에서 연구·개발한 모든 정보는 수학적 분석을 통해 하나의 모형으로 통합된다. … 이 일반적인 연구에서 우리를 인도하는 철학은 … 노이만과 모르겐슈테른의 『게임이론』에서 찾을 있다.[17]

윌리엄스는 향후 20년 동안 연구원들의 지적 성취 동기를 높이고 RAND의 연구 환경을 개선하기 위해 동분서주하다가 1964년에 54세의 나이로 세상을 떠났다. 그중에서도 윌리엄스의 최고 업적으로 꼽히는 것은 RAND의 부속기관으로 설립된 사회과학 분과와 경제 분과이다. 두 조직은 결성된 직후부터 빠르게 성장하여 기존의 건물로는 감당이 안 될 지경에 이르렀고, "연구원들 간의 소통"을 최우선으로 생각했던 윌리엄스는 자신의 뜻이 반영된 새 건물을 해변가에

지어서 1953년에 두 부서를 이전시켰다. 그가 내렸던 대부분의 결정이 그랬던 것처럼, 이 조치도 시대를 앞서가는 윌리엄스의 안목이 제대로 빛을 발한 사례이다.

체중 135킬로그램의 거구였던 윌리엄스는 삶을 즐길 줄도 아는 사람이었다. 그는 RAND의 기술자에게 특별히 부탁해서 자신의 애마인 갈색 재규어에 캐딜락 슈퍼차저(과급기)를 장착한 채 태평양 연안 고속도로를 시속 240킬로미터로 내달렸고, 퍼시픽 팰리세이즈에 있는 그의 집에서는 거의 매일 밤 술파티가 열렸다. 파티가 끝날 즈음에는 한 시대를 대표하는 지성인들이 완전 떡이 되어 거실 바닥에 뒹굴곤 했는데, 이 책을 처음부터 읽은 독자라면 어디선가 본 듯한 광경일 것이다. 바로 그렇다. 프린스턴 대학원생 시절 노이만의 강의에 흠뻑 빠졌던 윌리엄스가 그의 학문적 기질뿐만 아니라 못 말리는 술버릇까지 배운 것이다. 사실 RAND는 설립 초기부터 노이만의 정신을 충실하게 이어받은 연구소였다. 설립 이념과 연구 분야, 연구 방법, 연구원들의 성향 등 노이만이 그곳에 없다는 사실만 빼면 거의 "노이만에 의한, 노이만의 연구소"라 불러도 손색이 없을 정도였다.

1947년 12월 16일, 윌리엄스는 노이만에게 다음과 같은 편지를 보냈다. "우리는 당신의 관심사와 관련된 일련의 문제에 대해 당신과 상의할 수 있기를 희망합니다. 자세한 내용은 우편으로 보내드릴 수도 있고, 직접 만나주신다면 더욱 좋습니다. RAND에서 작성한 모든 연구 논문을 보내드릴 테니 한번 검토해주시기 바랍니다. 귀하께서 어떤 반응을 보이건(인상 찌푸리시건, 힌트를 주시건, 의견을 주시건),

우리에게는 무조건 도움이 되리라 확신합니다." 윌리엄스는 그 대가로 일반 근로자의 평균 급여에 해당하는 200달러를 매달 지급하겠다고 제안했다. 그래도 노이만이 거절할 수도 있다고 생각했는지, 윌리엄스는 편지의 말미에 다음과 같이 덧붙였다. "우리를 위해 별도로 시간을 내실 필요는 없습니다. 아침에 면도하는 동안 생각해주시는 것만으로 충분합니다. 어떤 내용이어도 좋으니, 면도 중 아이디어가 떠오를 때마다 우리에게 알려주시면 됩니다."[18]

"자, 이제 점심 먹으러 갑시다!"

노이만은 그다음 해부터 RAND의 자문에 응하면서 로스앨러모스와 프린스턴에서 그랬던 것처럼 사람들을 즐겁게 해주었다. 그가 연구소 복도를 거닐 때마다 사람들이 몰려와서 질문을 퍼부으며 북새통을 이뤘고, 윌리엄스는 장난삼아 까다로운 수학 문제를 내주곤 했다. 물론 그의 목적은 노이만이 당황하는 모습을 보는 것이었지만, 뜻대로 된 적은 한 번도 없다.[19] 그 무렵 RAND의 연구원들 사이에는 "동전을 허공에 던졌을 때 앞면이 나올 확률과 뒷면이 나올 확률, 그리고 옆으로 똑바로 설 확률이 모두 같으려면, 동전의 두께와 반지름의 비율은 얼마가 되어야 하는가?"라는 문제가 화젯거리로 떠올랐는데, 노이만이 즉석에서 답을 제시하자 윌리엄스는 기술자에게 당장 그런 동전을 만들어 오라고 지시했고, 노이만의 처방에 따라 절삭기로 갈아서 만든 두툼한 동전은 정말로 모든 확률이 똑같았다.[20]

노이만은 RAND의 분석가들 못지않게 전술 문제에 관심이 많았다. 그는 어렸을 때부터 동생들과 크리그스필 게임Kriegspiel game(18세기 스타일의 전쟁 놀이 게임. 그래프 용지에 전투 지형을 그려 나가는 식으로 진행된다)을 하면서 전술 감각을 익혔는데, 이와 비슷한 버전의 게임이 RAND의 연구원들 사이에 유행하고 있었다. 또한 그는 '군사적 가치'라는 개념에 꽤 익숙하여 게임이론과 연결시키는 데에도 많은 도움을 주었다. 윌리엄스로부터 귀가 솔깃한 편지를 받기 몇 달 전인 1947년 10월 1일에 조지 댄치그George Dantzig라는 통계학자가 노이만을 방문한 적이 있다. 한때 공군과 응용수학위원회의 연락 담당관이었던 그는 군대에 필요한 보급품과 창고에 보관된 가용 자원을 가능한 한 빠르고 효율적으로 조율하는 문제를 연구하는 중이었다. 1940년대에는 미 공군의 예산 정책이 지나칠 정도로 구식이어서, 임무 수행에 필요한 병력과 보급품의 규모를 산출하는 데 반년 이상 걸릴 때도 있었다. 댄치그는 이런 폐단을 줄이기 위해 '선형 프로그래밍linear programming'이라는 완전히 새로운 방식을 개발하여 1947년에 최소의 비용으로 병사들에게 영양식을 공급하는 다이어트 프로그램에 적용했다.[21] 그러나 전투와 직접적인 관련이 없는 단순한 문제임에도 불구하고 계산이 불가능할 정도로 큰 숫자가 마구 튀어나오는 바람에, 계산의 대가인 노이만을 찾아와 도움을 청하게 된 것이다. 댄치그(그는 1952년에 RAND에 합류했다)는 최대한 예의를 갖춰서 자신이 직면한 문제를 설명해나가기 시작했다.

"시간을 내주셔서 감사합니다. 저희 군에서는 평소 교수님의 헌신적인 도움에 깊이 감사하고 있으며…."

"아, 인사치레는 됐고, 요점이 뭡니까?"

살짝 기분이 상한 댄치그는 분필 하나를 집어들고 기하학과 대수학이 마구 섞인 복잡한 수식을 칠판에 써 내려가기 시작했다. 어찌나 흥분을 했는지, 칠판을 가득 채우는 데 1분도 걸리지 않았다.

(의자에서 벌떡 일어서며) "아하, 그거였군요! 그 문제라면 제가 좀 압니다."

곧바로 선형 프로그램의 수학 이론에 대한 노이만의 강의가 이어졌고, 댄치그는 거의 한 시간 동안 벌어진 입을 다물지 못한 채 노이만의 설명을 경청했다.

"정말 기가 막히는군요! 제가 그동안 이 분야의 책과 논문을 샅샅이 뒤져봤는데, 이런 해법은 처음 봅니다."

"제가 이런 아이디어를 마술사의 카드처럼 쉽게 끄집어냈다고 생각하지 않으셨으면 합니다. 최근에 오스카 모르겐슈테른과 함께 게임이론에 관한 책을 썼는데, 그 책의 주제와 당신이 가져온 문제가 매우 비슷하군요. 우리가 개발한 게임이론을 적용하면 해결할 수 있을 겁니다."[22]

노이만은 댄치그의 최적화 문제가 2인 제로섬 게임의 최대최소 정리와 수학적으로 연결되어 있음을 금방 알아차렸고, 그 덕분에 댄치그의 문제를 "해결 가능한 문제"와 "해결 불가능한 문제"로 빠르게 분류할 수 있었다. 오늘날 선형 프로그램은 데이터센터 내부에 서버를 배치하는 문제에서 백신의 구매 및 배포에 이르기까지, 다양한 문제의 해법으로 활용되고 있다.

군 소속 수학자의 당면 문제와 공군의 수요가 맞물려서, 1948년 RAND의 주요 목표는 노이만의 세 가지 관심사인 컴퓨터와 게임이론, 그리고 핵폭탄에 집중되었다. 그 후로 몇 년 동안 노이만은 샌타모니카에 있는 싱크탱크를 수시로 방문하면서 자신의 취향에 딱 맞는 일에 몰두할 수 있었으며, 노이만이 없을 때에도 RAND에서 그의 영향력은 절대적이었다. RAND의 경제 분과에서 일했던 잭 허슐라이퍼Jack Hirshleifer는 훗날 그 시절을 회상하면서 "노이만은 누구나 인정하는 왕이었다"고 했다.[23]

'슈퍼Super(수소폭탄)'와 관련된 초기 계산에는 몬테카를로 시뮬레이션을 위한 난수가 반드시 필요했기 때문에, RAND의 엔지니어들은 난수를 생성하는 전자장치를 만들었다. 얼마 후 이 내용은 『무작위로 생성된 100만 개의 수와 10만 정규편차A Million Random Digits and 100,000 Normal Deviates』라는 책으로 출간되었는데, 느닷없이 베스트셀러 목록에 오르면서 주변 사람들을 놀라게 했다(정규편차normal deviates는 표본의 편차를 표준편차로 나눈 값으로, 표본들 사이의 유사성을 나타내는 지표로 사용된다-옮긴이). 1949년에 윌리엄스는 RAND의 연구팀을 이끌고 이제 막 간판을 올린 전자컴퓨터 개발 회사들을 순회 방문했다. 그러나 자신의 계획이 어느 곳에서도 실행되지 않는다는 사실을 깨닫고 "더 없이 우울한 풍경"이라며 불평을 늘어놓았다.[24]

RAND는 미국 최고의 컴퓨팅 전문가인 노이만에게 의지하는 수밖에 없었고, 노이만은 반 농담조로 물었다. "그게 꼭 컴퓨터로 해야 하는 일입니까?" 《포천》의 기자 클레이 블레어Clay Blair의 기사에 의하면, RAND의 과학자들은 기존의 방법으로는 도저히 풀 수 없는 문제를 들고 노이만을 찾아갔다고 한다.

과학자들의 열띤 설명을 경청한 후, 노이만이 말했다. "여러분, 문제가 뭔지 정확하게 말씀해주시겠습니까?"

RAND의 과학자들은 판서를 하고 차트를 넘기면서 또다시 두 시간에 걸친 장황한 설명을 이어나갔고, 노이만은 손을 머리카락 속에 파묻은 채 가만히 앉아 있었다. 프레젠테이션이 끝나자 노이만은 노트에 무언가를 끄적이더니 멍하니 바라보았다. RAND의 과학자들은 그가 "지나치게 복잡한 설명을 듣다가 정신줄을 놓은 것 같았다"고 했다. 잠시 후 노이만이 입을 열었다. "여러분, 이 문제는 컴퓨터가 없어도 됩니다. 제가 답을 알고 있거든요."

할 말을 잃은 채 눈만 끔뻑이는 과학자들 앞에서 노이만은 문제의 해답으로 가는 몇 가지 단계를 간단명료하게 설명한 후, 아무도 거절할 수 없는 제안을 했다. "자, 이제 점심 먹으러 갑시다!"[25]

RAND는 그들에게 주어진 최선의 대안을 선택했다. 프린스턴 고등연구소에서 진행 중인 노이만의 컴퓨터 프로젝트에 편승하기로 한 것이다. 얼마 후 프린스턴으로 파견된 RAND의 연구팀은 같은 목적으로 전 세계에서 모여든 사람들과 함께 두 눈을 부릅뜨고 골드스타인과 노이만의 컴퓨터가 업데이트되는 과정을 지켜보았다. 이 일을 계기로 1949년부터 1951년까지 고등연구소 프로젝트에 참여했던 윌리스 웨어Willis Ware라는 공학자가 1952년에 RAND로 영입되었는데, 그는 향후 55년 동안 그곳에 머물면서 RAND의 컴퓨터과학 분과를 이끌었다(컴퓨터과학 분과는 1960년에 창설되었다).

RAND 머신은 1953년에 가동되기 시작하여 몬테카를로 폭탄 시뮬레이션과 댄치그의 병참 문제에 동원되었다. 사람들은 이 컴퓨터를 "존 폰 노이만의 수치적분 및 자동 컴퓨터John von Neumann Numerical Integrator and Automatic Computer"의 약어로 JOHNNIAC(조니악)이라 불렀고, 컴퓨터 옆의 벽에는 노이만의 사진이 담긴 액자가 보란 듯이 걸려 있었다.

처음에 노이만은 RAND에서 게임이론을 개선하는 데 집중했다. 1947년에 윌리엄스가 편지를 통해 "한동안 게임이론의 응용에 주력할 것"이라는 뜻을 밝혔을 때, 노이만은 매우 긍정적인 답장을 보내왔다. "당신이 열성적으로, 그리고 성공적으로 추진해온 게임이론 프로젝트는 제게도 매우 커다란 관심사입니다. 이 점에 관해선 두말하면 입이 아플 정도지요."[26] 노이만은 RAND의 수학자들이 제출한 게임이론 보고서를 면밀히 살펴보았다. 그가 이전에 출간했던 책에서는 주로 2인 게임과 n-게임의 해를 찾는 데 주력했었지만, 이제 노이만의 관심은 이론적 해를 찾는 것보다 실질적인 해를 계산하는 쪽으로 옮겨간 상태였다. 그는 1948년 3월에 위버에게 다음과 같은 제안서를 제출했다. "최근에 저는 2인 게임의 '최적해optimal solution'를 계산하면서 많은 시간을 보냈습니다. 지금 우리가 만드는

JOHNNIAC 머신.

머신으로 실행 가능한 방법을 찾는 것이 저의 목표입니다. 제가 생각 중인 계산 절차는 수백 가지 게임 전략에 적용할 수 있을 것입니다."

RAND에서 특별한 관심을 갖고 오랫동안 연구해온 주제 중에 '수학적 2인 결투mathematical duel'라는 것이 있다. 지난 20여 년 동안 이 문제와 관련하여 수백 편의 논문과 책이 출간되었는데, RAND에서는 다양한 상황에 적용할 수 있도록 문제를 크게 단순화시켰다. 예를 들면 전시에 두 대의 비행기나 두 대의 탱크, 또는 폭격기와 전함이 일대일로 맞붙은 경우이다. 분석가의 입장에서 볼 때, 2인 결투는 2인 제로섬 게임의 수학적 논리를 실전 데이터(제2차 세계대전 등)에 적용할 수 있는 좋은 사례이다. RAND의 2인 결투에서 각 플레이어는 가능한 한 발사를 자제하다가 결정적 순간에 '필살의 한 방'을 날리되, 반드시 상대방보다 먼저 쏴야 한다. RAND의 수학자들은 2인 결투에서 벌어질 수 있는 모든 가능한 상황을 수학적으로 분석하여, 두 결투자 모두 상대방의 총소리를 들은 경우를 '시끄러운 결투noisy duel', 둘 다 상대방의 총소리를 듣지 못하거나 언제 발사했는지 모르는 경우를 '조용한 결투silent duel'로 정의했다. 또한 두 결투자는 총알을 2개 이상 갖고 있으며, 명중률은 각기 다를 수도 있다. RAND에 상주하는 연구원과 일시적으로 방문한 객원연구원들은 서로 경쟁하듯 가능한 시나리오를 일일이 분석하여 모든 경우에 정확한 해를 찾아냈다.[27]

그중에서 「조용한 결투Silent Duel」와 「총알 1개 대 2개, 동일한 명중률One Bullet Versus Two, Equal Accuracy」을 포함하여 여러 편의 논문을 쓴 사람이 있었으니, 그가 바로 미국에서 제일 유명한 과학자 할로 섀플리Harlow Shapley의 아들인 로이드 섀플리Lloyd Shapley였다. 그는 하버드 대학교에서 수학을 공부하던 중 전쟁이 발발하자 학업을 중단하고 자원 입대한 열혈 청년이었는데, 그에게 주어진 임무는 중국에 주둔하면서 그 지역에 암호로 송출되는 소련의 일기예보를 해독하여 미국 공군에게 전달하는 것이었다(원래 이 암호의 수신자는 일본군이었다). 전쟁이 끝난 후 하버드로 돌아왔지만 더 이상 공부에 흥미를 잃은 그는 자신이 복무했던 공군의 소개로 RAND에 취직하여 윌리엄스가 이끄는 군사가치 평가부서Military Worth section에 합류했다. 그리고 1948년의 어느 여름날, RAND의 연구원들이 한가득 모인 세미나실에서 드라마틱한 장면을 연출하여 노이만의 관심을 끌게 된다.[28]

세미나를 하던 중 한 연구원이 노이만에게 "두 전투기 사이의 결투 문제에 정규해formal solution가 존재하지 않는다는 것을 증명해달라"고 요청했다. 노이만이 약 1분 동안 허공을 응시하다가 칠판으로 달려가 증명 과정을 열심히 써 내려가고 있는데, 갑자기 뒤쪽에서 누군가가 큰 소리로 외쳤다. "아니죠, 그럴 필요 없어요. 훨씬 쉽게 증명할 수 있습니다!"

세미나실은 물을 끼얹은 듯 조용해졌다. 얼마 전 RAND 사회과학 분과의 책임자로 승진한 한스 스파이어Hans Speier는 수십 년이 지난 후에도 그날 있었던 일이 또렷하게 기억난다고 했다. "순간 내 심장이 멈춰버린 것 같았다. 그런 분위기에 익숙하지 않았기 때문이다."

"그 간단한 증명이라는 거, 이리 와서 보여줄 수 있겠나?"

자리에서 일어난 섀플리는 칠판 앞으로 뚜벅뚜벅 걸어나가더니 다른 방식의 증명을 써 내려가기 시작했다.

"잠깐, 잠깐. 좀 천천히 하게. 내가 따라갈 수가 없잖나."

그렇게 증명은 마무리되었고, 결국 그가 옳았다. 젊은 친구의 주장이 옳았던 것이다.[29]

세미나가 끝난 후, 노이만은 아직도 놀란 표정으로 윌리엄스에게 물었다.

"아까 그 친구, 대체 누굽니까?"

"섀플리라는 청년입니다. 금년 초에 제가 고용했어요."

"여기 오기 전에는 무슨 일을 했답니까?"

"논문을 서너 편쯤 썼다는데, 모두 수학과 박사학위 논문으로 손색
    이 없어요. 꽤 똑똑한 친구지요."

이것도 사실이었다. 얼마 후 노이만은 섀플리의 논문을 모두 읽고
그에게 환상적인 제안을 했다. 자세한 내용은 모르겠지만, 아마도
프린스턴 고등연구소와 맞먹는 급여를 준다거나, 아니면 그와 비슷
한 수준의 제안이었을 것이다.

프린스턴의 게임 괴짜들

섀플리는 노이만의 격려와 전폭적인 지지에 힘입어 1950년에 프린
스턴으로 자리를 옮겼고, 그가 이끌던 연구실은 현재 게임이론의 온
상으로 자리 잡았다. 그곳에 있는 동안 섀플리는 노이만과 모르겐
슈테른의 게임이론에서 제기된 (해결되지 않은) 핵심 문제 하나를 해
결했다. "연합의 구성원들에게 배당금을 공정하게 나눠주려면 어떻
게 해야 하는가?" 그는 협동 게임에서 각 플레이어(또는 배당금의 총액
수를 좌우하는 요인들)의 기여도를 수치로 나타낸 '섀플리값Shapley value'
을 정의하여 최선의 배당금 분배 규칙을 유도해냈다.

연합위원회에서 배당금을 선착순으로 지불한다고 가정하면 섀플리값을 쉽게 계산할 수 있다. 각 플레이어가 연합에 가입한 순서는 '공정한 배당금'을 좌우하는 요인이 될 수 없으므로, 한 게임에 대한 섀플리값은 플레이어들이 연합에 가입할 수 있는 모든 가능한 순서의 평균을 구한 후, 여기서 산출된 배당금으로 이루어진다.[30]

섀플리값을 이용하면 『게임이론』의 저자들이 다루지 못했던 문제가 마치 마술처럼 우아하게 해결된다. 이것은 노이만과 모르겐슈테른의 '협동 게임이론'이 현실 세계에 적용 가능하다는 것을 암시하는 첫 번째 힌트였다. 그러나 섀플리는 여기서 멈추지 않고 한 걸

RAND 근무 시절의 로이드 섀플리(1970년대).

음 더 나아갔다. 그의 친구인 프린스턴의 수학자 데이비드 게일과 함께 더욱 중요한 문제를 해결한 것이다. 게일은 식사 시간만 되면 모눈종이에 낙서를 하거나 주머니에서 동전 한 움큼을 꺼내놓고 대학원생 제자들에게 까다로운 문제를 내주는 등, 소위 말하는 '두뇌 스포츠'를 몹시 즐기는 사람이었다. 1960년에 동료 수학자들에게 다음과 같은 문제를 내준 것도 그의 못 말리는 스포츠정신의 발로였을 것이다. "임의의 선호 패턴에서 모두가 짝을 이루는(즉 결혼을 하는) 안정한 해가 존재할 것인가?"

이 문제의 답을 제일 먼저 우편으로 보내온 사람은 다름 아닌 섀플리였다.

소년과 소녀들로 이루어진 집단에서 시작해보자. 우선 모든 소년들이 "자신이 제일 원하는" 제1지망 소녀에게 프러포즈를 한다. 그리고 소녀들 중 여러 소년에게 다중 프러포즈를 받은 소녀는 자신이 가장 좋아하는 소년의 프러포즈만 받아들이고 나머지는 거절하되, "더 이상 기다려봐야 더 좋은 프러포즈가 들어올 가능성이 없다"는 확신이 들 때까지 결정을 보류한다. 1차 프러포즈에서 거절당한 소년들은 "자신이 두 번째로 원하는" 제2지망 소녀 후보에게 프러포즈를 하고, 실패하면 3지망으로 넘어가고 … 다중 프러포즈를 받은 소녀가 하나도 안 남을 때까지 이 과정을 반복한 후 단체 결혼식을 올리면 된다. 이 결과는 매우 안정적이다. 왜냐하면 소녀들은 앞서 거절당한 적이 있는 소년의 프러포즈를 선호하지 않을 것이고, 소년들은 소녀의 취향에 아랑곳없이 현재 프러포즈 가능한 소녀들 중 가장 마음에 드는 소녀에게 프러포즈를 할 것이기 때문이다.[31] (단, 이 짝짓기 과정에는 "일단 프러포즈를 받은 소녀는 지원자 중 마음에 드는 소년이 하나도 없어도 어떻게든 그중 한 명을 선택해야 한다"는 비현실적 강제 조항이 들어 있다 – 옮긴이)

샤플리의 해는 두 그룹의 사람들을 일대일로 짝짓는 가장 이상적인 방법으로 알려져 있다. 게일과 샤플리는 공동 논문을 발표하면서 "이 해는 응시생과 대학교를 연결할 때에도 응용할 수 있다"고 명시했다.[32] 이들이 발견한 해는 훗날 '게일-샤플리의 지연된 승인Gale-Shapley deferred acceptance'으로 불리게 된다. 샤플리는 2012년에 노벨 경제학상을 받았는데, 당시 노벨위원회에서는 '지연된 승인'을 수상 이유 중 하나로 거론했고, 그 덕분에 샤플리는 '최고의 수학적 중매쟁이'라는 닉네임을 얻었다. 경제학을 비롯한 수학 이외의 분야에 게임이론을 적용하여 탁월한 업적을 남긴 사람으로는 샤플리 외에 또 한 명의 수학자 존 내시를 꼽을 수 있다. 두 사람이 프린스턴에서 처음 만났을 때, 샤플리는 26세의 연구원이었고 내시는 22세 대학원생이었다.

샤플리는 주변인들 사이에 인기가 많은 교양인으로 프로 못지않은 피아노 실력에 훈장까지 받은 전쟁영웅이었고, 크리그스필 게임과 바둑의 고수이기도 했다. 통하는 것이 많았던 두 사람은 곧 가까운 친구가 된다.

'존 내시'에게 친숙함을 느끼는 독자들 중 대다수는 아마도 론 하워드Ron Howard 감독의 영화 〈뷰티풀 마인드Beautiful Mind〉를 통해 그를 알게 되었을 것이다. 그러나 이 영화는 내시를 지나치게 낭만적

인물로 묘사했고, 그의 업적을 올바르게 소개하지도 못했다. 영화의 근간이 된 실비아 네이사Sylvia Nasar의 동명 소설에 등장하는 내시는 사뭇 다른 인물이다. 그는 24세 때 병원에서 알게 된 간호사 사이에서 아들을 낳았지만 아이의 양육권을 포기하라며 4년 동안 그녀를 악질적으로 괴롭혔고, 수학과에서 단체 피크닉을 갔을 때 잔디밭에 누운 한 여학생 옆에 같이 누워서 예고도 없이 자신의 발을 그녀의 목에 올려놓은 적도 있다(그녀는 나중에 내시의 아내가 되었다).[33]

말이 나온 김에, 실비아 네이사의 소설을 좀 더 읽어보자.

샤플리와 처음 마주친 내시는 첫사랑을 만난 열세 살 소년처럼 잔뜩 흥분했지만, 얼마 후부터는 그를 따라다니면서 괴롭히기 시작했다. 샤플리가 한창 집중하고 있는 크리그스필 게임판을 뒤집어엎는 건 다반사였고, 가끔은 그의 우편함을 뒤질 때도 있었다. 또 샤플리의 연구실에 몰래 들어가 책상 위에 펼쳐진 논문을 읽고는 "내시 다녀가다!"라는 익살스런 메모를 남겨놓기도 했다.[34]

내시에게 당한 사람은 샤플리만이 아니었다. 그는 자신과 가까운 모든 남자를 그런 식으로 대했다.

프린스턴은 천재로 우글대는 도시였지만 내시는 그중에서도 자신이 훨씬 뛰어나다고 생각했고, 특히 유태인과 비교되는 것을 제일 싫어했다. 프린스턴에서 내시와 가깝게 지냈던 마틴 데이비스Martin Davis는 말한다. "그는 항상 특권의식에 빠져 있었고, 순수 혈통이 훼손된다는 이유로 인종 간 결혼을 혐오했다. 자신이 꽤 좋은 혈통을 물려받았다고 생각했던 모양이다."

그러나 내시의 탁월한 재능을 인정한 섀플리는 그의 짓궂은 행동을 선의의 장난으로 받아들였다. 섀플리의 룸메이트이자 경제학자인 마틴 슈빅도 내시를 특이한 학생으로 기억한다. "내시는 나를 슈비우비Shoobie-Woobie라 부르며 놀려대곤 했다. 사회성 IQ가 열두 살짜리 짓궂은 소년 같았지만, 섀플리는 그의 재능을 높이 평가했다." 슈빅과 섀플리, 내시, 그리고 동료 대학원생 존 매카시John McCarthy는 참가자가 동맹을 맺으면서 시작되는 보드게임을 발명했는데, 최후의 순간에 동맹을 깨는 사람이 이기는 게임이었다. 나중에 "잘 있어라, 바보들아So Long, Sucker"로 명명된 이 게임은 참가자의 인내심을 한계로 몰아붙이는 희한한 매력이 있어서, 결혼한 부부들이 밤새도록 이 게임을 하다가 아침에 각자 택시를 나눠 타고 자기 부모님 집으로 떠나가는 불상사를 빚기도 했다. 한 번은 내시가 이 게임을 하던 중 동맹이었던 매카시를 배반하고 이겼을 때 매카시가 불같이 화를 냈는데, 내시는 그저 어깨를 으쓱하며 "필요 없어지면 뭐든지 버리는 게 이 게임의 철칙"이라고 받아쳤다. 내시는 이 게임을 뭐라고 불렀을까? 바로 "네 친구를 엿 먹여라Fuck your buddy!"였다.

섀플리와 마찬가지로 내시도 게임이론 마니아였다. 그는 프린스턴 대학교의 수학과 학과장 앨버트 터커Albert Tucker가 주최하는 주간 세미나에 꾸준히 참석하여 첫 연사로 나온 노이만의 강연을 경청했고, 바로 이곳에서 얼마 후 그가 발표하게 될 첫 번째 게임이론 논문의 기본 아이디어를 떠올렸다[내시가 이 논문을 쓰도록 적극 권장한 사람은 모르겐슈테른이었다. 그러나 내시는 등 뒤에서 그를 '오스카 라 모르그Oskar

젊은 시절의 존 내시.

La Morgue(프랑스어로 '오스카 영안실'이라는 뜻 - 옮긴이)'라고 불렸다]. 놀라 운 것은 내시가 카네기공과대학 학부생 시절에 경제학 강의를 듣던 중 이와 비슷한 아이디어를 떠올렸다는 점이다. 내시는 '교섭 문제 Bargaining Problem'에 힐베르트와 노이만의 공리적 방법을 도입하여, 특 정 조건이 충족된 경우 2인 협동 게임의 해를 구할 수 있음을 증명 했다.[35] 경제학의 정통 이론에는 두 사람이 모종의 거래를 하다가 의 외의 잉여 소득이 발생한 경우, 소득 분배 비율을 결정하는 명확한 규칙이 존재하지 않는다. 노이만과 모르겐슈테른도 이 문제를 해결 하지 못했다. 이들은 2인 게임에 대한 해의 일반적인 형태를 제공했

을 뿐, 두 플레이어가 합의에 이르는 정확한 지점까지 명시하지는 않았다. 교섭 문제의 가장 단순한 형태인 '대칭 버전(두 사람의 관심사와 협상 능력이 완전히 똑같은 경우)'의 경우에만 정확한 해를 구할 수 있는데, 물론 그 답은 당연히 반씩 나눠 갖는 것이다. 그러나 내시는 비대칭적인 경우에도 『게임이론』에서 도입한 '효용 점수'를 두 사람에게 할당하여 교섭 문제의 정확한 해를 구할 수 있었다. 두 사람이 모두 만족하는 지점이란, '두 효용 점수의 곱'이 최대가 되는 지점이다. 이것은 이제 곧 섀플리가 참가자 수에 관계없이 협동 게임과 유사한 형태의 해를 찾는다는 것을 미리 예고하는 신호탄이었다.

젊은 시절 내시는 항상 자신감이 넘치는 청년이었다. 그는 대학원 신입생이었던 1948년에 프린스턴 고등연구소의 아인슈타인을 찾아가서 입자와 중력장의 상호작용에 관한 자신의 아이디어를 설명하겠다며 거의 한 시간 동안 아인슈타인의 칠판에 수식을 써 내려가다가 결국 실패하고 말았다. 내시가 멋쩍은 표정을 지으며 연구실을 나가려는데, 아인슈타인이 인자한 미소를 지으며 말했다. "젊은이, 물리학 공부를 좀 더 해야겠어. 하지만 그 열정은 꼭 간직하게." 그래도 전혀 기죽지 않았던 내시는 다음 해 가을에 게임이론의 돌파구를 찾았다며 이 분야의 원조인 노이만과 만날 약속을 잡았다.

내시와 게임이론의 재해석

1949년에 노이만은 정부와 군대, 대기업, 그리고 RAND의 자문에

응하느라 몹시 바쁜 나날을 보내고 있었다. 그리고 은밀한 루트를 통해 미국의 수소폭탄 개발 계획을 적극적으로 지지하면서, 수소폭탄의 이론적 가능성을 입증하는 자료를 찾기 위해 미국 전역을 헤집으며 돌아다니던 중이었다. 게다가 프린스턴 고등연구소에서는 자신이 설계한 컴퓨터까지 만들고 있었으니, 신출내기 대학원생을 위해 시간을 낸다는 건 어림 반 푼어치도 없는 일이었다. 당시 노이만의 비서였던 루이즈Louise의 주요 업무 중 하나는 "지금은 일정이 너무 바빠서 곤란합니다. 며칠 후면 마무리될 것 같습니다"라는 편지를 타이프로 쳐서 미국 전역에 부치는 것이었다. 그러던 어느 날, 루이즈가 전화 통화를 하던 중 갑자기 소리를 질러댔다. 왜 그랬을까? 전화 속의 내시가 노이만을 만나게 해달라며 찰거머리처럼 붙들고 늘어졌기 때문이다. 결국 루이즈는 항복을 선언했고, 노이만은 그 바쁜 와중에 당돌한 대학원생과 마주하게 되었다.

　잔뜩 긴장한 내시는 게임이론 분야에서 그의 최고 업적이자 마지막 업적이 될 이론을 칠판에 써 내려가기 시작했다. 그는 플레이어의 수에 상관없이 모든 유형의 게임(제로섬 또는 비제로섬)을 분석할 수 있는 수학 체계를 제시한 후, 둘 중 한쪽이 전략을 변경했을 때 모든 게임에서 특정 결과가 공통적으로 얻어진다는 것을 증명했다. 요즘은 이런 유형의 해를 '내시 균형Nash Equilibria'이라 한다. 당시에는 내시를 포함하여 어느 누구도 짐작하지 못했지만, 그것은 실로 대단한 발견이었다. 한 가지 문제는 플레이어들 사이의 의사소통이나 담합을 허용하지 않았다는 점인데, 이것은 '네 친구를 엿 먹여라!' 게임의 마지막 라운드에서 벌어지는 상황과 비슷하다. 노이만은 탐탁지 않은 표정으로 지켜보다가[36] 내시가 증명을 시작하려는 순간에 갑자기 끼어들어서 자신의 방식대로 증명을 끝내버렸고, 그 바람에 내시의 프레젠테이션은 엉망이 되고 말았다. "그건 아주 간단한 문제라고. 그냥 고정점 정리잖아." 정말로 그랬다. 내시는 1937년에 노이만이 확장경제모형을 구축할 때 사용했던 '우아한 트릭'을 그대로 사용했고, 그 정도로는 노이만을 감동시킬 수 없었다. 노이만뿐만 아니라 다른 수학자도 마찬가지였을 것이다. 수학자들은 내시의 증명이 훌륭한 박사학위 논문이라고 칭찬하면서도, 2015년에 그에게 아벨상Abel Prize(노르웨이 정부가 자국의 수학자 닐스 헨리크 아벨Niels Henrik Abel을 기념하여 2003년에 제정한 국제적 권위의 수학상-옮긴이)을 안겨준 비선형 편미분방정식과는 비교도 안 되는 졸작이라고 생각했다.

내시의 증명에서 노이만이 가장 싫어했던 부분은 전체적인 논리를 떠받치는 공리였다. 플레이어들이 뭉치면 분명히 이득이 되는데도 서로 협동하지 않는 상황을 도저히 받아들일 수 없었던 것이다. 노이만은 뼛속 깊은 곳까지 중부 유럽인이었으며, 그의 지적 성향은 커피나 와인을 곁들여가며 아이디어를 교환하는 점잖은 환경에서 형성되었다. 게다가 노이만은 그 무렵에 컴퓨터 프로젝트의 기술적 세부사항을 일반 지식인들과 공유해야 한다며 군 지휘부를 열심히 설득하던 중이었다. 두말할 것도 없이, 플레이어 간의 소통을 배제하는 것은 게임이론의 기본 이념인 '협동정신'에 위배된다. 내시의 해가 복잡한 게임 중 일부의 해를 제공하는 것도 노이만에게는 비현실적으로 보였다. 그는 내시의 이론이 해의 일반적인 형태만 제공할 뿐, 실제 결과는 사회적 관습과 주어진 상황에 따라 달라진다고 주장했다.

훗날 내시는 노이만이 냉담한 반응을 보인 것을 "자신의 영역을 침범하는 젊은 세대에 대한 구세대의 방어적 태도"로 해석했다. 그가 역사학자 로버트 레너드에게 보낸 이메일에는 이렇게 적혀 있다. "나는 노이만 사단에 들어갈 생각이 없었다. 단지 그와 '비협동적 게임'을 했던 것뿐이다. 그가 경쟁자의 이론을 달갑지 않게 여긴 것은 심리학적으로 지극히 자연스러운 반응이었다."[37] 내시의 관점에서 볼 때, 자신의 이론과 상충되는 이론을 접한 노이만이 화를 낸 것은 그다지 놀랄 일이 아니었다는 뜻이다.[38] 그러나 1년 전에 RAND에서 섀플리가 노이만의 보고서에 가차 없이 난도질을 했을 때 관대히 넘어간 것을 보면, 자신을 따라잡으려는 젊은 수학자를 경계한다기보다 주어진 상황에 따라 다른 반응을 보였을 수도 있다.

내시가 노이만에게 면박을 당하고 며칠이 지난 후, 그는 자신의 주장에 귀를 기울여주는 사람을 찾았다. "노이만의 최대최소 정리를 일반화하는 방법을 찾은 것 같습니다. 플레이어가 몇 명이건 상관없고, 반드시 제로섬 게임일 필요도 없어요." 내시의 설명을 귀담아듣던 데이비드 게일은 당장 논문으로 발표하라고 강력하게 권하면서 초안 작성까지 도와주었다.[39] 훗날 게일은 『뷰티풀 마인드』의 저자인 실비아 네이사와 인터뷰를 하면서 말했다. "저는 내시의 이론이 물건이라는 걸 그 자리에서 알아봤지만, 노벨상을 탈 물건이라는 건 상상도 못했습니다."[40]

내시의 잠재력을 더 일찍 간파한 사람도 있었다. 다음 해에 그가 논문을 탈고하던 무렵에 RAND에서 정규직을 제안해온 것이다. 자유로운 교수직을 선호했던 내시는 제안을 정중하게 거절했지만, 매해 여름마다 샌타모니카의 싱크탱크를 방문하여 자문에 응하기로 합의했다. 그러나 내시와 싱크탱크의 인연은 1954년에 갑자기 끝나게 된다. 동성애자 추방을 목적으로 은밀하게 실행된 경찰의 함정수사에 내시가 걸려들었기 때문이다. 그는 이른 아침에 공중화장실에서 나체 상태로 돌아다니다가 경찰에게 체포되었고, 다음 날 그를 찾아온 RAND의 보안책임자에게 억울함을 호소했다. "나는 동성애자가 아니라 간단한 실험을 했던 것뿐입니다. 나는 남자보다 여자를 좋아한다고요. 이게 뭔지 아십니까? 제 여자 친구랑 그녀 사이에서 낳은 제 아들 사진입니다!" 보안요원 덕분에 경찰서에서 풀려나긴 했지만, 이 사건을 계기로 그는 비밀 취급 인가증을 RAND에 반납해야 했다.[41]

실비아 네이사는 내시가 노이만에게 무시당했을 때 너무 큰 충격을 받아서 두 번 다시 노이만 근처에 가지 않았다고 주장한다. 그러나 둘 사이에 어떤 균열이 있었건 RAND에서 열린 워크숍에는 항상 나란히 참석했으며, 노이만은 1953년에 『게임이론』 3판의 서문을 쓸 때 비협동적 게임이론non-cooperative game theory에서 내시가 이룩한 업적을 적극적으로 소개했다. 게다가 1955년에는 프린스턴 대학교에서 개최된 학회의 마지막 날에 내시가 "n-게임 이론의 미래"라는 주제로 강연을 할 때 노이만이 진행을 맡을 정도로 두 사람의 관계는 화기애애했다.[42] 이 자리에서 내시는 "대부분의 게임에 너무 많은 해가 존재한다"며 게임이론가의 심기를 건드렸지만, 노이만은 전혀 화내는 기색 없이 점잖게 이의를 제기했다(단 둘이 있을 때 이런 발언을 했어도 점잖게 넘어갔을지는 여전히 의심스럽다-옮긴이).

　게임이론의 기원과 사회에 미친 영향을 분석하다 보면, 게임이론의 창시자에 대하여 다소 부정적인 느낌을 갖게 된다. 물리학자에서 역사학자로 변신한 스티브 하임즈Steve Heims는 이렇게 말했다. "게임이론은 이 세상을 가차 없고 무자비한 경쟁의 장으로 묘사하는 것 같지만, 이론에 등장하는 사람들은 지능과 계산 능력을 최대한으로 발휘하여 자신의 이익을 추구할 뿐이다. 물론 이기적이고 가혹한 행동이 사람들에게 불쾌감을 주는 것은 사실이다. 그러나 노이만은 막연한 희망보다 불신과 의혹에 기초하여 세상을 이해하려고 노력했다. 그쪽이 훨씬 현실에 가까우면서 실용적이기 때문이다."[43]

　하임즈는 노이만이 한창 예민한 10대 시절에 헝가리 혁명군 지도자 벨라 쿤의 폭정을 겪으면서 염세적인 성향을 갖게 되었다고 주장한다. 그러나 노이만이 독일에서 겪은 일은 그에게 훨씬 큰 상처를 남겼다. 클라라는 말한다. "그는 나치를 끔찍하게 싫어했다. 나치는 노이만의 완벽했던 지적 세계를 파괴했고, 유태인의 단결력을 흩어놓았으며, 그들을 집단수용소에 가둬놓고 가장 끔찍한 방법으로 살해했다."[44]

　1949년에 노이만이 유럽을 다시 방문했을 때, 사람들에 대한 그의 신뢰감은 완전히 사라졌다. 이 무렵 노이만은 클라라에게 다음과 같은 편지를 보냈다. "미국에 살면서 유럽을 그토록 그리워했는데, 막상 와보니 너무나 달라졌습니다. 내가 알던 세상은 완전히 폐허가 되었고, 이런 곳에서는 아무런 위안도 얻을 수 없습니다. … 내가 유럽을 싫어하는 또 하나의 이유는 1933년부터 1938년 9월 사이에 인간

에 대한 환멸감을 뼈저리게 느낀 곳이 바로 유럽이기 때문입니다.[45]

그러나 누구보다 합리적이었던 노이만은 『게임이론』을 집필하면서 "가장 냉혹한 플레이어조차도 공동의 이익을 위해 협동한다"는 가정을 내세웠다. 반면에 존 내시는 자신을 돌아보며 "노이만보다 개인주의적이고 더욱 미국적인 사람"이라고 했다.[46] 실제로 "죽기 아니면 죽이기"라는 편집증적 망상에 사로잡혀 극단으로 치달았던 미-소 냉전시대에 사람들이 찾던 게임이론은 노이만이 아닌 내시의 이론이었으며, 제2차 세계대전 후 수십 년 동안 학계와 경제계, 그리고 RAND에서 적극적으로 수용한 것도 노이만의 해가 아닌 내시의 '강력한' 해였다.

샌타모니카에서 RAND의 분석가들은 게임이론의 한계에 부딪혔다. 그리고 이곳의 수학자들은 문제의 답을 찾을 수 없을 때 곧바로 실험에 들어가곤 했다. 물론 그 실험이란 자기들끼리 직접 게임을 해보는 것이다. 내시의 논문이 발표되기 전인 1949년 여름에 미국의 수학자 메릴 플러드Merrill Flood는 게임이론이 인간의 행동을 얼마나 정확하게 예측하는지 확인하기 위해, RAND의 연구원들을 대상으로 실행되는 한 가지 실험을 제안했다. 평소에도 그는 합리적인 해를 찾기 위해 일상적인 문제를 굳이 협상 게임으로 바꿔놓곤 했는데, 자신의 연구 결과를 「실험용 게임Some Experimental Games」이라는 제목으로 RAND의 정기 보고서에 실었다가 의외의 호평을 받았다.[47] 하지만 모든 것이 항상 뜻대로 풀리진 않았다.

그해 6월에 플러드의 친구이자 연구 동료인 미래학자 겸 핵전술 전문가 허먼 칸Herman Kahn이 가족과 함께 동부로 이사하게 되면서 자신이 타고 다니던 뷰익Buick을 플러드에게 팔기로 했다. 항상 협상 전문가를 자처해왔던 플러드는 제안을 받은 즉시 이 거래를 "최적가 도달을 목표로 진행되는 2인 게임"으로 재구성했다. 중간 딜러에게 줄 수수료를 절약했으니, 여기서 절약된 돈은 공정하게 배분되어야 한다. 플러드와 칸은 둘 다 안면이 있는 자동차 딜러를 찾아가 뷰익의 상태를 설명하고, 순수한 매매가와 '딜러가 추가로 챙기는 수수료'의 액수를 알아냈다. 이제 수수료에 해당하는 금액을 두 사람이 나누는 방법만 결정하면 거래는 성사된다. 바로 내시가 논문에서 다뤘던 고전적 협상 문제이다. 플러드는 수수료를 정확하게 절반씩 나눠 갖자고 했다. 즉 자동차의 순 매매가에 딜러가 챙겼을 수수료의 절반을 얹어주겠다고 한 것이다. 그러나 게임이론의 전문가였던 두 사람은 다른 식의 분배도 똑같이 허용되며, 그것도 똑같이 합리적이라는 사실을 잘 알고 있었다. 그리하여 두 사람은 끝이 보이지 않는 협상의 순환에 말려들었고, 논쟁에 지친 칸은 결국 자신의 차를 몰고 동부 해안으로 가버렸다.

죄수의 딜레마

그해에 RAND에서는 내시의 논문이 커다란 화젯거리로 떠올랐다. 내시의 해와 노이만-모르겐슈테른의 해가 똑같이 타당하다고 밝혀진 마당에, 사람들은 과연 어떤 해를 선호할 것인가? 1950년 1월에 플러드와 그의 동료 멜빈 드레셔Melvin Dresher는 이것을 확인하는 한 가지 실험을 고안했는데, 이 실험은 프린스턴 대학교의 교수이자 RAND의 고문이었던 앨버트 터커의 일화로 재편성되면서 최악의 게임을 상징하는 "죄수의 딜레마Prisoner's Dilemma"로 알려지게 된다.

터커를 통해 재탄생한 플러드와 드레셔의 게임은 각기 다른 방에 수감된 두 명의 죄수에서 시작된다. 이 이야기는 몇 년에 걸쳐 보완되고 다듬어지면서 원래의 모습에서 다소 멀어졌지만, 대략적인 내용은 다음과 같다.[48]

두 명의 갱단 멤버 A, B가 경찰에게 체포되어 의사소통을 할 수 없는 2개의 독방에 분리 수용되었다. 두 사람 모두 중범죄로 기소하기에는 증거가 부족하지만, 가벼운 혐의로 기소하는 데에는 별문제가 없다. 이런 상황에서 검사는 두 죄수에게 제안을 한다. A와 B는 각각 상대방의 중범죄를 증언할 수도 있고, 의리를 지키기 위해 입을 다물 수도 있다. 두 사람을 개별적으로 심문했을 때 나올 수 있는 결과는 다음과 같다.

-A와 B 모두 상대방을 배신하면 둘 다 2년형이 선고된다.
-A는 B를 배신했는데 B가 침묵을 지킨다면 A는 석방되고 B에게는 3년 형이 선고된다.
-A는 침묵했는데 B가 A를 배신하면 A는 3년형을 받고 B는 석방된다.
-A와 B 둘 다 입을 다물면 (가벼운 혐의만 적용되어) 둘 다 1년형이 선고된다.

이 딜레마에 존재하는 유일한 내시 균형은 둘 다 상대방을 배신하는 경우이다. 그 이유를 이해하기 위해, 당신이 A라고 가정해보자. 당신이 B를 배신한 경우, B도 당신을 배신하면 둘 다 감옥에서 2년 동안 살아야 하고, B가 침묵을 지키면 당신은 자유의 몸이 된다. 또 당신이 입을 끝까지 다물어서 의리를 지킨 경우, B가 당신을 배신하면 당신은 3년형을 받지만 B도 침묵을 지키면 둘 다 감옥에서 1년을 살게 된다. 보다시피 B가 어떤 선택을 하건, 당신은 무조건 B를 배신하는 쪽이 유리하다. 물론 둘 다 배신하면 둘 다 침묵한 경우보다 결과가 나쁘지만, 내가 배신을 했는데 B가 침묵하면 나는 석방되므로 모험을 해볼 만한 가치가 있다.

죄수 A \ 죄수 B	침묵	배신
침묵	1년, 1년	3년, 0년
배신	0년, 3년	2년, 2년

죄수의 딜레마.
형량은 A, B의 순서이다.

합리적 선택에 관한 이야기는 이 정도로 해두자. 플러드와 드레셔는 이 비제로섬 게임을 현실에서 실행했을 때 플레이어가 어떤 선택을 할지 궁금했다.

우리는 현실 세계에서 사람들의 행동이 내시의 이론을 따르는지, 또는 노이만-모르겐슈테른의 절충안을 따르는지, 아니면 그 외의 원리를 따르는지 확인하기 위해 간단한 형태의 '2인 포지티브섬positive-sum(손익의 합이 양수인 경우) 비협동적 게임'을 실행해보았다.

이 실험(흔히 '비협동적 짝Non-cooperative Pair'으로 불림)에서 두 플레이어의 전략과 그에 따른 보상은 아래 표와 같다. 플러드와 드레셔는 게임에 참여할 두 명의 플레이어로 윌리엄스(W로 표기함)와 경제학자 아먼 앨키언Armen Alchian(A로 표기함)을 선발했는데, 두 사람 모두 2인 제로섬 게임의 달인이었지만, 죄수의 딜레마 같은 내시 스타일 비제로섬 게임의 해에 대해서는 전혀 모르는 상태였다. 게임은 100번에 걸쳐 진행되었으며, 참가자들은 게임 도중 자신의 반응과 이유를 기록하기로 했다.

이 실험은 W에게 훨씬 유리한 쪽으로 설계되어 있어서, A에게는 정말 악랄하기 그지없는 게임이다. 두 사람 모두 협동에 동의하면 A는 1/2센트를 얻고 W는 1센트를 얻는다. 이와 반대로 두 사람 모두 협동을 거부하면 A는 얻는 것이 없지만, W는 그래도 1/2센트를 얻게

플레이어 W 플레이어 A	전략 1(협동 거부)	전략 2(협동)
전략 1(협동)	-1센트, 2센트	1/2센트, 1센트
전략 2(협동 거부)	0, 1/2센트	1센트, -1센트

비협동적 쌍.
배당금은 A, W의 순서이다.

된다. 두 사람 모두 협동을 거부한 왼쪽 아래 사각형이 바로 이 게임의 내시 균형에 해당한다. A와 W가 줄곧 이 전략을 고수한다면, 게임을 100번 실행했을 때 윌리엄스는 50센트를 손에 쥐고 앨키언은 무일푼일 것이다. 그런데 실제로 실험을 해보니 앨키언은 40센트, 윌리엄스는 65센트를 획득했고, 두 사람이 협동한 경우는 100번 중 60번이었다. '합리적인 플레이어'보다 훨씬 많은 횟수다. 플러드는 "현실적인 상황에서 내시 균형은 올바른 해가 아닌 것 같다"고 했다.[49] 두 참가자는 상금을 나누는 규칙을 전혀 몰랐음에도 불구하고 상호 협동에 입각한 노이만-모르겐슈테른의 해로 접근하는 경향을 보였다.

두 사람이 게임을 하면서 남긴 기록에는 그들의 생각이 고스란히 담겨 있다. 윌리엄스는 모든 게임에서 협동을 거부하면 게임당 최소 2분의 1센트를 얻는다는 것을 재빨리 알아챘지만, 게임이 어느 정도 진행된 후에는 A와 협동했을 때 둘 다 좋은 결과를 얻는다는 것도 알게 되었다. 이는 곧 자신이 게임의 상당 부분을 제어할 수 있다는 뜻이므로, A는 이것을 빨리 눈치 채고 W의 결정을 따라가는 것이 유리하다.[50]

그러나 실제 게임에서 앨키언은 이런 식으로 행동하지 않았다. 그는 처음에 윌리엄스가 '확실한 승리를 위해' 무조건 거부할 것이라고 생각했는데, 윌리엄스가 협동을 선택하자 머릿속이 혼란스러워졌다. '이 친구, 지금 뭐 하는 거야?!!' 그는 미심쩍은 마음으로 몇 번 더 거부를 선택하다가 어느 순간 윌리엄스가 다시 '거부'로 돌아서자 마음 놓고 거부를 선택했고, 윌리엄스가 다시 협동을 선택하면 자신도 협동을 선택했다. 그러나 게임 횟수가 어느 정도 늘어나자 둘 다 협동을 선택했을 때 자신의 몫이 작다는 사실을 깨달았는지 불평을 늘어놓기 시작했고, 윌리엄스가 계속 협동을 선택할 것이라는 예측 하에 몇 번 연속으로 거부를 선택했다. 그리고 남은 게임의 대부분은 윌리엄스＝거부, 앨키언＝협동으로 진행되었다.

실험이 끝난 후 플러드와 드레셔가 내시의 의견을 물었을 때, 그는 실험의 허점을 지적했다. "그 실험은 소규모의 일회성 게임이 아니라 플레이어가 선택을 반복하는 대규모의 다중 선택 게임이었기 때문에 균형점 이론을 검증하기에는 적절치 않다. 플레이어가 독립적인 게임을 여러 번 실행할 때에는 각 게임 간 상호작용이 너무 많기 때문에, 제로섬 게임을 하는 자세로 임하기가 매우 어려울 것이다. …" 내시는 게임 참가자도 비난했다. "앨키언과 윌리엄스는 지극히 비효율적으로 게임을 운영했다. 평소 합리적인 사람으로 소문난 그들이 게임에서 그토록 비합리적인 행동을 하다니 믿을 수가 없다."

실험이 부적절했다는 내시의 지적은 옳았다. 문제는 100게임 전체의 내시 균형이 "두 플레이어가 100번 모두 거부를 선택했을 때"의 의미를 갖는다는 것이었다. 그 이유를 이해하기 위해 두 플레이어가 마지막 게임을 앞둔 상황을 생각해보자. 합리적인 플레이어라면 거부를 선택해서 수익을 극대화할 것이다. 이번 라운드로 게임이 끝나면 더 이상 복수를 당할 염려가 없기 때문이다. 그러나 이 플레이어가 "상대방도 똑같은 이유로 거부를 선택할 것"을 알고 있다면 99번째 게임에서 거부를 선택하는 것도 똑같이 논리적이며, 98번째, 97번째 등등…도 마찬가지다.[51] 하지만 현실은 그렇지 않다. RAND를 대표하는 최고의 합리주의자들도 그런 식으로 행동하지 않았다. 플러드의 증언에 의하면 노이만도 이 게임에 관심을 갖고 플레이어들이 내시 균형에 끌릴 것으로 예측했다고 한다.[52] 그러나 실제로 노이만은 일정이 너무 바빠서 남의 일에 관심을 가질 여유가 거의 없었다.

죄수의 딜레마는 각 개인이 가장 합리적인 행동을 했을 때 모두에게 더 나쁜 결과가 초래되기 때문에, 종종 '합리성의 역설'로 묘사되곤 한다. 플러드와 드레셔는 내심 노이만이 죄수의 딜레마를 풀어주기를 바랐지만 손도 대지 않았고, 수많은 사람들이 이 문제의 정답을 구하기 위해 무진 애를 썼지만 최종 목적지에 도달한 사람은 아무도 없다. 요즘 대부분의 게임이론가들은 "플러드와 드레셔가 다뤘던 것과 유사한 종류의 딜레마에는 해답이 없다"는 데 대체로 동의하는 분위기다. 그런 문제에는 진정한 역설이 존재하지 않기 때문이다. 합리적인 플레이어(죄수)라면 침묵할 필요가 전혀 없다. 그런데 사람들은 왜 '1회성 죄수의 딜레마'와 비슷한 상황에 처했을 때 가끔씩 침묵을 택하는 것일까? 정말 미스터리가 아닐 수 없다.[53]

현실로 다가온 핵전쟁의 위협

1946년 10월 4일, 노이만이 클라라에게 편지를 보냈다. "앞으로 2년에서 10년 사이에 끔찍한 일이 벌어질 거요."[54] 역사 이래 가장 끔찍한 핵전쟁이 코앞으로 다가왔다고 느낀 것이다. 이런 상황에서 그가 떠올린 최선의 대책은 예방 전쟁preventive war(타국의 침략을 막기 위해 먼저 일으키는 전쟁-옮긴이)이었다. 소련을 기습해서 핵무기고(그리고 다수의 사람들)를 완전히 파괴하면 된다. 물론 도중에 보복 공격을 할 수 없도록 가능한 한 빠르게 쓸어버려야 한다. 그 무렵 노이만은 주변인들에게 이런 말을 자주 하고 다녔다. "내일 적을 공격하기로 했다면, 오늘은 왜 안 되는가? 오늘 5시에 핵폭탄을 발사하기로 결정했다면, 1시에 발사해도 안 될 것이 없지 않은가?"[55]

일부 사람들은 노이만이 미-소 초강대국의 대치 상황을 죄수의 딜레마에 투영하거나,[56] 제3차 세계대전이 곧 일어날 것처럼 불안해했던 이유가 게임이론에 지나치게 파묻혀 살았기 때문이라고 주장했다. 노이만이 세상을 떠났을 때, 울람은 자신의 노트에 다음과 같이 적어놓았다. "그는 역사에 기록된 모든 사건을 지나칠 정도로 합리적인 관점에서 바라보았던 것 같다. 그런 성향을 갖게 된 것은 극도로 형식화된 게임이론의 영향일 수도 있다."[57]

노이만은 냉전이나 군비 경쟁을 공식적으로 언급할 때 게임이론의 용어를 사용하지 않았다. 그는 공산주의가 지배하는 러시아를 체질적으로 싫어했으며, 역사상 가장 끔찍했던 전쟁을 겪은 마당에 또 다른 전쟁을 막겠다고 군이 게임이론가가 될 필요는 없었다. 심지어 핵폭탄으로 러시아인 수백만 명을 죽여야 하는 난처한 상황에 처한다 해도, 이런 일은 게임이론가가 아니어도 얼마든지 할 수 있다. 노이만을 누구보다 잘 알고 깊이 이해했던 유진 위그너는 표현 방식이 조금 다르다. "노이만은 그 무엇보다 냉정하고 냉혹한 '논리'로 평생을 살아왔기에, 대부분의 사람들이 거부하고 이해하려 하지도 않는 것을 이해하고 받아들여야 했다."[58]

'선제 핵공격'은 끔찍한 선택임에도 불구하고 고위 권력자들 사이에서 꽤 '인기 있는 옵션'이었으며, 대다수의 미군도 그것을 원하고 있었다.[59] RAND의 설립자 헨리 아널드는 1945년에 전쟁부 장관 헨리 스팀슨 앞에서 두 눈을 부릅뜨고 말했다. "적의 침략을 막아내는 유일한 방법은 침략이 시작되기 전이나 침략 작전이 효과를 보기 전에 맞공격으로 완전히 박살내는 것뿐입니다." 이런 생각을 하는 사람은 아널드뿐만이 아니었다.《뉴욕타임스》의 과학부 기자 윌리엄 로런스William Laurence는 소련이 핵무기 감축을 수용할 때까지 미국은 모든 수단을 동원하여 압박을 가해야 한다고 주장하면서, "만일 이런 조치가 전쟁으로 이어진다 해도, 미국이 유일한 원자폭탄 보유국으로 남아 있는 한 우리에게 유리할 것"이라고 했다.[60] 로런스가 미국으로 날아오는 핵폭탄을 유난히 경계한 데에는 그럴 만한 이유가 있다. 그는 트리니티 실험 현장에 초대된 유일한 기자로서 원자폭탄의 위력을 두 눈으로 똑똑히 보았기 때문이다.

트루먼과 아이젠하워 정부의 고위 간부들은 은밀하게 핵공격을 부추겼고, 때로는 공식 석상에서 사람들을 선동하기도 했다. 트루먼 대통령은 특별한 이유 없는 소련 공격을 전혀 고려하지 않았지만, 그 뒤를 이은 드와이트 아이젠하워Dwight Eisenhower 대통령은 1950년대에 중국에 원자폭탄을 몇 번이나 투하할 뻔했다. 1950년에 채결된 중-소 우호조약에는 상대방이 누군가에게 공격을 당했을 때 자국의 군대를 파견한다는 상호군사지원조항이 포함되어 있었기 때문에, 미국이 중국을 공격하려면 소련에도 선제공격을 해야 한다는 부담을 안고 있었다. 이 사실을 누구보다 잘 알고 있었던 아이젠하

워는 "호전적 태도를 간과하지 않겠다"는 자신의 의지를 중국과 소련에 간접적으로 전달했다.[61]

평생을 평화주의자로 살았던 버트런드 러셀도 러시아에 "핵 야망을 포기하거나, '세계정부'에 합류하거나, 전쟁을 맞이하라"는 최후통첩을 보내야 한다고 목소리를 높였다. 그는 1947년에 왕립학회 연설 현장에서 다음과 같이 주장했다. "나는 러시아가 여기에 동의하리라 생각한다. 그렇지 않으면 전쟁으로 소련을 굴복시킨 후 모든 사람이 바라는 단일 세계정부가 탄생할 것이기 때문이다."[62] 노이만이 그랬던 것처럼, 러셀도 나치독일의 패망 이후 소련이 세계 평화를 가장 심각하게 위협하면서 팽창주의를 고수하는 전체주의 국가라고 굳게 믿었다.[63]

노이만은 "소련이 핵무기로 보복할 능력을 갖췄다"고 판단한 순간부터 선제공격에 대한 미련을 버린 것 같다. 그는 1954년에 오스왈드 베블런과 아이디어 회의를 한 후 클라라에게 편지를 썼다. "내가 오스왈드에게 말했소. 속전속결로 끝나는 전쟁은 아직 학문적 연구 대상일 뿐이라고. 지금 당장은 빠르게 끝낼 방법이 없으니, 당분간은 내 말이 맞을 거요."[64]

아이러니하게도 노이만이 예방 전쟁 노선을 포기했을 때, 미국 정부는 그것을 기본 정책으로 삼았다. 1954년 1월 12일에 아이젠하워 내각의 국무장관 존 포스터 덜레스John Foster Dulles가 "미국이 핵무기를 최대한 활용하면 전면전은 물론이고 소규모 군사 도발도 일거에 제압할 수 있다"고 선언한 것이다. 덜레스의 성명은 다음과 같이 이어진다. "우리는 미국과 다른 자유국가를 위해 감당할 수 있는 범위 안에서 최대한의 억제력을 확보할 것이다. 지역 방어도 물론 중요하지만, 이것만으로는 공산 진영의 막강한 지상 병력을 막아낼 수 없다. 따라서 지역 방어 체계는 훨씬 강력한 억제력을 갖도록 강화되어야 한다."

덜레스는 이미 1948년부터 '대량보복전략Massive Retaliation(핵폭탄을 동원한 적의 선제공격에 대한 보복으로, 더욱 강력한 핵무기로 공격하여 더 많은 피해를 주는 전략-옮긴이)'을 구상해오고 있었다. RAND의 연구원들은 이 전략이 선제공격을 허용하는 것이나 다름없다는 사실을 깨닫고 경악을 금치 못했다.[65]

노이만은 과거 한때 예방 전쟁을 지지했기 때문에, 지금도 그를 '지칠 줄 모르는 강경한 전사'로 기억하는 사람들이 적지 않다. 로스앨러모스에서 그와 함께 일했던 조지 키스티야코프스키는 1984년에 이런 말을 한 적이 있다. "노이만이 열성적인 매파(외교 정책에서 무력 해결도 불사하는 강경파-옮긴이)였다는 데에는 의심의 여지가 없다. 요즘 기준으로 볼 때 그는 상당히 호전적인 인물이었다."[66]

그러나 노이만도 "알고 보면 꽤나 복잡한" 사람이었다. 그는 전후 집권당이 공화당이건 민주당이건 항상 국가를 위해 봉사했고, 상원의원 조지프 매카시Joseph McCarthy가 반공이라는 기치 아래 좌익분자를 사냥하고 개혁주의 성향의 학자들을 괴롭힐 때에도 광적인 박해를 매우 싫어했다. 또한 그는 소련에 선제공격을 가하도록 미국 정부를 설득하면서 바쁘게 돌아다니는 와중에도, 미국 원자력위원회 Atomic Energy Commission(AEC)가 주최한 비밀 청문회에서 궁지에 몰린 그의 친구 로버트 오펜하이머를 위해 최선을 다해 변호했다. 당시 원자력위원회는 미국 원자폭탄 개발 프로젝트의 기밀이 적국으로 누설되었다는 의혹을 제기했는데, 주 용의자로 떠오른 사람은 놀랍게도 프린스턴 고등연구원의 원장이자 맨해튼 프로젝트의 수장이었던 오펜하이머였다. 게다가 원자력위원회의 의장인 루이스 스트라우스는 고등연구원의 이사이자 노이만의 친구였으니, 그의 입장이 얼마나 난처했을지 상상이 갈 것이다. 이 자리에서 오펜하이머에게 결정적으로 불리한 증언을 했던 에드워드 텔러 역시 부다페스트 시절부터 노이만과 가깝게 지내던 친구였다.

노이만은 오펜하이머의 공산주의적 성향에 동조하지 않았지만,[67] 원자폭탄 프로젝트에 참여했을 때에는 오펜하이머를 리더로 섬기면서 그의 지시를 충실하게 따랐다. 청문회에 출석한 증인들이 "오펜하이머에게 애국심이란 없다"고 주장했을 때에도 노이만은 말도 안 되는 헛소리라며 그들의 증언을 일일이 반박했다. "로스앨러모스에서 로버트는 매우 훌륭하게 임무를 완수했습니다. 그가 영국에서 살았다면 백작 대접을 받았을 겁니다. 그가 바지 단추를 잠그지 않은 채 거리를 활보해도 사람들은 '저기 좀 봐, 저기 백작이 간다!'고 했겠지요. 하지만 미국에서는 다른 말을 듣게 됩니다. '저 사람, 바지 단추가 풀렸어!'라고 말이죠."[68]

결국 오펜하이머는 원자력위원회의 자문위원으로 재직하는 동안 (노이만도 원자력위원회 위원이었다) 원자폭탄 개발 프로그램을 고의로 지연시켰다는 혐의로 재판에 회부되었다. 물론 그는 기술적 근거를 대며 기소 사실을 전면 부인했고 노이만도 오펜하이머를 적극적으로 변호했다. 그러나 텔러는 자신의 발명품(수소폭탄)을 훼손하려 했다며 오펜하이머를 끝까지 용서하지 않았다.

노이만은 오펜하이머에게 유리한 증언을 해줄 증인들을 신속하게 불러모았다. 대부분이 저명한 과학자였던 그들은 수소폭탄에 대해 오펜하이머와 의견이 달랐지만 그는 절대 위험인물이 아니라고 주장했고, 노이만도 배심원들 앞에서 기술적으로 오펜하이머를 변호했다.

> "오펜하이머가 수소폭탄에 대해 어떤 의구심을 품었건 간에, 트루먼 대통령이 1950년 1월 31일 자로 무기 개발을 선언했을 때부터 그런 생각을 완전히 접었습니다."
> "열렬한 공산주의 추종자가 그런 민감한 직책을 수락한 건 다분히 의심스러운 일 아닙니까?"
> "그때 미국은 독일과 일본을 상대로 전쟁 중이었고, 소련은 그다지 큰 위협이 아니었습니다. 공산주의를 경계하던 시절이 아니었단 말입니다!"

노이만은 배심원들을 향해 발언을 이어나갔다.

> "세상을 날려버릴 수 있는 엄청난 무기 앞에서는 우리 과학자들도 한낱 어린아이에 불과했습니다, 모든 단계가 철저한 보안 아래 이루어졌기 때문에, 우리 손으로 그런 무시무시한 무기를 만들고 있다는 것을 제대로 인식할 겨를이 없었습니다. 우리들 중 어느

누구도 그런 상황에 의연하게 대처하는 훈련을 받지 못했기 때문에, 필요할 때마다 행동강령을 만들면서 일을 해나가는 수밖에 없었습니다."[69]

4주에 걸친 적극적인 해명에도 불구하고 미국 정부는 1954년 6월 29일 자로 오펜하이머의 비밀 취급 자격을 박탈했다. 그리고 50여 년이 지난 2009년에 역사가들이 KGB(구소련의 비밀 경찰-옮긴이)의 문서를 뒤지던 중 "소련 정보부가 오펜하이머를 영입하기 위해 여러 번 접촉을 시도했지만 결국 실패했다"는 확실한 증거를 발견했다.[70] 오펜하이머는 공산주의자였지만 스파이는 아니었던 것이다. 1955년에 아이젠하워 대통령은 노이만을 원자력위원회의 위원으로 추천했고, 노이만은 정부의 제안을 기꺼이 받아들였다. 그러나 그의 가까운 친구들은 "오펜하이머를 그토록 괴롭혔던 정부 기관에 어떻게 몸담을 생각을 할 수 있느냐"며 비난의 목소리를 쏟아냈다. 특히 노이만을 미국으로 데려왔던 오스왈드 베블런은 그의 처신에 대노하여 두 번 다시 만나지 않았으며, 노이만이 병원에서 죽어가고 있을 때 병문안을 와달라는 클라라의 애절한 편지에도 불구하고 끝까지 찾아가지 않았다. 이와는 달리, 당사자인 오펜하이머는 클라라에게 "양쪽(프린스턴과 원자력위원회) 모두 좋은 사람들"이라며 관대한 모습을 보였다.[71]

게임으로 핵전쟁을 막을 수 있을까?

그 무렵 RAND에서는 가장 시급한 군사 문제(소련과의 핵전쟁을 피하거나, 핵무기 공격에서 살아남기)를 해결하기 위해 게임이론을 적극적으로 활용하고 있었다. 충분한 근거는 없었지만 노이만은 국가 간 충돌을 게임이론의 관점에서 바라보았으며, 다른 연구원들도 마찬가지였다. 게임이론, 특히 '죄수의 딜레마'는 20세기 말까지 치열하게 전개된 냉전의 공포 속에서 미국의 외교 정책을 결정하는 강력한 도구였다. 역사학자 폴 에릭슨Paul Erickson은 말한다. "미-소 냉전은 게임이론으로 분석 가능한 궁극의 게임이었다. 게임이론은 적용 분야가 무궁무진하여, 냉전 시대에 발생한 지정학적 사건들을 이 이론으로 분석한 결과는 실제 역사와 구별이 안 될 정도로 비슷하다."[72] RAND의 1세대 분석가 중 핵 저지력 문제를 연구한 대표적 인물로는 앨버트 월스테터Albert Wohlstetter를 들 수 있다. 냉철하면서도 사실에 근거한 분석으로 유명했던 그는 20세기에 가장 영향력 있는 '국방 지식인'으로 꼽힌다.

월스테터는 처음부터 보기 드문 매파였다. 그는 열일곱 살 때 전문 학술지 《필로소피 오브 사이언스Philosophy of Science》에 짧은 논문을 기고하여 주변 사람들을 놀라게 했고, 심지어 아인슈타인도 "지금까지 읽은 논문 중 가장 명료한 수학 논리"라고 극찬하면서 월스테터를 자신의 집에 초대하여 대담을 나누기도 했다.

그 후 컬럼비아 대학교에 진학한 월스테터는 '혁명노동당연맹 League for a Revolutionary Workers Party'이라는 공산주의 단체에 가입하여 젊은 혈기를 거침없이 발산하고 다녔다. 우연한 사고로 연맹의 회원 명단이 분실되지 않았다면 월스테터는 절대로 RAND에 들어갈 수 없었을 것이다. 그는 1951년에 싱크탱크에 합류하여 수학 분과의 자문으로 활동했다. 그의 아내 로버타Roberta도 RAND 사회과학 분과에서 서평가書評家로 일했는데, 1962년에 기습 공격을 체계적으로 분석한『진주만: 경고와 결정Pearl Harbor: Warning and Decision』을 집필하면서 최고의 분석가로 변신했다.[73] 그녀의 책은 42년이 지난 2004년에 9-11 위원회9-11 Commission(미국의 테러 조사위원회로 2022년 11월에 결성되었다-옮긴이)에서 인용할 정도로 긴 세월 동안 그 가치를 인정받고 있다.

월스테터는 수학 분과에 할당된 단조로운 방법론에 곧 싫증을 느꼈다. 그는 격조 높은 와인과 고급 요리를 좋아하는 미식가였고, 할리우드힐스에 있는 그의 모더니즘 양식 저택에서 고전음악 콘서트를 개최하는 등 예술적 취향도 유별난 사람이었다. 흥미로운 도전에 목말라하던 그에게 드디어 기회가 찾아왔다. RAND의 경제 분과 책임자인 찰스 히치Charles Hitch가 미국 전략공군사령부Strategic Air command(SAC)의 해외 기지가 들어설 적절한 장소를 찾아달라고 요청한 것이다. 처음에 그는 이것도 따분한 일이라고 생각하여 정중하게 거절했으나, 주말 동안 심사숙고한 끝에 일을 맡기로 결정했다.

월스테터는 히로시마와 나가사키에 원자폭탄을 투하한 것이 잔인하고 불필요한 짓이었다며, 미국의 전쟁 방식에 깊은 혐오감을 느끼고 있었다. 지정학적 이유로 미국의 핵전략에 변화가 생기면 미래 도시가 통째로 사라지는 비극을 막을 수도 있을 않을까? 생각이 여기에 미친 그는 기지의 입지 조건을 분석하다가 단순하면서도 심각한 수수께끼에 직면했다. 적과 가까운 곳에 기지를 세우면 심리적 부담이 커지지만, "적이 가까운 곳에 있다"는 불안감은 적군도 똑같이 느낀다. 물론 이 딜레마를 처음 발견한 사람은 월스테터가 아니었다. 그러나 그는 두 가지 요인에 자극을 받아 이 문제를 더욱 깊이 파고들게 된다. 그 두 가지 중 하나는 게임이론이었고, 다른 하나는 바로 그의 아내, 로버타였다.

1951년에 RAND의 수학 분과에서는 어떤 연구를 해도 게임이론을 피해 가기가 어려웠고, 월스테터의 대학 친구인 맥킨지J. C. C. McKinsey도 RAND에 고용되어 게임이론을 연구하고 있었다. 월스테터는 게임이론의 복잡한 수학에 별 관심이 없었지만, "전략을 세울 때에는 적이 취할 수 있는 모든 합리적 행동을 완전히 파악해야 한다"는 대전제에 눈이 번쩍 뜨였다. 게다가 아내 로버타는 진주만 폭격 당시 미국이 일본의 해상 공격에 완전히 무방비 상태였던 이유를 조사하고 있었는데, 여기서 힌트를 얻은 그는 "소련의 선제공격 가능성을 고려하지 않는 한, 모든 해외 기지 연구는 공염불에 불과하다"고 결론지었다. 그러나 이 가능성을 분석하려면 2인 게임의 국가 버전인 2국 게임을 분석해야 했고, 깊이 들어갈수록 숫자를 다루는 일이 많아져서 수학 분과의 분석팀에게 도움을 요청했다. 이때 그들이 도입한 '시스템 분석systems analysis'은 RAND에서 개발한 분석법으로 작전 연구와 관련되어 있는데, 기존의 연구와 뚜렷하게 다른 점이 있다. 과거의 작전 연구는 "주어진 보급과 병력으로 무엇을 달성할 수 있는가?"라는 식으로 가능성을 탐색하는 반면, 시스템 분석은

"특정 임무에 필요한 무기와 전략은 무엇인가?"와 같이 다분히 목표지향적이다. 단, 합리적인 범위 안에서 일어날 수 있는 모든 사태를 일일이 분석해야 하므로, 시스템 분석은 거의 과대망상적 야망에 가깝다.

연구팀은 폭격기를 미국 본토에 배치하는 옵션부터 전략공군사령부가 원하는 대로 해외에 배치하는 옵션에 이르기까지 다양한 시나리오를 고려한 끝에, 유럽에 주둔 중인 폭격기들이 "앉아 있는 오리sitting ducks(적의 공격에 매우 취약한 표적 - 옮긴이)"라는 결론에 도달했다. 이들의 계산에 의하면 소련이 선제공격을 가해왔을 때 유럽에 있는 미국 폭격기의 85퍼센트가 파괴된다. 더욱 심각한 것은 폭격기 120대에 폭탄 4만 톤이면(팻맨의 두 배에 해당하는 화력) 미국의 핵무력을 완전히 제거할 수 있다는 것이었다. 그러면 소련은 서유럽을 무단으로 침략하거나 미국을 인질로 삼아 황당한 요구를 해올 수도 있다. 가장 바람직한 옵션은 해외 기지를 장기 체류지가 아닌 재급유지로 활용하는 것이다. 공군 지휘부가 선호하는 공중 급유는 비용이 너무 많이 들어서 실효성이 떨어진다.

RAND팀의 연구 결과는 「전략 기지의 선택 및 활용 방안selection and Use of Strategic Bases」이라는 제목의 보고서로 제출되었지만, 공군의 반응은 냉담했다. 그들이 원했던 답이 아니었기 때문이다.[74] 월스테터의 연구팀이 90번도 넘게 고위 장교를 찾아가 브리핑을 했는데도 반응은 항상 똑같았다. 한 공군 대령은 브리핑이 끝난 후 이렇게 말했다. "당신들, 정말 그 요란한 산수 계산에 속아 넘어간 거요?" 가장 큰 걸림돌은 〈닥터 스트레인지러브〉에 등장하는 호전적 장군의 실제 모델인 전략공군사령부의 사령관 커티스 르메이Curtis LeMay였다.

타협을 모르면서 매사 완고하기로 유명했던 르메이는(소문에 의하면 헨리 햅 아널드보다 훨씬 심했다고 한다) 태평양전쟁 때 21폭격대대를 이끌고 일본 본토를 융단폭격했던 바로 그 사람이다. "전쟁은 원래 부도덕하다. 그런 것에 연연하면 훌륭한 군인이 될 수 없다." 르메이가 남긴 유명한 말이다. 그는 '선데이 펀치Sunday Punch'라는 핵전략을 제일 선호했는데, 풀어서 쓰면 '대량 보복'이라는 뜻으로, 소련이 침략을 감행하면 전략공군사령부가 보유한 원자폭탄을 총동원하여 아예 씨를 말린다는 작전이다. 전략공군사령부의 장교였던 허먼 칸은 이렇게 말했다. "소련이 기습을 해올 가능성이 있다고 해서 우리가 선제공격을 하는 것은 이치에 맞지 않는다. 이런 것은 전쟁 계획이 아니라 전쟁 오르가즘이다." (여기서 말하는 '침략'이나 '기습'은 미국 본토뿐만 아니라 서유럽을 비롯한 미국의 주요 동맹국을 염두에 두고 하는 말이다 - 옮긴이)

RAND는 정면 돌파를 포기하고 당시 공군 참모총장 대행이었던 토머스 화이트Thomas White 장군을 설득하기로 했다. 미국이 "반드시 질 수밖에 없는 전쟁"을 코앞에 두고 있다고 확신한 월스테터는 화이트를 만난 자리에서 연구팀의 분석 결과를 다시 한번 열심히 설명했고, 화이트 장군은 가끔씩 고개를 끄덕이며 긍정적인 반응을 보였다. 그로부터 두 달이 지난 1953년 10월, 공군은 해외 기지의 핵방어력을 강화하고 비행기 수를 최소한으로 줄이는 데 동의했다. 그렇다고 월스테터의 제안이 모두 수용된 것은 아니다. 전략공군사령부는 돈이 많이 든다는 이유로 RAND에서 거부했던 폭격기 공중 급유를 채택하고, 해외 기지 의존도를 단계적으로 줄여나가기로 했다. 그러나 RAND는 그 정도로 부족하다며 수학 이론에 기초하여 치밀하게 세운 공군 전략을 강하게 밀어붙였다.

월스테터의 머릿속에서는 미국의 핵무기 방어 전략이 계속해서 맴돌고 있었다. 그는 1950년대 말에 향후 수십 년 동안 미국의 전략에 큰 도움을 주게 될 논문 「공포의 미묘한 균형 The Delicate Balance of Terror」을 발표했는데,[75] 여기서 그는 "두 핵강국이 대치한 상황에서는 전면전이 일어나지 않는다"는 세간의 믿음에 강한 반론을 제기했다. "체스에서는 두 선수 모두 더 이상 수를 둘 수 없는 스테일메이트 stalemate가 발생할 수 있지만, 핵무기로 대치한 두 국가 사이에 그런 것은 존재하지 않는다. 서방권 국가들은 소련이 침략 공격을 감행한다 해도 미국이 사전에 충분히 인지할 수 있는 방법을 택할 것이라며 안도하고 있는데, 이것은 완전한 착각이다. 소련이 선택할 수 있는 옵션을 줄이면 우리에게 유리할 것 같지만, 사실 그런 옵션은 소련 당국이 작성한 옵션 목록의 제일 마지막 페이지로 밀려나 있다." 월스테터는 게임이론의 최대최소 정리를 간단하게 언급한 후, 다음과 같이 글을 마무리했다. "소련의 전략을 분석할 때에는 서방 국가의 이점보다 소련의 입장에서 생각해야 하며, 양쪽의 전략을 정량적으로 분석해야 한다. 우리가 선택한 전략의 효율성은 소련과 서방 세계의 복잡한 상호작용에 의해 결정되며, 이 상호작용은 복잡한 수학적 과정을 거쳐야 알 수 있다."

그의 결론은 "핵 교착 상태란 있을 수 없으며 경계 완화는 금물이다"로 요약된다. 미국의 취약점이 노출되면 소련이 선제공격을 해올 것이고, 이를 막으려면 미국이 선제공격을 해야 한다는 논리다. 그러나 월스테터가 워싱턴에서 열심히 브리핑을 하고 있을 무렵, 노이만은 전략폭격기를 구시대의 유물로 만들어버릴 새로운 무기를 구상하고 있었다.

핵무기 대치 시대가 시작되다

1950년에 RAND는 다양한 연구를 통해 장거리 탄도미사일 개발이 미국 공군의 최우선 순위가 되어야 한다는 결론에 도달했고,[76] 국방부는 이를 부분적으로 수용하여 1951년에 3,000파운드(약 1,400킬로그램)짜리 로켓을 5,000마일(8,000킬로미터)까지 날려 보내는 아틀라스 미사일 프로젝트Atlas Missile Project에 착수했다. 그런데 히로시마와 나가사키에 투하된 폭탄은 아틀라스에 싣기에 너무 무거웠고, 그전 해 11월 1일에 '아이비 마이크Ivy Mike'라는 작전명으로 탄생한 미국 최초의 열핵폭탄은 무게가 무려 74톤이었다. 이 정도면 대형 폭격기에도 실을 수 없으니 아틀라스로는 어림도 없다. 결국 아틀라스는 "미래형 프로젝트"로 분류되어 우선순위에서 밀려났다. 그러나 1953년에 노이만과 텔러는 RAND의 물리학자들에게 로스앨러모스에서 제작 중인 폭탄이 로켓에 실을 수 있는 수준으로 가벼워질 수 있음을 알려주었고, "어딘지 모를 곳에서 갑자기 폭탄이 날아와 도시를 통째로 날려버리는" 아널드의 꿈이 곧 실현될 것 같았다.

RAND에서 이 소식을 최초로 접한 사람은 물리학 분과 책임자인 언스트 플리셋Ernst Plesset과 미국 공군 수석과학자에서 싱크탱크의 자문으로 자리를 옮긴 데이비드 그릭스David Griggs였다(그는 플리셋을 RAND에 천거한 사람이다). 이들은 로스앨러모스의 최신 뉴스를 RAND의 또 다른 물리학자 브루노 아우건스타인Bruno Augenstein에게 전했고, 아우건스타인은 뉴스에 담긴 정확한 의미를 파고들기 시작했다. 이들이 작업을 서두른 이유는 1953년 8월 12일에 소련이 수소폭탄 실험에 성공했기 때문이다. 마이크 디바이스Mike device(미국에서 제작한 수소폭탄 - 옮긴이)의 연료에 해당하는 액체 상태의 중수소deuterium(양성자 1개와 중성자 2개로 이루진 핵과 전자 1개로 이루어진 원소. 수소의 동위원소 중 하나로 원소기호는 D이다 - 옮긴이)는 저온 상태를 유지하기 위해 특수 제작된 거대한 진공 플라스크에 보관된다. 그런데 소련의 핵실험에서 떨어진 낙진에는 소량의 리튬(Li)이 섞여 있었다. 이는 곧 상온에서 고체로 존재하는 중수소화리튬(LiD)이 수소폭탄의 연료로 사용되었음을 의미한다. 만일 소련이 중수소화리튬의 대량 생산에 성공했다면, 폭격기 탑재가 가능할 정도로 작은 폭탄을 만들었을지도 모른다(로켓의 탄두에 장착할 수도 있다).

아틀라스 프로그램 관리자들은 음속 6배의 속도로 날아가서 목표물로부터 반경 0.5마일(약 800미터) 이내에 떨어지는 미사일을 원했지만. 아우건스타인은 수소폭탄이 가벼우면 그런 조건은 필요 없다고 생각했다. 로스앨러모스에서 입수한 그림을 바탕으로 계산해보니, 1,500파운드(약 680킬로그램)짜리 폭탄으로 TNT 수 메가톤(수백만 톤)의 위력을 발휘할 수 있다는 결과가 얻어졌다. 또한 아우건스타인은 몇 가지 다른 계산을 수행하여 미사일이 음속의 6배보다 훨씬 느리게 날아가도 소련의 대공 무기로는 격추하기 어렵다는 사실도 알게 되었다. 그러나 이 무렵에 아우건스타인이 이룩한 가장 중요한 발견은 미사일에 신형 탄두를 장착할 경우, 목표물로부터 3~5마일(약 5~8킬로미터) 떨어진 곳에서 폭발해도 원하는 파괴력을 발휘할 수 있다는 것이다. 이 정도의 정확도는 당시 미사일 유도 기술로도 충분히 구현할 수 있었다. 미국은 아틀라스 프로그램 완료 예정일보다 몇 년 빠른 1960년쯤에 대륙간탄도미사일을 완성할 수 있을 것으로 예측했고, 아우건스타인은 자신이 해낸다면 러시아의 과학자들도 해낼 것이라고 생각했다. 물론 더 빨리 해낼지도 모른다.

아우건스타인의 계산 결과는 1953년 12월 11일에 프랭크 콜봄의 책상 위로 배달되었다. 보고서의 내용에 크게 만족한 콜봄은 다음 날 워싱턴으로 달려가 공군 고위 간부들을 모아놓고 "상황이 긴급하니 서둘러야 한다"고 재촉했지만, 그들은 의외로 느긋했다. 공군은 지난 10월에 대륙간탄도미사일의 실효성을 검증하기 위해 11명의 과학자와 공학자로 이루어진 '주전자위원회Teapot Committee'를 결성했는데, 위원장으로 내정된 사람이 바로 노이만이었다. RAND로 돌아온 아우건스타인은 미사일의 기술적 세부사항을 추가하고, 부정확한 미사일로 소련의 도시를 파괴하려면 몇 개를 발사해야 하는지 계산해보았다.

1954년 2월 8일, 아우건스타인이 새로 작성한 보고서 「대륙간 탄도미사일 개발 프로그램 수정안A Revised Development Program for Ballistic Missiles of Intercontinental Range」이 공군본부에 도착했다. 노이만이 이끄는 주전자위원회의 보고서는 이틀 후에 도착했는데, 신기하게도 두 보고서의 내용이 거의 비슷했다. 그로부터 2개월 후에 미국은 아틀라스 프로젝트에 부과된 엄격한 규제를 완화하고, 수소폭탄이 장착된 미사일을 개발하는 속성 프로그램에 착수했다.

1957년 8월 21일, 소련의 R-7 로켓 '세묘르카Semyorka'가 카자흐스탄에 있는 바이코누르 우주선발사기지에서 이륙하여 4,000마일(8,400킬로미터) 상공에 도달했고, 몇 주 후에는 동일한 로켓에 실린 스푸트니크 1호 위성이 지구 궤도 진입에 성공했다. 노이만이 주도한 프로그램의 결과물로 탄생한 아틀라스 로켓은 1958년 11월 28일에 첫 비행에 성공했으며, 탄두를 장착한 아틀라스 로켓은 아우건스타인이 예상했던 날짜와 거의 비슷한 시기에 정식으로 운용되기 시작했다. 단추 하나로 전 세계를 잿더미로 만들 수 있는 핵무기 대치 시대가 드디어 시작된 것이다.

RAND에서는 노이만의 게임이론을 국방 정책에 접목하는 연구가 빠르게 진행되었는데, 이 연구를 가장 적극적으로 홍보한 사람은 메릴 플러드에게 중고 자동차를 팔려다 그만둔 허먼 칸이었다. 그러나 그는 애써 얻은 결과를 자신의 입맛에 맞게 고쳐서 발표하여 동료들의 원성을 샀고, 결국 RAND에서 가장 악명 높은 방위 전문가가 되었다. 그는 『상상할 수 없는 것에 대한 상상Thinking about the Unthinkable』이라는 저서에서 게임이론에 입각하여 임의의 정책이 낳을 수 있는 최악의 상황을 일일이 나열해놓았는데, 교훈적이긴 하지만 가끔은 병적인 집착이 느껴지기도 한다(책의 제목은 RAND의 설립 이념을 상징하는 슬로건이었다). 핵전쟁이라는 무시무시한 시나리오를 유머러스하게 전달하여 "죽음의 개그맨"[77]이라는 별명까지 얻었던 그는 종말을 향해 나아가면서도 어느 누구보다 한 걸음 앞서나갈 용기를 갖고 있었다. 모든 메시지를 유머로 포장하긴 했지만, 그의 속마음은 매우 심각했다. 동료 전술가 버나드 브로디Bernard Brodie가 RAND의 한 회의석상에서 "도시 외곽에 주둔한 소련군에게만 핵공격을 가해도 거의 200만 명이 죽는다"며 우려를 표명하자, 칸은 망설임 없이 받아쳤다. "200만 명? 고작 200만 명 때문에 우리 전술을 포기하자고?"[78]

칸은 훈련을 통해 만들어진 물리학자였다. RAND에 입사하고 얼마 지나지 않아 70명의 1급 비밀 취급 자격자 중 1인이 된 그는 미국의 10대 컴퓨터 중 하나를 이용하여 수소폭탄과 관련된 몬테카를로 시뮬레이션을 실행했으며,[79] 그가 일하던 물리학 분과와 건물의 다른 구역은 전기로 작동하는 육중한 문으로 분리되어 있었다. 그러나 문 뒤에 숨어서 계산하는 것만으로 만족할 수 없었던 그는 틈날 때마다 RAND의 복도를 어슬렁거리며 흥미로운 문제를 찾아다녔고, 한동안 게임이론에 심취하여 군사 계획에 게임이론을 적용한 책을 집필하기 시작했다(이 책은 끝내 완성되지 않았다).[80] 그 후 칸은 월스테터를 알게 되면서 '핵 저지 이론'이라는 새로운 분야가 자신의 적성과 일치한다는 사실을 깨달았다. 정규 게임이론은 제한 조건이 너무 많았지만, 이론의 저변에 깔린 가정은 항상 그의 머릿속에서 맴돌고 있었다.

칸은 핵 저지력을 주제로 자신이 강연했던 내용을 모아서 600페이지에 달하는 원고를 작성했다. 월스테터는 당장 태워버리라고 했지만[81] 결국 이 원고는 『열핵전쟁On Thermonuclear War』이라는 제목으

로 출간되었고 양장본으로 무려 3만 부가 팔려나갔다.[82] 이 책에서
그는 미국이 소련과의 핵전쟁에서 살아남을 수 있으며, 전후에도 정
상적인 삶을 유지할 수 있다고 주장했다. "전후 생존자들은 죽은 사
람을 부러워할 것인가?" 칸의 답은 당연히 "No"다. 책의 말미에는
"비극적이지만 예측 가능한 전후 상황"이라는 제목 하에 '예상 사
망자 수(200만~1억 6,000만 명)'와 각 경우마다 '경제가 회복되는 데
걸리는 시간(~100년)'이 표로 제시되어 있다.

　칸의 책을 감명 깊게 읽은 스탠리 큐브릭Stanley Kubrick 감독은 핵전
쟁이라는 암울한 주제에 블랙 코미디를 가미하여 인간 사회의 부조
리를 신랄하게 풍자한 영화를 만들었다. 이 영화가 바로 "가장 위대
한 코미디 영화 100편" 중 3위를 차지한 〈닥터 스트레인지러브〉인
데,[83] 여기 등장하는 호전적 성향의 벅 터기슨Buck Turgidson 장군은 소
련을 향한 대규모 공격을 주장하면서 다음과 같은 대사를 읊는다.

　진실이 항상 즐거운 것은 아니죠. 그러나 이제 우리는 결정을 내려
야 합니다. 생각하기도 싫지만 엄연히 예측 가능한 2개의 전후 상황 중
하나를 선택해야 한단 말입니다. 2,000만 명이 사라진 세상과 5,000만
명이 사라진 세상, 둘 중 어느 쪽을 고르시겠습니까? 대통령 각하, 우리
헤어스타일이 망가지는 일은 없을 거라고 말하려는 게 아닙니다. 하지
만 1,000만 명에서 2,000만 명은 반드시 죽어야 합니다.[84]

　큐브릭의 영화는 사람들에게 즐거움을 선사했지만, 칸의 책은 평
소에 그를 비난하던 사람들을 더욱 불쾌하게 만들었다. 러셀을 비롯

한 평화주의자들은 어이없음의 한계를 넘어 칸이 자신도 모르는 사이에 범세계적 군비 축소를 주장한 것으로 여겼고, 수학자 제임스 뉴먼James Newman은 《사이언티픽 아메리칸》에 다음과 같은 서평을 실었다.[85] "칸이라는 사람이 정말 있긴 있는 걸까? 아무리 생각해도 가공의 인물인 것 같다. 어느 누구도 그런 생각을 떠올릴 수 없고, 그런 책을 쓸 수도 없기 때문이다. 아마도 불건전한 취향을 가진 누군가의 장난일 것이다. 도덕이라는 명목 하에 대량학살을 저지르다니, 기가 차서 말도 안 나온다. 그런 것을 어떻게 계획하고, 어떻게 실행하고, 또 그 지옥으로부터 어떻게 살아남아서 어떻게 정당화하겠다는 말인가?"[86] 칸은 뉴먼의 혹평을 접하고 깜짝 놀랐다. 곧바로 속편 집필에 착수한 것을 보면 정말로 크게 놀란 것 같다. 어쨌거나 칸은 『열핵전쟁』의 성공에 힘입어 록펠러 재단으로부터 100만 달러의 연구지원금을 받았고, 그 돈으로 뉴욕에 자신만의 싱크탱크인 '허드슨 연구소Hudson Institute'를 설립했다. 그리고 RAND의 연구원들을 비아냥대듯, 자신의 연구소를 "하이 클래스 RAND"라 불렀다.

전쟁의 개념이 달라지다

게임이론을 향한 RAND의 열기는 1960년대 초부터 빠르게 잦아들었지만, RAND의 이념과 연구 방법은 이곳에서 탄생한 시스템 분석에서 한 국가의 국방 정책에 이르기까지, 다양한 분야에 걸쳐 '싱크탱크형 문화'로 자리 잡았다. RAND에서 마지막으로 게임이론을 핵 저지력 문제에 적용한 사람은 하버드 대학교의 경제학자 토머스 셸링Thomas Schelling이다. 전쟁을 일종의 협상 행위로 간주했던 그는 1958년에 발표한 논문에서 갈등을 해소하는 새로운 접근법을 제안했다.[87] "게임이론은 단순한 갈등(제로섬 게임)에 중요한 통찰과 조언을 제공해주었다. 그러나 충돌과 상호 의존이 혼재된 상황(전쟁, 전쟁의 위협, 파업, 협상, 범죄 예방, 계급투쟁, 인종 갈등, 가격 할인 전쟁, 협박 메일, 관료제나 사회적 위계질서, 교통 체증, 자녀 교육 등)에서 기존의 게임이론은 만족할 만한 답을 내놓지 못했다." 그 후 셸링은 이 공백을 메우기 위해 학계에서 은퇴하는 날까지 혼신의 노력을 기울였다.

또한 셸링은 의사소통이 허용되지 않거나 아예 불가능한 상황에서 상호 이익을 위한 플레이어들 사이의 협동이 게임이론에서 예측한 빈도보다 훨씬 자주 발생할 수 있다는 것을 입증했다. 그는 일단의 학생들이 모인 자리에서 다음과 같은 질문을 던졌다. "내일 낯선 사람을 뉴욕시에서 만나야 할 일이 생겼다. 그도 당신을 꼭 만나야 한다. 그런데 둘 사이에 연락할 방법이 전혀 없다면, 몇 시에 어디로 가겠는가?" 그러자 의외로 많은 학생들이 "정오에 그랜그센트럴역으로 가겠다"고 대답했다. 협동적 게임으로는 예견할 수 없는 의외의 해가 등장한 것이다. 셸링이 '초점focal point'으로 명명한 이 해는 게임이론의 한계를 보여주는 대표적 사례이다. 이로부터 그가 내린 결론은 다음과 같다. "순수한 추론만으로는 특정 농담이 웃음을 자아내는 이유를 설명할 수 없듯이, 경험적 증거가 없으면 비제로섬 게임에서 무엇을 이해하게 될지 예측할 수 없다."[88] 그러나 셸링은 "암묵적 소통만으로는 국가나 집단 사이의 충돌이 핵전쟁으로 확대되는 것을 막을 수 없다"고 경고했다.[89] 그는 쿠바 미사일 사태가 발발하기 몇 년 전에, "미국과 소련의 지도자들 사이에 충분한 의사소통이 이루어지도록 대화 채널을 강화해야 한다"고 주장했다. 아닌 게 아니라, 쿠바 미사일 사태는 둘 사이의 소통이 부족할 때 얼마나 큰 재앙이 초래될 수 있는지를 보여준 대표적 사례였다. RAND의 동료들과 마찬가지로 셸링은 상대방이 나와 똑같은 공격력을 갖추고 있을 때 대량보복전략으로 엄포를 놓는 것은 효과가 없다고 생각했다. 소련은 '국가적 자살'이나 다름없는 미국의 전략에 영향을 받지 않는다는 것이다.

핵 저지력에 관한 노이만의 마지막 책 『원폭 전쟁의 방어 Defense in Atomic War』(1955년)에는 새로운 폭탄의 위력이 적나라하게 묘사되어 있다.[90]

지금 미국과 소련의 무기는 과거 그 어느 때보다 빠르게 증가하고 있다. 제2차 세계대전 기간 동안 아군과 적군이 사용했던 폭탄의 총량은 수백만 톤 수준이었다. 그러나 지금은 원자폭탄 하나만으로 그보다 훨씬 큰 파괴력을 발휘할 수 있다.[91] 제2차 세계대전에 동원된 모든 무기와 병력을 단 한 대의 비행기에 실을 수 있게 된 것이다.

노이만은 과거와 현재의 전쟁 양상이 크게 달라졌음을 강조했다. 과거에는 전투원들의 능력에 따라 전황이 오락가락했지만, 초강대국이 초강력 무기를 보유한 지금은 전쟁의 개념 자체가 달라졌다는 것이다. "원자폭탄이나 원자폭탄을 탑재한 미사일은 전쟁의 결과를 결정할 뿐만 아니라, 2~4주 안에 한 국가를 초토화시킬 수도 있다. 과거에는 기술 발전이 '혜택'으로 돌아왔지만, 지금의 기술은 전혀 그렇지 않다. 적이 핵무기로 전면 공격을 해올 때 막을 방법이 없다는 것은 항상 '최악의 선택'을 하지 않도록 강요당한다는 뜻이기도 하다. 내가 최악의 선택을 했는데 적도 똑같이 최악의 선택을 하면 막을 길이 없기 때문이다. … 따라서 이 카드는 최후의 선택으로 남겨둬야 한다."

인내심 전략(적의 선제공격에 무조건 보복하는 전쟁 오르가즘의 반대 전략)은 1960년대에 RAND의 공식적인 입장이었다.[92] 재래식 군대의 소규모 공격에 대응하여 핵무기로 으름장을 놓는 작전은 소련의 침략(동유럽 침략)을 저지하는 데 아무런 도움도 되지 않았다. 1954년에 미국 국무부 장관 덜레스가 대량 보복 전략을 천명했을 때에도 미국은 베트남에서 벌어지는 재래식 전쟁에 점점 더 깊이 말려들었고, 그해 말에는 덜레스 자신도 대량 보복에 의구심을 갖게 되었다. 그가 1954년 12월에 아이젠하워 대통령에게 보낸 편지에는 다음과 같이 적혀 있다. "저는 각하께 묻고 싶습니다. 지역적으로는 응징할 필요가 있지만 소련에 대량 보복을 실행할 정도까지는 아닌 '소규모 전쟁'에 미국이 얼마나 준비되어 있는지 말입니다."

소규모 전쟁에 대한 RAND의 기본 대응 방침은 '카운터포스counterforce'였다. 전쟁 초기에 도시를 제외한 곳에 보복을 가한다는 이 전략은 RAND의 버나드 브로디가 처음으로 개척했고 RAND의 분석가들이 게임이론을 도입하여 보완한 후, 윌리엄 카우프만William Kaufmann에 의해 가장 이해하기 쉬운 형태로 다듬어졌다. 소련이 침략을 감행하면 미국은 도시 이외의 지역에 존재하는 공격 목표에 소규모 화력을 발사한 후, 확전을 막기 위해 예비용 핵무기를 협상 수단으로 활용한다는 것이다. 카우프만은 소련이 보복 공격을 해올 때도 도시는 공격하지 않기를 바랐다. 그래야 민간인 희생자를 최소한으로 줄이고 핵무기 충돌을 피하면서 협상을 위한 시간을 벌 수 있기 때문이다.

칸은 카운터포스가 "보다 합리적인 형태의 무력을 연구해온 RAND 정신의 정수"라고 했다. 문제는 유혈 사태를 피하는 것이 미군 내에서 보편적으로 통하는 생각이 아니라는 점이다. 특히 미국의 폭격기와 대륙간탄도미사일을 관리하는 전략공군사령부는 새로운 전략을 쉽게 수용하지 않는다.

RAND 전문가들의 간접적인 도움을 받아 존 F. 케네디John F. Kennedy가 1960년 대선에 승리한 후로, 미국 정부에는 카운터포스에 귀를 기울이는 사람이 하나둘씩 나타나기 시작했다. 1971년에 베트남전의 막후 비밀이 기록된 국방부의 '펜타곤 문서'를 언론에 폭로한 대니얼 엘스버그Daniel Ellsberg도 그중 한 사람이다. 케네디 정부의 국방부 장관 로버트 맥나마라Robert McNamara는 카우프만을 포함한 다수의 RAND 분석가들을 백악관으로 끌어들였다. 그 일대에서 '젊은 귀재들Whizz Kidz'로 불린 그들은 잠수함에서 발사되는 폴라리스 미사일Polaris missile 개발에 참여하고 육군의 재래식 전력을 보강하는 등 육-해군과 우호적인 관계를 유지했지만, 시스템 분석을 사방에 들이대면서 막대한 돈이 들어간 폭격기와 로켓 프로젝트를 위협하여 '일회성 스폰서'인 공군의 심기를 크게 건드렸다. 아이비리그 출신

갱단의 횡포를 보다 못한 공군은 결국 자신들만의 분석팀을 따로 조직했고, 얼마 후 육군과 해군도 그 뒤를 따랐다. 그러나 'RAND식 해결법'은 미군의 사고방식에 깊이 각인되어, 미-소 핵충돌 방지책뿐만 아니라 동남아시아와 중동의 소규모 전쟁 계획을 수립하는 데에도 지대한 영향을 미쳤다.

"우리는 빌려온 시간에 살고 있다"

지난 2019년 6월, 미국 국방부에서 소규모 핵전쟁 계획과 실행 방안에 대한 미군의 지침이 웹사이트에 공개되는 사고가 벌어졌다. 「합동 핵작전Joint Nuclear Operations」이라는 제목이 붙은 60페이지짜리 문서 JP 3-72는 사이트에 올라오자마자 신속하게 삭제되었지만, 이미 전미과학자연맹Federation of American Scientists(FAS, 맨해튼 프로젝트에 참여했던 과학자들이 원자력 에너지의 평화적인 사용을 위해 1945년에 결성한 단체)에서 모든 내용을 내려받은 후였다.[93] 이 보고서는 최악의 사태를 가정하고 작성된 것으로 억제력보다 전쟁에 초점이 맞춰져 있는데, 일부 평론가들은 이런 시나리오가 "미국은 언제라도 핵무기를 사용할 준비가 되어 있다"는 메시지를 적에게 알려서 섣부른 공격을 억제하는 효과가 있다며 긍정적인 반응을 보였다. 그러나 최악의 사태를 한 번 상상할 때마다 최악의 사태에 한 걸음씩 가까워진다는 것도 염두에 둬야 할 것이다.

게임이론을 핵전략에 적용한 지 거의 70년이 지난 지금, 우리가 처한 상황은 그 어느 때보다 심각하다. 미국과 러시아의 핵무기 보유량을 생각할 때, 히로시마와 나가사키에 떨어진 원자폭탄은 장난감 폭죽에 불과하다. 게다가 지금은 많은 국가들이 핵무기를 보유하고 있거나 자체 개발에 박차를 가하고 있다. 핵무기를 만드는 데 필요한 기술은 조직적인 테러리스트 집단도 알고 있을 정도로 만천하에 공개된 상태이다. 그러므로 세계 최강의 핵 보유국에서 세운 전략은 70년 전의 냉전 시대에 만들어진 전략과 비교할 때 규모면에서 비교 자체가 불가능할 것 같다. 그러나 공개된 보고서의 내용은 우리에게 놀라울 정도로 친숙하다. 예를 들어 문서의 세 번째 장章인 '계획 및 표적 선정Planning and Targeting'은 다음과 같은 글로 시작된다. "핵무기는 앞으로 100년 안에 사용되겠지만, 제한된 지역 안에서 제한된 목적으로 사용될 가능성이 높다." 이것은 1962년에 출간된 책 『상상할 수 없는 것에 대한 상상』에서 인용한 것으로, 책의 저자는 허먼 칸이었다.

2005년에 토머스 셸링은 노벨상 시상식을 며칠 앞두고 이런 말을 했다. "지난 반세기 동안 있었던 가장 극적인 사건은 '당연히 일어날 줄로 알았던 극적인 사건이 일어나지 않은 것'이다. 우리는 분노로 가득 찬 핵폭탄이 터지는 끔찍한 사태를 맞이하지 않은 채 살얼음판 같았던 60년을 편안하게 살아왔다. 이런 행운을 누릴 수 있었던 것은 가장 작은 폭탄조차도 금기시해온 무언의 금지령 덕분이었다. 히로시마와 나가사키의 참상이 사람들의 기억에서 거의 잊혀지고 더 많은 국가와 테러 집단이 핵무기를 갖게 된 지금, '핵무기 사용에 대한 범세계적 거부감'이 과거처럼 작동한다고 장담할 수 없다. 우리는 지금 빌려온 시간(진작 끝날 운명이었는데, 덤으로 할당받은 시간-옮긴이)에 살고 있는 셈이다."

1950년대 중반에는 노이만도 빌려온 시간에 살고 있었다. 방사성 물질을 자주 다뤄서 그랬는지, 몸에 해로운 식습관 때문이었는지, 아니면 단순히 운이 없었는지 정확한 원인은 알 수 없지만, 췌장에서 자라난 암세포가 서서히 그의 몸 전체로 퍼져나가고 있었다. 그러나 이 사실을 까맣게 몰랐던 그는 마지막 몇 년 동안 거의 광적으로 일에 매달렸다. 역사에 이름을 남긴 유명한 수학자들은 대체로 20대에 최고의 업적을 쌓고 중년에 학문적 황혼기를 맞이하는 경향이 있다. 그러나 노이만은 마지막 몇 년 사이에 그의 인생을 통틀어 가장 창의적인 업적을 남겼다. 복잡하고 정교한 기계의 경이로운 능력을 바닥부터 철저하게 파헤치기 시작한 것이다. 그가 추구했던 궁극적 목표는 자신이 만든 초고속 컴퓨터의 한계와 우주에서 가장 복잡한 구조물인 인간 두뇌의 작동 원리를 이해하는 것이었다.

8장

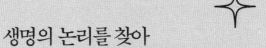
생명의 논리를 찾아
스스로 복제하는 기계와 마음을 만드는 기계

그녀가 말했다.
"안드로이드도 우리처럼 외로울 거야."
─『안드로이드는 전기 양 꿈을 꾸는가? Do Androids Dream of Electric Sheep?』,

필립 딕

희미한 조명에 엉성한 앵글, 마구 흔들리는 동영상 화면 속에 이상하게 생긴 기계가 등장한다. 아마추어가 별 준비 없이 즉흥적으로 찍은 영상 같은데, 화면 속의 기계가 열심히 움직이더니 즉석에서 무언가를 만들어낸다. '스내피Snappy'라 불리는 이 기계는 렙랩RepRap(고속인쇄복사기Replicating Rapid Prototyper), 즉 자신을 복제하는 3D 프린터로서, 전체 부속품의 80퍼센트를 프린트할 수 있다.[1] 프린터의 어느 한 부품이 고장 나면 이전에 예비용으로 '프린트해놓은' 새 부품으로 교체하면 된다. 재료로 사용되는 플라스틱 필라멘트(구식 프린터의 잉크에 해당함)의 가격은 1킬로그램 당 20~50달러이므로, 친구가 급하게 부탁을 해와도 부담 없이 들어줄 수 있다. 단, 볼트와 나사, 모터 등 금속 및 전기 부품(나머지 20퍼센트)은 별도로 구입해서 조립해야 한다.

　엔지니어 겸 수학자인 애드리언 보이어Adrian Bowyer는 훗날 '다윈식 마르크스주의Darwinian Marxism'라 불리게 될 아이디어를 2004년에 처음으로 떠올랐다. 이 아이디어가 구현되면 모든 가정집은 무엇이건 자신이 필요한 물건을 직접 생산하는 공장이 될 것이다(물론 아직은 플라스틱제 물건만 만들 수 있다). 오타와에 있는 칼턴 대학교의 공학자들은 부족한 20퍼센트(나사, 모터 등)까지 복제하여 '완벽한 자기복제'가 가능한 프린터를 연구하고 있다. 이들의 연구가 성공하면 모자라는 부품을 조달하기 위해 철물점이나 공구상에 가지 않아도 된다. 이들은 특히 달에서 구할 수 있는 재료만으로 작동하는 프린터를 구상 중이다. 랩랩에서 시작하여 현장에서 채취한 재료만으로 자신의 부품을 재생하는 로버 rover(탐사용 로봇)를 만드는 것이 이들의 목표이다. 예를 들어 달 탐사 도중 태양로 solar furnace(태양열을 한곳에 집중시켜서 초고온 상태를 만들어내는 장치-옮긴이)가 고장났다면, 달에 있는 바위를 제련해서 똑같은 태양로를 만들어내는 식이다.[2] 또한 칼턴의 연구팀은 로버가 스스로 길을 찾아갈 수 있도록 매컬러-피츠 McCulloch-Pitts 스타일의 인공 뉴런이 장착된 모터와 컴퓨터를 만들었다. 달에서 반도체 기반 전자장치를 만들기란 사실상 불가능하기 때문에, 이들은 트랜지스터 대신 1950년대의 향수를 자극하는 진공관을 사용할 예정이다. 연구팀의 리더인 알렉스 엘러리 Alex Ellery는 말한다. "랩랩을 처음 봤을 때는 그저 신기하기만 했는데, 지금은 우리 프로젝트의 촉매제 역할을 하고 있다. 소박한 생각으로 시작했던 일이 이제는 주 연구 과제가 되었다."[3]

엘러리의 기계가 달에 설치되기만 하면 자기복제를 통해 개체수를 늘이고, 늘어난 노동력을 이용하여 반자동으로 가동되는 우주 공장을 짓고, 얼마 후 도착할 인간을 위해 달 기지를 건설하는 등, 어떤 임무도 해낼 수 있다. 엘러리는 초소형 인공위성을 대량으로 궤도에 올려서 태양복사열을 차단하여 지구온난화를 막고, 열이 필요한 지역에는 에너지빔을 발사하여 균형을 맞춘다는 원대한 계획도 세워 놓았다.[4]

스스로 자신을 복제하는 기계

이 모든 시도에 영감을 불어넣은 책이 바로 노이만의『자기복제 오토마타 이론Theory of Self-reproducing Automata』이다. 고등연구소에서 컴퓨터를 만들고 정부와 산업체의 자문 역할을 하던 와중에, 그는 생명체의 기관과 인간이 만든 기계를 비교하기 시작했다. 이 과정에서 무엇을 알게 되건, 제작 중인 컴퓨터의 한계를 극복하는 데 도움이 된다고 생각했을 것이다. 그는 1951년에 발표한 또 한 권의 저서『오토마타의 일반적 및 논리적 이론The General and Logical Theory of Automata』에 다음과 같이 적어놓았다. "일반적으로 자연 유기체는 훨씬 복잡하고 미묘하기 때문에 사람이 만든 기계보다 이해하기 어렵다. 그러나 유기체에서 발견된 일부 규칙은 기계를 설계하고 제작하는 데 큰 도움이 될 수 있다."[5]

인공신경망artificial neural network에 대한 매컬러와 피츠의 논문을 읽은 후로 생물학에 관심을 갖게 된 노이만은 졸 스피겔만Sol Spiegelman과 막스 델브뤽Max Delbrück 등 분자에 기초하여 생명을 연구하는 과학자들과 교류하기 시작했다. 과거에도 항상 그래왔듯이 노이만은 이 분야를 폭넓게 파고들다가 다소 불확실하면서도 직관적인 아이디어를 떠올렸고, 그의 아이디어는 훗날 이 분야에 투신한 학자들에게 방대한 양의 연구 과제를 안겨주게 된다. 또한 그는 세포분열 중 염색체가 분리되는 원리를 주제로 강의를 한 적도 있으며, 미생물에 대한 관심도 각별하여 수학자이자 생명과학자인 노버트 위너Norbert Wiener에게 "전자현미경으로 박테리오파지bacteriophage(세포 안에서 증식하는 바이러스 – 옮긴이)의 사진을 찍는 프로젝트를 수행하자"는 편지를 보내기도 했다. 그 후로 20년 동안 델브뤽과 살바도르 루리아Salvador Luria의 연구팀은 노이만이 말했던 바로 그 연구를 수행하여 DNA 복제와 유전자 암호의 특성을 알아냈고, 최초로 바이러스를 촬영하는 데 성공했다.

이 무렵 노이만이 제안했던 가장 흥미로운 연구 중 하나는 단백질의 구조를 밝히는 것이었다. 단백질은 근육과 손톱, 머리카락 등의 주요 성분으로, 세포 안에서 중요한 일을 도맡아 하는 생명의 기본 요소이며, 대부분의 유전자에는 단백질 생성에 필요한 암호가 저장되어 있다. 1940년대에도 단백질은 광범위하게 연구되고 있었지만 당시는 분자 구조가 밝혀지기 전이었고, 중요한 연구 수단인 엑스선 결정학crystallograpy은 초보적인 수준에 머물러 있었다. 단백질 결정에 엑스선을 쪼인 후 뒤쪽 스크린에 나타나는 반점의 패턴을 분석하면 단백질의 내부 구조를 추측할 수 있다. 문제는 이 과정에 필요한 계산량이 당시 컴퓨터의 용량을 훨씬 초과한다는 점이었다. 1946년과 1947년에 노이만은 단백질의 사이크롤 모형cyclol model을 개발한 미국의 저명한 화학자 어빙 랭뮤어Irving Langmuir와 수학자 도로시 린치

Dorothy Wrinch를 만났다. 린치는 단백질을 '서로 연결된 여러 개의 고리'라고 생각했는데, 훗날 이 가정은 틀린 것으로 판명되었다. 그러나 실험의 규모를 수억 배로 확대하면 문제가 해결된다고 굳게 믿었던 노이만은 분자를 수 센티미터짜리 금속 구로 바꾸고 엑스선 대신 레이더를 발사하여 산란된 패턴을 단백질 실험 데이터와 비교하자고 제안했다. 이 실험은 지원금을 확보하지 못하여 실행되지 않았지만, 노이만의 관심이 첨단 과학의 광범위한 분야에 걸쳐 있었음을 보여주는 좋은 사례로 남아 있다. 엑스선 결정학으로 단백질의 구조가 밝혀질 때까지는 다양한 기술과 이론(그리고 상당한 인내력)이 추가로 필요했고, 마침내 1958년이 되어서야 그 베일을 벗게 된다.

노이만은 1944년부터 노버트 위너가 주최한 회의에 정기적으로 참석하면서 두뇌와 컴퓨터의 연관성을 본격적으로 파고들기 시작했다. 그리고 비슷한 시기에 한시적으로 열린 '목적론 학회Teleological Society'와 '인공두뇌 학술회의Conference of Cybernetics'에서 참가자들이 "두뇌와 컴퓨터는 어떻게 '목적이 있는 행동'을 할 수 있는가?"라는 질문을 놓고 열띤 토론을 벌일 때에도, 회의의 중심에는 항상 노이만이 있었다. 다른 일로 눈코 뜰 새 없이 바빴던 그는 회의가 시작되었는데도 나타나지 않다가, 회의가 한창 진행되고 있을 때 허겁지겁 뛰어 들어와서 정보와 엔트로피, 또는 논리회로에 관한 강의를 한두 시간 동안 하고는 다시 허겁지겁 뛰어나가기 일쑤였다. 그러면 남은 사람들은 한동안 어리둥절하다가 회의가 끝난 후 따로 시간을 내서 노이만의 강연을 주제로 자기들끼리 열띤 토론을 벌이곤 했다. 회의에 참석했던 한 과학자는 신경해부학에 관한 노이만의 강의를 듣는 것이 "연 꼬리에 매달린 채 허공에서 펄럭이는 기분"이라고 했다.[6] 위너는 토론 중에 코를 골면서 자다가 한참 후에 깨어나서는 "자는 것처럼 보였겠지만 사실은 다 듣고 있었다"면서 그동안 오갔던 이야기를 정리하곤 했는데, 신기하게도 누락된 내용이 거의 없었다고 한다.

1946년 말, 노이만은 1년 전에 프로그램 가능한 컴퓨터 EDVAC의 보고서를 작성할 때 많은 부분을 참고했던 '추상적 뉴런 모형' 때문에 골머리를 앓다가 위너에게 편지를 보냈다.

> 튜링과 피츠, 그리고 매컬러는 이 분야에서 위대한 업적을 남겼지만, 이들이 한 일을 하나로 엮었더니 상황이 이전보다 훨씬 나빠졌습니다. 이들은 "기능이 명시된 단 하나의 기계도 범용 기계가 될 수 있다"는 것을 일반적으로, 완벽하게 증명했습니다. 그런데 이 논리를 뒤집으면 "미시적 규모에서 세포의 역할과 신경 메커니즘을 알지 못하면 유기체의 기능에 대해 아무것도 알 수 없다"는 뜻이 됩니다. … 지금 제가 얼마나 좌절하고 있는지, 굳이 말씀드리지 않아도 잘 아시리라 믿습니다.

노이만은 순수한 논리만으로 두뇌 회로의 얼개를 알아낼 수 있다고 생각했는데, 알고 보니 그게 아니었던 것이다. 스위스연방공과대학에 다니던 시절, 시험관을 수도 없이 깨먹었던 그는 번잡한 실험을 거쳐야 한다는 생각에 심기가 몹시 불편해졌다. 위너를 향한 그의 불평은 다음과 같이 계속된다.

신경학적 방법으로 두뇌를 이해하는 것은 주요 장기와 크기가 비슷한 2피트(약 60센티미터)짜리 도구만 갖고 ENIAC의 구조를 알아내는 것과 비슷합니다. 제가 할 수 있는 일이란 기계에 소방용 호스(물 대신 등유나 니트로글리세린을 사용할 수도 있지만)를 들이대거나, 회로에 자갈을 떨어뜨리는 것이 전부입니다. 이런 투박한 방법으로 목적을 달성할 수 있을까요?

노이만은 막다른 길을 피하기 위해 오토마타automata(오토마톤 automaton의 복수형-옮긴이)에 대한 연구를 ①오토마타의 기본 구성 요소(뉴런, 진공관)에 대한 연구와 ②조직에 대한 연구로 나눌 것을 권했다. ①은 뉴런의 경우 생리학의 영역에 해당하고 진공관의 경우에는 전기공학에 속한다. ②에서는 구성 요소들을 예측 가능한 방식으로 작동하는 이상적인 '블랙박스'로 취급하는데, 이 부분이 바로 오토마타 이론에서 노이만이 다룰 수 있는 영역이다.

오토마타 이론은 1948년 9월 24일에 패서디나에서 '행동의 두뇌 역학Cerebral Mechanics in Behavior'이라는 주제로 개최된 힉슨토론회Hixon Symposium를 통해 처음으로 소개되었으며, 이 자리에서 공개된 내용을 정리하여 1951년에 책으로 출판한 것이 노이만의 『오토마타의 일반적 및 논리적 이론』이다.[7] 노이만은 오토마타의 핵심 아이디어를 꾸준히 생각해오다가 2년 전에 프린스턴의 비공개 강의에서 처음으로 소개했는데, 강의가 끝나갈 무렵 노이만이 "오토마타는 자신만큼 복잡한 또 다른 오토마타를 만들 수 있는가?"라는 질문을 제기하면서 관심의 초점이 미묘하게 달라졌다. 처음에 그는 '부모'에 해당하는 기계가 새로 만들 기계의 모든 구조를 완벽하게 알고 있으면서 조립에 필요한 도구까지 모두 갖춰야 하기 때문에 불가능하다고 주장했다. 그러고는 "내 말이 어느 정도 타당성은 있지만, 자연에서 일어나는 현상과 명백하게 모순된다"고 했다. 유기체는 자신을 복제하여 새로운 유기체를 낳고, 새로 낳은 유기체는 원래 유기체와 똑같이 복잡하기 때문이다. 게다가 생명체들은 오랜 진화를 거치면서 점점 더 복잡한 형태로 변해왔다. 인공 및 천연 오토마타의 원리를 모두 설명하는 이론이라면, 인간이 만든 기계가 번식하고 진화하는 방법까지 설명할 수 있어야 한다. 300년 전에 프랑스의 철학자 르네 데카르트René Descartes가 "인간의 몸은 기계에 불과하다"고 선언했을 때, 그의 23세 제자였던 스웨덴의 크리스티나 여왕Queen Christina이 반문했다. "나는 아기를 낳는 시계를 본 적이 없는데요?"[8] 너무나도 정확한 지적이었다. 그렇다면 300년이 지난 지금은 기계도 사람처럼 번식할 수 있을까? 노이만은 이 질문을 최초로 떠올린 사람이 아니었지만, 답을 제시한 최초로 인물로 역사에 이름을 남기게 된다.

노이만이 구축한 이론의 중심에는 범용튜링머신이 자리 잡고 있다. 임의의 튜링머신의 세부 구조와 작동 원리가 주어지면 범용튜링머신은 그것을 완벽하게 흉내 낼 수 있다. 노이만은 주특기인 계산을 잠시 접어두고 "튜링머신 스타일의 오토마타가 자신을 복제하려면 무엇이 필요한가?"라는 질문을 파고든 끝에, 세 가지 필요충분조건(이 조건을 만족하면 복제가 가능하고, 복제할 줄 아는 머신은 이 조건을 만족하는, 그런 조건-옮긴이)을 찾아냈다. 첫째, 자신을 닮은 복사본을 만드는 데 필요한 일련의 지침(명령)이 주어져야 한다. 이 지침은 원리적으로 튜링의 종이테이프와 비슷하지만, 기계 자체와 동일한 재질이어야 한다. 둘째, 기계에는 이 지침을 실행하여 새로운 오토마타를 만들 수 있는 구성 장치(조립 도구)가 있어야 한다. 셋째, 이 기계는 새로운 기계를 만드는 데 필요한 지침서를 작성하여 새로 만든 기계의 어딘가에 저장해야 한다(그래야 새로 만들어진 기계도 또 다른 복사본을 만들 수 있다).

노이만은 자신이 생각한 기계를 특유의 절제된 문체로 다음과 같이 표현했다. "이 기계는 좀 더 매력적인 특성을 갖고 있다. 기계에 하달된 지침은 유전자와 거의 비슷한 기능을 수행하며, 복제 과정은 … 살아 있는 세포의 생식(유전물질의 복제)과 근본적으로 동일하다." 이런 식으로 생명체와의 유사성을 강조하고는 기계의 오류를 생명체의 변이에 연결시킨다. "복제 지침을 조금 수정했을 때 나타나는 특징은 변이를 일으킨 생명체와 비슷하다. 일반적으로 변이는 기능을 저하시키는 쪽으로 나타나지만, 기계는 복제를 여러 번 반복하다 보면 변이가 수정될 수도 있다."[9] DNA의 구조가 밝혀지기 5년 전에, 그리고 과학자들이 세포의 복제 과정을 이해하기 한참 전에, 노이만은 하나의 개체가 자신을 복제할 때 거쳐야 할 기본적 단계를 명확하게 제시하여 분자생물학molecular biology의 이론적 기초를 다져놓았다. 더욱 놀라운 것은 자신이 들었던 비유의 한계까지 정확하게 예측했다는 점이다. 유전자에 하달된 복제 지침은 단계별로 분리되어 있지 않고 일반적인 지시(신호)만으로 이루어지며, 나머지는 유전자가 들어 있는 세포로부터 주어진다.

지금은 익히 알려진 사실이지만, 1948년만 해도 이런 결론에 도달하기란 결코 쉬운 일이 아니었다. 당시 아일랜드의 더블린 고등연구소Dublin Institute for Advanced studies에 은신 중이었던 에르빈 슈뢰딩거도 이 문제를 다룬 적이 있다. 그는 1944년에 『생명이란 무엇인가?What Is Life?』라는 책을 발표했는데,[10] 훗날 제임스 왓슨James Watson과 프랜시스 크릭Francis Crick이 이 책에서 영감을 받아 DNA를 발견했다고 한다. 슈뢰딩거는 이 책에서 자연에 생명체가 탄생하게 된 배경을 추적했다. 무질서한 상태(자연)에서 고도의 질서(생명체)가 탄생하는 것은 물리법칙에 위배되는 것처럼 보인다. 열역학 제2법칙에 의하면 무질서도(엔트로피)는 항상 증가하려는 경향이 있기 때문이다. 슈뢰딩거는 "염색체에 일종의 암호가 저장되어 있다"는 것을 그 비결로 제시했지만, '암호'와 '암호화 및 복제 과정'을 구별하지 않았기 때문에 "염색체의 구조 자체가 생명체를 개선하는 수단"이라는 틀린 결론에 도달했다.[11] 염색체를 "건축가의 설계도와 시공자의 기술이 하나로 합쳐진 생명체의 법전이자 집행자"로 간주한 것이다.

노이만의 강연을 들은 사람 중에는 생물학자가 거의 없었고, 있었다 해도 그 의미를 제대로 이해하지 못했다. 1940년대에 생물학과 관련하여 노이만과 만나거나 편지를 주고받은 사람은 생물학자가 아니라 "생물학에 관심이 많은" 물리학자들이었고, 이들 중 델브뤼을 포함한 다수는 훗날 분자생물학에 중요한 업적을 남겼다. 그런데도 노이만의 이론이 상대적으로 덜 알려진 이유는 다른 일을 처리하느라 워낙 바쁜데다, 기자들의 선정적인 보도가 싫어서 발언을 자제했기 때문이다(반면에 슈뢰딩거는 일반 독자들을 각별히 챙기는 편이었다).

오토마타 이론과 자기복제기계의 원리

1951년에 출간된 노이만의 책을 가장 먼저 읽은 사람 중에 시드니 브레너Sydney Brenner라는 생물학자가 있었다. 훗날 델브뤽과 함께 박테리오파지를 연구하고, 1960년대에는 크릭과 함께 유전자 암호를 해독하게 될 사람이다. 그는 1953년 4월에 DNA의 이중나선 모형을 보는 순간 "모든 것이 톱니바퀴처럼 아귀가 딱 맞아 들어갔다"고 했다. "기계를 복제하는 것뿐만 아니라 기계의 특성을 결정하는 정보까지 복제되어야 한다는 건 DNA의 구조가 발견되기 전에 노이만이 이미 증명한 사실이다. 그리고 그는 전적으로 옳았다. DNA는 정보를 복제하는 수많은 방법 중 하나였을 뿐이다."[12] 다이슨 역시 노이만의 업적을 인정한다. "우리가 아는 한, 바이러스보다 큰 모든 미생물은 노이만이 예측했던 기본 구조를 그대로 갖고 있다."[13]

그후 몇 년 동안 노이만은 일련의 강의와 (완성되지 않은) 논문을 통해 오토마타 이론과 자기복제기계의 원리를 자세히 설명해나갔다. ENIAC과 고등연구소 컴퓨터 프로젝트에 모두 참여했던 수학자 겸 공학자 아서 벅스는 노이만의 이론을 꼼꼼하게 정리하여 『자기복제 오토마타 이론』이라는 책으로 엮었는데, 거의 10년 동안 출판을 미루다가 1966년이 되어서야 정식으로 출간되었다.[14] 노이만의 이론을 소개한 두 편의 글이 1955년에 출판되긴 했지만, 여기에는 노이만이 오토마타 이론의 원조라는 사실이 명시되어 있지 않다. 그중 첫 번째는 훗날 프로그래밍 언어 BASIC을 개발한 컴퓨터과학자 존 케메니John Kemeny가 《사이언티픽 아메리칸》에 기고한 글이고[15] (케메니는 한때 아인슈타인의 조수였다), 두 번째는 그해 말에 작가 필립 딕Philip K. Dick이 《갤럭시 사이언스 픽션Galaxy Science Fiction》이라는 잡지에 실었던 단편소설로서, 훗날 영화 〈블레이드 러너Blade Runner〉(1982)와 〈토탈리콜Total Recall〉(1990, 2012), 그리고 〈마이너리티 리포트Minority Report〉(2002)의 모태가 되었다.[16] 「오토팩Autofac」이라는 제목으로 발표된 이 소설은 "아무도 원하지 않는 물건과 그 복사본을 만들기 위해 지구의 자원을 낭비하는 자동화 공장"에 관한 이야기인데, 오토마타에 관한 기사가 《사이언티픽 아메리칸》에 실리기 1년 전에 탈고했다고 한다.[17]

케메니가 《사이언티픽 아메리칸》에 기고했던 「기계로 간주된 인간Man Viewed as a Machine」은 공상과학 소설 못지않게 자극적이다. 이 글에서 그는 독자들에게 묻는다. "이성을 가진 우리 인간은 범용튜링머신과 근본적으로 다른 존재인가? 대부분의 사람들은 다르다고 생각할 것이다. 제아무리 똑똑한 기계도 사람이 없으면 만들어질 수 없기 때문이다. 자신을 복제하고 다른 기계까지 척척 만들어내는 기계를 어느 누가 상상할 수 있겠는가?" 그의 설명은 1950년대 B급 영화의 내레이션처럼 계속된다. "그러나 노이만은 'yes!'라고 답할 것이다. 그는 이런 기계의 청사진을 이미 완성했기 때문이다."

노이만이 상상했던 최초의 인공생명체는 바다에 표류하는 여덟 종류의 '부품(또는 기관organ)'이었다. 각 부품은 고유한 기능을 갖고 있으며, 수도 충분히 많다. 8개 중 4개는 논리연산을 수행하는 부품으로 이들 중 1개는 신호발생장치이고 나머지 3개는 신호처리장치이다. 신호처리장치 3개는 각각 '자극기관', '우연기관', 그리고 '억제

필립 딕의 단편소설 「오토팩」에 실린 삽화.
기계(로봇)들은 필요 없는 물건을 끊임없이 생산하면서 지구의 자원을 고갈시키고,
참다못한 인간이 궐기하여 기계를 처단한다.

기관'인데, 작동 규칙은 다음과 같다. ①자극기관은 2개의 입력장치 중 하나가 신호를 감지했을 때 활성화되고 ②우연기관은 두 입력장치가 모두 신호를 감지했을 때 활성화되며, ③억제기관은 두 입력장치 중 하나만 작동할 때 활성화된다. 이런 부품이 주어진 오토마타는 모든 계산을 수행할 수 있다.

　나머지 4개는 구조(형태)와 관련된 부품으로, 하나는 지주(버팀대)

이고 2개는 지주를 자르거나 붙여서 더 큰 배열을 만드는 기관이며, 마지막 하나는 자극을 받았을 때 수축하는 근육이다. 예를 들어 근육은 2개의 지주를 하나로 붙이거나 한 묶음으로 움켜쥘 수 있다.[18] 노이만은 이 오토마타가 일련의 테스트를 통해 부품을 식별할 수 있다고 제안했다. 예를 들어 집게발 사이에 있는 부품이 규칙적인 신호를 내보내면 신호발생장치이고, 자극을 받았을 때 수축하면 근육으로 인식하는 식이다.

오토마타가 따라야 할 이진수 명령(DNA)은 종이 테이프 대신 지주 자체에 정교한 방식으로 암호처럼 새겨져 있다. 여러 개의 지주가 톱니 모양으로 연결되어 척추를 형성하고, 각 연결 부위에 또 다른 지주가 연결되어 있으면 '1', 그렇지 않으면 '0'이 할당된다. 종이 테이프에 쓰거나 지우는 동작이 "연결 지주를 추가하거나 없애기"로 바뀐 것이다.

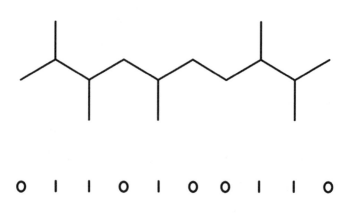

지주로 만들어진 이진수 테이프.

노이만이 제시한 부품이 주어지면 바다에 표류하는 오토팩을 만들 수 있으며, 완성된 오토팩은 주변에 떠다니는 부품을 수집하여 자신의 '지주 DNA'와 똑같은 DNA를 가진 또 다른 오토팩 복사본을 만들 수 있다. 이 과정에서 실수로 지주가 부러지거나 원형보다 길어지면 변이가 탄생하는데, 대부분은 제 기능을 발휘하지 못하지만 가끔은 아무 이상이 없거나 오히려 개선된 오토팩이 탄생할 수도 있다.

이것이 바로 노이만이 상상했던 자기복제 모형의 초기 버전이다. 그러나 이 모형은 '운동kinematics(역학적인 움직임)'에 기초하고 있었기 때문에 노이만의 마음에 들지 않았다. 이런 식이라면 오토마타에 필요한 부품의 세부 구조는 설명하기 어려울 정도로 복잡해진다. 이 모든 것을 간단한 수학적 기관으로 구현할 수는 없을까? 자기복제는 2차원 평면으로 충분한가? 아니면 3차원 공간으로 확장해야 하는가? 노이만은 울람과 이 문제를 상의했다. 당시 울람은 단순한 규칙에 따라 주변과 상호작용하는 2차원 결정격자2-D crystalline lattice 오토마타 모형을 연구하고 있었는데, 노이만이 여기서 힌트를 얻어 개발한 것이 바로 '세포 오토마타 모형cellular model of automata'이다.

세포 오토마타 모형의 구조

노이만의 자기복제 오토마타는 끝없이 펼쳐진 2차원 격자에 살고 있다(무한히 큰 그물망과 비슷하다 – 옮긴이). 각 사각형(또는 세포)은 각기 다른 29가지 상태 중 하나에 놓일 수 있으며, 자신과 맞닿은 4개의 사각형하고만 통신을 교환할 수 있다. 이들은 다음과 같은 규칙에 따라 작동한다.

(1) 대부분의 사각형(세포)은 휴면 상태에 있다. 그러나 이웃으로부터 적절한 자극을 받으면 깨어났다가, 나중에 다시 휴면 상태로 돌아간다.

(2) 남은 28개의 상태 중(처음 1개는 '휴면 상태'이다 - 옮긴이) 8개는 자극을 전달할 수 있는 전송 상태로서, 각 상태는 'on' 아니면 'off'이다. 이웃한 세포와 접한 4개의 구획 중 세 곳으로 입력을 수신하고, 나머지 한 곳에서 출력 신호를 전송한다.

(3) 남은 20개 상태 중 8개는 '특별한' 자극을 전달하는 전송 상태이다. 이로부터 자극이 전달된 세포는 하던 일을 중단하고 휴면 상태로 되돌아간다. 그리고 이 8개의 특별한 상태는 (2)에서 언급한 전송 상태로부터 신호를 받았을 때 휴면 상태로 돌아간다.

(4) 임의의 이웃 세포에서 '두 시간 단위two time units'만큼 지연된 신호를 다른 세포에 전달하는 4개의 '융합 상태confluent state'도 있다. 이들은 a, b라는 2개의 스위치로 가시화할 수 있는데, 처음에 두 스위치는 모두 꺼져 있다가(off) 신호가 도달하면 a가 켜진다(on). 그후 이 신호가 b에 도달하면 b가 켜지고, 세포가 다음 신호를 수신할 때까지 a는 꺼진다. 끝으로 b는 주변에서 신호를 수신할 수 있는 임의의 전송 세포에 자신의 신호를 전송한다.

(5) 마지막으로 남은 8개는 '민감한 상태sensitized state'로서, 일련의

특정 입력 신호가 들어오면 '융합 상태'나 '전송 상태'로 바뀐다.

노이만은 이 '살아 있는 행렬'을 이용하여 거대한 장치를 만들었다. 그의 작업은 서로 다른 세포를 결합하는 것으로 시작하는데, 이렇게 초기에 사용된 세포를 '기본 기관basic organ'이라 한다. 기본 기관 중 하나는 자극에 반응하여 일련의 초기 펄스를 만들어내는 '펄서pulser'이며, 또 다른 기본 기관은 특정한 이진배열binary sequence(연속적으로 나열된 이진수 배열)을 인식하고 이에 대한 반응으로 신호를 출력하는 '디코더decoder'이다. 그리고 이 장치는 2차원 평면에서 작동하기 때문에 다른 기관도 필요하다. 예를 들어 3차원 공간에서는 2개의 선이 교차할 때 위-아래로 피해가도록 만들 수 있지만, 노이만의 세포 오토마타cellular automata가 작동하는 2차원 평면에서는 피해갈 공간이 없다. 그래서 노이만은 2개의 신호가 피해갈 수 있도록 '교차 기관crossing organ'을 만들었다.

다음으로 노이만은 자기복제에 반드시 필요한 세 가지 임무를 수행하기 위해 부품을 조립했다. 제일 먼저 할 일은 일련의 휴면 세포('0'으로 나타냄)와 전송 세포('1'로 나타냄)로 테이프를 만드는 것이다.[19] 그리고 테이프셀tale cell(테이프의 한 구획)에서 읽거나 쓸 수 있는 제어 장치control unit를 추가하면, 2차원에서 작동하는 범용튜링머신이 만들어진다. 다음으로 노이만은 격자의 모든 세포를 향해 구불구불 뻗어 나가서 원하는 상태로 자극을 준 후, 곧바로 회수할 수 있는 '팔'을 만들었다.

이 시점에 이르자 노이만의 '가상 생명체'는 스스로 목줄을 풀고 빠져나와서 주인(노이만)의 멀티태스킹 능력을 능가하는 실력을 보여주었다. 그러나 문제는 시간이었다. 노이만은 이 연구를 1952년 9월에 시작하여 12개월 넘게 매달려왔는데, 처음에 예상했던 것보다 진도가 크게 뒤처져서 마무리까지는 한참을 더 가야 할 것 같았다. 클라라의 증언에 의하면 그는 정부에서 요구한 일을 모두 마친 후에 오토마타로 돌아갈 계획이었다고 하는데, 그 시기는 끝내 찾아오지 않았다. 목적지가 눈앞에 보이는 상황에서 날로 악화되는 병세는 어느 순간부터 노이만의 의욕을 추월했고, 설계도에 그려진 웅장한 건물은 노이만이 세상을 떠나고 몇 해가 지난 후 그의 연구 노트에 적힌 대로 조립을 수행한 아서 벅스에 의해 비로소 완성되었다.

완성된 기계의 몸체는 80×400개라는 만만한 개수의 세포로 이루어져 있지만, 여기에는 자기복제에 필요한 지침을 15만 개의 사각형에 저장한 긴 꼬리가 달려 있다. 시작 신호가 울리면 괴물 같은 기계가 테이프에 적힌 명령을 읽고 실행하면서 적당히 떨어진 거리에 자신과 똑같은 복사본을 만들기 시작한다. 촉수처럼 생긴 팔이 지정된 위치까지 길게 뻗어나와서 세포를 차곡차곡 쌓으며 자손을 만들어나가는 것이다. 먼 훗날 탄생하게 될 렙랩처럼, 노이만의 오토마타는 아래부터 층층이 쌓아나간다. 조립이 완료되면 팔이 수축되어 부모 기계의 몸으로 돌아가고, 새로 태어난 자손 기계는 당장이라도 자기복제를 시작할 수 있다. 외부에서 제어를 하지 않으면 오토마타는 자기복제를 무한정 실행하면서 방대한 공간을 자신과 똑같은 오토마타로 가득 채울 것이다.

이것이 바로 벅스가 원하는 결과였다. 『자기복제 오토마타 이론』

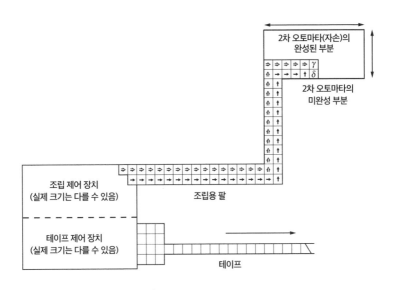

노이만의 자기복제 범용 조립 장치.

이 출간된 1966년에는 노이만이 설계한 29개의 상태를 구현할 정도로 강력한 컴퓨터가 없었기 때문에, 벅스는 자신이 완성한 오토마타가 자기복제에 성공하리라고 확신하지 못했다. 1944년에 노이만이 실행했던 첫 번째 시뮬레이션은 속도가 너무 느려서, 복사본은 다음 해에 논문이 발표될 때까지 완성되지 않았다.[20] 요즘은 노트북 컴퓨터로 몇 분이면 끝난다. 약간의 프로그램만 할 줄 알면 반세기 전에 순수한 논리만으로 존재했던 노이만의 '증식하는 기계 동물'을 눈으로 확인할 수 있다. 또한 여기에는 최초의 컴퓨터 바이러스와 컴퓨터과학의 이정표가 되었던 역사적 사건이 고스란히 담겨 있다.

노이만의 자기복제 오토마타는 수학의 새로운 분야를 개척했을 뿐만 아니라, '인공생명'을 연구하는 새로운 과학의 토대가 되었다.[21] 그러나 다가올 혁명을 가로막는 한 가지 걸림돌이 있었으니, 그것은 바로 최초의 자기복제 장치가 과도하게 설계되었다는 점이다. 상상의 폭을 조금만 넓히면 스스로 진화하는 세포 복제 장치를 떠올릴 수는 있다. 그러나 이런 복잡한 기계가 원시적인 디지털 흙구덩이 속에서 우연히 만들어진다는 것은 상상력을 아무리 발휘해도 불가능할 것 같다. 이런 행운이 찾아오려면 아주 오래 기다려야 한다. 100만 년 정도로는 어림도 없다. 그러나 노이만이 모방했던 '장기 오토마타organic automata'는 불가능한 일을 해냈다. 그는 말한다. "오토마타의 크기가 어느 임계치보다 작으면 합성(조립) 과정에 오류가 누적되어 점점 퇴보하게 된다. 그러나 임계치보다 큰 규모에서 합성 과정이 적절하게 배열되면 복제 능력이 폭발적으로 향상될 수도 있다. 다시 말해서, 그런 규모에서는 모든 오토마타가 자신보다 복잡하고 능력도 뛰어난 후손을 만들 수 있게 된다는 뜻이다."[22] 더 단순한(이왕이면 훨씬 단순한) 오토마타가 시간이 흐를수록 복잡하고 튼튼해져서, 엄밀한 생기론자vitalist(생명에는 물질 외에 과학으로 설명할 수 없는 다른 요소가 있다고 믿는 사람 - 옮긴이)만 빼고 누구나 '생명체'로 인정할 만한 모습으로 진화할 수 있을까? 『자기복제 오토마타 이론』이 출간된 직후에 케임브리지 대학교의 한 수학자가 책을 대충 훑어보다가 이 질문에 완전히 빠져들었고, 훗날 이 분야에서 가장 유명한 세포 오토마타를 선보이게 된다.

콘웨이의 '라이프' 게임

게임 마니아였던 존 호턴 콘웨이John Horton Conway는 30대에 "게임만 하면서 먹고 살 수 있는" 직장을 구하는 데 성공했다.[23] 케임브리지 대학교에서 수학과 박사학위 과정을 마치고 학계에 갓 입문했을 때, 그의 삶은 '명예'나 '위대함'과는 담을 쌓은 상태였다(그는 이 시기가 자신의 인생에서 '암흑의 공백기'라고 했다). 그는 학문적으로 이룬 것이 거의 없었기 때문에 강사 자리마저 끊어질까 봐 전전긍긍하면서 불안한 나날을 보냈다.

　이 모든 상황은 콘웨이가 31세였던 1968년에 급격한 변화를 맞이하게 된다. 수학의 한 분야인 군론group theory에서 높은 차원의 대칭을 분석하다가 획기적인 돌파구를 찾아낸 것이다. 그 내용을 이해하기 위해, 2차원 평면에서 여러 개의 원이 "최대한 빽빽하게" 배열된 상태를 상상해보자(다음 쪽 그림 참조). 이런 배열을 "육각형 패킹hexagonal packing"이라 하며, 각 원의 중심을 직선으로 연결하면 벌집을 닮은 육각형 네트워크가 만들어진다. 그리고 배열 전체를 회전시키거나 거울반전시켰을 때 원래 모습과 완전히 같아지는 경우는 총 12가지가 있다. 그래서 수학자들은 육각형 패킹이 "12개의 대칭을 갖고 있다"고 말하고, 12개의 변환(이 경우에는 회전 변환과 거울반전 변환)으로 이루어진 집합을 대칭군symmetry group이라 한다. 콘웨이는 24차원 공간에서 구를 빽빽하게 채우는 희귀한 대칭군을 발견했는데, 이것은 당시 수학자들 사이에서 높은 현상금이 걸린 수배범과 비슷한 존재였다. 훗날 콘웨이는 그 짜릿했던 순간을 회상하며 말했다. "그

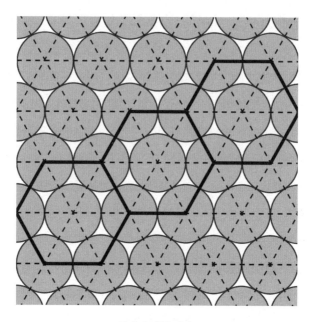

원의 육각형 패킹.

전에는 내가 무언가에 손을 대도 아무런 변화가 없었는데, 논문을
발표한 후에는 마치 마이다스가 된 것처럼 만지기만 하면 죄다 금으
로 변했다."[24]

콘웨이는 영어사전에 수록된 모든 단어들 중에서 "(부귀영화 등을)
무가치하게 여기는 성향"을 뜻하는 'floccinaucinihilipilification'을 제
일 좋아했고, 동료 수학자들도 자신의 논문을 이런 마음으로 바라본
다고 생각했다. 콘웨이가 발견한 대칭군은 그의 이름을 따서 '콘웨
이 대칭군Conway symmetry group'으로 명명되었으며(이것은 학계의 오래
된 전통이다), 이것으로 그는 학계에서 어느 정도 입지를 굳힐 수 있었

다. 그러나 그는 수학자다운 연구에는 관심이 없다는 듯 마음 내키는 대로 아무 주제나 골라서 파고들기 시작했는데, 그중 하나가 바로 '수학 게임'을 만드는 것이었다.

콘웨이는 수학과 휴게실에서 한 무리의 대학원생들이 허리를 잔뜩 구부린 채 바둑에 열중하는 모습을 종종 보아왔다. 그들은 흰 돌과 검은 돌을 정해진 규칙에 따라(또는 훈수꾼의 강력한 지시에 따라) 격자형 바둑판의 특정한 곳에 갖다놓거나, 이미 놓은 돌을 제거하고 있었다. 앞서 말한 대로 노이만의 격자는 29가지의 상태가 필요하다. 콘웨이는 깊은 생각에 빠졌다. '29개는 너무 많다. 복잡한 건 질색이다. 나는 무조건 단순한 게 좋다.'[25] 그는 29개를 단 2개로 줄였다. 개개의 세포는 살았거나 죽었거나, 둘 중 하나이다. 단, 노이만의 이론에서 세포의 상태는 자기 자신의 상태와 가장 가까운 4개의 이웃에 의해 결정되지만, 콘웨이의 세포는 자신을 에워싼 모든 이웃, 즉 변이 맞닿은 4개에 꼭짓점이 맞닿은 4개를 더한 8개의 이웃과 통신할 수 있다.

콘웨이와 그의 연구팀(사실 연구팀이라기보다 '일당'에 가까웠다)은 매주 한 번씩 모여서 세포의 탄생과 생존, 그리고 소멸을 결정하는 규칙을 만들어나갔다. "그것은 미묘한 균형을 유지하는 일이었다. 죽는 규칙이 사는 규칙보다 조금이라도 강하면 거의 모든 배열이 죽음으로 끝나고, 사는 규칙이 죽는 규칙보다 조금만 강하면 모든 배열이 걷잡을 수 없을 정도로 커졌다."[26]

규칙이 정해진 후, 콘웨이는 휴게실의 커피 테이블 위에 격자판을 올려놓고 '시험 게임'을 시작했다. 그런데 한번 시작된 게임은 끝날

줄을 몰랐고. 살아 있는 세포는 금세 격자판 테두리에 도달했다. 콘웨이와 일당들은 새로 만든 격자판을 사방으로 이어붙이면서 게임을 계속했는데, 몇 달이 지난 후에는 휴게실 카펫 전체가 격자판으로 덮여서 걸어다니기조차 어려운 지경이 되고 말았다. 교수와 학생들은 바닥에 무릎을 꿇고 엎드린 자세로 돌을 놓거나 치우면서 휴식 시간을 다 보내기 일쑤였고, 가끔은 휴식 시간이 하루 종일 계속되기도 했다. 이런 식으로 무려 2년을 보낸 후, 드디어 선수들은 가장 이상적인 규칙을 찾아냈다. 단 3개로 축약된 이 규칙을 적용하면 허망하게 사라지지 않고 대책 없이 증가하지도 않으면서, 예측하기 어려운 다양성이 나타난다.

(1) 8개의 이웃 중 2개, 또는 3개가 살아 있으면 중심세포는 살아남는다.

(2) 8개의 이웃 중 4개 이상이 살아 있으면 중심세포는 (압사당해서) 죽는다. 그리고 8개의 이웃 중 살아 있는 세포가 1개 이하이면 중심 세포는 (외로워서) 죽는다. (죽은 돌(세포)은 게임판에서 제거된다)

(3) 텅 빈 세포(빈칸)의 이웃 중 정확하게 3개가 살아 있으면, 그 중심에서 새로운 세포가 탄생한다(즉 새로운 돌이 게임판에 올려진다).

게임이 진행되는 동안 세포들은 이리저리 흩어지고, 몇 세대(위의 규칙에 따라 한 번 변할 때마다 한 세대가 지난 것으로 간주한다 - 옮긴이)를 거치는 동안 이상한 형태가 나타나서 점점 커지거나 무無로 사라졌다.

그들은 이 게임을 '라이프Life'라 불렀다.

게임에 참여한 사람들은 여러 가지 세포 배열이 변해가는 양상을 꼼꼼하게 기록했는데, 이 기록에 의하면 1~2개의 세포는 한 세대를 산 후에 죽고, 3개가 가로로 이어진 세포는 세로로 3개가 되었다가 다시 가로로 3개가 되었다가 … 이런 식으로 끝없이 반복된다. 이것은 형태가 주기적으로 변하는 '깜박이blinker'의 한 사례이다. R-펜토미노pentomino(5개의 정사각형으로 만든 도형-옮긴이)는 5개의 세포로 이루어진 평범해 보이는 배열인데, 한 번 나타났다 하면 수많은 세포를 소나기처럼 쏟아내면서 게임판을 거의 장악해버린다. 게이머들은 이 괴물의 후손을 몇 달 동안 추적한 끝에 "1,103세대를 거친 후 고정된 패턴으로 정착한다"는 사실을 알아냈다. 1969년의 어느 가을 날, 콘웨이의 동료 한 사람이 선수들을 향해 소리쳤다. "여기 좀 봐, 여기 혼자 걸어가는 조각이 있어!" 보드 위에는 5개의 세포로 이루어진 또 하나의 형태가 재주넘기를 하면서 조금씩 변하는가 싶더

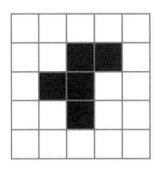

콘웨이의 게임 '라이프'에 나타난 R-펜토미노.

니, 4세대 후에 원래의 모습으로 돌아왔다. 그런데 돌아온 위치가 처음 있던 위치에서 대각선 방향으로 한 칸 이동했기 때문에 그 방향으로 걸어가는 것처럼 보였던 것이다. '글라이더glider'로 명명된 이 배열은 주변의 방해를 받지 않는 한 대각선을 따라 영원히 이동한다. 콘웨이의 오토마타는 노이만의 모형에서 볼 수 없었던 생명체의 특징을 보여주었으니, 그것은 바로 '운동locomotion'이었다.

콘웨이는 게임을 하면서 발견한 특이사항들을 차트로 일목요연하게 정리하여 친구인 마틴 가드너Martin Gardner에게 보냈다. 가드너는《사이언티픽 아메리칸》에 '수학 게임Mathematical Games'이라는 칼럼을 연재하여 퍼즐 마니아와 프로그래머, 회의론자, 그리고 수학광들 사이에서 거의 전설적인 존재로 알려져 있었다. 콘웨이의 게임 '라이프'를 소개하는 가드너의 칼럼이 1970년 10월에 게재되자 사방에서 편지가 날아들었는데, 개중에는 뉴델리와 도쿄, 심지어 모스크바에서 온 편지도 있었다. 울람도 이 대열에 합류하여 오토마타를 주제로 자신이 쓴 논문 몇 편을 콘웨이에게 보내기도 했다. '라이프'가 세계적으로 유명해지자《타임Time》도 관련 기사를 실었고,《사이언티픽 아메리칸》에 '라이프'를 소개한 가드너의 글은 어느새 그를 상징하는 '인생 칼럼'이 되었다. 그는 2013년에 출간한 자신의 책에 다음과 같이 적어놓았다.

전 세계의 수학자들은 마치 약속이나 한 듯 '라이프'를 컴퓨터에서 실행하는 프로그램을 앞 다퉈 만들기 시작했다. 소문에 의하면 '라이프'에 중독된 한 대기업의 수학자는 하루 종일 '라이프' 게임을 하다가 임원진이 들어오면 재빨리 책상 밑에 설치해둔 단추를 눌러서 모니터에 회사 업무와 관련된 화면이 뜨도록 만들었다고 한다.[27]

콘웨이는 가드너의 칼럼에 미묘한 질문을 제기하여 독자들을 감질나게 만들었다. 그의 게임에서 '대각선을 따라 혼자 걸어가는' 글라이더는 '라이프' 안에서 범용튜링머신을 구현하는 데 필요한 첫 번째 조각이다. 노이만의 복잡한 세포 오토마타가 그랬던 것처럼, 콘웨이는 자신이 만든 '라이프'로 무엇이든 계산할 수 있다는 것을 증명하고 싶었다. 글라이더는 위치 A에서 B로 신호를 전달할 수 있지

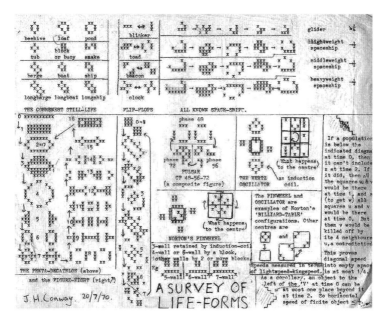

콘웨이가 가드너에게 보낸 '라이프' 게임 개요도.

만 한 가지 누락된 것이 있다. 신호의 흐름을 생성하는 방법, 즉 펄스 발생기pulse generator가 빠진 것이다. 콘웨이는 "'라이프'에는 새로운 세포를 무한정 만들어내는 배열이 존재하지 않는다"고 가정하고, 가드너의 독자들에게 "누구든지 그런 배열을 하나라도 찾아서 내가 틀렸음을 입증해달라"며 최초 발견자에게 현상금 50달러를 걸었다. 그는 "이런 사례가 발견된다면 아마도 '글라이더를 계속 발사하는 총'이나 '흔적을 남기면서 이동하는 증기기관차puffer train'와 비슷한 형태일 것"이라고 예측했다. 그런데 아니나 다를까, 현상금을 건 지한 달도 되기 전에 수상자가 나타났다. MIT 인공지능연구소의 소문난 해커 윌리엄 고스퍼William Gosper가 연구소의 막강한 컴퓨터로 '라이프'를 실행하여 '글라이더 건glider gun'을 기어이 찾아낸 것이다. 그리고 얼마 지나지 않아 고스퍼의 동료들이 증기기관차마저 찾아냈다. 고스퍼는 말한다. "우리는 다양한 시행착오를 겪다가 글라이더를 쏘면서 달리는 기차를 만들었는데, 여기서 발사된 글라이더끼리 충돌하여 글라이더 건이 만들어졌다. 그 후 글라이더가 기하급수로 증가하더니 게임판 전체가 글라이더로 가득 채워졌다."[28]

똑똑한 해커들 덕분에 신호발생기를 확보한 콘웨이는 곧바로 기본적 논리연산을 수행하고 데이터를 저장하는 '라이프 유기체'를 만들기 시작했다.[29] 하지만 일을 끝내야 한다는 부담감은 조금도 없었다. 자신이 조립한 부품으로 튜링머신을 만들 수 있다는 것을 잘 알고 있었기 때문이다. 그의 오토마타는 모든 계산을 수행할 수 있었고, 노이만보다 훨씬 단순한 시스템으로 놀라운 복잡성을 창출할 수 있다는 것을 확실하게 증명했다.[30] 게다가 콘웨이는 노이만보다

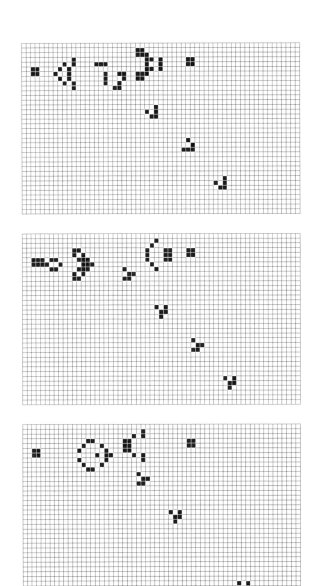

고스퍼가 발견한 글라이더 건.

한 걸음 더 나아가 생명 자체를 유지할 수도 있다고 확신했다. "'라이프'는 충분히 큰 규모에서 살아 있는 배열을 만들어낼 수 있다. 그것은 문자 그대로 삶을 살아가고, 진화하고, 번식하고, 영역 다툼을 하고, 박사학위 논문도 쓸 수 있다."[31] 딱히 틀린 말은 아니지만, 이대로 실현되려면 '라이프'의 게임판은 상상을 초월할 정도로 커야 한다. 아마도 현재 알려진 우주보다 커야 할 것이다. 물론 콘웨이도 이 사실을 인정했다.

콘웨이 본인은 원통하겠지만, 그는 그저 "'라이프' 게임을 발명한 사람"으로 기억될 것이다. 지금 당장 구글 검색창에 'Conway's Game of Life'를 입력하고 엔터키를 누르면 화면 좌우에서 사각형 무리가 정신없이 돌아다니는 모습을 볼 수 있다(조금 기다리면 화면 중앙을 가로지르기도 한다). 그의 게임이 여전히 인기가 높다는 증거이다.

단순한 규칙에서 창발하는 복잡한 현상

콘웨이는 아무도 알아주지 않는 곳에서 외롭게 쟁기질을 해오던 오토마타 마니아들에게 커다란 희망을 안겨주었다. 이 고립된 집단의 본부 격인 미시간 대학교에서 아서 벅스가 1956년에 설립한 학제간 연구센터 '컴퓨터논리그룹Logic of computers Group'은 콘웨이의 게임이 탄생한 후로 수학적 유기체를 연구하는 과학자들의 메카가 되었다. 이곳에서는 "지극히 단순한 규칙에서 엄청나게 복잡한 현상이 초래될 수 있다"는 콘웨이의 믿음이 절대적 진리로 통한다. 저명한 생물학자 에드워드 윌슨Edward O. Wilson은 이렇게 말했다. "흰개미는 몇 미터짜리 탑을 쌓을 수 있다. 그러나 현장감독 개미가 탑의 설계도를 손에 들고 일개미를 지휘한다는 이야기는 들어본 적이 없다."[32]

'미시간 그룹'은 1960년대에 최초로 오토마타 컴퓨터 시뮬레이션을 실행했고, 수많은 오토마타 연구팀이 이곳에서 파생되었다.[33] 그룹의 초기 멤버 중 한 사람이자 1975년에 세포 오토마타를 주제로 학위논문을 작성했던 토마소 토폴리Tommaso Toffoli는 오토마타와 물리적 세계 사이에 심오한 연결고리가 존재한다고 믿고 있다. "노이만은 세포 오토마타를 고안함으로써 생명체가 매우 단순한 원시 세계에서 스스로 탄생했다는 환원론적 관점에 힘을 실어주었다. 그러나 그는 한때 양자물리학자였음에도 불구하고 오토마타와 물리학의 관계를 고려하지 않았다. 세포 오토마타가 기초 물리학의 모형이 될 수 있다는 사실을 간과한 것이다."[34]

토폴리는 복잡한 물리법칙에 오토마타 이론을 적용하면 훨씬 간단한 형태로 줄어든다고 생각했다. 이상하기 그지없는 양자역학의 세계도, 단순한 규칙을 따르는 노이만의 수학 기계들 사이의 상호작용으로 설명할 수 있지 않을까? 이것을 확인하려면 '가역적 오토마타reversible automata'가 존재한다는 것부터 증명해야 한다. 우주 역사를 역으로 추적하거나 미래의 한 시점으로 미리 가보는 것은 이론적으로 얼마든지 가능하다(단, 우주의 현재 상태를 완벽하게 알고 있어야 한다). 반면에 지금까지 발명된 세포 오토마타 중 이런 특성을 가진 모형은 단 하나도 없다. 예를 들어 콘웨이의 '라이프'에서는 꽤 많은 초기 배열이 "텅 빈 게임판"으로 끝나기 때문에, 텅 빈 게임판만 갖고는 이 게임이 어떤 초기 배열에서 출발했는지 알 길이 없다. 그러나 토폴리는 그의 박사학위 논문에서 가역적 오토마타가 존재한다는 것을 증명했을 뿐만 아니라, 게임판의 차원을 늘이면 모든 오토마타를 가역적으로 만들 수 있다는 것도 증명했다(예를 들어 '라이프'의 3차원 버전은 가역적이다).[35]

토폴리가 박사학위 과정을 졸업하고 일자리를 찾던 중, 과거에 MIT 인공지능연구소 소장을 지냈던 에드워드 프레드킨Edward Fredkin 이 접촉을 시도해왔다. 오토마타에 대한 프레드킨의 신념은 확고하다. "생명체는 부드럽고 물렁물렁하지만, 생명의 기반은 누가 뭐라 해도 디지털이다. 다시 말해서, 컴퓨터로 구현할 수 없는 것은 자연에 존재하지 않는다. 컴퓨터가 할 수 없다면 자연도 할 수 없다."[36] 1970 년대에 이런 관점은 비주류에 속했지만 프레드킨은 조금도 신경 쓰지 않았다. 그가 소유한 컴퓨터 벤처기업이 성공적으로 풀려서 카리브해에 섬을 사들일 정도로 백만장자가 되었기 때문이다. 모든 면에서 아쉬울 게 없었던 프레드킨은 한 텔레비전 쇼에 출연해서 "미래에는 사람들이 머리에 나노봇을 뒤집어쓰고 머리카락을 자를 것"이라며 독특한 미래관을 선보이기도 했다. 토폴리에게 일자리를 제안했을 때, 그는 MIT에서 "생명을 포함한 우주의 삼라만상이 컴퓨터에서 실행되는 프로그램 코드의 결과일 뿐"이라는 것을 증명해줄 연구팀을 모집하던 중이었다. 프레드킨은 토폴리에게 새로 조직된 정보역학그룹Information Mechanics Group에 합류할 것을 권했고, 토폴리는 흔쾌히 제안을 받아들였다.

MIT 그룹은 곧 오토마타 연구의 중심지로 떠올랐다. 이 분야에서 토폴리가 이룩한 업적 중 하나는 컴퓨터과학자 노먼 마골 러스Norman Margolus와 함께 슈퍼컴퓨터보다 빠른 속도로 세포 오 토마타 프로그램을 실행하는 '세포 오토마타 머신Cellular Automata Machine(CAM)'을 설계한 것이다. 그 덕분에 MIT 그룹은 콘웨이의 '라 이프'에서 촉발된 흥미진진한 문제를 초고속으로 연구할 수 있게 되었다. CAM이 시뮬레이션을 하는 동안 복잡다단한 패턴이 연구원 들의 눈앞에 나타났다 사라지기를 수없이 반복했고, 연구실의 육중 한 컴퓨터로는 찾을 수 없었던 패턴도 수시로 발견되었다. 1982년에 프레드킨은 그의 사유지인 카리브해의 모스키토섬(지금은 영국의 억 만장자 리처드 브랜슨Richard Branson의 소유로 넘어갔다)에서 비공개 정보 학회를 열었다. 그런데 이 자리에 젊은 수학자 스티븐 울프럼Stephen Wolfram이 등장하면서 예기치 않은 문제에 직면하게 된다.

울프럼은 과학계에서 분열을 조장하는 인물로 유명하다. 그는 이 튼칼리지(13~18세 남학생을 위한 영국의 명문 사립 중등학교-옮긴이)의 장 학생이었지만 졸업하지 못했고, 옥스퍼드 대학교에 입학했다가 수 준이 낮아 배울 것이 없다면서 도중에 그만두었으며, 대서양을 건너 캘리포니아공과대학에서 이론물리학을 전공하여 드디어 박사학위 를 받았다. 이 정도 산전수전이면 나이도 꽤 먹었을 것 같지만, 놀랍 게도 그의 나이는 이제 겨우 스무 살이었다. 그 후 울프럼은 1983년 에 프린스턴 고등연구소에 합류했다가 4년 만에 학계와 연을 끊고 '울프럼리서치Wolfram Research'라는 회사를 설립했다. 이 회사의 주력 상품이었던 '매스매티카Mathematica'는 그가 설계한 컴퓨터 언어로 만들어진 강력한 수학 계산용 프로그램으로, 1988년에 출시된 후 지금까지 수백만 부가 팔려나갔다.

울프럼은 고등연구소에 있을 때부터 오토마타 이론을 연구하기 시작했다. 이 분야에는 그의 업적을 찬양하는 사람들이 꽤 많은데 (물론 본인도 포함된다), 정작 그는 선배 학자들을 향해 거침없는 독설을 내뿜곤 한다. 언젠가 스티븐 레비Steven Levy라는 기자와 인터뷰를 하는 자리에서 이런 말을 한 적도 있다. "제가 이 바닥에 처음 발을 들였을 때 세포 오토마타에 관한 논문이 200편쯤 있었습니다. 그런데 그 많은 논문 중에서 결론에 도달한 논문이 단 하나도 없더군요. 정말 한심하기 짝이 없었지요."[37]

울프럼의 1차원 오토마타와 새로운 과학

프레드킨과 마찬가지로 울프럼은 자연계의 복잡성이 반복적으로 실행되는 단순한 계산 규칙에서 발생한다고 생각했다(심지어 그 규칙은 단 하나일 수도 있다).[38] 그는 약간의 계산을 거친 후, 단일 세포 오토마타가 이 규칙을 10^{400}번쯤 실행하면 우리가 알고 있는 모든 물리법칙을 만들어낼 수 있다고 결론지었다.[39] 그러나 두 사람 사이에 의견이 엇갈리는 부분도 있었으니, 그것은 바로 "누가 그런 생각을 먼저 떠올렸는가?"였다.[40]

프레드킨은 "카리브해 회의에서 울프럼을 만났을 때 내가 생각했던 디지털 우주기원론digital cosmogenesis에 대해 의견을 나눴고, 그 일을 계기로 울프럼이 이 분야에 관심을 갖게 되었다"고 주장했다. 울프럼의 반론도 들어보자. "나는 오토마타를 순전히 혼자서 발견했다. 노이만을 비롯한 다른 사람들이 내 컴퓨터 스크린에 나타난 그림과 비슷한 현상을 연구해왔다는 사실을 알게 된 것은 그로부터 한참 후의 일이다. 나는 열두 살 때인 1972년부터 오도마타에 관심을 가져왔다. 책에서 보고 배운 것이 아니라, 그냥 내 머릿속에서 자연스럽게 떠오른 것이다.[41] 입자물리학을 연구하느라 아이디어를 더욱 발전시키지 못한 것이 안타까울 뿐이다." 어이없는 주장 같지만, 꼭 그렇지만도 않다. 실제로 울프럼은 1975년(당시 열다섯 살)에 양자이론에 관한 논문을 유명 학술지에 게재한 천재였다.

세포 오토마타에 관한 울프럼의 첫 논문은 모스키토섬 회의가 끝난 후인 1983년에 출판되었지만,[42] 그는 2년 전부터 자연에 존재하는 복잡한 패턴(무늬)을 분석하다가 상관관계가 별로 없어 보이는 2개의 질문을 떠올렸다.[43] "우주 공간에 떠다니는 기체는 어떻게 은하가 되는가? 그리고 매컬러-피츠 스타일의 뉴런 모형은 어떻게 거대한 인공신경망으로 조립되는가?" 그는 자신의 컴퓨터로 시뮬레이션 실험을 시작했고, 단 몇 줄짜리 프로그램에서 복잡하고 화려한 패턴이 나타나는 것을 보고 경악을 금치 못했다. 그 후로 울프럼은 은하와 신경망을 뒤로 젖혀두고 자신을 놀라게 한 패턴의 속성을 파고들기 시작했다.

울프럼의 오토마타는 1차원에서 진행된다. 노이만과 콘웨이의 이론은 2차원 평면에서 펼쳐졌는데, 울프럼은 1차원 수평선을 놀이터로 삼은 것이다. 이곳에서 각 세포는 오른쪽과 왼쪽에 하나씩 2개의 이웃을 가질 수 있으며, 죽거나 살아 있거나 둘 중 하나의 상태에 놓일 수 있다. 콘웨이의 '라이프' 게임처럼, 울프럼의 오토마타를 이해하는 가장 쉬운 방법은 살아 있는 세포를 검은색 사각형으로, 죽은 세포를 흰색 사각형으로 표시하고 세대가 바뀔 때마다 아래로 한 줄씩 내려가면서 컴퓨터로 시뮬레이션하는 것이다. 콘웨이의 '라이프'는 2차원 게임이었기 때문에 여러 세대를 한 화면에 표현할 수 없었지만, 울프럼의 1차원 게임에서는 얼마든지 가능하다. 실제로 울프럼의 프로그램을 실행하면 각 오토마타의 모든 과거사가 세로 방향을 따라 일목요연하게 펼쳐진다. 그는 오토마타의 생사를 좌우하는 규칙이 매우 단순하다는 뜻에서 이 게임을 '기본 세포 오토마타elementary cellular automata'라 불렀다.

울프럼의 게임에서 하나의 세포는 자신과 인접한 세포하고만 통신을 주고받을 수 있으며, 이들과 자신의 상태에 따라 삶과 죽음이 결정된다. 인접한 3개의 세포는 총 8가지 상태에 놓일 수 있다. 살아 있는 상태를 '1', 죽은 상태를 '0'으로 표기하면 가능한 배열은 111, 110, 101, 100, 011, 010, 001, 000이다. 게임의 규칙은 각 배열에 대하여 중앙에 있는 세포의 다음 상태를 결정한다. 이 8개의 규칙과 초기 배열 상태가 주어지면 모든 단계(세대)에서 세포 오토마타의 배열 상태를 알 수 있다. 울프럼은 오토마타의 생사를 좌우하는 8개의 규칙을 0~255 사이에 있는 하나의 숫자에 대응시키기로 했다. 여기서 선택된 숫자(십진수)를 이진수로 바꾸면 1과 0으로 이루어진 8자리 숫자가 되는데, 이것이 바로 위에 열거한 8가지 배열(111, 110, 101…)에서 중앙에 있는 세포의 다음 단계 상태(죽기 아니면 살기)를 나타낸다(이 게임은 각기 다른 규칙이 적용되는 255가지 버전으로 실행할 수 있다. 콘웨이의 '라이프' 게임은 규칙의 세부 조항이 3개였지만 게임의 버전은 하나뿐이어서 '단 하나의 규칙 세트'로 진행되는 게임이었다. 그러나 울프럼의 게임은 규칙 세트 자체가 무려 255가지나 된다 – 옮긴이).

울프럼은 각기 다른 256가지의 규칙 세트를 적용하여 기본 세포 오토마타를 일일이 실행한 후, 최종 결과를 유형별로 분류했다. 본 업은 수학자인데, 이 작업을 하는 동안은 수많은 동물을 계통별로 분류하는 동물학자가 된 기분이었을 것이다.

256가지 중 일부 규칙 세트는 따분한 결과만 낳을 뿐, 별다른 특 징이 없었다. 255번 규칙(또는 규칙-225)은 가능한 8가지 배열 중 어 떤 배열에서도 중앙에 있는 세포가 항상 살아나기 때문에 화면 전

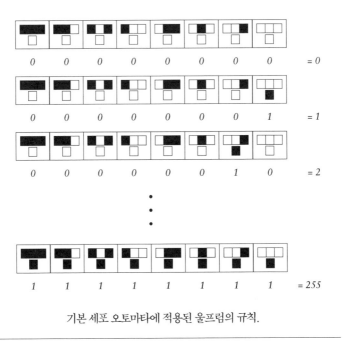

기본 세포 오토마타에 적용된 울프럼의 규칙.

체가 검게 변하고, 규칙-0은 어떤 배열에서도 중앙의 세포가 항상 죽기 때문에 화면이 하얗게 변한다. 그 외에 다른 규칙은 반복되는 패턴을 낳는데, 예를 들어 검은 세포 1개에서 출발하여 이진수 11111010에 해당하는 규칙-250을 적용하면 검은색 사각형과 흰색 사각형이 번갈아 나타나는 체스판 모양이 된다.

규칙-90을 적용하면 좀 더 복잡한 무늬를 얻을 수 있다. 간단히 말하면 '삼각형 속의 삼각형' 형태로서, 삼각형 속에 작은 삼각형이 반복적으로 들어 있는 모습이 보는 이로 하여금 현기증을 느끼게 한다. 이처럼 각기 다른 스케일에서 동일한 패턴이 반복되는 형태를 프랙탈fractal이라 하는데, '시어핀스키 삼각형Sierpiński triangle'으로 알려진 규칙-90의 결과는 다른 종류의 세포 오토마타에서도 볼 수 있다. 예를 들어 콘웨이의 '라이프' 게임에서 살아 있는 세포를 일렬로 길게 늘어놓고 게임을 시작하면, 얼마 후 시어핀스키 삼각형이 나타난다.

눈은 좀 어지럽지만, 그래도 이 정도면 예쁜 축에 속한다. 무늬를 자세히 들여다보면 "간단한 규칙을 여러 번 반복 적용하면 복잡한 결과를 얻을 수 있다"는 생각이 들 것이다. 생각이 여기까지 미치면 복잡했던 무늬가 갑자기 만만하게 보이기 시작한다. 그렇다면 기본 세포 오토마타의 모든 규칙들이 '심리적으로 만만한' 무늬를 만들어내는 것일까? 다음 쪽에 제시된 규칙-30의 결과에서 알 수 있듯이, 그 대답은 단연코 "no!"이다. 규칙-30은 울프럼의 다른 오토마타와 동일한 종류의 규칙을 적용한 결과로서, 모든 규칙은 가로로 늘어선 3개의 세포 중 가운데 있는 세포의 다음 상태(색상)을 결정한다. 규칙-30은 다음과 같이 요약할 수 있다. "가운데 있는 세포의 다음 단계 색은 가운데 세포와 오른쪽 세포가 모두 흰색인 두 가지 경우를 제외하고, 왼쪽 세포의 색과 항상 반대이다." 가운데와 오른쪽 세포가 모두 흰색인 경우, 가운데 세포의 다음 단계 색은 이전 단계의 왼쪽 세포와 같다. 그런데 검은 세포 하나에서 출발하여 50세대쯤 내려가면 거의 혼돈에 가까운 무늬가 나타난다(아래 그림 참조). 피라미드의 왼쪽에는 대각선 띠가 규칙적으로 배열된 반면, 오른쪽은 삼각형으로 이루어진 거품을 연상시킨다.

울프럼은 초기의 검은 사각형에서 출발하여 수직 방향을 따라 똑바로 내려가면서 반복 패턴의 징후가 있는지 확인해보았는데, 100만 단계까지 내려가도 그런 징후는 발견되지 않았다. 표준통계법으로 분석을 해봐도 검은 세포와 흰 세포는 완전히 무작위로 나타난다. 이 결과가 발표되자 많은 사람들이 규칙-30의 무작위 삼각형 무늬

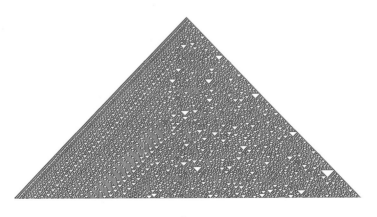

규칙-30.

독성 소라의 일종인 청자고둥의 껍데기에는 규칙-30과
비슷한 무늬가 새겨져 있다.

와 미묘하게 닮은 소라 껍데기를 울프럼에게 보내왔고(위 사진 참조),
그는 소라 껍데기건 양자역학이건 이런 패턴이 자연에 존재한다는
것 자체가 "단 몇 줄짜리 기본 알고리듬으로 자연의 무작위성을 재
현할 수 있다는 확실한 증거"라고 주장했다.

울프럼은 규칙-110에서 더욱 놀라운 거동을 발견했다. 이전과 똑
같이 검은 사각형 1개에서 출발했는데, 검은 무늬가 왼쪽으로만 확
장되면서 전체적으로 직각삼각형 형태로 자라난 것이다(규칙-30은
좌우로 똑같이 퍼진 피라미드 모양이었다). 게다가 대각선을 따라 형성된
줄무늬는 오른쪽 아래 방향으로 진행하다가 흰색 삼각형과 충돌하
면서 도중에 끊기는 양상을 보였다. 처음에 임의의 세포 배열에서
시작하여 규칙-110을 적용해도 직각삼각형이 격자판에서 좌우로

이동할 뿐, 전체적인 구조는 달라지지 않았다. 이런 식으로 '움직이는' 패턴은 흥미로운 가능성을 제시한다. 혹시 이런 규칙이 콘웨이의 '라이프' 게임에 나오는 '글라이더'처럼 한 부위에서 다른 부위로 신호를 전달할 수 있지 않을까? 만일 그렇다면 믿기 어려울 정도로 단순한 이 1차원 기계는 범용 컴퓨터가 될 수도 있다. 1990년대에 울프럼의 연구조교였던 수학자 매슈 쿡Matthew Cook은 이것이 사실임을 증명했다.[44] 충분한 시간과 공간이 주어진 상태에서 적절한 입력을 선택하면, 규칙-110은 어떤 프로그램도 실행할 수 있다. 물론 '슈퍼마리오Super Mario Bros'(닌텐도의 플랫폼 게임 - 옮긴이)도 가능하다.

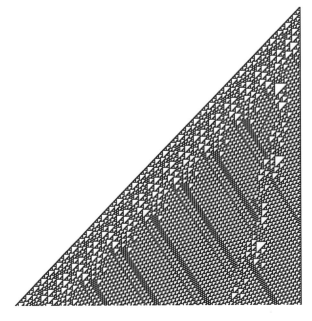

규칙-110.

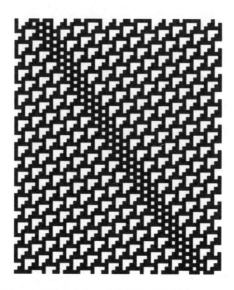

규칙-110을 확대하면 콘웨이의 '라이프' 게임에 등장하는
'글라이더'와 비슷한 형태가 나타난다.

울프럼은 이런 식의 컴퓨터 실험에 기초하여 오토마타를 체계적
으로 분류하는 방법을 개발했다. 예를 들어 규칙-0이나 규칙-255처
럼 초기 배열에 상관없이 균일한 최종 상태로 빠르게 수렴하는 오
토마타는 클래스 1에 속한다. 그리고 몇 가지 가능한 결과들 중 하
나로 끝나면 클래스 2에 속하는데, 최종 패턴은 안정적이거나 규
칙-90(시어핀스키 삼각형)에서 얻은 프랙탈처럼 각 단계마다 같은 무
늬가 반복된다. 또한 규칙-30 같은 무작위 패턴은 클래스 3에 속하
고, 마지막으로 규칙-110처럼 불규칙한 무늬가 '움직이면서 상호
작용하는 규칙적 구조'에 의해 끊기는 경우는 클래스 4에 속한다.
범용 계산이 가능한 모든 오토마타는 이 4개의 클래스 중 어딘가에

속해 있다.[45]

　오토마타를 주제로 울프럼이 발표한 일련의 논문은 학계에 커다란 반향을 불러일으켰지만, 개중에는 인정하지 않는 사람도 있었다. 특히 노이만 시대의 학풍을 충실하게 이어받은 프린스턴 고등연구소의 과학자들은 수학적으로 의미 있는 결과가 (울프럼의 연구실을 가득 채운) 컴퓨터로 얻어진다는 주장에 심한 반감을 드러냈다. 그러는 사이 울프럼의 4년 계약직은 1986년에 만료되었고, 대학이건 기업이건 그에게 종신직을 제안하는 곳은 단 하나도 없었다. 그로부터 1년 후, 울프럼은 자신이 새로 설립한 회사에 전념하느라 세포 오토마타에 대한 연구를 한동안 중단했다가, 2002년에 『새로운 과학A New Kind of Science』이라는 책을 출간하면서 드라마틱한 복귀를 선언했다.[46] 10년이 넘는 세월 동안 학계를 떠나 은둔자처럼 숨어 살다가, 느닷없이 만물의 이론theory of everything의 초안을 들고 나타난 것이다.

　무려 1,280페이지에 달하는 이 책은 울프럼 특유의 정숙한 문장으로 시작된다. "과학은 지금으로부터 약 300년 전에 수학 방정식에 기초한 법칙으로 자연현상을 설명하는 새로운 패러다임의 등장과 함께 극적인 변화를 겪었다. 나의 목적도 이와 유사한 또 하나의 변화를 촉발하는 것이며, 그 변화는 모든 물리법칙의 저변에 깔려 있는 단 하나의 '궁극의 규칙'을 찾음으로써 이루어진다. 그것은 바로 모든 것을 다스리는 네 줄짜리 컴퓨터 프로그램이다." 사실 울프럼은 자신이 호언장담한 궁극의 규칙을 찾기는커녕, 그 근처도 가지 못했다. 그러나 그는 한 기자와 인터뷰하는 자리에서 "문제의 코드는 내가 죽기 전에 발견될 것이며, 아마 내 손에 발견될 것"이라고 했다.[47]

울프럼의 책에는 여러 종류의 세포 오토마타를 분석한 결과가 눈이 돌아갈 정도로 자세하게 수록되어 있다. 그는 이 엄청난 양의 분석을 마친 후 다음과 같이 결론짓는다. "간단한 규칙으로 복잡한 출력을 얻는 것은 얼마든지 가능하지만, 그 외의 규칙(또는 차원)을 추가한다고 해서 최종 결과가 더 복잡해지는 것은 아니다." 사실 그가 분석한 시스템의 모든 거동 방식은 과거에 분류했던 네 가지 클래스 중 어딘가에 속한다. 울프럼은 이와 유사한 초간단 프로그램이 자연에 작동한다고 주장하면서 생물학과 물리학, 그리고 경제학 분야의 사례를 제시했다. 예를 들어 2개의 이웃 중 하나만 검은색일 때 나타나는 육각형 격자무늬를 이용해서 눈송이 결정을 만들어내는 식이다. 그러고는 2차원 격자판에서 분자의 충돌 여부를 결정하는 5개의 규칙을 이용하여 유체의 소용돌이를 시뮬레이션하고, 이와 비슷한 방법으로 나뭇가지와 나뭇잎의 패턴을 만들어냈다. 심지어 주식시장에서 짧은 기간 동안 무작위로 나타나는 주가의 등락 패턴이 간단한 규칙의 결과일 수도 있다면서, 세포 오토마타를 이용하여 실제 주식의 가격 변동 그래프를 재현하기도 했다.

울프럼의 『새로운 과학』에서 제일 눈에 띄는 것은 중력, 입자물리학, 양자역학 등 물리학 전반에 대한 내용을 그만의 아이디어로 재서술한 부분이다. 그의 주장에 의하면 세포 오토마타는 우주를 서술하는 적절한 도구가 아니다. 공간은 작은 조각으로 분할되어야 하고, 모든 조각들이 완벽하게 동기화되려면 시간 기록원(또는 시계)의 역할을 하는 무언가가 존재해야 한다. 울프럼은 자신이 선호하는 공간 모형으로 "개개의 마디가 다른 3개의 마디와 연결된 방대한 규모의 초정밀 네트워크"를 제시했다. 물리학의 모든 특성이 반영된 오토마타는 몇 개의 간단한 규칙에 따라 각 마디의 연결 상태를 바꾼다. 예를 들면 두 마디 사이의 연결이 세 마디 사이의 연결로 갈라지는 식이다. 울프럼은 네트워크 전체에 적절한 규칙을 수십억 번 반복 적용했을 때, 네트워크가 휘어지고 출렁이는 정도가 아인슈타인의 일반상대성이론에서 예견된 결과와 일치하기를 희망하고 있다. 또한 그는 전자와 같은 소립자elementary particle(더 이상 쪼갤 수 없는 최소 단위 입자-옮긴이)들이 네트워크에 나타난 지속적 잔물결의 현현顯現이라고 주장한다. '라이프' 게임이나 규칙-110에 등장하는 글라이더와 크게 다르지 않다.

울프럼식 우주 모형에서 비평가들이 지적한 가장 큰 문제는 이로부터 '검증 가능한 결과'가 유도되지 않는 한, 그 진위 여부를 판별할 수 없다는 것이다. 물론 울프럼은 검증 가능한 결과를 아직 유도하지 못했다. 그는 자신의 책이 사람들을 자극하여 더 많은 연구가 이루어지기를 바랐지만, 대부분의 과학자들(특히 물리학자들)은 새로운 과학을 창조했다는 그의 과도한 주장에 헛웃음을 지을 뿐이었다. 울프럼의 책이 출간된 후 프리먼 다이슨은 《뉴스위크》와의 인터뷰에서 이렇게 말했다. "과학자가 노년기에 접어들면 스케일이 크면서 황당무계한 이론에 빠져드는 경우가 종종 있다. 그런데 울프럼은 겨우 40대의 나이에 그런 징후를 보인다는 점에서 매우 특이한 사례이다."[48]

과학계의 냉담한 반응에 실망한 울프럼은 다시 한번 대중의 시야에서 사라졌다가 거의 20년이 지난 2020년 4월에 또다시 컴백했다.[49] 울프럼리서치의 연구팀이 두 명의 젊은 물리학자 조너선 고라드Jonathan Gorard와 막스 피스쿠노프Max Piskunov의 응원에 힘입어, 각기 다른 규칙이 적용되는 1,000개의 우주를 시뮬레이션한 것이다.[50] 울프럼의 연구팀은 그들이 얻은 우주의 특성이 현대 물리학에서 말하는 우주와 부분적으로 일치한다는 것을 증명했다.

일부 물리학자들은 울프럼의 주장에 관심을 보였지만, 학계의 전반적인 반응은 여전히 썰렁했다. 평소 선배 과학자들을 우습게 보는 그의 습관도 이런 분위기를 조성하는 데 한몫했을 것이다. 그러나 울프럼이 얻은 결과에는 주목할 만한 부분이 분명히 있었다. 그는 말한다. "노이만과 콘웨이는 오토마타에서 고도의 복잡성이 탄생한다는 사실을 깊이 이해했지만, 여기까지 알지는 못했다."[51]

『새로운 과학』은 아름다운 책이다. 시간이 지나면 중요한 업적으로 인정받을 수도 있지만, 결론을 내리기에는 시기상조이다. 그러나 과학자들이 어떤 평가를 내리건, 울프럼이 세포 오토마타를 지도에 그렸다는 것은 분명한 사실이다. 이 작업을 해낸 사람은 울프럼이 유일하다. 그의 책은 오토마타를 생명의 대략적인 시뮬레이션이 아닌 원초적 본질로 간주하는 사람들의 연구 의욕을 끝없이 자극하면서 훌륭한 길잡이가 되어줄 것이다.

기계 속의 작은 우주

노이만은 이런 말을 한 적이 있다. "수학이 단순하다는 것을 믿지 않는 사람은 인생이 얼마나 복잡한지 모르는 사람이다."[52] 그는 자연선택natural selection에 기초한 진화론에 완전히 매료되었으며, 고등연구소의 5킬로바이트(0.005메가바이트)짜리 머신으로 DNA처럼 자신을 복제하면서 가끔씩 변이를 낳는 일련의 코드를 실행했다. 노이만이 갈아놓은 토양에 '디지털 라이프'의 씨앗을 처음으로 뿌린 사람은 완고하기로 유명했던 노르웨이 태생의 이탈리아 수학자 닐스 알 바리첼리Nils Aall Barricelli이다.[53]

진정한 독불장군이었던 바리첼리는 박사학위 과정 졸업을 코앞에 두고 500페이지짜리 장문의 학위논문을 제출했다가 분량을 줄이라는 심사위원의 요청을 거절하는 바람에 학위를 받지 못했다. 영감 어린 집중과 외골수를 확실하게 구별하지 못하여 종종 곤란한 상황에 처했던 그는 얄팍한 지갑을 털어 연구조수에게 추가수당까지 지급해가며 그 유명한 괴델의 증명에서 오류를 찾아내라고 시킨 적도 있다. 또 그는 수학 정리를 증명하거나 반증하는 기계를 설계했으며(끝내 완성하지 못했다), 생물학 분야에서 시대를 한참 앞선 아이디어도 갖고 있었다. 평소에 좋은 아이디어를 가진 사람들을 전폭적으로 도왔던 노이만은 바리첼리가 고등연구소 머신을 쓰게 해달라고 요청해왔을 때 흔쾌히 수락했을 뿐만 아니라, 그의 연구 보조금을 신청하는 지원서까지 써주었다. "유전학에 대한 바리첼리의 연구는 매우 독창적이면서 흥미롭습니다. … 그의 연구에는 많은 계산이 필요한데, 이 작업이 순조롭게 진행되려면 최첨단 고속 디지털 컴퓨터가 반드시 필요합니다."

1953년 1월에 프린스턴에 도착한 바리첼리는 3월 3일 밤에 자신이 만든 숫자 생명체를 디지털 서식지에 풀어놓았다. 바로 이날이

'인공생명 artificial life'이라는 분야가 처음으로 탄생한 날이다. 그는 돌연변이와 자연선택만으로는 새로운 종의 출현을 설명할 수 없으며, 서로 다른 두 유기체가 긴밀하게 협조하여 하나의 복잡한 생물로 융합하는 '공생발생 symbiogenesis'이 훨씬 그럴듯한 설명이라고 주장했다. 공생발생은 20세기 초에 제기된 이론으로, 바리첼리 같은 열성적 옹호자들은 바로 여기에 진화론의 참뜻이 담겨 있다고 믿는다. 즉 생명의 진화를 촉진한 원동력은 먹고 먹히는 경쟁이 아니라, 함께 뭉쳐서 공생의 길을 찾아온 '협동'이라는 것이다.

노이만의 기계 안에 바리첼리가 창조한 작은 우주는 공생발생설에서 착안하여 "유전자도 과거에는 바이러스 같은 유기체였다가 서로 결합을 시도하여 훗날 출현할 다세포 유기체의 모태가 되었다"는 가설을 확인할 목적으로 설계된 것이다. 컴퓨터 메모리에 이식될 각 유전자에는 −18에서 +18 사이의 정수가 무작위로 할당되었으며(바리첼리가 카드를 뽑아서 결정했음),[54] 512개의 유전자가 가로로 늘어선 상태에서 첫 계산이 시작되었다. 아랫줄에 해당하는 다음 세대에서 숫자 n이 할당된 유전자는 n이 양수일 때 오른쪽으로 n칸 떨어진 곳에 복사본을 만들고, n이 음수이면 왼쪽으로 n칸 떨어진 복사본을 만든다. 예를 들어 유전자 '2'는 아래 줄로 한 단계 내려갔을 때 위치가 변하지 않지만, 오른쪽으로 두 칸 떨어진 곳에 자신의 복사본을 만드는 식이다. 독자들도 짐작하듯이, 이것은 생명체의 '번식'에 해당한다. 바리첼리는 다음 단계에서 돌연변이를 구현하기 위해 다양한 규칙을 도입했는데, 예를 들어 2개의 숫자가 같은 사각형에 할당되면 두 숫자를 더하여 새로운 변이를 생성한다. 바리첼리는 실험 보고서에 다음과 같이 적어놓았다. "우리는 이와 같은 방법으로 '번식이 가능하고 유전적 변화를 겪을 수 있는' 숫자 클래스를 생성했다. 다윈이 말한 방식대로 진화가 이루어지려면 어떤 조건이 충족되어야 하는지, 이 실험을 통해 알 수 있을 것으로 기대된다."[55]

바리첼리는 공생발생을 시뮬레이션할 때 하나의 유전자가 다른 종류의 유전자의 도움을 받아야 복제를 할 수 있도록 규칙을 바꾸었다. 도움을 받지 못한 유전자는 배열상에서 좌우 이동만 할 뿐, 번식은 할 수 없다.

당시 고등연구소 머신은 폭탄 개발과 일기예보에 동원되어 매우 바쁘게 돌아갔기 때문에, 바리첼리는 주로 밤에 코드를 실행했다. 모두가 잠든 밤에 펀치카드를 컴퓨터에 주입하면서 자신이 창조한 종이 수천 세대에 걸쳐 번식하는 과정을 홀로 외롭게 지켜본 것이다. 얼마 후 그는 노이만에게 다음과 같은 메모를 남겼다. "기회를 주셔서 감사합니다. 프린스턴에 오기 전에는 어떤 진화 과정도 관찰된 적이 없었습니다."[56]

그러나 1953년에 진행된 실험은 원하던 결과를 얻지 못했다. 숫자 배열이 간단하면 단 하나의 생명체가 생태계를 장악해버렸고, 다른 배열을 사용하면 기생충처럼 숙주를 먹어치우다가 모두 죽어버렸다. 그로부터 1년 후, 바리첼리가 프린스턴을 다시 방문했을 때 각 숫자 배열마다 각기 다른 변이 규칙을 할당하는 식으로 규칙을 바꿨더니 복잡한 숫자 배열이 행렬을 통해 전달되어, 수십 년 후에 울프럼이 컴퓨터 시뮬레이션으로 얻게 될 것과 비슷한 패턴이 나타났다. 이것은 결코 우연이 아니었다. 바리첼리의 숫자 유기체가 바로 1

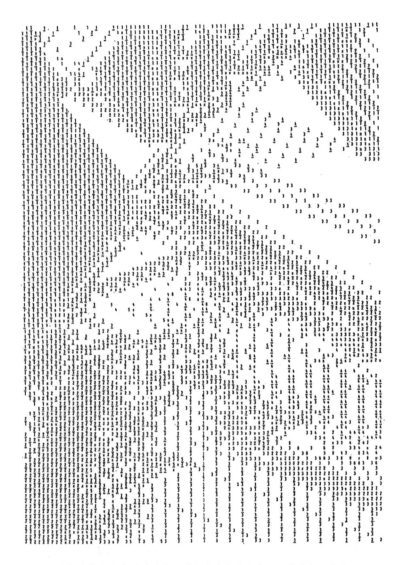

난수에서 출발한 실험에서 공생유기체가 자발적으로 형성되는 과정.

[출처] Nils Aall Barricelli, 'Numerical Testing of Evolution Theories. Part I: Theoretical Introduction and Basic Tests', Acta Biotheoretica, 16 (1962), pp. 69–98.

차원 오토마타였던 것이다. 또 이번 실험에서는 펀치카드에 흥미로운 현상이 기록되었는데, 바리첼리는 이것을 '자체 수리self-repair'나 '부모 유전자 서열 전승crossing of parental gene sequence'과 같은 생물학적 사건과 연결시켰다.

바리첼리는 생명체의 진화 과정에서 공생발생이 무엇보다 중요하며, 생명체가 존재하는 곳이라면 지구뿐만 아니라 외계행성에도 똑같이 적용된다고 결론지었다. 그는 유전자의 무작위적 변화(돌연변이)와 자연선택만으로는 다세포생물이 출현하게 된 이유를 설명할 수 없다고 주장했는데, 이 주장이 틀렸다 해도 오늘날 공생발생은 단순한 원핵생물prokaryotic organism('원핵'이라는 원시적 세포핵을 가진 생물. 이들이 진화하여 진핵생물이 되었음-옮긴이)에서 식물 세포와 동물 세포가 탄생한 이유를 설명하는 가장 그럴듯한 이론으로 자리 잡았다. 최근 발견된 동-식물의 유전자 전달 방식(가루이whitefly의 일종인 베미시아 타바키Bemisia tabaci에서 발견되었음)에 의하면, 공생발생은 바리첼리가 생각했던 것보다 훨씬 광범위하게 퍼져 있을 것으로 추정된다.[57]

1960년대에 바리첼리의 관심은 숫자 유기체에서 택틱스Tac-Tix(4×4 격자에서 두 사람이 겨루는 게임)로 넘어갔고, 그 후에는 체스에 빠져들었다. 그가 개발한 알고리듬은 인공지능의 한 분야인 기계학습machine learning(기계가 스스로 데이터를 분석하여 미래를 예측하는 기술)의 모태가 되었지만, 학계의 주류에서 워낙 동떨어진 인물이었기에 그의 선구적인 업적은 대부분 잊혀졌다. 수십 년이 지난 후에 숫자 유기체만이 일부 과학자들에 의해 되살아났을 뿐이다. 인공생명을 주제로 한 최초의 학술회의는 1987년 9월에 로스앨러모스에서 개최되었는데, 물리학자와 인류학자, 생물학자 등 다양한 분야의 과학자 160명이 한 자리에 모여 사흘 동안 열띤 토론을 벌였다(신화생물학자 리처드 도킨스Richard Dawkins도 그 자리에 있었다). 이 학회에서 '생명합성 및 시뮬레이션에 관한 학제간 워크숍Interdisciplinary Workshop on the Synthesis and Simulation of Living Systems'을 주관했던 컴퓨터과학자 크리스토퍼 랭턴Christopher Langton은 바리첼리가 자주 쓰던 용어로 모임의 취지를 설명하면서 그의 업적을 상기시켰다. "인공생명은 자연 생명체의 특성이 반영된 인공적 시스템을 연구하는 분야이다. … 우리가 추구하는 궁극의 목표는 생명체의 정수를 논리적 형태로 추출하는 것이다."[58] 로스앨러모스는 한때 죽음의 기술을 개발하는 은밀한 본부였지만, 랭턴은 장차 이곳이 '새로운 생명의 탄생지'로 기억되기를 바라고 있다.

자기복제를 할 수 있는 최초의 인공 생명체

랭턴은 1970년대 초에 보스턴에 있는 코브정신의학연구소Cobb Laboratory for Psychiatric Research에서 컴퓨터 프로그램을 설계할 때 오토마타를 처음으로 알게 되었다. 때마침 콘웨이의 '라이프' 게임 열풍이 불어닥쳐서 랭턴도 자신의 컴퓨터에 오토마타를 구현해놓고 한동안 미친 듯이 게임에 매달렸다. 그러던 중 1975년에 노스캐롤라이나의 블루리지마운틴에서 행글라이더를 타다가 사고를 당하여 거의 죽었다가 살아난 후부터 인공생명을 체계적으로 연구하기 시작했다. 그는 정규 과학 교육을 받은 사람이 아니었지만, 병실에서 하루 종일 관련 서적을 읽다가 어느 날 문득 자신이 갈 길을 찾았다고 한다. 다음 해에 랭턴은 투손에 있는 애리조나 대학교에 입학하여 인공생물학과 관련된 강좌를 빠짐없이 들었고, 최초의 개인용 컴퓨터가 출시되자마자 바로 구입해서 진화 과정을 시뮬레이션하기 시작했다. 그리고 이 무렵에 도서관에서 책을 뒤지다가 노이만의 자기복제 오토마타를 발견하고, 자신이 직접 실행해보기로 마음먹었다.

그러나 개인용 컴퓨터로는 세포 오토마타의 29가지 상태를 도저히 구현할 수 없었다. 이 사실을 간파한 랭턴은 재빨리 아서 벅스에게 편지를 썼고, 그는 에드거 코드Edgar Codd라는 영국의 컴퓨터과학자가 몇 년 전에 미시간 대학교에서 노이만의 오토마타를 단순화하여 박사학위 논문으로 제출했다는 소식을 들려주었다. 이때 코드가 만든 8-상태 오토마타는 노이만의 오토마타처럼 범용 계산과 조립이 모두 가능했지만, 개인용 애플-II 컴퓨터로 실행하기에는 여전히 벅찬 수준이었다. 훗날 그는 이렇게 말했다. "모든 생명체의 기원인 자기복제 분자가 처음부터 무엇이든 조립 가능한 만능 기계는 아니었을 것이다. 그럴 가능성은 매우 희박하다. 그러나 진정한 자기복제 배열 클래스에서 굳이 이들을 제외시키고 싶지 않았다."[59]

랭턴은 여러 번의 단순화 과정을 거친 끝에, 마침내 '고리loops'라는 형태에 도달했다. 개개의 고리는 한쪽 구석에 짧은 팔이 달린 사각형 도넛 모양의 구조체로서, 언뜻 보면 바닥에 누운 'P'자처럼 생겼다. 고리의 복제가 시작되면 팔이 길게 자라다가 한쪽으로 말리면

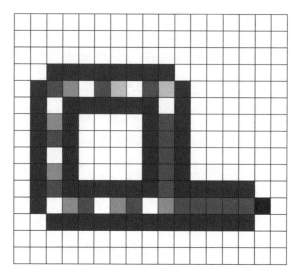

랭턴 루프

루프 군집

서 부모를 닮은 사각형 딸이 만들어진다. 이렇게 한 번의 복제 주기가 끝나면 부모와의 연결고리가 끊어지고, 부모와 딸의 몸에 새로운 팔이 자라면서 다음 주기의 복제 과정이 시작된다. 단, 4개의 면 모두가 다른 고리의 팔로 에워싸인 경우에는 새로운 팔이 생기지 않는다. 그리고 이들이 수명을 다하면 '죽은 몸체'가 중심부에 쌓이고, 그 주변을 산호초 같은 외피층이 에워싸게 된다.

오토마타 연구를 계속 하고 싶었던 랭턴은 이 분야의 대학원을 찾다가 벅스가 설립한 '컴퓨터논리그룹'을 알게 되었다(사실 이곳밖에 없었다). 1982년에 32세의 '늙은' 나이로 대학원생이 된 랭턴은 미시간 대학교에서 연구를 시작했고, 얼마 후 울프럼의 오토마타 분류법을 알게 되면서 진한 동료 의식을 느꼈다. "칼텍의 스티븐 울프럼이 쓴 논문을 읽고 나니, 지난 1년 동안 내가 선형배열과 씨름하면서 보낸 시간이 주마등처럼 스쳐 지나갔다. 나의 연구가 논문으로 발표하기에 충분하다는 것을 전혀 몰랐기 때문이다. 이 분야가 30년 전에 이미 완성되었다고? No! 천만의 말씀이다. 칼텍의 꼬마(울프럼)가 1차원에서 단 2개의 상태만 갖고 이렇게 훌륭한 논문을 쓰지 않았는가! 그동안 이 분야의 과학자들이 대체 어디서 뭘 하고 있었는지 이해가 가지 않는다."[60]

랭턴이 울프럼의 시스템에서 가장 큰 흥미를 느꼈던 부분은 하나의 클래스에서 다른 클래스로 넘어가는 경계 지점, 특히 '혼돈'에서 '계산'으로 넘어가는 지점이었다. 무엇이 시스템의 거동을 이토록 극적으로 바꾸는 것일까? 그는 정보를 전달하고 처리하는 오토마타가 자신이 생각하는 생물학적 오토마타에 가장 가깝다고 생각했다.

"살아 있는 유기체는 자신을 재건하고, 먹이를 찾고, 내부 구조를 유지하기 위해 정보를 사용한다. ⋯ 생명체의 구조 자체가 바로 정보이다."[61]

랭턴은 다양한 오토마타로 실험을 반복하다가 '람다lambda(λ)'라는 일종의 조절용 다이얼을 도입했다.[62] 예를 들어 λ값을 0에 가깝게 세팅하면 정보가 '반복되는 패턴'으로 고정되는데, 이것은 울프럼의 클래스 1과 2에 속하는 오토마타에 해당한다. 반대로 λ가 최댓값인 1에 가까워지면 정보가 제멋대로 이동하면서 의미있는 계산이 나타나지 않는데, 이것은 울프럼의 클래스 3 오토마타에서 보았던 무작위 패턴(잡음)과 비슷하다. 가장 흥미로운 클래스 4 오토마타는 정보를 안정적으로 저장하고 전송할 수 있는 λ값에 대응된다. 노이만이 말했듯이 모든 생명은 뾰족한 칼날 위에서 아슬아슬하게 균형을 이루고 있다. 거기서 한쪽으로 치우치면 퇴화하는 쪽으로 합성이 진행되고, 반대쪽으로 치우치면 합성이 폭발적으로 일어나서 감당할 수 없게 된다. 과거에 지구의 원시생명체가 우연히 이 지점을 찾았다면, 그들보다 훨씬 똑똑한 인간이 다시 찾을 수도 있지 않을까?

랭턴은 반드시 그렇게 되리라 믿고 있다. 그날이 오기 전에 인간은 인공생명체를 위한 도덕 규범과 안전장치를 미리 마련해놓아야 한다.

랭턴은 1987년에 로스앨러모스 학회에서 강연을 했을 때 눈물이 날 정도로 기뻤지만, 그날의 열기는 흐르는 세월과 함께 서서히 가라앉았다. 그는 1989년에 한 학술지에 기고한 글에 다음과 같이 적어놓았다. "인류는 금세기(20세기) 중반에 생명을 소멸시킬 수 있는 힘을 얻었다. 아마도 금세기 말에는 생명을 창조할 수 있게 될 것이다. 그러나 둘 중 어느 쪽에 더 큰 책임이 부과될지는 단언하기 어렵다."[63]

인공 유기체가 처음으로 등장한 것이 2010년이었으니, 랭턴의 예측은 10년쯤 빗나간 셈이다. 바로 그해에 미국의 생명공학자이자 사업가인 크레이그 벤터Craig Venter와 그의 동료들은 박테리아의 일종인 우폐역균Mycroplasma mycoides의 게놈genome(한 생명체에 들어 있는 유전정보의 통칭 – 옮긴이)과 거의 동일한 복사본을 만들어서 게놈이 제거된 세포에 이식했다.[64] 그러자 세포는 새로운 명령에 따라 '부팅'되었으며, 정상적인 박테리아처럼 증식하기 시작했다. 지구 역사상 처음으로 "컴퓨터를 부모로 가지면서 자기복제를 할 수 있는 생명체"가 탄생한 것이다. 다수의 과학자들은 벤터의 연구팀이 만든 것을 생명체로 인정하지 않았지만, 어쨌거나 새로 태어난 생명에는 '신시아Synthia'라는 이름이 붙여졌다.[65] 그로부터 6년 후, 벤터가 이끄는 연구팀은 여러 번 시행착오를 겪은 끝에 우폐역균 게놈의 크기를 절반으로 줄이는 데 성공했다. 자기복제가 가능한 생명체 중 "가장 작은 게놈을 보유한 생명체"인 셈이다. 유전자의 수가 겨우 473개에 불과한 이 미생물은 지금껏 지구상에 존재한 적 없는 완전히 새로운 종으로 'JCVI-syn.oa'로 명명되었으며,[66] 연구팀은 이들의 생명 활동을 컴퓨터 시뮬레이션으로 예측까지 해놓은 상태이다.[67]

물론 여기서 앞으로 더 나아가려는 과학자도 있다. 이들은 앞으로 10년 안에 세포가 자라고 분열하는 데 필요한 생물학적 요소를 리포솜liposome이라는 기름 방울에 주입하여 합성 세포를 만든다는 계획을 세워놓았다. 처음부터 완제품을 만들겠다는 게 아니라, 바닥부

터 시작해서 '키워내겠다'는 것이다.[68]

노이만의 세포 오토마타는 이 분야에 등장한 모든 이론의 씨앗이 되었으며, 생명을 창조하겠다고 나선 용감한 개척자들에게 번뜩이는 영감을 불어넣었다. 그가 끝내 완성하지 못한 운동형 오토마타kinematic automaton도 결실을 맺었다. 존 케메니가 노이만의 아이디어를 일반 대중에게 소개한 직후에 한 무리의 과학자들이 그와 같은 장치를 컴퓨터가 아닌 현실 세계에 구현한 것이다. 그러나 이들이 만든 장치는 생명체처럼 부드러운 재질이 아니라, 주로 볼트와 너트로 이루어진 딱딱한 기계였다. 나노기술의 선구자인 에릭 드렉슬러Eric Drexler는 이 장치를 '덜컹대는 복제기clanking replicator'라 불렀다(필립 딕의 소설 제목을 따서 '오토팩스autofacs'라 부르기도 했다).[69]

노이만은 누구나 이해할 수 있는 친절한 청사진을 만들어놓지 않

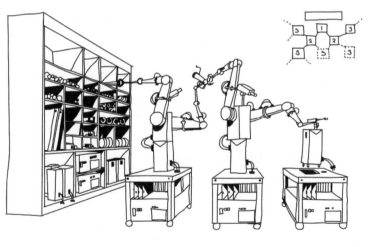

덜컹대는 복제기.

466

았다. 그의 오토마타는 "자신을 포함하여 다른 기계를 만들 수 있는 기계"의 가능성을 테스트하기 위한 사고실험의 산물이었기 때문이다. 그래서 후대 과학자들이 만든 운동형 오토마타는 대부분이 초보적 수준이었고, 그들의 목적은 단 하나, 복제 행위라는 것이 생명체만의 특성이 아님을 증명하는 것뿐이었다. 유전학자 라이어널 펜로즈Lionel Penrose가 지적한 대로 자기복제라는 개념 자체가 생물학의 기본 과정과 밀접하게 연관되어 있기 때문에, 마술을 방불케 하는 신비한 과정이 어딘가에 개입되어야 한다.[70] 그러나 펜로즈는 훗날 노벨상을 수상한 아들 로저 펜로즈Roger Penrose와 함께 여러 개의 '합판 모형'을 만들어서 마술 없이도 복제가 가능하다는 것을 증명했다. 각 나무 블록 세트에는 특정한 배열만 붙일 수 있도록 걸쇠와 고리, 그리고 지렛대가 교묘하게 설치되어 있어서, 여러 개의 블록을 받침대에 얹어놓고 흔들면 세포분열 같은 자연적 과정에서 나타나는 '결합'과 '분열'을 재현할 수 있다. 예를 들어 하나의 블록이 다른 블록을 최대 3개까지 '붙잡을' 수 있도록 세팅해놓으면 흔들리는 와중에 4개짜리 블록체인이 만들어질 것이다. 그러면 이들은 가운데를 중심으로 분리되어 한 쌍의 새로운 블록 유기체가 되고, 그 후에도 계속 흔들리면서 자신의 부모가 그랬던 것처럼 성장과 번식을 반복한다.

화학자 호머 제이콥슨Homer Jacobson은 장난감 기차 모형을 조금 수정해서 이와 비슷한 트릭을 재현하는 데 성공했다.[71] 그가 만든 전동기차는 원형 트랙을 돌다가 마치 자신이 해야 할 일을 정확하게 알고 있다는 듯, 자기 짝을 찾아 하나둘씩 다른 형태로 변한다. 아마도 어린이용 장난감으로 자기복제기계를 구현한 첫 번째 사례일 것이다.

복제기계만으로 만족할 수 없었던 또 다른 몽상가들은 덜컹대는 복제기에서 새로운 아이디어를 떠올렸다. "저 무한한 생산 능력을 영양가 있는 곳에 활용할 수 있지 않을까?" 그들이 상상한 것은 필립 딕의 소설에 등장하는 오토팩의 '온순한 버전'이었는데, 위스콘신-매디슨 대학교의 수학자 에드워드 무어Edward F. Moore가 첫 번째 제안을 내놓았다. 하늘과 육지, 그리고 바다에서 원료를 추출하는 '인공생명 공장Artificial Living Plants'이 바로 그것이다.[72] 이 공장은 해변가에서 태양열에너지로 작동되며, 노이만의 운동형 오토마타 이론에 따라 자신을 무한정 복제할 수 있다. 이들이 원료를 추출해서 가공할 수 있다면, 어떤 제품을 만들건 경제적 가치는 거의 무한대라고 봐도 무방하다. 무어가 제일 먼저 떠올린 수확물은 바로 '신선한 물'이었다. 집단 공장이 나그네쥐처럼 주기적으로 위치를 바꾸면(이동할 위치는 프로그램에서 이미 설정되어 있다) 원하는 원료를 항상 추출할 수 있고, 필요에 따라 추출 대상을 바꿀 수도 있다,

무어는 말한다. "해변가 공장이 성공적이라고 판명되면 다음 단계는 바다 한복판이나 사막, 또는 일조량이 풍부한 미경작지로 진출하는 것이다. 물론 이런 곳에서 공장이 가동되려면 많은 문제점을 극복해야 한다. 모든 것이 뜻대로 잘 풀리면 남극대륙도 생산 기지로 활용할 수 있다"

그러나 무어는 스폰서를 찾지 못했다. 사람의 손이 닿지 않은 청정 지역이 오염되는 것을 부담스럽게 생각했기 때문이다. 그러나 무언가를 공짜로 얻는다는 것은(물론 초기에는 적지 않은 비용이 들어간다) 누구에게나 매력적인 사업 모델이었기에, 기본 개념은 사장되지 않

고 과학의 변두리에 남아 있었다. 그러던 중 자기복제 오토마타에 관심 있는 과학자들이 무어의 프로젝트를 구제해줄 좋은 방안을 떠올렸다. 환경오염이 문제라면, 우주로 내보낼 수도 있지 않은가? 몸집을 작게 줄이면 환경에 쉽게 적응할 수 있고, 지구를 그리워하지 않으므로 굳이 귀환할 필요도 없다. 노이만의 자기복제 오토마타 이론에서 탄생한 이런 유형의 우주선을 '노이만 탐사선von Neumann probes'이라 한다.

노이만 탐사선을 처음으로 떠올렸던 사람 중에는 노이만의 고등 연구소 동료였던 프리먼 다이슨도 있었다. 그는 1970년대에 무어의 아이디어를 검토하다가 토성의 제6 위성(여섯 번째로 큰 위성)인 엔켈라두스Enceladus에 파견된 오토마타를 상상해보았다.[73] 얼음으로 덮인 표면에 착륙한 오토마타는 주변에서 구할 수 있는 재료만을 사용하여 '초소형 태양풍 범선solar sailboat(태양광의 압력을 이용하여 움직이는 우주선-옮긴이)'을 대량으로 만들어내고, 완성된 범선들은 저마다 얼음덩어리를 싣고 일제히 우주 항해를 시작한다. 이들의 목적지는 지난 수백 년 동안 지구인들이 오매불망 꿈속에 그려왔던 화성이다. 돛에 가해지는 태양빛의 압력을 받아 '순풍에 돛 단 듯이' 화성에 도착한 미니 범선 군단은 재빨리 화물을 수거하여 화성에 물을 공급하고, 따뜻해진 화성에는 10억 년 만에 처음으로 단비가 내리기 시작한다. 법학 박사학위를 소지한 물리학자 로버트 프레이타스Robert Freitas가 제안한 계획은 좀 더 현실적이다. 그는 2004년에 컴퓨터과학자 랩프 머클Ralph Merkle과 함께 자기복제 기술의 진정한 바이블인 '운동형 자기복제기계Kinematic Self-Replicating Machine'를 만들었다.[74] 프레이타스는 1980년에도 우주 개발 계획에 참여하여 목성의 위성에 착륙할 탐사선을 설계한 적이 있다. 이 탐사선이 목적지에 착륙하면 'REPRO'라는 성간 탐사선을 500년에 한 대씩 만들어서 깊은 우주로 날려 보낸다는 계획이다.[75] 인내심이 태부족한 우리가 보기에는 너무 긴 시간 같지만, REPRO의 목적은 은하 전체를 탐사하는 것이기 때문에 서두를 이유가 전혀 없다(서두른다고 빨리 끝나지도 않는다). 프레이타스는 이 프로젝트의 소요 시간을 대략 1,000만 년으로 추정했다.

의식을 가진 기계와 스위치 문제

지금까지 거론된 우주 개발 복제기 활용 방안 중 가장 스케일이 크고 구체적인 계획이 캘리포니아의 실리콘밸리 중심부에서 10주에 걸쳐 완성되었다. 1980년에 NASA는 지미 카터Jimmy Carter 대통령의 지시에 따라 "미래의 우주 개발 계획에서 인공지능과 오토마타의 역할"을 주제로 샌타클라라에서 워크숍을 개최했고, 18개 대학과 NASA의 직원들이 모여서 10주 동안 난상토론을 벌인 끝에 완성된 최종 보고서에는 훈련 비용만 1,100만 달러로 책정되어 있었다.

이 그룹은 최첨단 컴퓨팅과 로봇공학이 요구되는 4개의 분야에 인원을 할당하여 각 임무의 목적과 필요한 기술을 구체적으로 분석했다. 여기에는 지능형 관측위성과 외계행성 탐사용 자율 주행 우주선, 그리고 달과 소행성에서 원료를 채굴하고 정제하는 자동화 우주 공장이 포함되어 있는데, 네 번째로 제기된 임무는 이 모든 것을 압도할 정도로 스케일이 크고 황당했다. 리처드 레잉Richard Laing이 이끄는 연구팀이 노이만 스타일의 오토마타를 이용하여 달과 외계행성, 그리고 머나먼 우주까지 지구의 식민지로 개척한다는 어마어마한 계획을 세운 것이다. 이들이 제출한 연구보고서에는 다음과 같이 적혀 있다. "복제 공장은 우주 탐사선과 행성 착륙선, 그리고 미지의 세계에서 가동될 공장의 '씨앗' 등 다양한 도구를 생산할 수 있도록 일반적인 제조 능력을 갖춰야 한다. 복제 시스템의 가장 큰 장점은 지구의 자원을 소비하지 않으면서 광범위한 우주를 탐사하고 개척할 수 있다는 것이다."[76]

레잉은 벅스가 이끌던 그룹의 일원이었다. 그는 영문학과를 중퇴하고 컴퓨터과학자들을 위한 기술 작가(기술적인 내용을 쉽게 풀어서 일반 대중의 이해를 돕는 작가-옮긴이)가 되기 위해 미시간 대학교를 찾아갔다가 벅스가 설립한 컴퓨터논리그룹의 연구원들이 복제기계에 대해 난상토론을 벌이는 모습을 보고 그 분야에 완전히 빠져들었다. 얼마 후 그는 그룹에 합류했고, 박사학위 과정을 마친 뒤에는 노이만의 오토마타를 연구하다가 복제기계의 역사에 남을 획기적인 발견을 하게 된다. 간단히 말해서, "기계가 자신을 복제하기 위해 모든 구조를 낱낱이 알고 있을 필요가 없다"는 것이다. 레잉은 복제기계에 자체 검사 기능을 추가하면 스스로 조립 설명서를 만들 수 있다는 것을 증명했다.[77]

레잉은 NASA에서 주최한 샌타클라라 워크숍에 참석했다가 마음이 맞는 과학자를 몇 명 발견했다. 최근에 자기복제 탐사선을 설계한 프레이타스와 NASA의 엔지니어 로저 클리프Roger Cliff, 그리고 독일 출신의 로켓과학자 게오르크 폰 티젠하우젠Georg von Tiesenhausen이 바로 그들이었다. 티젠하우젠은 제2차 세계대전 기간 동안 베르너 폰 브라운Wernher von Braun과 함께 V-2 로켓을 개발했던 사람으로, 미국으로 이주한 후에는 아폴로계획에 합류하여 월면차Lunar Roving Vehicle를 설계했다.

레밍이 속한 연구팀에서 제기된 아이디어는 논란의 소지가 다분했고. 분위기를 파악한 네 사람은 다소 방어적인 자세로 보고서를 작성하여 관계자들을 감질나게 만들었다. 다른 연구팀의 보고서는 자신이 선택한 임무의 이점을 강조하는 데 치중한 반면, 자기복제시스템Self-Replicating System(SRS) 연구팀의 보고서는 자기복제기계가 실현 가능하다는 것을 보여주는 이론적 사례를 열거한 후 다음과 같은 결론으로 마무리된다. "노이만을 비롯하여 그의 뒤를 계승한 컴퓨터과학자들은 자신을 복제하는 기계가 다양한 방식으로 구현될 수 있음을 보여주었다."

SRS팀은 달에 건설할 자기복제 공장을 두 가지 버전으로 설계했다. 첫 번째 버전은 주변 땅을 얕게 파서 채취한 원료로 자신을 복제하거나 판매용 상품을 만드는 거대한 제조 허브manufacturing hub로서, 전체적인 공정은 중앙제어시스템에 의해 제어된다. 여기서 채굴된 원료는 정밀한 분석을 거친 후 산업용 재료로 가공하여 저장소에 보관하고, 부품 공장에서는 이 재료를 이용하여 공장에 필요한 부품을 생산한다. 그 후 이 부품들은 관련 시설로 운반되어 지구에 필요한 제품을 만드는 데 사용될 수도 있고, 더 많은 공장을 짓는 범용 건설

기지에 투입될 수도 있다.

이 계획의 단점은 오토마타가 자신을 복제하기 전에 모든 공장을 달에 미리 지어놓아야 한다는 것이다. SRS팀이 설계한 두 번째 버전은 '자체 성상 달 기반 생산시설Growing Lunar Manufacturing Facility'로서, 다중 임무 수행용 로봇으로 가득 찬 100톤짜리 구형 '씨앗 우주선' 하나만 만들면 된다. 그 후의 작업은 자동으로 진행되기 때문에 공장을 미리 지을 필요가 없다. 이 구형 우주선을 달 표면에 투하하면 스스로 갈라지면서 내용물을 하역하고, 그 후의 모든 작업은 마스터 컴퓨터의 지시에 따라 진행된다. 제일 먼저 할 일은 정찰 로봇을 파견하여 적절한 건설 부지를 찾고 임시로 전력을 공급할 태양전지판을 세우는 것이다. 그 후 선발대 로봇 5대가 모선에서 나와 태양로를 짓고, 여기서 바위를 녹여 현무암 석판을 만든다. 이 석판은 직경 120미터짜리 원형으로 가공되어 공장 부지의 기초로 쓰일 예정이다. 다른 로봇들도 태양전지판 위로 올라가 작업을 개시한다. 태양전지판은 작업 공간 전체를 지붕처럼 덮어서 모든 제조 과정과 자기복제에 필요한 전력을 공급할 것이다. 다른 한쪽에서는 화학 처리 및 조립 구역이 건설되고 있다. SRS팀은 달 착륙 후 1년 안에 달에 기반을 둔 자기복제 공장이 100퍼센트 가동되어 필요한 물품을 생산하고 다른 공장도 지을 수 있을 것으로 예측했다.

한 가지 문제는 공장 전체가 외부로부터 완전히 단절되어 있다는 점이다. 알렉스 엘러리Alex Ellery도 몇 년 후에 이 문제를 제기했다. 달에 세운 공장은 현지에서 조달한 원료와 자체 생산한 전력만으로 안전하게 운영될 수 있을까? SRS팀은 총 수요량의 90퍼센트를 자체 조달할 수 있다고 결론지었다. 100퍼센트 자체 조달이 가능한 엘러리의 3D 프린터와 달리, SRS팀은 프로젝트 초기에 필요한 원료의 4~10퍼센트를 지구에서 보내야 한다는 데 대체로 동의하면서 "초소형 전자 부품, 볼베어링, 또는 정밀 기기처럼 제조 공정이 복잡하고 가벼운 부품은 지구에서 만드는 것이 훨씬 효율적이므로, 공장 가동 초기에는 굳이 현지에서 조달하려고 애쓸 필요가 없다"고 했다.

프로젝트의 사회적 및 철학적 문제도 걸림돌로 작용했다. 연구팀은 달 기지가 살아 있는 유기체처럼 스스로 진화하기를 기대하고 있는데, 모든 것이 이들의 생각대로 진행된다면 달에 고립된 기계가 어느 날 '의식'이라는 것을 갖게 되지 않을까? 그리고 의식을 가진 후에도 자기 자신이 아닌 지구인을 위해 기꺼이 봉사할 것인가? 기

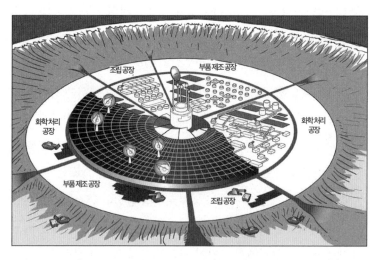

자체 성장 달 기반 생산 시설.

계에 옳고 그름을 가르칠 수는 있지만, 그들이 항상 바람직한 행동을 한다는 보장은 없다. 생각이 여기에 이르자 연구팀은 한 가지 질문을 떠올렸다. "외계에 설립한 자동 공장이 위협으로 간주되었을 때 언제든지 스위치를 끌 수 있어야 하는가?" 이것을 '전원 차단 문제unpluggability problem'라 하는데, SRS팀은 그럴 필요가 없다고 주장한다. "시간이 충분히 흐르면 로봇 시스템의 행동이 인간의 분석 능력을 초월하는 시점이 찾아올 수도 있다. 이럴 때 전원의 차단 여부는 앞으로 논의되어야겠지만, 당장 시급한 문제는 아니라고 본다."

리처드 레잉의 연구팀이 가장 예민하게 받아들인 것은 노이만식 오토마타의 무한한 잠재력이었다. 인류는 '필요에 의해 만들어진 최후의 기계'를 어떻게 다룰 것인가? 그들은 "자기복제기계를 자유롭게 풀어놓는 것은 우주 전체에 영향을 미치는 중요한 문제"라고 했다.

앞으로 인류는 거의 광속으로 이동하는 '기계 조직'을 우주 곳곳에 파견할 것이다. 이 조직은 그 자체로 높은 수준의 '생명체'나 다름없다. 이들의 수준이 점차 높아져서 역학이나 열역학 법칙에서 벗어난 의외의 결과를 낳으면 인류의 지식에 극적인 변화가 초래될 것이다. 지금은 생명체가 우주의 극히 한정된 지역에 서식하고 있지만, 미래에는 우주 전역에 넓게 퍼져서 새로운 규칙과 새로운 삶이 부각될 수도 있다.

그러나 이들의 희망 사항은 끝내 실현되지 않았다. 1983년에 로널드 레이건 대통령이 대규모 우주 계획을 발표하겠다고 예고했을 때 레잉의 팀은 큰 기대를 걸고 텔레비전을 지켜보았지만, 정작 대통령의 입에서 나온 말은 전략방위구상Strategic Defense Initiative, 즉 '스타워즈Star Wars'였다.

그렇다고 이들의 꿈이 잊혀진 것은 아니다. 2021년에 '성간연구계획Initiative for Interstellar Studies'이라는 런던의 비영리 단체에서 노이만 탐사선의 업데이트된 버전을 공개했고(10년 이내 완공을 목표로 하고 있음),[78] 알렉스 엘러리의 '100퍼센트 폐쇄된 공간에서 작동하는 기계'도 최종 목적지까지 단 몇 퍼센트만 남겨놓은 상태이다. 이들 모두는 '큰일에 도전할 마음이 있으면서 통까지 큰' 후원자의 도움을 기다리고 있다.

확산, 복제, 진화하는 노이만의 이론

1980년대에 이르러 노이만이라는 이름은 어느새 '자기복제기계'와 동의어가 되었다. 우주 탐험에 열정을 불사르던 시대는 오래전에 지나갔지만, 그 뒤를 이어 유전공학과 분자생물학이 새로운 관심사로 떠올랐다. 1982년에 미국 식품의약국(FDA)은 박테리아의 몸 안에서 만들어진 '휴물린Humulin(인슐린의 일종. 제넨테크Genentech에서 개발함)'을 승인했고, 다음 해에 최초의 유전자 변형 식물인 항생제 내성 담배가 학계에 보고되었다.[79] 그리고 자기복제에 미련을 버리지 못한 과학자들은 주 활동 무대를 로봇공학에서 '분자 기계가 득실대는' 미시세계로 옮겼다.

미시세계의 비전을 처음으로 밝힌 미국의 엔지니어 에릭 드렉슬러는 일반인에게 생소한 분자제조molecular manufacturing 분야를 설명하면서 '나노기술nanotechnology'이라는 용어를 최초로 도입한 사람이다. 그는 1986년에 출간한 저서 『창조의 엔진Engines of Creature』에 다음과 같이 적어놓았다. "오래전부터 생화학자들은 복잡한 분자 기계를 세포 안에서 찾아왔다. 그러나 미래의 생화학자들은 엔지니어가 미세 회로와 세탁기를 만들 듯이, 분자 규모에서 나노회로nanocircuit와 나노머신nanomachine을 만들게 될 것이다."[80]

드렉슬러는 최초의 나노머신이 이미 오래전부터 세포 안에서 역학적 임무를 수행해온 단백질로부터 만들어질 것이라고 예견했다. 이런 생체 분자는 거의 완제품에 가깝기 때문에 조립할 필요도 없다. 펜로즈가 나무로 만들어서 열심히 흔들었던 복제기계처럼, 바이러스의 외피와 같이 복잡한 단백질은 서로 밀쳐내는 경향을 보이다가 화학적 힘이 그들을 끌어당길 때 비로소 달라붙는다. 이 '부드러운' 생물학적 기계는 더 단단한 재질(세라믹, 금속. 다이아몬드 등)로 만든 2세대 나노머신의 디딤돌 역할을 할 것이다.

드렉슬러는 "바닥에는 아직도 빈 방이 많다There's Plenty of Room at the Bottom"는 명언으로 널리 알려진 리처드 파인만의 1959년 강연 녹취록을 우연히 발견하고 전문을 들어보았다. 그 강연에서 파인만은 묻는다. "원자를 우리 마음대로 배열할 수 있다면 어떤 일이 벌어질 것인가?" 자신의 생각과 일치하는 질문에 머릿속 전구가 번쩍 켜진 드렉슬러는 파인만의 상상을 현실 세계에 구현하기로 마음먹었다. 그는 『창조의 엔진』에서 자신을 복제할 뿐만 아니라 원자를 하나씩 쌓아서 다른 기계도 만들 수 있는 수십억 분의 1미터 크기의 '어셈블러assembler(조립 기기)'를 제안하여 좋은 반응을 얻었지만, 마음이 너무 앞서가는 바람에 후회스러운 일도 있었다.[81] 실험실에서 우연히 유출된 위험한 복제기계가 꽃가루처럼 사방으로 퍼져나가면서 생태계를 초토화시킨다는 '그레이구gray goo' 시나리오를 공개했다가[82] 저명한 과학자들에게 "공연히 공포 분위기를 조성한다"며 뭇매를 맞은 것이다.

1996년도 노벨 화학상 수상자인 리처드 스몰리Richard Smalley는《화학 및 공학 뉴스Chemical and Engineering News》라는 기관지를 통해 "자기복제 나노봇 괴물은 그의 꿈속에만 존재할 뿐, 현실 세계에서는 절대 불가능하다"며 드렉슬러의 종말 시나리오를 맹렬히 비난했다.[83]

2017년에 맨체스터 대학교의 연구원들은 "네 가지 분자 중 하나를 만들도록 프로그램할 수 있는 분자"에 관한 논문을《네이처Nature》에 발표했고,[84] 더 최근에는 옥스퍼드 대학교의 화학자들이 초보적 수준의 자기복제 조립기를 만들었다고 주장했다.[85] 요즘 드렉슬러는 분자 제조에서 자기복제기 나노봇의 역할을 별로 중시하지 않으며, 그가 내놓는 예측도 예전만큼 억지스럽지 않은 듯하다.

노이만의 이론은 그 안에 등장하는 자기복제기계처럼 끊임없이 확산되고, 복제되고, 진화를 거듭했다. 자율적 개체들 간의 상호작용을 시뮬레이션하는 '에이전트기반 모형agent-based models'도 노이만의 세포 오토마타에서 파생된 것이다. 하버드 대학교의 경제학자 토머스 셸링은 이 기술을 최초로 도입한 사람 중 한 명이다. 그는 체스판에 사람을 나타내는 두 가지 색(분홍색과 갈색)의 돌을 놓고, 두 도시에 거주하는 사람들의 분포 변화를 조사하다가[86] 콘웨이의 '라이프' 게임과 비슷한 결과를 얻었다.

이 실험은 같은 수의 분홍색 돌과 갈색 돌(사람)을 사각형 격자가 그려진 보드 위에 무작위로 배열한 상태에서 시작된다(하나의 사각형에는 1개의 돌만 들어갈 수 있다). 개개의 돌은 자신과 색이 같은 돌에 에워싸이는 것을 선호한다고 가정하자(같은 도시에 사는 사람들끼리 어울리기를 좋아한다는 뜻이다). 이 선호도는 주변에 있는 8개의 돌 중에서 가운데 돌과 색이 같은 돌과 다른 돌의 비율로 나타낼 수 있다. 임의의 돌은 자신의 주변에 있는 돌들 중에서 자신과 색이 같은 돌이 절반 이하이면 '행복하지 않다(불행하다).' 불행한 돌은 옆에 있는 빈칸으로 자리를 옮겨가며 '행복한' 위치를 찾는다. 가장자리를 제외하고 대부분의 돌에는 8개의 이웃이 있으므로, 3개 또는 그 이하의 분홍색 이웃으로 에워싸인 분홍색 돌은 다른 자리로 이동할 것이다. 그리고 가장자리에 있는 분홍색 돌은 5개의 이웃 중 분홍색 돌이 2개이하이면 이동하고, 구석에 있는 분홍색 돌은 3개의 이웃 중 자신과 같은 색이 1개 이하일 때 이동한다. 물론 이 모든 규칙은 갈색 돌에도 똑같이 적용된다.

셸링이 이 규칙을 적용했더니, 처음에 무작위로 섞여 있던 돌들이 같은 색끼리 모이면서 빠르게 분할되었다.[87]

신기한 것은 같은 색의 이웃을 좋아하는 성향조차도 분리를 초래한다는 점이다. 위에 설명한 실험에서는 선호도의 분기점이 "다른 색 이웃:같은 색 이웃=1:1"이었는데, 이것을 1:3으로 강화해서 실

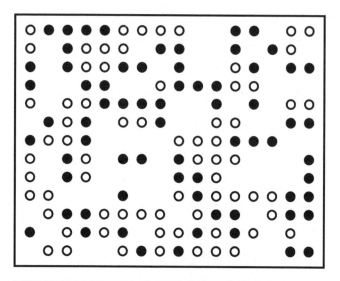

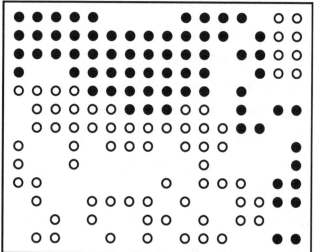

시작 배열(위)과 최종 배열(아래).

[출처] Thomas C. Schelling, 'Dynamic Models of Segregation', Journal of Mathematical Sociology, 1 (1971), pp. 143-86.

험을 다시 해보면 같은 색 돌이 탈출을 시도하여 결국 분할된다. 셸링은 이렇게 말했다. "놀랍게도 본 실험에서 얻은 결과는 각 돌의 '혼자 있고 싶어 하는 성향'과 무관하며, '다수에 끼고 싶어 하는 성향'과도 무관하다!"[88]

게다가 일단 돌들이 같은 색상끼리 모여서 분리되면 같은 색에 대한 선호도를 줄여도 처음의 배열로 되돌아가지 않는다. 처음 시작했던 무작위 배열로 돌아가려면 같은 색 이웃에 대한 선호도에 상한선을 두어야 한다. 예를 들어 모든 이웃이 자신과 같은 색이면 돌이 이동하는 식이다.

셸링은 이 기초적인 모형으로부터 2개의 강력한 결론을 유도해 냈다. ①두 인종이 섞여서 사는 것을 전혀 꺼리지 않는다 해도, 결국 이들은 분리된 채 살게 된다. ②다양한 이웃과 섞여서 사는 환경은 그것을 간절히 원할 때만 이루어진다. "나는 아무래도 상관없다"는 방관적 태도는 결국 분리를 초래한다.

그 후 에이전트 기반 모형이 더욱 정교해지고 컴퓨터가 널리 보급되면서 시뮬레이션도 디지털화되었는데, 초기 사례 중 하나가 바로 6장 끝부분에서 언급한 로버트 액셀로드의 '죄수의 딜레마' 경연 대회였다. 요즘 에이전트 기반모형은 박테리아 집단의 확장 패턴과 주택 시장의 추이에서 세금 납부 현황과 투표 진행 상황에 이르기까지, 실로 다양한 분야에 응용되고 있다.

노이만은 말년에 떠올렸던 오토마타를 인생 최고의 업적으로 여겼다(말년이라고는 하지만, 40대 후반~50대 초반이었다 - 옮긴이). 이론에

함축된 의미가 가장 크고 깊다고 생각했기 때문이다. 울람도 노이만의 자기복제기계가 컴퓨터 분야에 남긴 업적과 함께 가장 영속적이고 흥미로우면서 가장 가치 있는 이론이라고 했다.[89]

이 점에는 골드스타인도 동의한다. "노이만의 자기복제 이론은 그의 초기 관심사였던 논리학과 말년에 관심을 가졌던 신경생리학 및 컴퓨터를 하나의 맥락으로 연결시켰을 뿐만 아니라, 단 하나의 도구로 3개의 분야에 심오한 기여를 할 수 있는 잠재력을 보여주었다. 그가 오토마타 이론을 프로그램으로 완성하지 못하고 세상을 떠난 것은 과학의 커다란 손실이 아닐 수 없다. … 사람들은 노이만이 자기 자랑과 우기기를 좋아했다고 말하지만, 사실 그는 자랑할 만한 일을 했을 때에만 자랑을 했고, 자신이 옳다는 확신이 들 때에만 자기 주장을 펼쳤다. 아마도 그는 오토마타가 자신을 상징하는 이론으로 남기를 바랐을 것이며, 실제로 그렇게 되었다."[90]

노이만이 세포 오토마타 이론에 대해 첫 강의를 한 지 거의 70년이 흘렀지만, 그 의미는 지금도 계속 연구되고 있다. 아마도 이것은 나노머신과 자가 건설 달 기지, 그리고 '만물의 이론'의 기초가 될 것이다. 튜링머신은 추상적인 수학에서 출발하여 현실 세계에 등장할 때까지 몇 년밖에 걸리지 않았지만, 노이만이 상상했던 자기복제기계는 아직 구현되지 않았다. 아니, 혹시 이미 만들어진 건 아닐까?

1981년에 천문학자 로버트 제스트로Robert Jastrow는 이런 말을 한 적이 있다. "컴퓨터란 순수한 사고思考만으로 진행되는 새로운 형태의 삶이다. 그런데 인간은 그런 컴퓨터에게 전력과 부품을 공급하고 있다. 인간이 컴퓨터를 돌보고 있는 것이다. 또한 인간은 컴퓨터의 재생도 적극적으로 돕고 있다. 따라서 인간은 컴퓨터의 번식을 수행하는 생식기관인 셈이다."[91]

그의 말은 거의 옳았다. 그로부터 40년이 흐른 지금, 전 세계에는 20억 대의 컴퓨터가 위세를 떨치고 있다. 그러나 이들의 막강한 번식력을 능가하는 새로운 오토마타가 등장했으니, 그것은 바로 현대인의 필수품이 되어버린 스마트폰이다. 이 기계는 2014년에 전 세계 인구수를 추월했고, 지금 사용 중안 SIM 카드는 100억 개가 넘는다.[92] 2019년 한 해 동안 15억 개가 넘는 스마트폰이 팔려나갔다. 증가율로 따져도 인구 증가율보다 10배 이상 빠르다. 지금은 이 많은 SIM 카드를 인간이 사용하고 있지만, 머지않아 상황은 달라질 것이다. 우리가 스마트폰으로 친구들과 잡담을 나누는 동안, 이 기계도 자기들끼리 정보를 교환하고 있기 때문이다.

1948년에 '행동의 두뇌 역학Cerebral Mechanics in Behavior'이라는 주제로 열린 힉슨토론회에서 노이만이 했던 강연을 책으로 요약한『오토마타의 일반적 및 논리적 이론』에는 다양한 가능성이 담겨 있다. 그러나 노이만의 목적은 단순히 자기복제기계의 가능성을 증명하는 것이 아니었다. 학회의 제목인 '두뇌 역학cerebral mechanics'에서 알수 있듯이, 노이만의 오토마타 이론은 두뇌의 작동 원리를 설명하는 이론이기도 했다.

물론 두뇌는 오토마타처럼 번식하지 않지만(사람은 번식한다), 노이만은 둘을 애써 구별하지 않았다. 오토마타 이론과 두뇌에 관한 그의 식견은 워런 매컬러와 월터 피츠가 제안한 뉴런 모형의 한계를 극복하려는 과정에서 탄생한 것이다. 어떤 면에서 보면 인간의 두뇌는 자기복제 오토마타의 산물일 수도 있다. 두뇌는 아무런 청사진 없이 밑바닥부터 스스로 구축해서 만들어진다. 세포의 염색체에는 수십억 개의 염기쌍이 들어 있지만, 이 데이터만으로는 두뇌(또는 다른 복잡한 기관)의 구조를 설명할 수 없다. 자궁 속에서 단순하게 시작하여 두뇌처럼 복잡다단한 구조가 만들어지려면, 일련의 규칙에 따라 뉴런들 사이에 긴밀한 상호작용이 이루어져야 한다. 그런데 노이만과 울프럼을 비롯한 여러 과학자들은 복잡한 기계나 사전 계획 없이 오직 세포 오토마타만을 이용하여 고도의 복잡성을 만들어냈으므로, 두뇌와 세포 오토마타는 분명히 비슷한 점이 있다. 한편, 논리적인 면에서 볼 때 노이만을 비롯한 컴퓨터 선구자들은 오토마타를 "두뇌와 컴퓨터, 그리고 복제기계가 지적으로 융합된 초보적 전자 신경계"로 간주했다. 노이만이 하버드 대학교에서 세포 오토마타를 주제로 강연을 했을 때 그 자리에 있었던 젊은 학부생 제러미 번스타인Jeremy Bernstein은 "지금까지 들어본 강연 중 단연 최고였다"며 흥분을 감추지 못했다.[93]

수학과를 갓 졸업한 신분으로 노이만의 힉슨토론회 강연을 경청했던 존 매카시John McCarthy도 그 자리에서 깊은 감명을 받아 생각하는 기계를 만들기로 마음먹었다.[94] "나는 진화론을 응용해서 똑똑한 기계를 만들고 싶었는데, 오토마타로 실험을 하면 가능할 것 같았다. 하나의 오토마타가 자신의 환경에 해당하는 다른 오토마타와 상호작용을 교환해서 똑똑한 결과물이 나올 수 있는지 테스트하는 것이다." 매카시는 하나의 오토마타가 다른 오토마타와 서로 경쟁하도록 만들어서 똑똑한 기계를 만들어낸다는 아이디어를 노이만에게 편지로 제안했고, 노이만은 흔쾌히 받아들였다. 다음 해에 매카시는 프린스턴에서 박사학위 과정을 시작할 때 위대한 수학자(노이만)를 만나 구체적인 이야기를 나눴는데, 노이만은 당장 논문을 쓰라고 재촉했지만 매카시는 말을 듣지 않았다. 이미 몇 가지 예비 실험을 해놓고서도 아직은 발표할 단계가 아니라고 생각했기 때문이다. 그러나 노이만의 강연에서 촉발된 '생각하는 기계'는 여전히 그의 머릿속에 맴돌고 있었다.

그리하여 훗날 매카시는 '인공지능artificial intelligence(AI)'이라는 용어를 처음으로 도입한 장본인이 되었고, 1950년대 후반에 마빈 민스키Marvin Minsky와 함께 MIT에 인공지능연구소를 설립하여 이 분야의 연구를 선도하게 된다.

1955년 초에 노이만은 예일 대학교에서 다음 해에 개최될 예정인 실리만기념강연회Silliman Memorial Lectures에서 컴퓨터와 두뇌를 주제로 강연을 해달라는 요청을 받았다. 원래 실리만기념강연회는 2주 동안 열리는 것이 전통이었으나, 스케줄이 워낙 바빴던 노이만은 1주일 안에 강연을 끝내도 되는지 물어보았다. 당시 그는 개인적인 연구뿐만 아니라 미국 정부와 군 정보부, 그리고 미국 공군의 자문에 일일이 응대하느라 미국 전역을 정신없이 돌아다니고 있었다.

인간 두뇌의 비밀에 도전한 노이만

1955년 7월 9일, 노이만은 미국 원자력위원회의 의상인 루이스 스트라우스와 전화 통화를 하던 중 갑자기 의식을 잃고 쓰러졌다.[95] 병원에서 몇 차례 검사를 받은 후 다음 달에 뼈암(육종) 진단이 나오자, 그는 응급수술을 받기 위해 급히 병원으로 이송되었다. 그해 말부터 노이만은 휠체어 신세를 지게 되었고, 거동이 불편하여 중요한 회의가 줄줄이 취소되는 와중에도 실리만 강연 약속만은 어떻게든 지키고 싶었다. 그는 사력을 다하여 자신의 생각을 노트에 써내려 가면서 실리만 위원회에 강연을 하루나 이틀로 줄여도 되는지 물어보았다. 그러나 3월이 되자 이마저도 불가능해졌다. 그는 다른 사람이 강연을 대신 하는 한이 있어도 강연 노트만은 완성해야겠다는 생각에 노트를 들고 다시 병원에 입원했지만, 이미 암세포에 정복당한 그의 몸은 단 한 글자도 쓸 수 없었다.

노이만이 마지막으로 남긴 강연 노트는 그가 세상을 떠난 다음 해에 『컴퓨터와 두뇌 The Computer and the Brain』라는 제목으로 출판되었다. 이 책에는 그가 발명한 기계와 두개골 속에 내장된 부드러운 조직의 성능이 체계적으로 비교되어 있는데,[96] 수치만 놓고 보면 두뇌의 계산 능력은 컴퓨터에 한참 못 미치는 것 같다. 뉴런은 1초당 100번쯤 활성화되는 반면, 컴퓨터는 같은 시간 동안 수백만 번의 연산을 수행한다(최신형 노트북은 이보다 1,000배 이상 빠르다). 게다가 뉴런의 정확도는 컴퓨터보다 수십억 배나 떨어진다. 하나의 뉴런에서 다른 뉴런으로 신호가 전송될 때 오류가 발생할 확률이 그만큼 높다는 뜻이다.

이토록 초라해 보이는 인간의 두뇌가 어떻게 최고 성능을 탑재한 컴퓨터보다 훨씬 수준 있는 농담을 구사하는 것일까? 그 비결은 '동시 처리 능력'에 있다. 우리의 뇌는 연산을 하나씩 순차적으로 실행하지 않고 동시에, 한꺼번에 처리한다. 즉 두뇌의 작동 방식은 노이만의 컴퓨터 같은 직렬serial이 아니라 병렬parallel이며, 바로 여기서 엄청난 차이가 발생한다. 구글의 자회사인 딥마인드DeepMind에서 개발한 세계 최고 성능의 인공지능 신경망도 일종의 병렬 처리 장치로서, 특정 임무를 올바르게 수행할 수 있을 때까지 각 인공 뉴런에 할당된 가중치를 조금씩 바꿔나간다. 그래서 인공신경망이 작동하는 방식은 '학습'을 통해 배워나가는 인간의 두뇌와 매우 비슷하다.

인간의 두뇌와 컴퓨터를 이토록 명확하게 비교한 것은 노이만이 처음이었다. "노이만은 완전히 다른 분야였던 컴퓨터과학과 신경과학 사이에 다리를 놓음으로써 두 분야를 멋지게 통합시켰다." 발명가이자 미래학자인 레이 커즈와일Ray Kurzweil의 말이다.[97]

그러나 과학자들 중에는 두 분야를 고립된 채로 놔두는 편이 더 유리하다고 생각하는 사람도 있다. 예를 들어 심리학자 로버트 엡스타인Robert Epstein은 다음과 같이 주장한다. "두뇌를 일종의 컴퓨터(정보처리장치)로 간주하는 노이만식 관점이 세계적으로 유행하는 바람에 신경과학이 오히려 퇴보했다. 두뇌와 컴퓨터의 유사성을 추적하는 연구가 지난 반세기 동안 수도 없이 실행되었는데도 얻은 것이 거의 없으니, 이제 'DELETE 키'를 누를 때가 되었다."[98] 하지만 컴퓨터 말고 딱히 비유할 대상이 없는 것도 사실이다.

'두뇌와 컴퓨터의 비교'는 신경과학자들에게 별로 도움이 되지 않았지만, 인공신경망과 인공지능을 연구하는 컴퓨터과학자들에게는 확실한 지침이 되었다. 이들이 초기에 길을 잘못 들어서 몇 번의 시행착오를 겪었음에도 불구하고 많은 수확을 거둘 수 있었던 것은 "인간의 두뇌를 흉내 낸다"는 확실한 목표가 있었기 때문이다. 노이만이 실리만 강연 노트를 써내려 가던 무렵, 심리학자 프랭크 로젠블래트Frank Rosenblatt는 매컬러와 피츠의 인공신경망을 '학습 가능한 시스템'으로 개선한 퍼셉트론perceptron(두뇌의 인지 능력을 모방한 인공 네트워크-옮긴이)을 개발했다. 그러나 1969년에 마빈 민스키와 시모어 페퍼트Seymour Papert가 인공신경망의 한계를 밝히는 책을 출간하여 유행처럼 퍼져나가던 인공지능에 찬물을 끼얹었다. 이 일을 계기로 1970년대에 인공지능 연구 지원금이 줄줄이 끊기면서 첫 번째 'AI 혹한기'가 찾아왔고, 1980년대에 새로운 낙관론이 부상하여 한동안 활기를 되찾는가 싶더니 미국 국방부에서 수억 달러를 들여 시작한 '스마트 트럭smart truck(적진에 침투해서 임무를 수행한 후 스스로 귀환하는 트럭)' 프로젝트가 실패로 끝나면서 두 번째 AI 혹한기가 도래했다. 그러나 사방에서 쏟아지는 비난에도 불구하고 최근 몇 년 사이에 인공지능 알고리듬은 또다시 눈에 띄는 결과물을 내놓기 시작했다(컴퓨터가 보드게임 세계 챔피언을 이겼고, 프로그램 작성법을 스스로 익히는 컴퓨터도 등장했다). 대부분의 경우, 이런 알고리듬은 로젠블래트의 퍼셉트론과 비슷한 인공신경망에서 실행된다.

일부 미래학자들은 인간보다 훨씬 뛰어난 인공지능이 세상을 몰라보게 바꿔놓을 것으로 예측하고 있다. 기계가 인간의 능력을 뛰어넘는 시점을 '특이점singular point'이라 하는데, 이 용어를 처음으로 사용

한 사람이 바로 노이만이었다.[99]

노이만이 병원에 입원한 11개월 동안 가족과 친구, 연구 동료, 군 관계자 등 밀년에 그와 많은 시간을 함께했던 사람들이 찾아와 쾌유를 빌어주었다. 스트라우스는 노이만의 침대 옆에 놓인 사진 액자를 지금도 기억한다. "정말 인상적인 사진이었다. 헝가리 출신 이민자가 중앙에 서 있고, 그 주변을 국방부 장관과 차관, 그리고 육·해·공군 참모총장이 에워싸고 있었다."[100] 어느 날, 노이만은 휠체어에 몸을 의지한 채 지인들의 도움을 받으며 병원 문을 나섰다. 아이젠하

"우리에게는 당신이 꼭 필요합니다."
노이만에게 자유의 메달을 수여하는 아이젠하워 대통령.

워 대통령이 수여하는 '자유의 메달Medal of Freedom'을 받기 위해 백악관 나들이에 나선 것이다. 그가 메달을 받는 자리에서 "이 영예를 누릴 수 있을 만큼 오래 살았으면 좋겠다"고 하자, 아이젠하워는 그의 어깨를 다독이며 말했다. "당연히 그렇게 될 것입니다. 우리에게는 당신이 꼭 필요합니다."[101]

노이만의 암은 참으로 잔인한 시기에 찾아왔다. 그는 세상을 떠나기 몇 년 전부터 프린스턴 고등연구소에서 암울한 나날을 보내고 있었다. 1953년에 노이만의 초청을 받아 고등연구소에 합류했던 브누아 망델브로Benoît Mandelbrot는 그 시기를 회상하며 안타까운 심정을 감추지 못했다. "내가 프린스턴에 머무는 동안 노이만은 극심한 스트레스에 시달렸다. 수학자들은 그를 더 이상 수학자로 취급하지 않았고, 물리학자들도 그가 단 한순간도 진정한 물리학자인 적이 없었다며 경멸의 눈초리로 바라보았다. 그는 컴퓨터 프로젝트를 수행하기 위해 많은 사람을 프린스턴으로 초빙했는데, 기존의 학자들은 그들을 '프로그래머'라 부르며 고매한 학문의 전당에 빌붙어 사는 하층민으로 취급했다. 한마디로 노이만은 고등연구소에서 기피 대상 1호였다. 그러나 그는 결코 그런 대접을 받을 사람이 아니었다."[102]

노이만은 여러 대학교에서 교수직을 제안받았는데, 그가 최종적으로 선택한 것은 캘리포니아 대학교 로스앤젤레스 캠퍼스(UCLA)에서 제안해온 '다분야 교수professor at large' 직이었다. UCLA에서는 그를 위해 최첨단 컴퓨터 시설도 설치하기로 약속했다. 노이만과 클라라는 미국 서부 해안에서 펼쳐질 새로운 삶에 큰 기대를 걸었지만, 결국 그곳에는 클라라 혼자 가야 했다.

쿠르트 괴델은 노이만이 투병 중이라는 소식을 듣고 위로의 편지를 보냈다. "몸이 편찮으시다니 심히 걱정됩니다. 첨단 의학의 도움을 받아 하루 속히 완쾌하시길 기원합니다."[103]

그러나 눈치 없기로 소문난 괴델은 짧은 인사말을 건넨 후 곧장 본론으로 직행했다. "가능하다면 요즘 제가 연구 중인 수학 문제에 대하여 귀하의 의견을 듣고 싶습니다. 튜링머신이 실제로 만들어진다면 매우 중요한 결과를 가져올 것입니다." 그 후의 내용을 요약하면, "튜링이 결정 문제에 대하여 부정적인 답을 내놓았음에도 불구하고, 일부 수학적 증명은 여전히 가능하다"는 것이었다. 노이만이 괴델의 문제에 어떤 반응을 보였는지는 알려진 바가 없다. 다만 클라라가 노이만을 대신해서 간략한 답장을 보냈을 뿐이다(노이만이 괴델의 편지를 읽었는지조차 확실치 않다). 이때 괴델이 언급했던 것이 바로 'P-NP 문제P versus NP problem'인데, 문제 자체가 추상적이어서 긴 세월 동안 수학자들을 괴롭혀오다가 1971년이 되어서야 비로소 구체적으로 정의되었으며, 수학 역사상 가장 증명하기 어려운 난제 중 하나로 지금까지 남아 있다.

생각하는 것만이 유일한 즐거움이었던 사람

어느덧 21세의 성인이 된 노이만의 딸 마리나는 밥 휘트먼Bob Whitman이라는 청년과 결혼을 약속했다. 하버드 대학교에서 영문학 박사학위를 받은 휘트먼은 얼마 전부터 프린스턴 대학교의 강사로 채용되어 소위 말하는 '프린스턴 가문'의 일원이 될 준비를 마쳤다. 그러나 노이만은 딸의 때 이른 결혼이 그녀의 경력에 누가 될까 봐 마음이 편하지 않았다. "딸아, 자신의 타고난 기질에 역행하는 것은 좋은 생각이 아니란다. 너는 아주 뛰어난 재능을 타고난 사람이라는 걸 잊지 말아라. 하나님은 훌륭한 일에 쓸 인재로 너를 선택하셨지. 이건 진심이란다. 참, 그리고 돈도 중요하지. … 너는 나와 네 엄마(마리에트)를 빼닮아서 돈을 엄청 밝히지 않느냐."

딸을 향한 노이만의 잔소리는 계속된다. "네가 당장 눈에 보이는 쉬운 길을 택하여 타고난 재능을 발휘하지 못하고 적절한 역할을 하지 못한다면, 그것만큼 안타까운 일이 또 어디 있겠느냐."[104] 그러나 마리나는 아버지의 충고를 따르지 않았고, 노이만은 1955년 12월에 열린 약혼식 파티 석상에서 딸의 앞날을 진심으로 축복해주었다. 하지만 그는 다음 해에 치러진 결혼식에 참석하지 못했다. 바깥나들이를 할 수 없을 정도로 상태가 악화되었기 때문이다. 한 가지 다행인 것은 딸의 앞날에 대한 노이만의 걱정이 한갓 기우에 불과했다는 점이다. 마리나는 결혼 후 남편의 적극적인 지원을 받아 사회적으로 큰 성공을 거두었다.

노이만이 자신의 죽음을 예감하고 절망에 빠져 있을 때, 마리나가 그에게 물었다.

"수백만 명의 목숨을 빼앗아가는 도구를 만들 때는 아주 의연하셨잖아요. 그런데 본안 한 사람의 죽음을 앞두고 왜 그렇게 심란해하세요?"

"비교할 걸 비교해야지. 그건 완전히 다른 문제라고!"[105]

죽음이 코앞으로 임박했을 때 노이만은 병원에 상주하는 가톨릭 사제를 불러서, 그 옛날 부다페스트 시절에 가족 전체가 개종한 후 무관심해왔던 신앙으로 되돌아왔다. 그는 어린 시절 어머니에게 이런 말을 한 적이 있다. "아마 하나님은 있을 거예요. 무언가가 없는 이유를 설명하는 것보다 있는 이유를 설명하는 게 훨씬 쉽거든요."

미클로스는 자신의 형이 단 하루 만에 독실한 가톨릭 신자가 되었다는 것을 도저히 믿을 수 없었고, 노이만과 가까운 친구들도 그의 갑작스런 변화에 당혹감을 감추지 못했다. 울람은 스트라우스에게 "신앙심이 그토록 초단기 속성으로 자랄 수 있다니, 내 마음이 다 불편하다"고 토로했다. 그러나 마리나의 생각은 조금 다르다. "아버지는 마지막 순간에 '파스칼의 내기Pascal's wager'(신의 존재 여부에 따른 득과 실을 따져서 종교의 수용 여부를 결정하는 것 — 옮긴이)를 떠올렸던 겁니다. 그분은 지옥이 존재할 확률이 아무리 낮다 해도 0이 아니라면, 평생 무신론자로 살다가 마지막 죽는 순간에 신도가 되는 것이 가장 효율적 선택이라고 생각했지요. 또 아버지는 천주교가 신자로 살아가기에 매우 힘든 종교지만, 신자로 죽기에는 아주 좋은 종교라는 말도 자주 했습니다."[106]

노이만의 몸을 잠식하던 암이 어느새 뇌까지 도달했다. 그는 잠결에 헝가리어로 잠꼬대를 했고, 병실을 지키던 군인들을 불러서 "본부에 급히 전할 메시지가 있다"며 알아들을 수 없는 말을 중얼거리기도 했다. 지구에서 가장 날카롭던 한 사람의 지성은 그렇게 서서히 저물어갔다. 마지막 순간에 노이만은 마리나에게 "7+4" 같은 단순한 산수 문제를 내달라고 부탁했는데, 마리나가 던진 몇 개의 문제에 노이만은 하나도 답하지 못했고, 더 이상 참을 수 없었던 마리나는 눈물을 흘리며 병실 밖으로 뛰어나갔다.[107]

노이만의 병실을 자주 방문했던 에드워드 텔러는 이렇게 말했다. "대부분의 사람들에게는 생각하는 것 자체가 고통스럽다. 하지만 가끔은 생각에 중독된 사람도 있고, 필요에 의해 생각하는 사람도 있다. 그러나 노이만은 이들 중 어떤 범주에도 속하지 않는다. 그는 생각을 진정으로 즐기는 사람이었다. 오직 생각하는 것만이 그의 유일한 즐거움이었을지도 모른다. 그가 암으로 죽어가고 있을 때, 다른 무엇보다 그의 머리가 손상된 모습을 지켜보는 것이 가장 안타까웠다. 옆에서 보는 사람이 이 정도였으니, 본인은 이 세상 누구보다 고통스러웠을 것이다."[108]

1957년 2월 8일에 노이만은 결국 마지막 숨을 거두었고, 그의 몸은 프린스턴에서 1년 먼저 암으로 세상을 떠난 그의 어머니와 클라라의 부친인 찰스 댄Charles Dán의 묘지 옆에 안장되었다. 장례식 도중에 간단한 가톨릭 의식이 진행되었는데, 그의 친구들은 여전히 당혹감을 감추지 못했고, 좌중에서는 "그가 지금 자신이 생각했던 곳으로 갔다면 아주 흥미진진한 대화가 오가고 있을 것"이라는 농담도 흘러나왔다.

1984년까지 살면서 노이만의 아이디어가 실현되는 현장을 수없이 목격해온 울람도 그의 때 이른 죽음을 안타까워했다. "노이만은 너무 일찍 세상을 떠났다. 평생 동안 약속의 땅을 그토록 열심히 개척해놓고, 정작 본인은 그곳에 발을 들이지 못했다."[109]

클라라는 1958년에 미국의 해양학자이자 물리학자인 칼 에커트 Carl Eckart와 재혼하여 라호야(캘리포니아주 샌디에이고 북서쪽의 주택 지역-옮긴이)로 이주했으나 그녀의 네 번째이자 마지막 결혼생활은 돌이킬 수 없는 비극으로 막을 내리게 된다. 1963년 11월 10일, 윈더시 비치에서 칵테일 드레스를 입은 채 젖은 모래에 반쯤 묻힌 클라라의 시신이 발견되었다. 생전에 그녀를 진찰했던 정신과 의사는 그녀의 네 번째 남편이 자기 일밖에 모르고, 집안일에 무관심하며, 밖에서 만났을 때 결코 어울리고 싶지 않은 사람이라고 했다. 실제로 두 사람은 같은 집에 살면서도 제일 멀리 떨어진 두 방에서 각자 잠을 잔 것으로 알려졌다.[110]

클라라는 미완성으로 끝난 자신의 회고록 마지막 페이지에 다음과 같이 적어놓았다. "나는 태어나서 처음으로 긴장을 풀고 무지개 좇기를 그만두었다." 또 '조니Johnny'라는 제목이 달린 장章의 첫머리는 다음과 같은 글로 시작된다. "이상하고 모순적이면서 논쟁을 즐기던 한 남자가 있었다. 그는 아이처럼 순진하면서 쾌활했고, 복잡하고 천덕스러우면서 이 세상 누구보다 똑똑했지만, 감정을 다스리는 능력은 거의 원시인 수준에 머물러 있었다. 그는 자연의 커다란 수수께끼, 그러나 풀리지 않은 채로 남아 있는 편이 더 좋은, 그런 수수께끼 같은 남자였다."[111]

에필로그

노이만, 그는 어떤 미래에서 왔는가?

노이만에게 성공으로 가는 길은 교통체증이 없고
제한속도도 없는 다중 차선 고속도로였다.
— 클레이 블레어 2세, 1957

이 말을 하려고 여기 온 거예요. 우리 집에 불이 났다고요!
— 그레타 툰베리, 2019

1950년의 어느 날, 로스앨러모스에서 엔리코 페르미Enrico Fermi가 점
심 식사를 하던 중 갑자기 외쳤다. "대체 다들 어디 있는 거야?" 그
러자 옆에 있던 사람들이 일제히 웃음을 터뜨렸다. 페르미는《뉴
요커New Yorker》라는 잡지를 읽다가 쓰레기통이 없어진 것을 외계인
의 소행으로 돌리는 만화 주인공을 보고 위와 같은 질문을 던진 것

이다. 그 후로 이 질문은 '페르미 역설Fermi paradox'이라는 거창한 이름으로 불리게 된다. 우리은하에 외계인이 그렇게 많다고들 하는데, 우리는 왜 그들을 단 한 번도 보지 못했는가(봤다고 주장하는 사람이 있긴 하지만, 누구나 인정할 만한 증거를 제시한 사람은 한 명도 없다 – 옮긴이)? 그로부터 30년 후, 프랭크 티플러Frank Tipler가 이 역설을 해결했다.[1] 외계에 지적인 생명체가 존재한다면 틀림없이 자기복제기계를 만들었을 테니, 거기서 탄생한 수십억 대의 노이만 탐사선이 은하 곳곳을 누비고 다녀야 한다, 그런데 우리 태양계에서 그런 탐사선이 발견된 사례는 단 한 번도 없지 않은가? 이는 곧 우리 인간이 우주에서 유일하게 지능을 가진 생명체라는 증거이다.

노이만도 인류가 우주에 존재하는 유일한 지적 생명체라고 생각했다. 히로시마에 원자폭탄이 투하된 직후에, 그는 반농담 삼아 이런 말을 한 적이 있다. "별이 자체 중력으로 수축하여 대폭발을 일으킨 초신성supernovae은 문명을 한 방에 날려버릴 기술을 가졌으면서 공생 문제를 해결하지 못한 어떤 가련한 외계 종족의 최후일지도 모른다." 자신이 하는 일이 궁극적으로 인류의 파멸을 초래할 수도 있음을 누구보다 잘 알고 있었던 그는 어느 날 울람과 인류의 미래에 대해 가벼운 이야기를 나누던 중 '특이점'이라는 용어를 사용했다. "인류의 역사가 지금까지 이어져온 방식으로 더 이상 진행될 수 없는 시점"을 뜻하는 말이다.[2] 이것이 과연 인류에게 좋은 일인지, 아니면 부정적인 결과를 초래할지는 아직도 논쟁거리로 남아 있다. 인공적으로 탄생한 초지성적 존재는 인간의 욕구를 충족시켜줄 것인가? 아니면 인간을 애완동물처럼 키울 것인가? 혹시 인류의 문명을 송두리째 날려버리지는 않을까?

노이만은 소련과의 대치 상황에서 (일시적이긴 했지만) 선제공격을 열성적으로 옹호했고 전체주의를 혐오하는 발언을 자주 했기 때문에 주변인들 사이에 다소 냉소적인 사람으로 알려졌다. 그러나 평소 노이만과 가까이 지냈던 사람들의 증언에 의하면 사적인 관계에서는 매우 온화하고 다정한 사람이었다고 한다. 신경생리학자 랠프 제러드Ralph Gerard는 노이만과 일하던 시절을 회상하며 이렇게 말했다. "나는 노이만의 모든 면을 존경했다. 그는 언제나 다정하고 친절했으며, 항상 무언가를 깊이 꿰뚫어본 후 명쾌한 답을 제시했다."[3] 또 노이만은 자신을 드러내는 것을 별로 좋아하지 않았기 때문에 남을 도울 때는 항상 조용하게 일을 처리했다. 1939년에 테네시주에서 헝가리어를 쓰는 한 공장 근로자가 중등학교 수학을 배우는 길을 알려달라고 했을 때, 노이만은 친구 루돌프 오르트베이를 통해 교과서를 보내주었다.[4] 노이만의 초청으로 한동안 고등연구소에서 연구를 진행했던 브누아 망델브로는 몇 년 후 예기치 않은 일로 그에게 다시 한번 빚을 지게 된다. 망델브로는 고등연구소와의 계약 기간이 끝난 후 IBM과 인연을 맺었다가 노이만이 세상을 떠난 직후에 임원진과 의견이 맞지 않아 다른 일자리를 찾고 있었는데, 걱정했던 것과 달리 사방에 일자리가 널려 있었다. 생전에 노이만이 미국 전역을 돌아다니면서 망델브로의 연구가 중요하다는 것을 널리 알리고 다녔기 때문이다. "망델브로의 연구 주제는 매우 중요하지만 자칫하면 사람들 관심에서 멀어질 수도 있어요. 그 친구가 곤경에 처하면 꼭 도와주시기 바랍니다."[5]

냉소적인 과학자와 자상한 남자, 둘 중 어느 쪽이 노이만의 참모습이었을까? 마리나는 둘 다 진짜 모습이라고 했다.[6] 그러나 노이만의 내면에서 두 성격이 충돌할 때에는 마리나조차도 당혹스러웠다고 한다. 그의 마음속에서는 상반된 두 캐릭터가 항상 치열하게 싸움을 벌였고 그 와중에도 노이만은 가능한 한 관대하고 명예로운 모습을 보이려고 노력했다. 그가 평소에 사람을 잘 믿지 않은 것은 감정보다 이성을 중시했기 때문일 것이다.

인류의 존폐를 좌우하게 될 위기 상황이 수십 년 안에 닥친다는 생각을 할 때, 노이만의 내면에서는 냉정한 합리주의와 관대한 박애주의가 가장 첨예하게 대립했다. 1955년 《포천》 6월호에 "인간은 기술 세계에서 살아남을 수 있을 것인가?Can We Survive Technology?"라는 제목으로 실린 그의 논평은 다음과 같은 글로 시작된다.

직설적으로나 비유적으로나, 우리에게는 여유가 거의 없다. 무기와 통신 기술이 급속도로 발전하면서 지역 간, 또는 국가 간 갈등이 고조되고 있으며, 그 규모도 날로 커져가는 추세다. 이런 상황에서는 소규모 충돌도 순식간에 지구 전체로 퍼져나갈 수 있다. 무한히 크게 느껴졌던 지구가 인지 가능한 수준으로 좁아진 것이다.[7]

기후변화가 지구촌의 심각한 문제로 대두되기 한참 전에, 노이만은 석탄과 석유를 태울 때 발생하는 이산화탄소(CO_2)가 지구의 기온을 높일 것이라고 경고했다. 단순한 경고에만 그친 것이 아니다. 그는 지면에 페인트를 입혀서 햇빛의 반사량과 기후를 조절한다는

존 폰 노이만.

새로운 지구공학적 아이디어를 제안하기도 했다. 지구의 온도 상승
과 대책을 논한 것은 아마도 모든 분야를 통틀어 노이만이 처음일
것이다. 그는 "우리가 이미 겪은 전쟁이나 핵무기의 위협보다 기후
변화를 극복하는 문제가 국가 간의 결속력을 더욱 공고하게 다져줄
것"이라고 했다.

또한 노이만은 핵반응로의 효율이 빠르게 높아져서 미래에는 핵
융합 에너지를 사용하게 될 것이며, 오토마타는 고체전자공학solid-
state electronics의 발전과 함께 더욱 활발하게 연구되어 초고속 컴퓨터
의 시대가 도래할 것으로 예측했다. 그러나 이 모든 기술이 군사적
목적으로 사용될 수 있음을 경고하기도 했다. 예를 들어 정교한 기
후 조절 장치를 무기로 사용하면 그 피해는 상상을 초월한다.

재앙을 피하려면 새로운 정치적 형태와 절차가 필요하다(1988년에 설립된 '기후변화에 관한 정부간패널Intergovernmental Panel on Climate Change'은 바로 이것을 구현하기 위한 시도였다). 노이만의 논평은 다음과 같이 계속된다.

아무리 부작용이 심각하다 해도, 새로운 아이디어의 출현을 막을 수는 없다. 오직 세상을 불안정하고 위험하게 만들기 위해 개발된 기술도 마음만 먹으면 얼마든지 유용하게 쓸 수 있다. … 진보의 부작용을 막는 치료제 같은 것은 이 세상에 존재하지 않는다. 모든 분야에서 폭발적으로 이루어지는 발전의 혜택을 있는 대로 누리고 싶다면 100퍼센트 안전한 삶은 포기해야 한다. 우리가 누릴 수 있는 것은 '상대적으로 안전한 삶'이며, 안전도를 높이려면 국가 중대사뿐만 아니라 일상적으로 내리는 판단에도 신중을 기해야 한다.

기술의 모든 폐해로부터 우리를 지켜줄 만병통치약은 없지만, 다행히도 우리는 부분적인 치료제를 갖고 있다. '인내심'과 '유연한 사고', 그리고 지구의 생명체 중 오직 인간만 갖고 있는 '지성'이 바로 그것이다.

주

서문

1. Albert Einstein, 1922, *Sidelights on Relativity*, E. P. Dutton and Company, New York.
2. Freeman Dyson, 2018, 사적인 대화에서 발췌.

1장 부다페스트의 수학 천재

1. 이 거리는 1945년에 저항군 지도자의 이름을 따서 바이츠시-칠린스키 Bajcsy-Zsilinsky 거리로 개명되었다.
2. John Lukacs, 1998, *Budapest 1900: A Historical Portrait of a City and Its Culture*, Grove Press, New York.
3. Robert Musil, 1931 – 3, *Der Mann ohne Eigenschaften*, Rowohlt Verlag, Berlin. English edition: 1997, *The Man without Qualities*, trans. Sophie Wilkins, Picador, London.
4. Nicholas A. Vonneuman, 1987, *John von Neumann as Seen by His Brother*, P.O. Box 3097, Meadowbrook, Pa.
5. Ibid.
6. 대단한 능력이긴 하지만, 가끔은 틀릴 때도 있었다. 학창 시절 그는 친구

였던 유진 위그너와 함께 보고서를 쓰던 중 다섯 자리 숫자의 곱셈을 머릿속으로 계산하더니 불쑥 틀린 답을 내놓았다.

"역시 대단해! 답이 틀리긴 했지만 말이야."

"틀렸는데 뭐가 대단하다는 거야?"

"정답하고 아주 비슷했거든."

7. Harry Henderson, 2007, *Mathematics: Powerful Patterns into Nature and Society*, Chelsea House, New York, p. 30.

8. 전문가들은 체스 실력과 지능(또는 수학적 능력)의 상관관계를 수십 년 동안 연구해왔지만, 아직 뚜렷한 결론을 내리지 못했다. 최근 실행된 연구에 의하면 체스와 수리적 능력 사이에 약간의 상관관계가 존재하는데, 이런 현상은 늙은 체스 선수보다 젊은 체스 선수 사이에서 두드러지게 나타난다고 한다(Alexander P. Burgoyne et al., 'Relationship between Cognitive Ability and Chess Skill: A Comprehensive Meta-analysis', *Intelligence*, 59 (2016), pp. 72-83). 과거에 여덟 명의 체스마스터와 일반인의 지능을 비교한 사례가 있는데, 이 연구에서는 눈에 띄는 차이가 발견되지 않았다(I. N. Djakow, N. W. Petrowski and P. A. Rudik, 1927, *Psychologie des Schachspiels*, deGruyter, Berlin).

9. Klára von Neumann, *Johnny*, George Dyson, 2012.; *Turing's Cathedral*, Pantheon Books, New York에서 인용함.

10. Vonneuman, *John von Neumann as Seen by His Brother*.

11. Ibid.

12. Ibid. 노이만은 복잡한 문양의 직물을 대량 생산하는 자동 직조기에서 컴퓨터의 미래를 발견한 선구자 중 한 사람이었다. 1830년대에 영국의 찰스 배비지Charles Babbage가 발명한 기계식 컴퓨터 '분석장치Analytical Engine'도 일련의 문자를 펀치카드로 입력하여 작동하는 방식이었다. 배비지의 동료이자 수학자였던 에이다 러브레이스Ada Lovelace 백작부인은 "자카드의 직조기가 꽃과 잎을 짜는 것처럼, 분석장치는 대수적 패턴을 짜는 기계"라고 설명했다. 그러나 안타깝게도 배비지는 투자금 유치에 실패하여 분석장치를 직접 만들지는 못했다. 컴퓨터의 역사에서 자카드 직조기의 역할을 재조명했던 사람은 미국 인구조사국Census Bureau의 공무원인 허먼 홀러리스Herman Hollerith였다. 그는 배비지가 세상을

떠나고 20년이 채 되지 않은 1871년에 종이 테이프에 구멍을 뚫어 정보를 기록하는 전기 장치를 발명하여 특허를 획득했고, 얼마 후 더욱 개선된 펀치카드를 선보였다. 홀러리스의 입력 장치는 1890년에 미국 인구 조사에 사용되었고 효율성이 널리 알려지면서 수십 개국에 임대되었으며, 여기에 용기를 얻은 홀러리스는 직접 회사를 차리고 기계를 생산하기 시작했다. 그 후 1911년에 홀러리스는 다른 3개의 회사를 합병하여 새롭게 출발했는데, 이 회사가 바로 그 유명한 IBM이다. 그리고 IBM에 "기계식 컴퓨터에서 전자식 컴퓨터로 전환하라"고 강력하게 권한 사람은 바로 이 책의 주인공인 노이만이었다.

13. 노이만 일가의 막내아들 미클로스는 미국으로 이주한 후 폰von과 노이만Neumann을 합친 보뉴먼Vonneuman으로 개명했고, 둘째 아들 미할리는 노이만이라는 이름을 그대로 사용했다.

14. Theodore von Kármán with Lee Edson, 1967, *The Wind and Beyond: Theodore von Kármán, Pioneer in Aviation and Pathfinder in Space*, Little, Brown and Co., Boston.

15. Tibor Frank, 2007, *The Social Construction of Hungarian Genius (1867–1930)*, Eötvös Loránd University, Budapest.

16. George Klein, 1992, *The Atheist and the Holy City: Encounters and Reflections*, MIT Press, Cambridge, Mass.

17. Edward Teller (with Judith Shoolery), 2001, *Memoirs: A Twentieth-Century Journey in Science and Politics*, Perseus, Cambridge, Mass.

18. Stanisław M. Ulam, 1991, *Adventures of a Mathematician*, University of California Press, Berkeley.

19. 그러나 현실 세계의 과학은 이런 이상적인 생각과 사뭇 다르게 돌아가고 있다.

2장 무한대를 넘어서

1. 가보르 세고는 아돌프 히틀러가 독일의 수상이 된 직후인 1933년에 쾨니히스베르크 대학교에서 강제로 퇴직당했다.

2. 조르지 포여의 논문. Frank, *The Social Construction of Hungarian Genius*에서 인용함.

3. Ibid. 가보르 세고의 논문에서 인용함.

4. M. Fekete and J. L. von Neumann, 'Über die Lage der Nullstellen gewisser Minimumpolynome', *Jahresbericht der Deutschen Mathematiker-Vereinigung*, 31 (1922).

5. Timothy Gowers (ed.), 2008, *The Princeton Companion to Mathematics*, Princeton University Press, Princeton.

6. Freeman Dyson, 'A Walk through Johnny von Neumann's Garden', *Notices of the American Mathematical Society*, 60(2) (2013), pp. 154–61.

7. Andrew Janos, 1982, *The Politics of Backwardness in Hungary*, Princeton University Press, Princeton.

8. Vonneuman, *John von Neumann as Seen by His Brother*.

9. Hearings (1955), United States: US Government Printing Office.

10. Pál Prónay, 1963, *A hatarban a halal kaszal: Fejezetek Prónay Pal feljegyzeseibol*, ed. Agnes Szabo and Ervin Pamlenyi, Kossuth Könyvkiado, Budapest.

11. Eugene P. Wigner, 'Two Kinds of Reality', *The Monist*, 48(2) (1964), pp. 248–64.

12. Jeremy Gray, 2008, *Plato's Ghost: The Modernist Transformation of Mathematics*, Princeton University Press, Princeton.

13. Ibid.

14. P. Stäckel, 1913, *Wolfgang und Johann Bolyai: Geometrische Untersuchungen, Leben und Schriften der beiden Bolyai*, Teubner, Leipzig.

15. 이후에 서술된 내용은 주로 Constance Reid, 1986, *Hilbert-Courant*, Springer, New York과 Gray, *Plato's Ghost*를 참고한 것이다.

16. Reid, *Hilbert-Courant*.

17. Bertrand Russell, 1967, *The Autobiography of Bertrand Russell: 1872–1914*(2000 edn), Routledge, New York.

18. Ibid.

19. Reid, *Hilbert-Courant*.

20. John von Neumann, 'Zur Einführung der transfiniten Zahlen', *Acta Scientiarum Mathematicarum (Szeged)*, 1(4) (1923), pp. 199–208.

21. Von Kármán, *The Wind and Beyond*. 그러나 수학으로 막대한 돈을 벌 수 있다는 사실이 2008년에 미국 증권시장에서 입증되었다. 물론 막대한 돈을 잃을 수도 있다.

22. 고등학교 졸업 후 이론물리학을 전공하기로 마음먹은 위그너는 노이만보다 훨씬 마음이 편안했다. 그의 부친이 헝가리에 이론물리학자가 취직할 수 있는 직장이 몇 개나 되냐고 물었을 때, 위그너는 당당하게 대답했다. "4개요!" 그 후 위그너는 화학공학을 공부하기 위해 베를린으로 떠나야 했다. 노이만의 1년 후배인 윌리엄 펠너William Fellner도 이와 비슷한 이유로 대학에서 화학공학을 전공했다. 그러나 세 사람 모두 대학을 졸업한 후 자신의 꿈을 좇아 전공을 바꾸었다.

23. Stanisław Ulam, 'John von Neumann 1903–1957', *Bulletin of the American Mathematical Society*, 64 (1958), pp. 1–49.

24. John von Neumann, 'Eine Axiomatisierung der Mengenlehre', *Journal für die reine und angewandte Mathematik*, 154 (1925), pp. 219–40.

25. John von Neumann, 'Die Axiomatisierung der Mengenlehre', *Mathematische Zeitschrift*, 27 (1928), pp. 669–752.

26. Dyson, *Turing's Cathedral*에서 인용함.

3장 양자역학의 시대를 열다

1. 아인슈타인이 1912년 5월 12일에 하인리히 쟁거Heinrich Zannger에게 쓴 편지의 일부. *The Collected Papers of Albert Einstein*, Princeton University Press, Princeton, vol. 5, p. 299; Manjit Kumar, 2008, *Quantum: Einstein, Bohr and the Great Debate about the Nature of Reality*, Icon Books, London.

2. Werner Heisenberg, 'Über quantentheoretische Umdeutung kinematischer und mechanischer Beziehungen', *Zeitschrift für Physik*, 33(1) (1925), pp. 879–93.

3. 사실 전자의 점프는 '즉각적으로' 일어나지 않는다. 즉 전자가 하나의 상태(궤도)에서 다른 상태로 점프하는 데 (아주 짧긴 하지만) 어느 정도 시간이 걸린다는 뜻이다. 이 시간을 측정한 실험 논문이 2019년 6월에 발표되었으니, 관심 있는 독자들은 참고하기 바란다. https://doi.org/10.1038/s41586-019-1287-z.

4. 일반적으로 전자의 에너지 준위를 n이라 했을 때, $n=6$인 전자는 바닥 상태($n=0$)로 직접 떨어질 수도 있고, $n=2$를 거친 후 바닥 상태로 떨어질 수도 있다. 후자의 경우에는 6에서 2로, 그리고 2에서 0으로 떨어지는 2개의 점프(또는 전이transition)가 연달아 일어나는 셈이다.

5. 주사위를 두 번 던졌을 때 첫 번째 시도에서 3(확률=1/6)이 나오고 두 번째 시도에서 4(확률=1/6)가 나올 확률은 두 확률을 곱한 것과 같다. 즉, 2회 시도에서 (3, 4)가 나올 확률은 1/6×1/6=1/36이다.

6. 하이젠베르크가 고안한 방식에서, 일례로 3차원 행렬(3×3)의 제곱을 계산해보자. 계산 결과(우변)의 첫 번째 숫자(가로줄 1, 세로줄 1)는 2×2+5×1+4×4=25이고, 두 번째 숫자(가로줄 1, 세로줄 2)는 2×5+5×1+4×2=23이고 … 기타 등등이다.

$$\begin{pmatrix} 2 & 5 & 4 \\ 1 & 1 & 3 \\ 4 & 2 & 7 \end{pmatrix} \times \begin{pmatrix} 2 & 5 & 4 \\ 1 & 1 & 3 \\ 4 & 2 & 7 \end{pmatrix} = \begin{pmatrix} 25 & 23 & 51 \\ 15 & 12 & 28 \\ 38 & 36 & 71 \end{pmatrix}$$

더 자세한 내용을 알고 싶으면 제러미 번스타인의 논문 'Max Born and the Quantum Theory', *American Journal of Physics*, 73(2005), pp. 999-1008을 참고하기 바란다.

7. 예를 들어 $\begin{pmatrix} 1 & 3 \\ 4 & 2 \end{pmatrix} \times \begin{pmatrix} 2 & 5 \\ 1 & 3 \end{pmatrix} = \begin{pmatrix} 5 & 14 \\ 10 & 26 \end{pmatrix}$ 이고, 곱하는 순서를 바꾸면 $\begin{pmatrix} 2 & 5 \\ 1 & 3 \end{pmatrix} \times \begin{pmatrix} 1 & 3 \\ 4 & 2 \end{pmatrix} = \begin{pmatrix} 22 & 16 \\ 13 & 9 \end{pmatrix}$ 이다.

8. Kumar, *Quantum.*(3장 주석 1의 참고문헌)

9. 1925년 7월 15일에 막스 보른이 아인슈타인에게 쓴 편지. Max Born, 2005, *The Born–Einstein Letters 1916–1955: Friendship, Politics and*

Physics in Uncertain Times, Macmillan, New York.

10. 입자의 위치를 x라 하고 운동량을 p라 했을 때, 이들을 연결하는 보른의 방정식은 다음과 같다.

$$xp - px = i\frac{h}{2\pi}I$$

여기서 h는 플랑크상수Planck's constant이고 I는 단위행렬(또는 항등행렬identity matrix)이며, i는 허수 단위이다($i^2 = -1$). 단위행렬은 대각선(좌상-우하) 성분이 모두 1이고 나머지는 모두 0인 행렬로서, $I = \begin{pmatrix} 1 & 0 \\ 0 & 1 \end{pmatrix}$ 이다. 그러므로 우변에 I가 곱해져 있다는 것은 방정식의 양변이 모두 2×2 행렬로 표현된다는 것을 의미한다. 허수 i는 실수와 동일한 연산 규칙을 따르며, 물리학과 공학(특히 회로이론)에서 매우 유용하게 사용되고 있다. 양자역학에서도 허수는 물리적 의미가 없고, 단지 방정식을 쉽게 풀기 위한 도구일 뿐이다.

11. 불확정성원리의 내용은 다음과 같다. 입자의 위치와 운동량을 측정할 때 위치의 불확정성을 Δx라 하고 운동량의 불확정성을 Δp라 하면 이들을 곱한 양은 항상 $h/4\pi$이상이다. 즉 $\Delta x \cdot \Delta p \geq h/4\pi$이다. 즉 입자의 위치를 정확하게 알아낼수록 운동량은 부정확해지고, 그 반대도 마찬가지다. 지금도 대학교에서는 불확정성이 "측정할 때 필연적으로 수반되는 오차 때문에 생긴다"고 가르치는 경우가 종종 있는데, 이것은 잘못된 해석이다. 측정 과정에서 약간의 오차가 발생하는 것은 사실이지만, 하이젠베르크의 불확정성원리는 "입자의 위치와 운동량을 결정하는 데 근본적인 한계가 있으며, 측정 장비가 아무리 우수해도 이 한계는 절대로 극복할 수 없다"는 뜻이다. 다시 말해서, 불확정성은 입자가 갖고 있는 고유한 성질이다.

12. Louis de Broglie, 'XXXV. A Tentative Theory of Light Quanta', *The London, Edinburgh, and Dublin Philosophical Magazine and Journal of Science*, 47(278) (1924), pp. 446–58.

13. 노이만의 동료인 레오 실라르트는 부다페스트에서 "참기 어려울 정도로 지루한" 수학 교육을 마친 후 전자파electron wave를 이용하여 미세 물체의 영상을 찍는 장치를 개발하기 시작했고, 에른스트 루스카Ernst

Ruska와 막스 크놀Max Knoll은 1931년에 각자 독립적으로 이 장치의 시제품을 만들었다. 이것이 바로 가장 큰 배율을 자랑하는 전자현미경 electron microscope이다.

14. '방정식을 만족하는 함수'가 무슨 뜻인지 궁금하다면, 간단한 방정식 $f(x)+f(y)=x+y$를 생각해보라. 이 방정식을 만족하는 함수는 $f(x)=x$이다.

15. $\Psi = a_1\Psi_1 + a_2\Psi_2 + a_3\Psi_3 + a_4\Psi_4 + \cdots$이다. 여기서 a_n은 각 파동함수가 전체 파동함수 Ψ_n에 기여하는 비율에 해당한다.

16. Kumar, *Quantum*, p. 225.

17. Ibid.

18. 1, 2, 3, … 으로 시작되는 숫자 목록을 써나간다고 상상해보라. 무한히 많긴 하지만 어떤 수열이 될지는 충분히 예측 가능하다. 하이젠베르크의 행렬도 하나의 숫자를 알면 그다음에 나올 숫자를 알 수 있다.

19. 수소 원자의 궤도에 놓인 전자처럼 속박된 상태의 입자도 무한히 많은 중첩 상태에 놓일 수 있지만, 앞에서 말했듯이 이런 상태는 '무한히 많지만 헤아릴 수 있기 때문에' 각 상태마다 양자수quantum number를 할당하는 것이 원리적으로 가능하다. 그러나 양자역학 같은 범용 물리학 이론은 공간을 마음대로 휘젓고 다니는 입자까지 다룰 수 있어야 한다.

20. 좌표 x, y, z는 실수이므로 수직선number line(초등학생에게 숫자를 가르칠 때 사용하는 직선) 위의 어떤 점도 될 수 있다. 실수에는 양수와 음수, 분수, 그리고 무리수가 있다. 원주율 π나 $\sqrt{2}$(2의 제곱근)처럼 분수로 나타낼 수 없는 수를 무리수라 한다(무리수를 소수점 표기법으로 표기하면 아무리 길게 서도 끝나지 않는다).

21. John von Neumann, 2018, *Mathematical Foundations of Quantum Mechanics*, Princeton University Press, Princeton.

22. Ian McEwan, 2010, *Solar, Random House*, London.

23. Graham Farmelo, 2009, *The Strangest Man: The Hidden Life of Paul Dirac, Quantum Genius*, Faber and Faber, London에 게재된 프리먼 다이슨의 대화에서 인용함.

24. Paul A. M. Dirac, 'The Fundamental Equations of Quantum Mechanics', *Proceedings of the Royal Society of London. Series A, Containing Papers of a Mathematical and Physical Character*, 109(752) (1925), pp. 642–53.

25. Paul Dirac, 1930, *The Principles of Quantum Mechanics*, Oxford University Press, Oxford.

26. Dyson, 'A Walk through Johnny von Neumann's Garden', p. 154.

27. 파동역학에서 연산자operator는 편미분partial derivative 기호로 표현된다.

28. Max Jammer, 1974, *The Philosophy of Quantum Mechanics: The Interpretations of Quantum Mechanics in Historical Perspective*, Wiley, Hoboken.

29. 벡터의 성분을 $(x_1, x_2, x_3, x_4, x_5, \cdots)$라 했을 때, $x_1^2 + x_2^2 + x_3^2 + x_4^2 + x_5^2 + \cdots$이 무한대보다 작아야 한다는 뜻이다. 수학자들은 이런 수열을 두고 '수렴한다converge'고 말한다.

30. 양자 상태로 이루어진 힐베르트 공간은 어떤 형태일까? 각 파동함수의 제곱은 크기가 1이므로 모든 벡터의 길이는 1로 규격화되어 있다. 간단한 예로 힐베르트 공간이 2차원이라면 모든 가능한 상태벡터의 집합은 원점을 중심으로 하는 원을 형성하고, 3차원 힐베르트 공간에서는 구sphere를 형성한다. 그러나 실제 힐베르트 공간은 무한차원 공간이므로, 파동함수를 나타내는 상태벡터의 끝은 무한차원 구의 표면을 형성하는데, 이런 구를 초구hypersphere라 한다.

31. 수학에 관심 있는 독자들은 알겠지만, 본문에서 말하는 직교함수는 사인sine과 코사인cosine으로 이루어진 푸리에 급수Fourier series이다.

32. 노이만의 첫 번째 논문에 등장했던 체비셰프 다항식Chebyshev polynomials 도 직교함수이다.

33. $\Psi = c_1 f_1 + c_2 f_2 + c_3 f_3 + c_4 f_4 + \cdots$와 같은 식이다. 여기서 f는 직교함수이며, c는 f에 곱해진 계수(기여도)이다.

34. 즉, $|c_1|^2 + |c_2|^2 + |c_3|^2 + |c_4|^2 + \cdots = 1$이라는 뜻이다.

35. Von Neumann, *Mathematical Foundations of Quantum Mechanics*.

36. Frank, *The Social Construction of Hungarian Genius*.

37. 유진 위그너의 인터뷰에서 발췌. Charles Weiner and Jagdish Mehra, 30 November 1966, Niels Bohr Library and Archives, American Institute of Physics, College Park, MD USA, www.aip.org/history-programs/niels-bohr-library/ral-histories/4964.

38. 노이만이 노르트하임, 힐베르트와 공동으로 발표한 논문: David Hilbert,

John von Neumann and Lothar Nordheim, 'Über die Grundlagen der Quantenmechanik', *Mathematische Annalen*, 98 (1927), pp. 1-30. 노이만이 혼자 발표한 논문: J. von Neumann, 'Mathematische Begründung der Quantenmechanik', *Nachrichten von der Gesellschaft der Wissenschaften zu Göttingen* (1927), pp. 1-57: John von Neumann, 'Allgemeine Eigenwerttheorie Hermitescher Funktionaloperatoren', *Mathematische Annalen*, 102 (1929), pp. 49-131.

39. 이 노래의 가사를 지은 사람은 물리학자 에리히 휘켈Erich Hückel로 알려져 있으며, 친절하게 영어로 번역까지 해준 사람은 펠릭스 블로흐Felix Bolch이다. Elisabeth Oakes, 2000, *Encyclopedia of World Scientists*, Facts on File, New York.

40. Steven Weinberg, 'The Trouble with Quantum Mechanics', *The New York Review of Books*, 19 January 2017.

41. Niels Bohr, 'Wirkungsquantum und Naturbeschreibung', *Naturwiss*, 17 (1929), pp. 483-6. 최초의 영문 번역본은 1934년에 출간된 *The Quantum of Action and the Description of Nature*, Cambridge University Press, Cambridge이다.

42. 이 내용은 1947년 3월 3일에 아인슈타인이 막스 보른에게 쓴 편지에 적혀 있다. 출처: Born, *The Born–Einstein Letters 1916–1955*.

43. 양자역학의 표준 역사에 의하면 코펜하겐 해석은 1927년 벨기에의 브뤼셀에서 개최된 제5차 솔베이 컨퍼런스Solvay Conference에서 보어의 연설을 통해 처음으로 공개되었으며, 그 후 추종자들의 입을 타고 빠르게 퍼지면서 양자역학의 정설로 굳어졌다. 그러나 여기에는 세간에 잘 알려지지 않은 뒷이야기가 숨어 있다. 사실 그 자리에서 보어가 펼쳤던 주장은 지금 우리가 알고 있는 코펜하겐 해석과 다소 거리가 있다. 보어는 다양한 인쇄물을 통해 자신의 의견을 밝혔지만, 당시 그의 글을 읽은 사람은 별로 많지 않았다. 실제로 '코펜하겐 해석'이라는 용어는 1955년에 출간된 하이젠베르크의 에세이에 처음으로 등장한다. 5차 솔베이 컨퍼런스가 끝나고 무려 28년이 지난 후의 일이다(자세한 내용은 Don Howard, 'Who Invented the "Copenhagen Interpretation?" A Study in Mythology', *Philosophy of Science*, 71(5) (2004), pp. 669-82,

doi:10.1086/425941에 수록되어 있으니, 관심 있는 독자들은 읽어보기 바란다). 코펜하겐 해석의 다른 측면은 하이젠베르크의 책이 출간되기 한참 전부터 물리학자들 사이에 회자되어왔으며, 관측 문제에 관한 노이만의 논문은 이 분야에서 이룩한 최초의 업적 중 하나로 평가되고 있다.

44. David N. Mermin, 'Could Feynman Have Said This?', *Physics Today*, 57(5) (2004), pp 10 – 12.

45. 위그너는 나중에 생각을 바꿨다.

46. Abraham Pais, 'Einstein and the Quantum Theory', *Reviews of Modern Physics*, 51 (1979), pp. 863 – 914.

47. 노이만의 『양자역학의 수학적 기초』는 1955년이 되어서야 영어로 번역되었다.

48. Andrew Hodges, 2012, *Alan Turing: The Enigma. The Centenary Edition*, Princeton University Press, Princeton.

49. Erwin Schrödinger, 'Die gegenwartige Situation in der Quantenmechanik', *Naturwissenschaften*, 23(48) (1935), pp. 807 – 12.

50. 1926년 12월 4일에 아인슈타인이 막스 보른에게 쓴 편지에서 발췌. 출처: Born, *The Born–Einstein Letters 1916–1955*.

51. 숨은변수가 관측된다면 양자역학이 틀렸음을 쉽게 증명할 수 있다.

52. 언뜻 듣기에는 무슨 헛소리 같지만 반드시 그렇지도 않다. 물리학에는 숨은변수와 비슷하면서 유용한 이론이 꽤 많이 있다. 예를 들어 이상기체법칙ideal gas law은 양量이 주어진 기체의 압력과 부피, 그리고 온도를 서로 연결시켜준다. 그러나 용기 안에서 이리저리 움직이는 기체 원자나 분자의 거동으로부터 운동 법칙을 유추할 때 사용되는 숨은변수 이론도 있는데, 이것이 바로 기체운동이론이다. 다시 말해서, 이상기체법칙은 기체 입자가 갖고 있는 '숨은 운동'의 결과이다.

53. Jammer, *The Philosophy of Quantum Mechanics*.

54. Andrew Szanton, 1992, *The Recollections of Eugene P. Wigner: As Told to Andrew Szanton*, Springer, Berlin.

55. 도착일에 대해서는 약간의 이견이 있다. 위그너는 노이만이 자신보다 하루 늦게 미국에 도착했다고 말했지만, 노이만의 전기에는 노이만 부

부가 위그너보다 일주일 늦게 도착했다고 적혀 있다. Norman Macrae, 1992, *John von Neumann: The Scientific Genius Who Pioneered the Modern Computer, Game Theory, Nuclear Deterrence and Much More*, Pantheon Books, New York.

56. David N. Mermin, 'Hidden Variables and the Two Theorems of John Bell', *Reviews of Modern Physics*, 65 (1993), pp. 803 – 15.

57. 이 대화를 포함하여 뒤에 이어지는 대화는 Elise Crull and Guido Bacciagaluppi (eds.), 2016, *Grete Hermann: Between Physics and Philosophy*, Springer, Berlin, Heidelberg, New York에서 인용한 것이다.

58. Werner Heisenberg, 1971, *Physics and Beyond: Encounters and Conversations*, Harper and Row, New York.

59. 가산성 가정additivity postulate에 의하면 (계에 적용된) 두 연산자의 기댓값(평균)의 합은 두 연산자의 합의 기댓값과 같다. 이것은 양자역학과 고전역학에서 똑같이 성립한다. 예를 들어 한 입자의 평균 에너지(운동에너지와 위치에너지의 합)는 운동에너지의 평균과 위치에너지의 평균의 합과 같다.

60. 이 에세이는 당장 출판되지 않았지만, 최근에 디랙의 문헌에서 발견되어 영어로 번역되었다. Crull and Bacciagaluppi, *Grete Herman.*

61. Grete Hermann, 'Die naturphilosophischen Grundlagen der Quantenmechanik', *Abhandlugen der Fries'schen Schule*, 6(2) (1935), pp. 75 – 152.

62. Grete Hermann, 'Die naturphilosophischen Grundlagen der Quantenmechanik', *Die Naturwissenschaften*, 23(42) (1935), pp. 718 – 21.

63. 헤르만이 추구했던 철학의 주제는 '양자역학의 관계적 해석'이었다. 이 분야의 선구자는 1994년에 관련 논문을 발표한 이탈리아의 이론물리학자 카를로 로벨리Carlo Rovelli로 알려져 있는데, 사실은 이미 반세기 전에 헤르만이 개척한 분야이다. 관계적 해석에서는 양자 이론을 오직 '주어진 물리계와 다른 물리계(또는 관측자)를 비교하여 상대적 상태만을 서술하는 이론'으로 간주하기 때문에, '관측자와 무관한 객관적 상태'란 존재하지 않는다. 따라서 두 명의 관측자는 자신이 얻은 결과를 상대방과 비교하기 전까지는 양자적 사건에 대하여 각기 다른 견해를 가질 수

있다. 헤르만의 주장에 의하면 모든 관측자는 특정한 관측 결과를 낳은
일련의 사건들을 재구성할 수 있으므로 인과율도 복원할 수 있다. 이것
이 바로 칸트주의자에게 필요한 인과관계이다.

64. John Stewart Bell, 1988년 5월 《옴니Omni》와의 인터뷰에서 발췌.

65. Nicholas Gisin, 'Sundays in a Quantum Engineer's Life'(2001), arXiv: quant-ph/0104140, https://arxiv.org/abs/quant-ph/0104140.

66. John Stewart Bell, 1987, *Speakable and Unspeakable in Quantum Mechanics*, Cambridge University Press, Cambridge.

67. Ibid.

68. John Stewart Bell, 1966, 'On the Problem of Hidden Variables in Quantum Mechanics', *Reviews of Modern Physics*, 38 (1966), pp. 447 – 52.

69. N. D. Mermin, 'Hidden Variables and the Two Theorems of John Bell', *Reviews of Modern Physics*, 65 (1993), pp. 803 – 15.

70. Jeffrey Bub, 'Von Neumann's "No Hidden Variables" Proof: A Re-Appraisal', *Foundations of Physics*, 40 (2010), pp. 1333 – 40; D. Dieks, 'Von Neumann's Impossibility Proof: Mathematics in the Service of Rhetorics', *Studies in History and Philosophy of Modern Physics*, 60 (2017), pp. 136 – 48.

71. Michael Stöltzner, 1999, 'What John von Neumann Thought of the Bohm Interpretation', in D. Greenberger et al. (eds.), *Epistemological and Experimental Perspectives on Quantum Physics*, Kluwer Academic Publishers, Dordrecht.

72. 1952년 5월 12일에 아인슈타인이 막스 보른에게 쓴 편지에서 발췌. Born, *The Born–Einstein Letters 1916–1955*.

73. Albert Einstein, Boris Podolsky and Nathan Rosen, 1935, 'Can Quantum-Mechanical Description of Physical Reality Be Considered Complete?', *Physical Review*, 47(10) (1935), pp. 777 – 80.

74. 이 실험은 수소 원자보다 광자를 이용하는 편이 더 쉽다.

75. 이 편지와 추후에 인용된 에버렛의 편지는 다음 문헌에서 발췌한 것이다. Stefano Osnaghi, Fábio Freitas and Olival Freire Jr, 'The Origin of the Everettian Heresy', *Studies in History and Philosophy of Modern Physics*, 40,

pp. 97 – 123.

76. Peter Byrne, 2010, *The Many Worlds of Hugh Everett III: Multiple Universes, Mutual Assured Destruction, and the Meltdown of a Nuclear Family*, Oxford University Press, Oxford.

77. Philip Ball, 2018, *Beyond Weird*, The Bodley Head, London에는 다중세계를 비롯하여 양자역학의 결과를 해석하는 다양한 대안이 일목요연하게 정리되어 있다.

78. G. C. Ghirardi, A. Rimini and T. Weber (1986), 'Unified Dynamics for Microscopic and Macroscopic Systems', *Physical Review D*, 34(2) (1986), pp. 470 – 91.

79. Von Neumann, *Mathematical Foundations of Quantum Mechanics*.

80. P. A. M. Dirac, 1978, *Directions in Physics*, Wiley, New York.

81. 로랑 슈바르츠Laurent Schwartz는 1945년에 디랙의 '엉뚱한' 델타함수를 수학적으로 깔끔하게 정리했고, 이 공로를 인정받아 1950년에 수학의 노벨상이라 불리는 필즈메달을 받았다.

82. Jammer, *The Philosophy of Quantum Mechanics*.

83. 이 자리를 빌려 울리히 페니히Ulich Pennig에게 감사드린다. 그의 도움이 없었다면 나는 노이만의 대수학에 대하여 아무런 설명도 못했을 것이다.

84. Dyson, 'A Walk through Johnny von Neumann's Garden'.

85. Carlo Rovelli, 2018, *The Order of Time*, Allen Lane, London.

86. 1933년 6월 19일에 노이만이 베블런에게 쓴 편지에서 발췌, Library of Congress archives.

87. Fabian Waldinger, 'Bombs, Brains, and Science: The Role of Human and Physical Capital for the Creation of Scientific Knowledge', *Review of Economics and Statistics*, 98(5) (2016), pp. 811 – 31.

88. A. Fraenkel, 1967, *Lebenskreise*, translation and quoted by David E. Rowe, 1986, '"Jewish Mathematics" at Gottingen in the Era of Felix Klein', *Isis*, 77(3), pp. 422 – 49.

4장 맨해튼 프로젝트와 핵전쟁

1. Paul Halmos, 'The Legend of John von Neumann', *The American Mathematical Monthly*, 80(4) (1973), pp. 382-94.

2. 훗날 마리에트는 롱아일랜드에 있는 브룩헤이븐 국립연구소Brookhaven National Laboratory를 설립하는 데 기여했고, 그곳에서 28년 동안 선임관리자로 재직했다. Marina von Neumann Whitman, *The Martian's Daughter*, University of Michigan Press, Annrbor. https://www.bnl.gov/60th/EarlyBNLers.asp.

3. Richard Feynman with Ralph Leighton, 1985, *Surely You're Joking, Mr. Feynman!: Adventures of a Curious Character*, W. W. Norton, New York.

4. 에르고딕 이론은 수학과 물리학의 다양한 분야에 등장한다. 1770년대에 수학자들은 소수prime number(1과 자기 자신 이외의 약수를 갖지 않는 수-옮긴이)로 이루어진 임의의 길이의 등차수열(인접한 항들 사이의 차이가 일정한 수열)이 존재한다는 가설을 제기했는데, 2004년에 수학자 테렌스 타오Terrence Tao와 벤 그린Ben Green이 에르고딕 이론을 이용하여 이 추론이 사실임을 증명했다. 예를 들어 3, 5, 7은 모두 소수이면서 길이가 3인 등비수열이다.

5. 두 사람이 벌인 논쟁은 Joseph D. Zund, 'George David Birkhoff and John von Neumann: A Question of Priority and the Ergodic Theorems, 1931 - 1932', *Historia Mathematica*, 29 (2002), pp. 138-56에 소개되어 있다.

6. Garrett Birkhoff, 1958, 'Von Neumann and Lattice Theory', *Bulletin of the American Mathematical Society*, 64 (1958), pp. 50-56.

7. Alan Turing, 'On Computable Numbers, with an Application to the *Entscheidungsproblem*', 1936~1937년에 걸쳐 두 부분으로 나누어 출판되었다. *Proceedings of the London Mathematical Society*, 42(1) (1937), pp. 230-65.

8. 1980년 낸시 스턴Nancy Stern과의 인터뷰에서 발췌, https://conservancy.umn.edu/bitstream/handle/11299/107333/oh018hhg.pdf?sequence=1&isAllowed=y.

9. Ulam, *Adventures of a Mathematician*.

10. Macrae, *John von Neumann*에서 인용함.

11. Von Neumann Whitman, *The Martian's Daughter*.

12. 역사학자 토머스 헤이그Thomas Haigh는 이 컴퓨터가 "기본적으로 앵그리버드Angry Bird와 비슷하다"고 했다. http://opentranscripts.org/transcript/working-on-eniac-lost-labors-information-age/.

13. Dyson, *Turing's Cathedral*에서 인용함.

14. Ibid.

15. Macrae, *John von Neumann*에서 인용함.

16. Von Neumann Whitman, *The Martian's Daughter*.

17. Dyson, *Turing's Cathedral*에서 인용함.

18. https://libertyellisfoundation.org/passenger-details/czoxMzoiOTAxMTk4OTg3MD0MSI7/czo4OiJtYW5pZmVzdCI7.

19. 마이트너의 삶에 대해서는 그녀의 전기 Ruth Lewin Sime, 1996, *Lise Meitner: A Life in Physics*, University of California Press, Berkeley를 읽어보기 바란다.

20. John von Neumann, 2005, *John von Neumann: Selected Letters*, ed. Miklós Rédei, American Mathematical Society, Providence, R.I.

21. Subrahmanyan Chandrasekhar and John von Neumann, 1942, 'The Statistics of the Gravitational Field Arising from a Random Distributionof Stars. I. The Speed of Fluctuations', *Astrophysical Journal*, 95(1942), pp. 489-531.

22. 최근 들어 토머스 헤이그와 마크 프리스틀리는 서고에서 새로 발견된 세 권의 강의 노트에 근거하여 다음과 같이 주장했다. "노이만은 컴퓨터를 설계할 때 튜링의 영향을 별로 받지 않았다. 그는 튜링의 범용계산기계가 '단순하면서 깔끔하다'고 생각했을 뿐, 이 장치에서 컴퓨터를 떠올렸다는 것은 근거 없는 주장이다." *Communications of the ACM*, 63(1) (2020), pp. 26-32.

23. 'MAUD'라는 명칭은 약자가 아니다. 이 위원회의 위원 중 한 사람인 존 코크로프트John Cockcroft는 어느 날 리제 마이트너Lise Meitner의 영국인 친구로부터 다음과 같은 비밀 전보를 받았다.

"MET NIELS AND MARGRETHE RECENTLY BOTH WELL BUT

UNHAPPY ABOUT EVENTS PLEASE INFORM COCKCROFT AND MAUD RAY KENT."

"닐스와 마그레트를 최근에 만났어요. 둘 다 잘 지내는 것 같은데, 이벤트에 대해선 불만이 많더군요. 코크로프트와 머드 레이 켄트에게도 알려주세요."

코크로프트는 당혹스러웠다. 이게 대체 무슨 뜻일까? 한참을 생각하다가 마지막 세 단어 maud ray kent에서 'y'를 'i'로 바꾸고 철자 배열을 바꿨더니 'radium taken(라듐을 획득하다)'이 되었다. 독일군이 원자로나 폭탄을 만들기 위해 방사성 물질을 비축했다는 뜻일까? 마이트너의 암호화된 경고에 경각심을 갖게 된 위원회는 마지막 세 단어의 첫머리 MAUD를 위원회의 공식 명칭으로 정했다.

그로부터 여러 해가 지난 후, 마이트너의 마지막 메시지는 비밀 지령이 아니라 닐스 보어의 아들을 가르쳤던 전 가정교사를 지칭하는 단어였음이 밝혀졌다. 그 가정교사의 이름이 바로 머드 레이Maud Ray였고, 그녀는 켄트Kent에 살고 있었다. 항상 평화를 주장했던 마이트너는 전혀 의도치 않게 영국과 미국의 원자폭탄 개발 프로젝트를 촉진한 장본인이 되었다.

24. 원자폭탄 개발사는 Richard Rhodes, 2012, *The Making of the Atom Bomb*, Simon & Schuster, London과 Jim Baggott, 2012, *Atomic: The First War of Physics and the Secret History of the Atom Bomb: 1939–49*, Icon Books, London에 잘 정리되어 있다.

25. Kenneth D. Nichols; Peter Goodchild, 1980, *J. Robert Oppenheimer: Shatterer of Worlds. Houghton Mifflin*, New York에서 인용함.

26. Rhodes, *The Making of the Atom Bomb*에서 인용함.

27. 맨해튼 프로젝트팀이 직면한 기술적 문제 중 하나는 Lillian Hoddeson, Paul W. Henriksen, Roger A. Meade and Catherine Westfall, 1993, *Critical Assembly: A Technical History of Los Alamos during the Oppenheimer Years*, 1943 - 1945, Cambridge University Press, Cambridge에 자세히 설명되어 있다.

28. 플루토늄(Pu)의 존재는 전쟁이 끝날 때까지 비밀에 부쳐졌다.

29. Hoddeson et al., *Critical Assembly*에서 발췌.

30. John von Neumann, 1963, *Oblique Reflection of Shocks, in John von*

Neumann: Collected Works, ed. A. H, Taub, vol. 6: *Theory of Games, Astrophysics, Hydrodynamics and Meteorology*, Pergamon Press, Oxford.

31. Hoddeson et al., *Critical Assembly*에서 발췌.

32. 키스티야코프스키는 자신이 로스앨러모스에서 노이만에게 포커를 가르쳤으며, "노이만의 실력이 나보다 좋아졌을 때부터" 그와의 포커 게임을 중단했다고 주장했다. 그러나 노이만은 게임이론을 주제로 1928년에 출판한 논문에 포커를 언급할 정도로 포커 게임에 익숙했고, 키스티야코프스키를 만날 즈음에는 게임이론의 모태로 알려진 『게임이론과 경제행위Theory of Games and Economic Behavior』을 발표한 후였다. 노이만이 로스앨러모스에서 "포커를 지지리도 못 치는 신출내기"로 알려진 것은 아마도 동료들의 기를 살리고 분위기를 띄우려는 고도의 전략이었을 것이다. https://www.manhattanprojectvoices.org/oral-histories/george-kistiakowskys-interview.

33. 그 후 몇 개월에 걸친 실험 끝에 반응기에서 생성된 샘플에 플루토늄-240이 다량 포함되어 있음이 밝혀졌다. 플루토늄-240은 로스앨러모스에서 요구한 플루토늄-239보다 빠르게 붕괴된다.

34. 그러나 당시의 축구공은 20면체와 닮지 않았다. 대부분 18개의 가죽 조각을 꿰매어 만들어졌다.

35. Arjun Makhijani, '"Always" the Target?', *Bulletin of the Atomic Scientists*, 51(3) (1995), pp. 23-7.

36. 'Personal Justice Denied: Report of the Commission on Wartime Relocation and Internment of Civilians', National Archives. Government Printing Office, Washington, D.C., December 1982, https://www.archives.gov/research/japanese-americans/justice-denied.

37. 노이만이 폭격지선정위원회에서 남긴 메모는 Macrae, *John von Neumann*을 참고한 것이다.

38. http://www.dannen.com/decision/targets.html.

39. https://www.1945project.com/portfolio-item/shigeko-matsumoto/.

40. The Committee for the Compilation of Materials on Damage Caused by the Atomic Bombs in Hiroshima and Nagasaki, 1981, *Hiroshima and Nagasaki : The Physical, Medical, and Social Effects of the Atomic Bombings*, Basic

Books, New York.

. Freeman Dyson, 1979. *Disturbing the Universe*, Harper and Row, New York.

42. von Neumann Whitman, *The Martian's Daughter*에서 인용함.

43. Dyson, *Turing's Cathedral*에서 인용함.

44. 2019년 1월 14일 저자와의 인터뷰에서 발췌.

45. Von Neumann Whitman, *The Martian's Daughter*.

46. 저자와의 인터뷰에서 발췌.

47. German A. Goncharov, 'Thermonuclear Milestones: (1) The American Effort', *Physics Today*, 49(11) (1996), pp. 45 – 8.

48. https://www.globalsecurity.org/wmd/intro/ classical-super.htm.

49. Goncharov, 'Thermonuclear Milestones'.

50. German A. Goncharov, 'Main Events in the History of the Creation of the Hydrogen Bomb in the USSR and the USA', *Physics–Uspekhi*, 166 (1996), pp. 1095 – 1104.

5장 컴퓨터의 탄생

1. 클라라의 회고록은 본인이 원고를 끝내지 못하여 출판되지 않았으나, 많은 부분이 프리먼 다이슨의 *Turing's Cathedral*에 수록되어 있다. 특히 이 책의 5장은 다이슨의 덕을 많이 보았다.
그 외의 참고문헌: Thomas Haigh, Mark Priestley and Crispin, Rope, 2016, *ENIAC in Action: Making and Remaking the Modern Computer*, MIT Press, Cambridge, Mass.: William Aspray, 1990, *John von Neumann and the Origins of Modern Computing*, MIT Press, Cambridge, Mass.

2. Leonard, *Von Neumann, Morgenstern, and the Creation of Game Theory, Cambridge University Press*, Cambridge.

3. Macrae, *John von Neumann*.

4. Earl of Halsbury, 'Ten Years of Computer Development', *Computer Journal*, 1 (1959), pp. 153 – 9.

5. Brian Randell, 1972, *On Alan Turing and the Origins of Digital Computers*, University of Newcastle upon Tyne Computing Laboratory, Technical report series.

6. Aspray, *John von Neumann and the Origins of Modern Computing*에서 인용함.

7. Ibid. William Aspray의 인터뷰에서 발췌.

8. Hermann H. Goldstine, 1972, *The Computer from Pascal to von Neumann*, Princeton University Press, Princeton.

9. 1985년 3월 22일 헤르만 골드스타인과 앨버트 터커Albert Turker, 그리고 프레더릭 네베커Frederick Nebeker의 인터뷰에서 발췌. https://web.math.princeton.edu/oral-history/c14.pdf.

10. Harry Reed, 18 February 1996, ACM History Track Panel: Thomas J. Bergin (ed.), 2000, 50 *Years of Army Computing: FromENIAC to MSRC*, Army Research Lab Aberdeen Proving Ground MD.

11. 여성 직원들의 활약상을 밝힌 사람은 역사학자 토머스 헤이그와 그의 동료들이었다. Haigh et al., *ENIAC in Action* 참조.

12. http://opentranscripts.org/transcript/working-on-eniac-lost-labors-information-age/.

13. 이 방적식의 해법은 앤 피츠패트릭Anne Fitzpatrick의 박사학위 논문 주제였다. 출처: Haigh et al., *ENIAC in Action*.

14. Ibid.

15. Ibid.

16. 이 논문은 1945년에 초고 형태로 배포되었으며, 정교한 편집을 거쳐 1993년에 정식으로 출간되었다. Michael D. Godfrey in 1993. John von Neumann, 'First Draft of a Report on the EDVAC', *IEEE Annals of the History of Computing*, 15 (1993), pp. 27-75.

17. Wolfgang Coy, 2008, *The Princeton Companion to Mathematics*, Princeton University Press, Princeton.

18. 이 책에서 언급된 쿠르트 괴델의 삶과 업적은 주로 다음 도서에서 인용한 것이다. John W. Dawson, 1997, *Logical Dilemmas: The Life and Work of Kurt Gödel*, A. K. Peters, Wellesley, Mass.: Rebecca Goldstein, 2005,

Incompleteness: The Proof and Paradox of Kurt Gödel. W. W. Norton & Company, New York.

19. 삼단논법은 2개의 전제로부터 하나의 결론을 이끌어내는 논법이다. 한 가지 예를 들어보자.

모든 사람은 죽는다.
소크라테스는 사람이다.
그러므로 소크라테스도 죽는다.

이것을 1차논리의 기호로 나타내면 다음과 같다.

$\forall_x(M(x) \rightarrow P(x))$
$M(a)$
$P(a)$

… 여기서 각 기호의 뜻은 다음과 같다.

$\forall$: '모든' 또는 '임의의'
$\rightarrow$: …(좌변)이면 …(우변)이다.
$M(a)$: "a는 M의 특성을 가진다"는 뜻의 명제
M = '사람'이라는 특성
P = '죽는다'는 특성
a = 소크라테스

20. David Hilbert and Wilhelm Ackermann, 1928, *Grundzüge der theoretischen Logik*, Julius Springer, Berlin (나중에 *Principles of Mathematical Logic*이라는 제목으로 영문 번역됨).

21. 예를 들어 위의 주석 19에서 M='오렌지라는 특성', P='초록색이라는 특성'이라 하고 a='블러드 오렌지(오렌지의 일종)'로 정의하여 삼단논법에 대입하면 "모든 오렌지는 초록색이다 / 블러드 오렌지는 오렌지다 / 그러므로 블러드 오렌지는 초록색이다"라는 틀린 결론이 내려진다. 물

론 이것은 오렌지가 초록색이라는 첫 번째 가정이 틀렸기 때문이다.

22. 프랑스의 법률가이자 아마추어 수학자였던 피에르 드 페르마Pierre de Fermat는 고대 수학책의 한 귀퉁이에 이 정리를 소개하면서 "나는 경이로운 방법으로 이 정리를 증명했지만, 책의 여백이 좁아서 자세한 증명 과정은 생략한다"고 적어놓았다. 그 후로 이 정리는 350년 동안 내로라 하는 수학자들의 자존심을 사정없이 구겨놓다가, 마침내 1994년에 영국 옥스퍼드 대학교의 수학자 앤드루 와일즈Andrew Wiles에 의해 증명되었다. 그런데 와일즈의 증명은 페르마 시대에 존재하지 않았던 현대 수학의 개념으로 점철되어 있어서(분량이 100페이지가 넘는다), 페르마가 했다는 증명은 아직도 수수께끼로 남아 있다. 골드바흐의 추측은 아직 증명되지 않았다.

23. 괴델은 『수학원리』에 등장하는 모든 기호에 고유의 숫자를 대응시켰다(이것을 '기호숫자'라 하자), 그리고 각 기호의 위치에 소수prime number를 할당한 후(이것을 '위치소수'라 하자. 처음 5개의 소수는 2, 3, 5, 7, 11이다) 각 위치소수에 기호숫자를 지수로 올려서 거듭제곱의 형태로 만들었다. 이들을 모두 곱한 값이 바로 '괴델의 수'이다. 예를 들어 M=1, a=2, (=3,)=4로 정의된 기호숫자열을 생각해보자. 이런 경우 $M(a)$를 괴델기수법으로 표기하면 $2^1 \times 3^3 \times 5^2 \times 7^4$=3,241,350이 된다. 보다시피 문장이 조금만 길어도 괴델의 수는 엄청나게 커진다. 그런데 '산술의 기본 정리fundamental theorem of arithmetic'에 의하면 1보다 큰 모든 정수는 자신이 소수이거나 소수끼리의 곱으로 나타낼 수 있다. 따라서 모든 서술에는 고유한 괴델의 수가 할당되며, 이 수를 소인수분해하면 원래 서술을 복구할 수 있다.

24. "형식을 갖춘 계에서 나타나는 괴델의 이상한 고리는 계가 자신을 인식하고, 자신에 대해 이야기하고, 자의식을 갖게 한다. 어떤 의미에서는 그런 고리가 존재하기 때문에 형식을 갖춘 계가 자아를 획득한다고 볼 수도 있다." Douglas R. Hofstadter, 1979, *Gödel, Escher, Bach: An Eternal Golden Braid*, Basic Books, New York. 20주년 기념판의 서문에서 인용함.

25. 괴델은 이 사실을 전혀 알지 못했고, 신경도 쓰지 않았다.

26. Minutes of the Institute for Advanced Study Electronic Computing Project, Meeting 1, 12 November 1945, IAS. (Dyson의 *Turing's Cathedral*에서 인

용함)

27. Martin Davis, 2000, *The Universal Computer: The Road from Leibniz to Turing*, W. W. Norton & Company, New York.

28. Kurt Gödel, 'Über formal unentscheidbare Sätze der Principia Mathematica und verwandter Systeme I', *Monatshefte für Mathematik und Physik*, 38 (1931), pp. 173–98.

29. Von Neumann, *Selected Letters*.

30. 앨런 튜링의 삶에 대해서는 Andrew Hodges, 2012, *Alan Turing: The Enigma. The Centenary Edition*, Princeton University Press, Princeton을 읽어보기 바란다. 튜링의 논문과 관련하여 본문에 언급된 부분은 Charles Petzold, 2008, *The Annotated Turing: A Guided Tour Through Alan Turing's Historic Paper on Computability and the Turing Machine*, Wiley, Hoboken 과 Jack B. Copeland (ed.), 2004, *The Essential Turing: Seminal Writings in Computing, Logic, Philosophy, Artificial Intelligence, and Artificial Life plus The Secrets of Enigma*, Oxford University Press, Oxford 중 'Computable Numbers: A Guide'에 수록된 내용을 요약한 것이다.

31. Alonzo Church, 'A Note on the *Entscheidungsproblem*', *Journal of Symbolic Logic*, 1(1) (1936), pp. 40–41.

32. Turing, 'On Computable Numbers'.

33. 튜링은 기계의 작동을 다음과 같은 표로 요약했다.

m-배열의 시작	읽어 들인 기호	행동	m-배열의 끝
a	빈칸	P_0, R	b
b	빈칸	R	c
c	빈칸	P_1, R	d
d	빈칸	R	a

여기서 P_0는 '0을 프린트하기'이고 P_1은 '1을 프린트하기'이며, R은 사각형 구획을 한 칸 오른쪽으로 이동한다는 뜻이다.

34. 찰스 펫졸드Charles Petzold는 (예를 들어) 2개의 이진수를 더하거나 곱

하는 튜링의 기계(튜링머신)에 대해 설명했다. Petzold, *The Annotated turing* 참조.

35. 표준명령서가 준비되었을 때, 튜링의 범용계산기계가 제일 먼저 하는 일은 자신이 흉내 내고자 하는 튜링머신의 초기 상태와 명령서에 기록된 첫 번째 기호를 읽어 들이는 것이다. 이 작업은 테이프에 기록된 명령서에서 초기 상태와 기호를 스캔하는 것으로 시작된다. 이 배열을 찾으면 범용계산기계는 다음 단계에 할 일을 알 수 있다. 코딩된 m-배열m-configuration에는 인쇄할 기호와 프린터 헤드의 이동 방향 등 기계의 다음 상태가 기록되어 있기 때문이다. 범용계산기계는 이 정보를 이용하여 테이프를 처음 상태로 되감아서 다음 기호와 자신이 흉내 내고 있는 튜링머신의 새로운 상태를 인쇄한다. 이로써 범용계산기계는 다음 단계에 할 일을 알게 되었으며, 그 후로는 전술한 과정이 똑같이 반복된다(물론 테이프에 기록된 프로그램이 끝나면 작동도 멈춘다). 범용계산기계가 내놓은 출력은 원래 튜링머신의 출력과 완전히 같지 않다. 예를 들어 범용계산기계가 프린트를 하려면 추가 공간이 필요할 수도 있다. 그러나 이 기계는 '거친 작업 rough working' 사이에 약간의 간격이 발생해도 예정된 일련의 명령을 정확하게 수행할 수 있다.

36. 이것은 노이만이 1948년 9월 20일에 힉슨토론회에서 "자동화 기계의 일반론General and Logical Theory of Automata"이라는 제목으로 강연을 할 때 했던 말로, 1963년에 출판된 *Collected Works*, vol. 5: *Design of Computers, Theory of Automata and Numerical Analysis*, Pergamon Press, Oxford에 수록되어 있다.

37. 튜링의 전략은 "하나의 튜링머신이 다른 튜링머신의 표준 서술에 기초하여 숫자를 영원히 인쇄할 것인지, 아니면 멈출 것인지를 결정할 수 있을까?"라는 질문에서 출발한다. 약간 혼란스럽긴 하지만, 그는 영원히 인쇄하는 머신을 '서클프리circle free', 도중에 인쇄를 멈추는 머신을 '서큘러circular'라고 불렀다. 그러고는 "다른 임의의 머신이 서클프리 머신인지 판단하는 머신은 존재하지 않는다"는 것을 증명했다. 그의 증명에 의하면 이런 머신은 자신의 표준 서술을 읽어 들일 때 무한 루프에 갇히게 된다. 그다음 단계에서 튜링은 "다른 머신이 (예를 들어) '0'과 같은 주어진 기호를 인쇄할 것인지 말 것인지를 결정하는 머신은 절대

로 만들 수 없다"는 것을 증명했다. 그의 증명에 의하면 이런 머신은 다른 머신이 서클프리인지 판단할 수 있는데, 이것은 앞의 증명에서 이미 불가능하다고 판명되었으므로 다른 머신의 '0' 인쇄 여부를 결정하는 머신도 만들 수 없다. 마지막으로 튜링은 1차논리에서 "머신 M의 테이프 어딘가에 '0'이 등장한다"는 다소 복잡한 서술을 만들어서, 이 공식을 Un(M)으로 표기했다(Un은 '결정할 수 없음Undecidable'의 약자이다). 이제 1차논리의 임의의 서술을 1차논리로 증명하는 머신을 상상해보자. 영국의 철학자 잭 코플랜드는 이 머신을 "힐베르트의 꿈"이라고 불렀다. 그러나 아뿔싸! 힐베르트의 꿈을 실은 마차가 앞으로 나아가다가 Un(M)을 만났을 때 덜컹거리며 바퀴가 빠지고 말았다. 어떤 머신도 이것을 결정할 수 없다는 것을 튜링이 이미 증명했기 때문이다. 그리하여 힐베르트의 꿈은 한 줌 연기가 되어 영원히 사라지고 말았다.

38. 클라라 폰 노이만의 논문. Dyson, *Turing's Cathedral*에서 인용함.

39. "튜링=컴퓨터의 원조"라는 주장에 대한 헤이그의 반론은 Thomas Haigh, 'Actually, Turing Did Not Invent the Computer', *Communications of the ACM*, 57(1) (2014), pp. 36–41에서 찾을 수 있다.

40. Jack Copeland, *The Essential Turing*.

41. First Draft of a Report on the EDVAC. 이 보고서의 편집본은 Michael D. Godfrey, *IEEE Annals of the History of Computing*, 15(4) (1993), pp. 27–75에 수록되어 있다.

42. W. S. McCulloch and W. Pitts, 1943, 'A Logical Calculus of the Ideas Immanent in Nervous Activity', *Bulletin of Mathematical Biophysics*, 5 (1943), pp. 115–33.

43. 1945년 5월 15일에 골드스타인이 노이만에게 쓴 편지. Haigh et al., *ENIAC in Action*에서 인용함.

44. Ibid.

45. 컴퓨터의 주메모리main memory, 또는 주기억장치primary storage에 저장된 데이터는 전원을 끄는 즉시 지워진다. 그러나 하드 드라이버나 플래시 드라이버로 제공되는 보조기억장치auxiliary memory는 그 위에 다른 데이터를 덮어쓰지 않는 한, 전원을 꺼도 지워지지 않는다.

46. John W. Mauchly, 'Letter to the Editor', *Datamation*, 25(11) (1979),

https://sites.google.com/a/opgate.com/eniac/Home/john-mauchly.

47. J. Presper Eckert, 1977년 10월 28일 낸시 스턴Nancy B. Stern과의 인터뷰에서 발췌. http://purl.umn.edu/107275.

48. 아서 벅스는 분석 결과를 책으로 출판하지 않았다. 본문에 실린 내용은 Haigh et. al., *ENIAC in Action*에서 발췌한 것인데, 진실 여부는 아직도 논쟁거리로 남아 있다. 헤이그와 그의 동료들은 최근 수행한 ENIAC 관련 연구에서 다음과 같이 결론지었다. "노이만은 ENIAC 팀과 연합 회의를 하면서 얻은 정보를 조합하고, 가공하고, 확장하여 EDVAC의 전체적 구조를 결정했다."

49. 1946년 6월 6일에 노이만이 에런 타운센드Aaron Townshend에게 보낸 편지. Aspray, *John von Neumann and the Origins of Modern Computing*에서 인용함.

50. John von Neumann, EDVAC 보고서에 관한 녹취록, n.d. [1947], IAS.; Dyson, Turing's Cathedral에서 인용함.

51. 1946년 10월 29일에 노이만이 스탠 프랭켈에게 쓴 편지. Aspray, *John von Neumann and the Origins of Modern Computing*에서 인용함.

52. I. J. Good, 1970, 'Some Future Social Repercussions of Computers', *International Journal of Environmental Studies*, 1 (1970), pp. 67–79.

53. 에커트와 모클리는 자신의 발명품을 펜실베이니아 대학교에 넘긴다는 계약서에 서명을 거부한 채 1946년에 무어스쿨을 떠났다. 그 후 두 사람은 에커트-모클리 컴퓨터사Eckert-Mauchly Computer Corporation를 설립하여 일반 업무와 군사용으로 동시 활용이 가능한 첫 번째 컴퓨터 UNIVAC I을 제작했으나, 투자금에 못 미치는 가격으로 미국 인구조사국에 판매되었다. 이 일로 회사는 재정난에 시달렸고, 설상가상으로 모클리가 공산주의자라는 누명을 쓰는 바람에 군부와 맺었던 방위 계약이 줄줄이 취소되었다. 결국 이 회사는 1950년에 레밍턴랜드Remington Rand에 인수되었으며, 합병 후 스페리랜드Sperry Rand라는 이름으로 바뀌었다. 에커트와 모클리의 특허를 물려받은 스페리랜드는 법정에서 자신의 권리를 주장했지만 끝내 인정받지 못했다. 그러나 이 와중에도 스페리랜드는 끝까지 살아남아 1986년에 사무용 기기 제조업체인 버로스Burroughs와 합병되었는데, 이렇게 탄생한 회사가 바로 컴퓨터 업계에서

IBM 다음으로 큰 회사인 유니시스Unisys이다.

54. 1945년 3월 24일에 노버트 위너가 노이만에게 쓴 편지. Macrae, *John von Neumann*과 Dyson, *Turing's Cathedral*에서 인용함.

55. 1945년 10월 19일 프린스턴 고등연구소 이사회 회의록. Goldstine의 *The Computer from Pascal to von Neumann*에서 발췌.

56. Dyson, *Disturbing the Universe*.

57. Klára von Neumann, Johnny, Dyson의 *Turing's Cathedral*에서 발췌.

58. 1945년 10월 19일 프린스턴 고등연구소 이사회 회의록. Goldstine의 *The Computer from Pascal to von Neumann*에서 발췌.

59. 1945년 10월 노이만이 루이스 스트라우스Lewis Strauss에게 쓴 편지. Andrew Robinson (ed.), 2013, *Exceptional Creativity in Science and Technology: Individuals, Institutions, and Innovations*, Templeton Press, West Conshohocken, Pennsylvania에서 인용함.

60. ENIAC의 개조 및 프로그램에 관한 내용은 Haigh et al., *ENIAC in Action* 을 참조했다.

61. N. 쿠퍼와의 대화. N. G. Cooper et al. (eds.), 1989, *From Cardinals to Chaos: Reflection on the Life and Legacy of Stanislaw Ulam*, Cambridge University Press, Cambridge.

62. Dyson, *Turing's Cathedral*에서 인용함.

63. Klára von Neumann, c.1963.; Dyson, *Turing's Cathedral*에서 인용함.

64. Roger Eckhardt, 1987, *Stan Ulam, John von Neumann, and the Monte Carlo Method, Los Alamos Science*, 15, Special Issue (1987), pp. 131 – 7, https://permalink.lanl.gov/object/tr?what=info:lanl-repo/lareport/LA-UR-88-9068.

65. 이때 울람이 했던 솔리테어 게임은 캔필드Canfield(영국식)와 데몬 Demon(미국식)이었는데, 둘 다 이길 확률이 낮기로 유명하다.

66. 이것은 ENIAC의 특허권 관련 법정 소송에서 울람이 했던 증언 중 일부 이다. Dyson의 *Turing's Cathedral*에서 발췌.

67. Haigh et al., *ENIAC in Action*에는 최초로 사용된 몬테카를로 프로그램 코드가 누락되어 있다(당시 기록을 찾지 못했기 때문이다). 그러나 그 후에 사용된 코드 목록은 클라라의 손으로 작성되었다.

68. "현재 가동 중인 4개의 '수학적 인공두뇌' 중 유일한 전자식 컴퓨터 인 ENIAC의 개조 작업이 순조롭게 진행되고 있다. 이 작업이 끝나면 ENIAC은 번거로운 재설정 없이 모든 유형의 수학 문제를 풀 수 있으며, EDVAC과 비슷한 수준의 효율을 발휘할 것으로 기대된다."(Will Lissner, '"Brain" Speeded Up for War Problems', *New York Times*, 1947년 12월 13일), "변경 사항이 적용되면 ENIAC의 주간 계산량은 1만 인시man-hour(한 사람이 한 시간 동안 할 수 있는 일의 양-옮긴이)에서 3만 인 시로 증가할 것이다."(Will Lissner, 'Mechanical "Brain" Has Its Troubles', *New York Times*, 1947년 12월 14일).

69. Nicholas Metropolis, Jack Howlett and Gian-CarloRota (eds.), 1980, *A History of Computing in the Twentieth Century*, Academic Press, New York.

70. John von Neumann, 1951, 'Various Techniques Used in Connection with Random Digits', https://mcnp.lanl.gov/pdf_files/nbs_vonneumann.pdf.

71. 1948년 5월 12일에 울람이 노이만에게 보낸 편지. Dyson, *Turing's Cathedral*에서 인용함.

72. 1948년 5월 11일에 노이만이 울람에게 보낸 편지. Haigh et al., *ENIAC in Action*에서 인용함.

73. 1948년 6월 12일에 클라라가 울람에게 보낸 편지. 위 문헌(주석 72)에 서 인용함.

74. Haigh et al., *ENIAC in Action*.

75. 1948년 11월 18일에 노이만이 울람에게 보낸 편지. 위 문헌(주석 74) 에서 인용함.

76. 클라라가 울람에게 보낸 편지. Dyson, *Turing's Cathedral*에서 인용함.

77. MANIAC I은 "Mathematical Analyzer Numerical Integrator and Computer Model 1"의 약자이다(억지로 갖다 붙인 느낌이 강하게 든다).

78. Haigh et al., *ENIAC in Action*.

79. 줄리안 비글로, 낸시 스턴과의 인터뷰. Dyson, *Turing's Cathedral*에서 인 용함.

80. Dyson, *Turing's Cathedral*.

81. 줄리안 비글로, 리처드 머츠와의 인터뷰. 위 문헌(주석 80)에서 인용함.

82. 줄리안 비글로, 낸시 스턴과의 인터뷰. 위 문헌(주석 80)에서 인용함.

83. Stanley A. Blumberg and Gwinn Owens, 1976, *Energy and Conflict: The Life and Times of Edward Teller*,

84. John von Neumann, 'Defense in Atomic War', *Scientific Bases of Weapons, Journal of American Ordnance Association*, 6(38) (1955), pp. 21 – 23, reprinted in *Collected Works*, vol. 6.

85. Julian Bigelow, 'Computer Development at the Institute for Advanced Study', in Metropolis et al. (eds.), *A History of Computing in the Twentieth Century*, pp. 291 – 310.

6장 게임이론이라는 혁명

1. Von Neumann Whitman, *The Martian's Daughter*.
2. Ibid.
3. Ibid.
4. Jacob Bronowski, *The Ascent of Man*, Little, Brown, 1975.
5. 6장의 내용은 다음 참고문헌의 덕을 많이 보았다. Robert Leonard, *Von Neumann, Morgenstern and the Creation of Game Theory: From Chess to Social Science, 1900–1960*, Cambridge University Press, Cambridge and William Poundstone, *Prisoner's Dilemma: John von Neumann, Game Theory and the Puzzle of the Bomb*, Doubleday, New York. 수학과 친하지 않은 독자들을 위한 게임이론 간략한 입문서로는 Ken Binmore, *Game Theory: A Very Short Introduction*, Oxford University Press, Oxford를 추천한다.
6. 라스커는 네덜란드 체스 챔피언 아브라함 스피예르Abraham Speijer와 대국을 치른 후 그에게 편지를 보냈다. "그때 저는 위험한 상황을 즐기고 있었습니다. 그래서 처음부터 확실하지 않은 수를 남발했는데, 그것이 오히려 좋은 결과를 가져온 것 같습니다." 물론 이 대국에서 라스커는 완승을 거두었다.
7. Leonard, *Von Neumann, Morgenstern and the Creation of Game Theory*.
8. Emanuel Lasker, [1906/7], *Kampf*, Lasker's Publishing Co., New York, reprinted in 2001 by Berlin-Brandenburg, Potsdam, 위 문헌(주석 7)에서

인용함.

9. Emanuel Lasker, *Lasker's Manual of Chess*, New York: Dover, 1976 (original: *Lehrbuch des Schachspiels*, 1926; 최초의 영문 번역본은 1927년에 출간됨), 위 문헌(주석 7)에서 인용함.

10. John von Neumann, 'Zur Theorie der Gesellschaftsspiele', *Mathematische Annalen*, 100 (1928), pp. 295-320. 영문번역본: Sonya Bargmann, 'On the Theory of Games of Strategy', *Contributions to the Theory of Games*, 4 (1959), pp. 13-42.

11. Von Neumann Whitman, *The Martian's Daughter*.

12. Von Neumann, 'Zur Theorie der Gesellschaftsspiele'.

13. 현실 세계에는 완벽하게 합리적인 사람이 존재하지 않지만, 여기서는 문제가 되지 않는다. 완벽한 직선이 현실 세계에 존재하지 않는데도 유클리드 기하학에 아무런 문제가 없는 것과 같은 이치다.

14. 에밀 보렐은 노이만의 1928년 논문이 출간된 후, 한동안 이 논문을 놓고 노이만과 원조 논쟁을 벌였다. 자세한 내용은 Tinne Hoff Kjeldsen, 'John von Neumann's Conception of the Minimax Theorem: A Journey Through Different Mathematical Contexts', *Archive for History of Exact Sciences*, 56 (2001), pp. 39-6을 참고하기 바란다.

15. Maurice Fréchet, 'Emile Borel, Initiator of the Theory of Psychological Games and Its Application', *Econometrica*, 21 (1953), pp. 95-6.

16. Maurice Fréchet, 'Commentary on the Three Notes of Emile Borel', *Econometrica*, 21 (1953), pp. 118-24.

17. John von Neumann, 'Communication on the Borel Notes', *Econometrica* 21 (1953), pp. 124-5.

18. 이즈라엘 핼퍼린의 인터뷰에서 발췌. The Princeton Mathematics Community in the 1930s, Transcript Number 18 (PMC18); Leonard, *Von Neumann, Morgenstern, and the Creation of Game Theory*에서 인용함.

19. Péter Rózsa, *Játék a Végtelennel*, 1945. trans. by Z. P. Dienes, *Playing with Infinity: Mathematical Explorations and Excursions*, Dover Publications, New York.

20. John von Neumann, 'Über ein ökonomisches Gleichungssystem und eine

Verallgemeinerung des Brouwerschen Fixpunktsatzes', *Ergebnisse eines Mathematische Kolloquiums*, 8 (1937), ed. Karl Menger, pp. 73–83,

21. 영문 번역본: 'A Model of General Economic Equilibrium', *Review of Economic Studies*, 13 (1945), pp. 1–9.

22. Macrae, *John von Neumann*.

23. 함수 $y=f(x)=x$는 모든 점이 고정점이다. 예를 들어 $x=7$이면 $y=7$이고, $x=-3$이면 $y=-3$이다.

24. John von Neumann, 'The Impact of Recent Development in Science on the Economy and Economics': A. Brody and T. Vamos (eds.), 1995, *The Neumann Compendium*, World Scientific, London.

25. 노이만과 오스카 모르겐슈테른의 사적인 대화(1947년 10월 8일). Oskar Morgenstern, 'The Collaboration Between Oskar Morgenstern and John von Neumann on the Theory of Games', *Journal of Economic Literature*, 14(3) (1976), pp. 805–16에서 인용함.

26. Macrae, *John von Neumann* 참조.

27. E. Roy Weintraub, 'On the Existence of a Competitive Equilibrium: 1930–1954', *Journal of Economic Literature*, 21(1) (1983), pp. 1–39.

28. Sylvia Nasar, 1998, *A Beautiful Mind*, Simon & Schuster, New York.

29. Leonard, *Von Neumann, Morgenstern, and the Creation of Game Theory*에서 인용함.

30. 오스카 모르겐슈테른의 일기. Leonard, *Von Neumann, Morgenstern, and the Creation of Game Theory*에서 인용함.

31. Oskar Morgenstern, 1928, *Wirtschaftprognose: Eine Untersuchung ihrer Voraussetzungen und Möglichkeiten*, Julius Springer, Vienna. 영문 번역판 Leonard, *Von Neumann, Morgenstern, and the Creation of Game Theory*에서 인용함.

32. Morgenstern, 'The Collaboration'.

33. 1938년 11월 18일, 오스카 모르겐슈테른의 일기. Leonard, *Von Neumann, Morgenstern, and the Creation of Game Theory*에서 인용함.

34. 1939년 2월 15일, 오스카 모르겐슈테른의 일기. Leonard, *Von Neumann, Morgenstern, and the Creation of Game Theory*에서 인용함.

35. 1933년 11월 20일, 아인슈타인이 벨기에의 엘리자베스 여왕에게 쓴 편지. Jagdish Mehra, 1975, *The Solvay Conferences on Physics: Aspects of the Development of Physics since 1911*, D. Reidel, Dordrecht에서 인용함.

36. Morgenstern, 'The Collaboration'.

37. 1940년 10월 26일, 오스카 모르겐슈테른의 일기.

38. 1941년 1월 22일, Ibid.

39. Ibid.

40. Israel Halperin, 1990, 'The Extraordinary Inspiration of John von Neumann', in *Proceedings of Symposia in Pure Mathematics*, vol. 50: *The Legacy of John von Neumann*, ed. James Glimm, John Impagliazzo and Isadore Singer, American Mathematical Society, Providence, R.I., pp. 15–17.

41. 1941년 7월 12일, 오스카 모르겐슈테른의 일기.

42. Klára von Neumann의 미출판 논문. Leonard, *Von Neumann, Morgenstern, and the Creation of Game Theory*에서 인용함.

43. 1941년 8월 7일, 오스카 모르겐슈테른의 일기.

44. Leonard, *Von Neumann, Morgenstern, and the Creation of Game Theory*.

45. 1942년 4월 14일, 오스카 모르겐슈테른의 일기.

46. Morgenstern, 'The Collaboration'.

47. 이 사례는 내가 제안한 것으로, Binmore의 *Game Theory*에 수록되어 있다.

48. 효용 점수의 범위가 반드시 0에서 100 사이일 필요는 없다. 섭씨온도(℃)와 화씨온도(℉)를 언제든지 상대방 단위로 바꿀 수 있는 것처럼, 하나의 스케일 안에서 정의된 점수는 언제든지 다른 스케일의 점수로 환산할 수 있다.

49. John von Neumann and Oskar Morgenstern, 1944, *Theory of Games and Economic Behavior*. Princeton University Press, Princeton.

50. Daniel Kahneman, 2011, *Thinking, Fast and Slow*, Farrar, Straus and Giroux, New York.

51. 1912년에 독일의 논리학자 에른스트 체르멜로Ernst Zermelo는 승자 위치winning position에서 흑과 백 중 어느 쪽도 이길 수 있음을 증명했다. 노이만과 달리 그는 체스의 표준정지규칙(무승부를 인정하는 규칙)을 무시하고 무한히 많은 수가 계속되는 게임을 허용했으며, 역진귀납법

backward induction(게임의 마지막 단계에서 출발하여 거꾸로 거슬러 가면
서 각 단계에서 플레이어가 취했어야 할 가장 합리적 행동을 추론하는
방법-옮긴이)을 사용하지도 않았다. U. Schwalbe and P. Walker, 'Zermelo
and the Early History of Game Theory', *Games and Economic Behavior*, 34
(2001), pp. 123 - 37.

52. 이 시나리오에서 모리어티의 평균 효용 점수는 (1) 그가 도버까지 가는 경
    우의 효용 점수인 100유틸×0.6=60유틸에, (2) 그가 캔터베리에서 내리
    는 경우의 효용 점수인 -50유틸×0.4=-20유틸의 합, 즉 60+(-20)=40
    유틸이다. 또한 홈스가 캔터베리에서 내린 경우에도 모리어티의 효용 점
    수는 100×0.4=40유틸이므로, 두 경우 모두 40유틸이 된다.

53. Binmore, *Game Theory*.

54. 66점짜리 카드 배열보다 족보가 높은 카드 배열은 33가지이고, 낮거나
    같은 카드 배열은 66가지이기 때문이다.

55. 이 하한선은 $\frac{H-L}{H} \times 99$이다.

56. 블러핑의 가장 이상적인 빈도수는 $\frac{L}{H+L}$ 이다.

57. Binmore, *Game Theory*.

58. A, B, C가 이룰 수 있는 2인 연합은 (A, B)와 (B, C), 그리고 (A, C)이다.

59. 두 명의 플레이어 A, B가 동맹을 맺어서 배당금을 2분의 1유틸씩 받았
    다고 하자. 동맹에서 제외된 세 번째 플레이어 C는 배당금 -1유틸을 받
    았다(-1유틸은 1유틸을 잃었다는 뜻이다-옮긴이). 불만에 가득 찬 C는
    해결책을 모색한 끝에 또 다른 플레이어 D를 찾아가 "나와 동맹을 맺으
    면 내 배당금에서 4분의 3유틸을 떼어 주겠다"고 제안하면서 4분의 1유
    틸을 선불로 주머니에 찔러주었다. 그런데 뇌물을 받은 D는 사실 다른
    플레이어 E와 동맹 관계였다. 졸지에 동맹을 잃은 E는 결국 배당금 -1
    을 받으면서 이전에 뇌물을 건넸던 C와 같은 신세가 되었다. 그렇다면
    뒤에 일어날 일은 불을 보듯 뻔하다. E는 또 다른 동맹의 일원인 F를 찾
    아가 4분의 1유틸을 찔러줄 것이고, 뇌물을 받은 F는 또 … 이런 식으로
    계속된다.

60. W Barnaby, 'Do Nations Go to War Over Water?', *Nature*, 458 (2009),

pp. 282 – 3.

61. 노이만은 이것을 '충당imputation'이라 불렀는데, 지금도 게임이론 분야의 정식 용어로 사용되고 있다.

62. Michael Bacharach, 1989, 'Zero-sum Games', in John Eatwell, Murray Milgate and Peter Newman (eds.), *Game Theory*, The New Palgrave, Palgrave Macmillan, London, pp. 253 – 7.

63. 노이만은 레옹 발라의 이론을 잘 알고 있었다. 노이만이 제안한 '일반적 경제 균형의 모형'은 발라의 이론에서 문제점을 발견하고 일부를 수정한 모형이다.

64. John McDonald, 1950, *Strategy in Poker, Business and War*, W. W. Norton, New York.

65. Ibid.

66. Jacob Marschak, 'Von Neumann and Morgenstern's New Approach to Static Economics', *Journal of Political Economy*, 54 (1946), pp. 97 – 115.

67. Robert J. Leonard, 'Reading Cournot, Reading Nash: The Creationand Stabilisation of the Nash Equilibrium', *Economic Journal*, 104(424) (1994), pp. 492 – 511.

68. Ibid.

69. William F. Lucas, 'A Game with No Solution', *Bulletin of the American Mathematics Society*, 74 (1968), pp. 237 – 9.

70. Gerald L. Thompson, 1989, 'John von Neumann', in Eatwell et al.(eds.), *Game Theory*, pp. 242 – 52.

71. 이 자리에서 오갔던 논쟁은 Sylvia Nasar의 *Beautiful Mind*에 잘 나와 있다.

72. John McMillan, 'Selling Spectrum Rights', *Journal of Economic Perspectives*, 8(3) (1994), pp. 145 – 62. 사기업에 공공 자산을 할당하는 일은 오래전부터 "미인선발대회"에 비유되어왔다. 각 기업 대표들이 순차적으로 나와서 자신의 입찰가가 최적가인 이유를 장황하게 설명한 후, 심사위원들이 최후의 승자를 결정하는 식이다. 그러나 안타깝게도 심사위원들은 경매에 나온 물건이 기업에게 어느 정도의 가치가 있는지 전혀 알지 못했고, 기업 대표들은 그것까지 시시콜콜 밝힐 이유가 없었다. 정보가 태부족한 상태에서 고민에 빠진 정부는 오만 가지 방법을 비교한 끝에 결

국 제비뽑기로 승자를 가리기로 했다. 선발대회가 순식간에 게임으로 변한 것이다. 1898년에 이 제비뽑기에서 이긴 한 기업은 코드곶Cape Cod (미국 매사추세츠주 남동부에 있는 반도-옮긴이) 일대의 휴대전화 서비스 제공권을 사우스웨스턴벨Southwestern Bell에 되팔았는데, 그 가격은 무려 4,100만 달러였다.

73. Paul Milgrom, 'Putting Auction Theory to Work: The Simultaneous Ascending Auction', *Journal of Political Economy*, 108(2) (2000), pp. 245-72. 동시오름경매에서는 입찰이 라운드별로 진행되며, 각 라운드 사이에 현재의 입찰 순위가 표시된다. 새로운 입찰이 없으면 경매가 종료되는데, 입찰의 공정성과 정식성을 유지하기 위해 입찰을 철회하는 쪽은 그에 상응하는 벌금을 내야 한다. 입찰 희망가를 순차적으로 접수하면 한 회사가 매물의 가격을 잔뜩 올려서 낙찰받은 경우 경쟁사들이 그 후에 나온 매물에 높은 가격을 부르지 못하기 때문에, 한 라운드의 입찰은 일괄적으로 이루어진다. 동시입찰을 시행하면 입찰자가 상호 보완적인 매물을 비교하여 입찰가를 조정할 수 있으므로, 경매 주최자뿐만 아니라 입찰자에게도 좋은 방법이다.

74. Thomas Hazlett, 2009, 'U.S. Wireless License Auctions: 1994-2009', https://www.accc.gov.au/system/files/Hazlett%2C%20Thomas%20 %28Auctions%20Paper%29.pdf. FCC 경매 목록은 https://capcp.la.psu. edu/data-and-software/fcc-spectrum-auction-data에서 찾을 수 있다.

75. 엘리너 오스트롬은 2019년에 에스테르 뒤플로Esther Duflo가 뒤를 이을 때까지 노벨 경제학상을 받은 유일한 여성이었다.

76. Derek Wall, 2014, *The Sustainable Economics of Elinor Ostrom: Commons, Contestation and Craft*, Routledge, London.

77. Elinor Ostrom, 'Design Principles of Robust Property Rights Institutions: What Have We Learned?', in Gregory K. Ingram and Yu-Hung Hong (eds.), 2009, *Property Rights and Land Policies*, Lincoln Institute of Land Policy, Columbia University Press, New York.

78. Kahneman, *Thinking, Fast and Slow*.

79. 지난 30년에 걸친 게임이론의 변천사와 현재 게임이론의 응용 상황에 대해서는 미하엘 오스트로프스키Michael Ostrovsky의 도움을 많이 받았다.

80. 사용자가 자신의 웹페이지에서 무언가를 클릭할 때마다 광고주들은 특
정 검색어에 대해 자신이 지불할 수 있는 최대 입찰가를 제시하고, 이
들 중 최고 입찰가를 제시한 광고주의 광고가 검색 페이지에서 가장 눈
에 잘 띄는 곳에 표시된다. 그러나 그가 지불하는 금액은 두 번째로 높은
입찰가이다. 두 번째로 높은 입찰가를 제시한 광고주의 광고는 두 번째
로 잘 띄는 곳에 표시되고, 그는 세 번째로 높은 입찰가를 지불한다. 그
뒤의 광고들도 마찬가지다. 이 '일반적 이차가격generalized second-price' 경
매를 최초로 설계한 게임이론가들은 IT 업계로 대거 진출했고, 이런 이
동은 하나의 흐름으로 자리 잡았다. 이차가격 경매의 변천사와 경향에
대해서는 다음의 논문을 참조하기 바란다. Benjamin Edelman, Michael
Ostrovsky and Michael Schwarz 'Internet Advertising and the Generalized
Second-Price Auction: Selling Billions of Dollars Worth of Keywords',
American Economic Review, 97(1) (2007), pp. 242–59.

81. W. D. Hamilton, 1996, *Narrow Roads of Gene Land*, vol. 1: Evolution of
Social Behaviour, Oxford University Press, Oxford.

82. 생물의 이타적 성향에 관한 조지 프라이스의 연구는 Oren Harman,
2010, *The Price of Altruism: George Price and the Search for the Origins of
Kindness*, Bodley Head, London에 잘 정리되어 있다.

83. Elinor Ostrom, 2012, 'Coevolving Relationships between Political Science
and Economics', *Rationality, Markets and Morals*, 3 (2012), pp. 51–65.

7장 게임이 된 전쟁

1. RAND 연구소의 역사에 대해서는 다음 문헌을 참고하기 바란다. Fred
Kaplan, 1983, *The Wizards of Armageddon*, Stanford University Press,
Stanford: David Jardini, 2013, *Thinking Through the Cold War: RAND,
National Security and Domestic Policy*, 1945–1975, Smashwords:
Poundstone, *Prisoner's Dilemma* and Alex Abella, 2008, *Soldiers of Reason:
The RAND Corporation and the Rise of the American Empire*, Harcourt,
San Diego, Calif.: Daniel Bessner, 2018, *Democracy in Exile: Hans Speier*

and the Rise of the Defense Intellectual, Cornell University Press. 이와 관련된 게임이론의 역사는 Paul Erickson, 2015, *The World the Game Theorists Made*, The University of Chicago Press, Chicago에 정리되어 있다,

2. 〈RAND 찬가〉의 가사과 곡을 쓴 사람은 말비나 레이놀즈Malvina Reynolds 이다. copyright 1961 Schroder Music Company, renewed 1989.

3. Kaplan, *The Wizards of Armageddon*.

4. Jacob Neufeld, 1990, *The Development of Ballistic Missiles in the United States Air Force*, 1945 – 1960, United States Government Printing Office, Washington, D.C.

5. Kaplan, *Wizards of Armageddon*.

6. Ibid.

7. Ibid.

8. H. H. Arnold, 1949, *Global Mission*, Harper & Brothers, New York.

9. 보고서의 전문은 https://www.governmentattic.org/TwardNewHorizons.html 또는 https://apps.dtic.mil/dtic/tr/fulltext/u2/a954527.pdf에서 조회할 수 있다.

10. 1987년 7월 28일, Martin Collins, Joseph Tatarewicz와의 인터뷰에서 발췌. https://www.si.edu/media/NASM/NASM-NASM_AudioIt-000006640DOCS.pdf.

11. Abella, *Soldiers of Reason*에서 인용함.

12. Leonard, *Von Neumann, Morgenstern, and the Creation of Game Theory*.

13. Larry Owens, 1989, *Mathematicians at War: Warren Weaver and the Applied Mathematics Panel, 1942–45*, ed. David Rower and John McCleary, Academic Press, Boston에서 인용함.

14. Bernard Lovell, 1988, 'Blackett in War and Peace', *The Journal of the Operational Research Society*, 39(3) (1988), pp. 221 – 33.

15. Erickson, *The World the Game Theorists Made*에서 인용함.

16. Abella, *Soldiers of Reason*에서 인용함.

17. Kaplan, *The Wizards of Armageddon*.

18. 1947년 12월 16일, 존 윌리엄스가 노이만에게 보낸 편지. Erickson, *The World the Game Theorists Made*에서 인용함.

19. Poundstone, *Prisoner's Dilemma*.

20. Ibid.

21. George B. Dantzig, 'The Diet Problem', *Interfaces*, 20(4) (1990), pp. 43 – 7. 댄치그는 아내에게 체중 감량을 선언하고 "RAND의 컴퓨터가 제안한 디저트 프로그램을 무조건 따르겠다"고 약속했다. 그러니 프로그램을 최적화하는 과정에서 사소한 오류가 발생했고, 그 결과 컴퓨터는 댄치그에게 다음과 같은 처방을 내렸다. "매일 식초 500갤런(약 1,900리터)을 마실 것."

22. https://apps.dtic.mil/dtic/tr/fulltext/u2/a157659.pdf. George B. Dantzig, 1985, *Impact of Linear Programming on Computer Development*, Department of Operations Research, Stanford University.

23. 1990년 2월 27일 로버트 레너드와의 인터뷰. Leonard, *Von Neumann, Morgenstern, and the Creation of Game Theory*에서 인용함.

24. Willis H. Ware, 2008, *RAND and the Information Evolution: A History in Essays and Vignettes*, RAND Corporation.

25. Clay Blair Jr, 'Passing of a Great Mind', *Fortune*, 25 February 1957, p. 89.

26. Leonard, *Von Neumann, Morgenstern, and the Creation of Game Theory*에서 인용함.

27. 이때 얻은 2인 결투의 해는 Melvin Dresher, 1961, *Games of Strategy: Theory and Applications*와 RAND Corporation document number CB-149-1 (2007)에 정리되어 있다.

28. 이 일화는 Leonard, *Von Neumann, Morgenstern, and the Creation of Game Theory*에 소개되어 있다.

29. 한스 스파이어, 마틴 콜린스와의 인터뷰에서 발췌(1988년 4월 5일). https://www.si.edu/media/NASM/NASM-NASM_AudioIt-000003181DOCS.pdf.

30. 수학자 조지프 말케비치Joseph Malkevich는 "가상의 세 도시에서 하수를 처리하는 순서"라는 사례를 통해 섀플리값의 원리를 깔끔하게 설명했다. http://www.ams.org/publicoutreach/feature-column/fc-2016-09.

31. Alvin E. Roth, 'Lloyd Shapley (1923 – 2016)', *Nature*, 532 (2016), p. 178에서 인용함.

32. D. Gale and L. S. Shapley, 'College Admissions and the Stability of Marriage', *American Mathematical Monthly*, 69 (1962), pp. 9–15.

33. Sylvia Nasar, 1998, *A Beautiful Mind*, Simon & Schuster, New York.

34. Ibid.

35. J. F. Nash, 'The Bargaining Problem', *Econometrica*, 28 (1950), pp. 155–62.

36. Leonard, *Reading* Cournot, *Reading* Nash: "1991년에 슈빅이 지적한 대로, 노이만이 탐탁지 않은 표정을 지었다는 것은 자신이 생각하는 게임이론의 개념과 근본적으로 달랐다는 뜻이다."

37. 1993년 2월 20일에 존 내시가 로버트 레너드에게 보낸 이메일. Nasar, *A Beautiful Mind*에서 인용함.

38. 1985년 3월 22일 헤르만 골드스타인, 앨버트 터커와 프레더릭 네베커의 인터뷰 참조. https://web.math.princeton.edu/oral-history/c14.pdf. "노이만은 똑똑한 사람을 편하게 대하지 못했다. 터커의 증언에 의하면 대학원생 해럴드 쿤이 확장경제모형의 문제점을 지적했을 때에도 노이만은 몹시 분노했다고 한다. 당시 그에게 가장 시급한 일은 문제를 해결하는 것이 아니라, 불쾌한 상황에서 한시라도 빨리 벗어나는 것이었다."

39. John F. Nash Jr, 'Equilibrium Points in N-Person Games', *Proceedings of the National Academy of Sciences of the United States of America*, 36 (1) (1950), pp. 48–9.

40. Nasar, *A Beautiful Mind*.

41. 실비아는 내시가 동성애자가 아니라고 주장했다. https://www.theguardian.com/books/2002/mar/26/biography.highereducation.

42. Leonard, *Von Neumann, Morgenstern, and the Creation of Game Theory*.

43. Steve J. Heims, 1982, *John von Neumann and Norbert Wiener: From Mathematics to the Technologies of Life and Death*, MIT Press, Cambridge, Mass.

44. Dyson, *Turing's Cathedral*에서 인용함.

45. Ibid.

46. Leonard, 'Reading Cournot, Reading Nash'.

47. Merrill M. Flood, 1952, *Some Experimental Games*, RAND Research Memorandum RM-789-1.

48. Poundstone, *Prisoner's Dilemma*.

49. Flood, *Some Experimental Games*.

50. Ibid.

51. 이것을 '역진귀납법'이라 한다. 노이만도 『게임이론』에서 이 논리를 사용했디.

52. Poundstone, *Prisoner's Dilemma*.

53. '1회성 죄수의 딜레마'에서 사람들이 침묵(협동)을 선택한다는 증거는 도처에서 쉽게 찾아볼 수 있는데, 대표적인 문헌 두 편을 여기 소개한다. R. Cooper, D. V. DeJong, R. Forsythe and T. W. Ross, 'Cooperation Without Reputation': Experimental Evidence from Prisoner's Dilemma Games', *Games and Economic Behavior*, 12(2) (1996), pp. 187–218: J. Andreoni and J. H. Miller (1993). 'Rational Cooperation in the Finitely Repeated Prisoner's Dilemma, Experimental Evidence', *The Economic Journal*, 103(418), pp. 570–85.

54. von Neumann Whitman, *The Martian's Daughter*에서 인용함.

55. Clay Blair Jr, 'Passing of a Great Mind', *Life Magazine*, 25 February 1957.

56. Alexander Field, 'Schelling, von Neumann, and the Event That Didn't Occur', *Games*, 5(1) (2014), pp. 53–89.

57. Ulam, 'John von Neumann 1903–1957'.

58. Eugene Wigner, 1957. 'John von Neumann (1903–1957)', *Yearbook of the American Philosophical Society: Symmetries and Reflections: Scientific Essays of Eugene P. Wigner*, Indiana University Press, Bloomington (1967).

59. R. Buhite and W. Hamel, 'War for Peace: The Question of an American Preventive War against the Soviet Union, 1945–1955', *Diplomatic History*, 14(3) (1990), pp. 367–84.

60. William L. Laurence, 'How Soon Will Russia Have the A-Bomb?', *Saturday Evening Post*, 6 November 1948, p. 182.

61. Buhite and Hamel 'War for Peace'.

62. Poundstone, *Prisoner's Dilemma*에서 인용함.

63. 러셀 자신은 "소련이 핵 야망을 포기하지 않으면 선제공격을 해야 한다"는 주장을 옹호한 적이 없다고 했다. 실제로 1950년대에 그는 이것을 증

명하기 위해 꽤 많은 시간을 투자했다. 그는 1958년에 핵철폐추진위원회의 초대 회장을 지냈고, 1961년에는 런던에서 핵폭탄 반대 시위를 주도했다는 이유로 89세의 나이에 7일 동안 감옥살이를 한 적도 있다. 온갖 루머에 시달리던 그는 1959년에 BBC와의 인터뷰 석상에서 마침내 진실을 밝혔다. 사회자가 러시아에 대한 예방 전쟁을 옹호한다는 게 사실이냐고 묻자, 그는 이렇게 대답했다. "맞습니다. 모두 사실입니다. 저는 그 시절을 후회하지 않으며, 제 생각은 지금도 달라지지 않았습니다. 제가 줄곧 생각해온 것은 핵 보유국 사이의 전쟁이 완전한 재앙으로 끝난다는 사실입니다."

64. 1954년 9월 8일에 노이만이 클라라에게 쓴 편지. Dyson, *Turing's Cathedral*에서 인용함.

65. Bernard Brodie, 1959, *Strategy in the Missile Age*, available as RAND Corporation document number CB-137-1 (2007).

66. https://www.manhattanprojectvoices.org/ oral-histories/george-kistiakowskys-interview.

67. 오펜하이머가 공산당의 열렬한 지지자였다는 데에는 의심의 여지가 없다. Ray Monk, 2012, *Robert Oppenheimer: A Life Inside the Center*, *Doubleday*, New York and Toronto.

68. Macrae, *John von Neumann*. 그 시대의 영국인들은 인물 평판에 대체로 관대한 편이었지만, 그래도 앨런 튜링은 백작 대접을 받지 못했다. 그는 음란혐의로 기소되어 비밀 취급 자격을 박탈당했다.

69. J. Robert Oppenheimer Personnel Hearings Transcripts, volume XII, https://www.osti.gov/includes/opennet/includes/Oppenheimer%20hearings/Vol%20XII%20Oppenheimer.pdf.

70. John Earl Haynes, Harvey Klehr and Alexander Vassiliev, 2009, 'Enormous: The KGB Attack on the Anglo-American Atomic Project', in *Spies: The Rise and Fall of the KGB in America*, trans., Philip Redko and Steven Shabad, Yale University Press, New Haven.

71. Dyson, *Turing's Cathedral*에서 인용함.

72. Erickson, *The World the Game Theorists Made*.

73. Roberta Wohlstetter, 1962, *Pearl Harbor: Warning and Decision*, Stanford

University Press, Stanford.

74. Albert Wohlstetter, Fred Hoffman, R. J. Lutz and Henry S. Rowen, 1954, *Selection and Use of Strategic Air Bases*, RAND Corporation, Santa Monica.

75. Albert Wohlstetter, 'The Delicate Balance of Terror', *Foreign Affairs*, 37 (January 1959); 1958년 12월에 RAND에서 출긴한 버진에는 더욱 자세한 내용이 수록되어 있다. https://www.rand.org/pubs/papers/P1472. html.

76. Kaplan, *The Wizards of Armageddon*.

77. 칸에게 이 별명을 붙여준 사람은 알렉스 아벨라였다.

78. Kaplan, *The Wizards of Armageddon*.

79. Ibid.

80. Herman Kahn and Irwin Mann, 1957, *Game Theory*, https://www.rand. org/pubs/papers/P1166,html.

81. Sharon Ghamari-Tabrizi, 2005, *The Worlds of Herman Kahn: The Intuitive Science of Thermonuclear War*, Harvard University Press, Cambridge, Mass.

82. Herman Kahn, 1960, *On Thermonuclear War*, Princeton University Press, Princeton.

83. 스탠리 큐브릭 감독은 〈열핵전쟁〉의 상당 부분을 〈닥터 스트레인지러브〉의 시나리오에 도입했다. 이 사실을 전해들은 칸이 저작권료를 요구해오자 큐브릭은 이렇게 대답했다. "칸 선생, 이 바닥은 그런 식으로 돌아가지 않아요!"

84. [영화] *Dr Strangelove, or: How I Stopped Worrying and Learned to Love the Bomb*, Stanley Kubrick 감독(1964).

85. James R. Newman, 'Two Discussions of Thermonuclear War', *Scientific American*, March 1961.

86. 칸은 "내가 존재하지 않는다는 뉴먼의 주장이 틀렸다는 데 내기를 걸어서 10파운드를 벌었다"며 여유 있는 농담을 구사했다.

87. Thomas C. Schelling, 1958, 'The Strategy of Conflict: Prospectus for a Reorientation of Game Theory', *Journal of Conflict Resolution*, 2(3), pp. 203-64.

88. Thomas C. Schelling, 1960, *The Strategy of Conflict*, Harvard University

Press, Cambridge, Mass.

89. Thomas C. Schelling, 'Bargaining, Communication, and Limited War', *Conflict Resolution*, 1(1) (1957), pp. 20, 34.

90. John von Neumann, 'Defense in Atomic War', *Scientific Bases of Weapons, Journal of American Ordnance Association*, 6(38) (1955).

91. 노이만이 말하는 원자폭탄은 책을 집필하던 무렵에 만든 최신형 폭탄이다. 히로시마와 나가사키에 떨어진 원자폭탄의 위력은 신형 폭탄의 1,000분의 1밖에 되지 않았다.

92. 미국의 핵억제 정책은 Marc Trachtenberg, 'Strategic Thought in America, 1952 – 1966', *Political Science Quarterly*, 104(2) (1989), pp. 301 – 34에 요약되어 있다.

93. https://fas.org/irp/doddir/dod/jp3_72.pdf.

8장 생명의 논리를 찾아

1. https://www.youtube.com/watch?v=3KJbrb0P8jQ&feature=emb_title.

2. Alex Ellery, 'Are Self-Replicating Machines Feasible?', *Journal of Spacecraft and Rockets*, 53(2) (2016), pp. 317 – 27.

3. 저자와 교환한 이메일에서 발췌.

4. 심각한 부작용은 없을 것이다. 벌떼 위성은 언제든지 폐기할 수 있다.

5. John von Neumann, 'The General and Logical Theory of Automata'. 첫 원고는 Lloyd A. Jeffress (ed.), 1951, *Cerebral Mechanisms in Behavior: The Hixon Symposium*, Wiley, New York을 통해 출판되었다.

6. Ibid.

7. Von Neumann, 'The General and Logical Theory of Automata'.

8. Robert A. Freitas Jr and Ralph C. Merkle, 2004, *Kinematic Self-Replicating Machines*, Landes Bioscience, Georgetown, Texas, http://www.MolecularAssembler.com/KSRM.htm.

9. Von Neumann, 'The General and Logical Theory of Automata'.

10. Erwin Schrödinger, 1944, *What Is Life?*, Cambridge University Press,

Cambridge.

11. 슈뢰딩거의 저서 『생명이란 무엇인가?』에 대한 주요 서평은 Philip Ball, 2018, 'Schrödinger's Cat among Biology's Pigeons: 75 Years of *What Is Life?*', *Nature*, 560 (2018), pp. 548–50을 참고하기 바란다.

12. Sydney Brenner, 1984, 'John von Neumann and the History of DNA and Self-replication', https://www.webofstories.com/play/sydney.brenner/45.

13. Dyson, *Disturbing the Universe*.

14. Arthur W. Burks, 1966, *Theory of Self-reproducing Automata*, University of Illinois Press, Urbana.

15. John G. Kemeny, 'Man Viewed as a Machine', *Scientific American*, 192(4) (1955), pp. 58–67.

16. Philip K. Dick, 'Autofac', *Galaxy*, November 1955.

17. Lawrence Sutin, [1989], *Divine Invasions: A Life of Philip K. Dick*, Harmony Books, New York.

18. 노이만은 지주(버팀대strut)를 '고정된 수rigid number'라 불렀는데, 이 용어는 오해의 소지가 있어서 언급하지 않았다.

19. 노이만은 세포의 아래쪽을 출력 전송 상태로 선택했다.

20. Umberto Pesavento, 1995, 'An Implementation of Von Neumann's Self-reproducing Machine', *Artificial Life*, 2(4) (1995), pp. 337–54.

21. 인공생명의 발달사는 Steven Levy, 1993, *Artificial Life: A Report from the Frontier Where Computers Meet Biology*, Vintage, New York을 참고하기 바란다.

22. Arthur W. Burks, 1966, *Theory of Self-reproducing Automata*, University of Illinois Press, Urbana.

23. 자세한 사연은 콘웨이의 전기인 Siobhan Roberts, 2015, *Genius at Play: The Curious Mind of John Horton Conway*, Bloomsbury, London을 읽어보기 바란다.

24. Ibid.

25. Ibid.

26. Ibid.

27. Martin Gardner, 2013, *Undiluted Hocus-Pocus: The Autobiography of*

Martin Gardner, Princeton University Press, Princeton.

28. Levy, *Artificial Life*에서 인용함.

29. 여기서 말하는 논리연산이란 불 대수Boolean algebra의 AND, OR, NOT을 의미한다.

30. 2001년에 폴 렌델은 '라이프'에서 튜링머신을 구현했고, 얼마 후 범용 버전이 완성되었다. http://www.rendell-attic.org/gol/tm.htm.

31. Fred Hapgood, 1987, 'Let There Be Life', *Omni*, 9(7) (1987)에서 인용함. http://www.housevampyr.com/training/library/books/omni/OMNI_1987_04.pdf.

32. E. O. Wilson, 1975, *Sociobiology: The New Synthesis*, Harvard University Press, Cambridge, Mass.

33. Levy, *Artificial Life*.

34. Ibid.

35. Tommaso Toffoli, 1977, 'Computation and Construction Universality of Reversible Cellular Automata', *Journal of Computer and System Sciences*, 15(2), pp. 213–31.

36. Levy, *Artificial Life*에서 인용함.

37. Ibid.

38. 이 내용에 관한 프레드킨의 주장은 Fredkin, 1990, 'Digital Mechanics: An Informational Process based on Reversible Universal Cellular Automata', *Physica D*, 45 (1990), pp. 254–70에 실려 있다.

39. Steven Levy, 'Stephen Wolfram Invites You to Solve Physics', *Wired* (2020), https://www.wired.com/story/stephen-wolfram-invites-you-to-solve-physics/.

40. 프레드킨와 울프럼 사이의 원조 논쟁에 대해서는 Levy, *Artificial Life*; Keay Davidson, 'Cosmic Computer – New Philosophy to Explain the Universe', *San Francisco Chronicle*, 1 July 2002; https://www.stephenwolfram.com/media/cosmic-computer-new-philosophy-explain-universe/를 참고하기 바란다.

41. Steven Wolfram, 2002, *A New Kind of Science*, Wolfram Media, Champagne, Ill.

42. https://www.wolframscience.com/reference/notes/876b.

43. Wolfram, *A New Kind of Science*.

44. Matthew Cook, 'Universality in Elementary Cellular Automata', *Complex Systems*, 15 (2004), pp. 1–40.

45. Steven Wolfram, 1984, 'Universality and Complexity in Cellular Automata', *Physica D*, 10(1–2), pp. 1–35.

46. Steven Wolfram, 2002, *A New Kind of Science*, Wolfram Media, Champagne, Ill. https://www.wolframscience.com/nks/.

47. Steven Levy, 2002, 'The Man Who Cracked the Code to Everything⋯', *Wired*, 1 June 2002, https://www.wired.com/2002/06/wolfram/.

48. Steven Levy, 'Great Minds, Great Ideas', *Newsweek*, 27 May 2002, p. 59, https://www.newsweek.com/great-minds-great-ideas-145749.

49. https://writings.stephenwolfram.com/2020/04/finally-we-may-have-a-path-to-the-fundamental-theory-of-physics-and-its-beautiful/.

50. Wolfram's Registry of Notable Universes, https://www.wolframphysics.org/universes/.

51. Adam Becker, 'Physicists Criticize Stephen Wolfram's "Theory of Everything"', *Scientific American*, https://www.scientificamerican.com/article/physicists-criticize-stephen-wolframs-theory-of-everything/.

52. Franz L. Alt, 1972, 'Archaeology of Computers Reminiscences, 1945–1947', *Communications of the ACM*, 15(7) (1972), pp. 693–4, doi: https://doi.org/10.1145/361454.361528.

53. 바리첼리에 대한 자세한 정보는 Dyson, *Turing's Cathedral*, chapter 12; Robert Hackett, 'Meet the Father of Digital Life', Nautilus, 12 June 2014, https://nautil.us/issue/14/mutation/meet-the-father-of-digital-life; Alexander, R. Galloway, *Creative Evolution*, http://cultureandcommunication.org/galloway/pdf/Galloway-Creative_Evolution-Cabinet_Magazine.pdf를 참고하기 바란다.

54. 고등연구소 컴퓨터를 이용한 실험은 Nils Aall Barricelli, 'Numerical Testing of Evolution Theories. Part I: Theoretical Introduction and Basic Tests', *Acta Biotheoretica*, 16 (1963), pp. 69–98에 소개되어 있다.

55. Ibid.

56. 1953년 10월 22일에 닐스 알 바티첼리가 노이만에게 보낸 메모. IAS School of Mathematics, members, Ba‒Bi, 1933‒1977, IAS Archives.

57. Jixing Xia et al., 'Whitefly Hijacks a Plant Detoxification Gene That Neutralizes Plant Toxins', *Cell*, 25 March 2021, https://doi.org/ 10.1016/ j.cell. 2021.02.014.

58. Levy, *Artificial Life*에서 인용함.

59. Christopher G. Langton, 'Self-reproduction in Cellular Automata', *Physica 10D* (1984), pp. 135‒44.

60. Levy, *Artificial Life*에서 인용함.

61. Ibid.

62. Christopher G. Langton, 1990, 'Computation at the Edge of Chaos: Phase Transitions and Emergent Computation', *Physica D*, 42 (1990), pp. 12‒37.

63. Christopher G. Langton (ed.), 1989, *Artificial Life*, Santa Fe Institute Studies in the Sciences of Complexity, vol. 6, Addison‒Wesley, Reading, Mass.

64. D. G. Gibson et al., 'Creation of a Bacterial Cell Controlled by a Chemically Synthesized Genome', *Science*, 329 (2010), pp. 52‒6.

65. Nicholas Wade, 'Researchers Say They Created a "Synthetic Cell"', *New York Times*, 20 May 2010.

66. Clyde A. Hutchison III et al., 'Design and Synthesis of a Minimal Bacterial Genome', *Science*, 351 (2016), aad625.

67. Marian Breuer et al., 2019, 'Essential Metabolism for a Minimal Cell', *eLife*, 8 (2019), doi:10.7554/eLife.36842.

68. Kendall Powell, 2018, 'How Biologists Are Creating Life-like Cells from Scratch', *Nature*, 563 (2018), pp. 172‒5.

69. Eric Drexler, 1986, *Engines of Creation*, Doubleday, New York.

70. Lionel S. Penrose, 'Self-Reproducing Machines', *Scientific American*, 200(6) (1959), pp. 105‒14. 펜로즈의 모형이 작동하는 모습은 https:// www.youtube.com/watch?v=2_9ohFWR0Vs 와 https://www.youtube.

com/watch?v=1sIph9VrmpM에서 볼 수 있다.

71. Homer Jacobson, 'On Models of Reproduction', *American Scientist*, 46(3) (1958), pp. 255 – 84.

72. Edward F. Moore, 1956, 'Artificial Living Plants', *Scientific American*, 195(4) (1956), pp. 118 – 26.

73. Dyson, *Disturbing the Universe*.

74. Freitas and Merkle, *Kinematic Self-Replicating Machines*.

75. Robert A. Freitas Jr, 1980, 'A Self-Reproducing Interstellar Probe', *Journal of the British Interplanetary Society*, 33 (1980), pp. 251 – 64.

76. R. A. Freitas and W. P. Gilbreath (eds.), 1982, *Advanced Automation for Space Missions*, NASA Conference Publications CP-2255 (N83- 15348), https://en.wikisource.org/wiki/Advanced_Automation_for_Space_Missions.

77. Richard Laing, 'Automaton Models of Reproduction by Self-inspection', *Journal of Theoretical Biology*, 66(3) (1977), pp. 437 – 56.

78. Olivia Brogue and Andreas M. Hein, 'Near-term Self-replicating Probes – A Concept Design', *Acta Astronautica*, 온라인 기사는 2021년 4월 2일에 올라온 https://doi.org/10.1016/j.actaastro.2021.03.004에서 읽을 수 있다.

79. R. T. Fraley et al., 'Expression of Bacterial Genes in Plant Cells', *Proceedings of the National Academy of Sciences*, USA, 80(15) (1983), pp. 4803 – 7.

80. Drexler, *Engines of Creation*.

81. Jim Giles, 2004, 'Nanotech takes small step towards burying 'grey goo'', *Nature*, 429, pp. 591.

82. Drexler, *Engines of Creation*.

83. 'Nanotechnology: Drexler and Smalley Make the Case For and Against "Molecular Assemblers"', *Chemical and Engineering News*, 81(48) (2003), pp. 37 – 42.

84. Salma Kassem et al., 'Steroedivergent Synthesis with a Programmable Molecular Machine', *Nature*, 549(7672) (2017), pp. 374 – 8.

85. A. H. J. Engwerda and S. P. Fletcher, 'A Molecular Assembler That Produces Polymers', *Nature Communications*, 11 (2020), https://doi.org/10.1038/s41467-020-17814-0.

86. Thomas C. Schelling, 'Dynamic Models of Segregation', *Journal of Mathematical Sociology*, 1 (1971), pp. 143 – 86.

87. '다각형 수수께끼'는 셸링의 모형에서 착안한 게임이다. https://ncase.me/polygons/.

88. Schelling, 'Dynamic Models of Segregation'.

89. Ulam, *Adventures of a Mathematician*.

90. Goldstine, *The Computer from Pascal to von Neumann*.

91. Robert Jastrow, 1981, *The Enchanted Loom: Mind in the Universe*, Simon and Schuster, New York.

92. https://www.gsmaintelligence.com/data/.

93. Jeremy Bernstein, 'John von Neumann and Klaus Fuchs: An Unlikely Collaboration', *Physics in Perspective*, 12 (2010), pp. 36 – 50.

94. Philip J. Hilts, 1982, *Scientific Temperaments: Three Lives in Contemporary Science*, Simon and Schuster, New York.

95. Dyson, *Turing's Cathedral*.

96. John von Neumann, 2012 (first published 1958), *The Computer and the Brain*, Yale University Press, New Haven.

97. Von Neumann, *The Computer and the Brain*.

98. Robert Epstein, 'The Empty Brain', *Aeon*, 18 May 2016, https://aeon.co/essays/your-brain-does-not-process-information-and-it-is-not-a-computer.

99. Stan isław Ulam, 'John von Neumann 1903 – 1957', *Bulletin of the American Mathematical Society*, 64(3) (1958), pp. 1 – 49.

100. *John von Neumann*, Documentary Mathematical Association of America, 1966. 2019년에 나에게 DVD 영상을 보내준 데이비드 호프만에게 감사드린다(그는 이 영상을 제작한 장본인이다). 본문에 언급된 사진도 이 영상에 등장하는데, 다음 주소에서 확인할 수 있다. https://archive.org/details/JohnVonNeumannY2jiQXI6nrE.

101. Macrae, *John von Neumann*.

102. 'Benoit Mandelbrot – Post-doctoral Studies: Weiner and Von Neumann (36/144)', Web of Stories – Life Stories of Remarkable People, https://

www.youtube.com/watch?v=U9kw6Reml6s.

103. https://rjlipton.wpcomstaging.com/the-gdel-letter/. Richard J. Lipton, 2010, *The P=NP Question and Gödel's Lost Letter*, Springer, New York.

104. 1955년 4월 19일에 노이만이 딸 마리나에게 쓴 편지. *The Martian's Daughter*에서 인용함.

105. Dyson, *Turing's Cathedral*에서 인용함.

106. Ibid.

107. 마리나가 저자에게 보낸 이메일에서 인용함.

108. *John von Neumann*, Documentary Mathematical Association of America, 1966.

109. Ulam, *Adventures of a Mathematician*.

110. Dyson, *Turing's Cathedral*에서 인용함.

111. von Neumann Whitman, *The Martian's Daughter*에서 인용함.

에필로그

1. Frank, J. Tipler, 'Extraterrestrial Beings Do Not Exist', *Quarterly Journal of the Royal Astronomical Society*, 21(267) (1981).

2. Ulam, 'John von Neumann 1903–1957'.

3. Heims, *John von Neumann and Norbert Wiener*.

4. 1939년 3월 29일에 노이만이 루돌프 오르트베이에게 보낸 편지. von Neumann, *Selected Letters*.

5. 'Benoit Mandelbrot – A Touching Gesture by Von Neumann', Web of Stories – Life Stories of Remarkable People, https://www.youtube.com/watch?v=wu6vGDk5kzY.

6. 2019년 1월 14일, 저자와의 인터뷰에서 발췌.

7. John von Neumann, 'Can We Survive Technology?', *Fortune*, June 1955.

감사의 글

감사드릴 사람의 명단은 엄청나게 길지만, 제일 먼저 언급해야 할 두 사람이 있다. 이들의 도움이 없었다면 이 책은 결코 태어나지 못했을 것이다. 그 첫 번째 인물은 노이만의 딸인 마리나 폰 노이만 휘트먼 Marina von Neumann Whitman이다. 그녀는 내가 책을 집필하는 동안 원고를 읽으면서 끊임없이 용기를 북돋워주었으며, 그 덕분에 나는 그녀의 아버지에 대해 큰 오해를 하지 않았음을 확인할 수 있었다. 두 번째 인물은 제러미 그레이Jeremy Gray이다. 집필 초기 단계에서 그의 도움을 받지 못했다면 나는 모든 희망을 잃고 포기했을 것이다.

이 책이 마무리될 때까지 원고를 읽고, 또 읽고, 수정하고, 편집해준 짐 배것Jim Baggott, 필 볼Phil Ball, 대니얼 베스너Daniel Bessner, 데니스 딕스Dennis Dicks, 제러미 그레이, 토머스 헤이그, 팀 하퍼드Tim Harford, 본 존스Vaughan Jones(고이 잠드시길), 샨 마지드Shahn Majid, 마이클 오스트로프스키Machael Ostrovsky, 울리치 페니그Ulrich Pennig, 마크 프리스틀리Mark Priestley, 레나토 레너Renato Renner, 카타리나 리즐러Katharina Rietzler, 앤드루 라이트Andrew Wright, 코스타스 조보스Costas Zobous에게 감사드린다. 그리고 집필 초기에 도움을 준 켄 쿠키어Kenn Cukier와 스티브 수Steve Hsu, 데이비드 머스그레이브David Musgrave에게도 고마운 마음을 전한다.

이 책은 수많은 거인들의 어깨 위에 아슬아슬하게 자리 잡고 있다. 이 거인들이 집필한 도서 목록을 참고문헌에 소개해놓았으니, 그 귀한 목록에서 보물 같은 지식을 건져가기 바란다.

어려웠던 시기에 많은 도움을 준 크리스 웰빌러브Chris Wellbelove와 나의 수많은 실수를 바로잡아준 편집자 카시아나 이오니타Casiana Ionita에게도 깊이 감사드린다. 그 후에도 남아 있는 실수와 오류는 전적으로 나의 책임이다. 이 책 한 권을 만들기 위해 참으로 많은 사람들이 수고를 아끼지 않았다. 펭귄사의 매트 허친슨Matt Hutchinson, 에드워드 커크Edward Kirke, 레베카 리Rebeca Lee, 이모겐 스콧Imogen Scott, 데이비드 왓슨David Watson, 다미카 라이트Dahmica Wright, 매트 영 Matt Young과 W. W. 노튼앤컴퍼니W. W. Norton and company의 알렌 레인 Allen Lane, 매트 윌랜드Matt Weiland, 후니야 시디키Huneeya Siddiqui에게도 감사의 말을 전하고 싶다.

이 책을 쓰는 동안 나의 아내와 아이들은 힘겨운 시간을 나와 함께했고, 때로는 나 때문에 힘겨운 시간을 보내기도 했다. 내가 물리학을 공부하겠다고 했을 때 영어 담당 번리Burnley 선생님의 놀란 표정이 지금도 눈에 선하다. 학창 시절 나에게 꿈과 용기를 심어주셨던 선생님께 이 자리를 빌려 다시 한번 감사드린다. 이 책이 그 당혹스러운 결정에 조금이나마 보상이 되기를 바란다. 마지막으로, 나의 어머니 수자야 바타차리야Sujaya Bhattacharya는 언젠가 내가 책을 쓰게 되리라고 항상 말씀하셨다. 인도의 어머니들은 자식 자랑에 전혀 인색하지 않다. 사람들 앞에서 쑥스러워도 좋으니, 어머니께서 다시 돌아와 내 자랑을 해주신다면 얼마나 좋을까.

옮긴이의 글

모터사이클 두 대 A, B가 시동을 건 채 100미터 떨어진 거리에서 서로 마주 보며 으르렁대고 있다. 이제 신호가 울리면 동시에 출발하여 무식하기 그지없는 치킨게임을 할 참이다. 두 모터사이클의 속도는 초속 10미터로 똑같고, 두 운전자의 담력도 똑같다. 그런데 출발하기 전에 A의 헬멧에 파리가 한 마리 앉아 있었다. 이 파리는 한 번 날았다 하면 초속 100미터로, 모터사이클보다 10배나 빠르다.

탕! 소리와 함께 A와 B는 서로 상대방을 향해 초속 10미터로 달리기 시작했고, A의 헬멧에 앉아 있던 파리도 총소리에 놀라 동시에 출발했다. 파리는 모터사이클보다 훨씬 빠르므로 출발과 동시에 A의 헬멧을 이탈하여 B를 향해 날아가다가, 잠시 후 B의 헬멧에 닿는 순간 곧바로 U턴하여 다시 A를 향해 날아간다. 이런 식으로 파리는 둘 사이를 오락가락 하다가 A와 B가 충돌하는 순간 두 사람의 헬멧 사이에 끼어 장렬하게 전사했다. 그렇다면 파리가 살아 있는 동안 날아간 거리는 총 몇 미터인가?

이 문제를 풀 때 '거리'라는 물리량에 집착하면 함정에 빠지기 쉽다. 각 구간마다 파리가 날아간 거리를 구해서 일일이 더하는 식으로 접근한다면 초항과 공비를 구한 후, 무한등비급수의 합을 구해야 한다. 물론 이것도 날아간 거리가 등비수열을 이룬다는 '수학적 감'이 있어야 가능하다. 하지만 의외로 간단한 풀이법이 있다. 두 모터사이클은 속도가 같으므로 가운데 지점에서 만날 것이고, 만날 때까지 걸리는 시간은 50/10=5초이다. 그런데 파리는 1초당 100미터를 날아간다고 했으므로, 5초 동안 날아간 거리는 당연히 500미터이다. [Q.E.D.]

이 책의 주인공 존 폰 노이만이 프린스턴 고등연구소의 휴게실에서 쉬고 있을 때 한 젊은 수학자가 다가와 위의 문제를 내주었다. 그리고 몇 초 후, 두 사람 사이에 다음과 같은 대화가 오고갔다.

　"당연히 500미터지. 너무 쉽잖아."
　"역시 대단하시네요. 무한등비수열 대신 시간을 이용해서 푸신 거죠?"
　"어라? 그런 방법도 있었네?"

그렇다. 노이만은 그 복잡한 계산을 단 몇 초 만에 해낸 것이다. 이 일화는 프린스턴뿐만 아니라 전 세계 과학자들 사이에 전설처럼 전해오고 있다. 물론 계산이 빠르다고 해서 반드시 뛰어난 과학자가 된다는 보장은 없지만, 모든 면에서 유리한 것만은 분명한 사실이다. 컴퓨터의 속도가 별로 빠르지 않았던 시절, 컴퓨터에게 "2의 거듭제곱수(2^n) 중 1,000의 자리가 7이면서 가장 작은 수를 계산하라"

고 시켜놓고, 노이만이 암산으로 컴퓨터보다 빨리 답을 알아냈다는 일화도 있다(답: $2^{21} = 2,097,152$).

두말할 것도 없이 노이만은 계산의 천재다. 그러나 노이만에게 이런 일화가 유독 많은 것은 보통 사람들이 천재의 수준을 가늠할 때 이런 단순 계산 외에 마땅한 방법이 없기 때문이다. 나는 이런 일화 때문에 노이만의 진가가 오히려 퇴색되었다는 느낌이 든다. 그가 머리 회전이 빠르고 기억력이 좋은 것은 사실이지만(7개 언어를 원어민 수준으로 구사했고, 유명한 문학작품과 백과사전을 통째로 외우고 다녔다), 이 인슈타인이나 괴델 같은 천재들 사이에서도 '찐천재'로 통했던 이유는 보통 사람들의 머리로 상상하기 어려운 탁월한 재능이 있기 때문이다. 노이만이 열아홉 살(1922년) 때 완성한 박사학위 논문 「집합론의 공리화The Axiomatization of Set Theory」는 집합론의 기초를 견고하게 다지고 러셀의 역설을 피해가는 방법까지 제시한 당대의 걸작으로 남아 있다.

내가 노이만이라는 이름을 처음 접한 것은 대학에서 양자역학을 공부할 때였다. 이 책의 3장에서 언급한 대로, 양자역학의 초창기에는 하이젠베르크의 행렬역학과 슈뢰딩거의 파동역학이 "동일한 결과를 낳는 별개의 이론"으로 대립하고 있었다. 비유하자면 디지털(행렬matrix)과 아날로그(파동방정식)의 대치 상황이다. 두 이론으로 계산한 결과는 똑같은데 풀이 방식이 달라도 너무 달랐기 때문에, 물리학자들은 찜찜한 마음을 억누르고 경우에 따라 둘 중 하나를 골라서 쓰고 있었다. "어떤 천재가 혜성처럼 나타나서 두 이론이 같다는 것을 증명해준다면 얼마나 좋을까?" 궁하면 통한다더니, 바로 이 시기에 20대 초반의 노이만이 물리학계에 말 그대로 '혜성처럼' 나타나 깊은 수학적 단계에서 "행렬역학=파동역학"임을 증명했다. 외관상 완전히 다르게 보였던 두 역학체계가 수학적으로 동일하다니, 물리학자들에게는 최고의 희소식이었을 것이다. 그 후로 물리학자들은 찜찜했던 마음을 훌훌 털어버리고 양자역학을 마음 놓고 남발할 수 있게 되었지만, 두 섬 사이에 다리를 놓아준 젊은 수학자의 공로를 강조하는 사람은 별로 없었다. 대부분의 양자역학 교과서에는 "두 이론이 근본적으로 같다는 것을 존 폰 노이만이 증명했다"는 짤막한 멘트만 있을 뿐이다(노이만의 이름을 아예 언급하지 않은 교과서도 있다). 배경지식이 전혀 없었던 나는 노이만이 과소평가되었다는 사실을 전혀 모르는 채 "노이만=천재 수학자"라는 등식만 기억하고 넘어갔다.

어릴 때부터 전쟁사에 유난히 관심이 많았던 나는 미국의 원자폭탄 개발사에 관한 책을 읽다가 또다시 노이만이라는 이름을 접하게 되었다. 맨해튼 프로젝트를 진두지휘한 사람은 오펜하이머인데, 그 책에는 노이만의 이름이 더욱 크게 부각되어 있었다. "설마, 이 노이만이 그 노이만일까? 수학하고 폭탄은 완전히 다른 분야인데?" 그러나 이 노이만은 정말로 그 노이만이었다. 폭탄 속에서 진행되는 연쇄반응의 속도를 조절하려면 엄청나게 복잡한 미분방정식을 풀어야 하는데, 이 문제를 해결한 주인공이 바로 천재 수학자 노이만이었던 것이다. 그래서 내 머릿속 등식은 "노이만=천재수학자&원자폭탄 전문가"로 조금 더 길어졌다.

내가 대학원에 입학한 바로 그해(1983년)에 애플의 개인용 컴퓨터가 우리나라에 처음으로 출시되면서 PC 시대의 막이 올랐다. 유행을 따라 컴퓨터에 관심을 갖게 된 나는 컴퓨터의 역사를 훑어보다가 컴퓨터의 창시자가 노이만이라는 사실을 알게 되었다. 기계식 부품을 전자식으로 바꾼 것만 빼고 거의 계산기나 다름없었던 ENIAC을 프로그램 가능한 컴퓨터인 EDVAC으로 개조하여 컴퓨터 시대의 서막을 연 주인공이 또 노이만이라는 것이다. 그가 1945년에 작성한 「EDVAC에 대한 첫 번째 보고서First Draft of a Report on the EDVAC」는 "현대식 컴퓨터의 출생증명서"로 알려져 있다. 또한 나는 학위 논문을 작성할 때 복잡한 적분을 컴퓨터로 해결하는 '몬테카를로 시뮬레이션Monte Carlo Simulation'을 수도 없이 실행했는데, 이 방법을 최초로 고안한 사람도 노이만이었다. 그리하여 나의 노이만 공식은 "노이만=천재 수학자&원자폭탄 전문가&컴퓨터의 창시자"로 또 다시 길어졌다.

그 후에도 첨단기술에 대한 관심이 많아질수록 나의 노이만 등식에 새로운 항이 계속 추가되어 지금은 나열하기 귀찮을 정도로 길어졌는데, 말이 나온 김에 한번 써보자면 "노이만=천재 수학자&원자폭탄 전문가&컴퓨터의 창시자&게임이론의 창시자&자기복제기계의 창시자&경제학자&노벨상 제조기"이다. 마지막 항목이 추가된 이유는 수학과 게임이론 분야에서 노이만이 제기했던 연구 주제를 계속 파고든 끝에 노벨상과 필즈상을 받은 사람이 수두룩하기 때문이다(영화 〈뷰티풀 마인드〉의 주인공 존 내시도 그들 중 한 사람이다). 물론 여기에는 많은 항목이 누락되어 있다. 일일이 나열하면 10개는 족히 넘을 것이다. 노이만은 시대를 심할 정도로 과하게 앞서가다가 이 세상이 그의 업적을 깨달을 시간도 주지 않고 54세의 젊은 나이에 암으로 세상을 떠났다. 그러나 그의 머리에서 탄생한 보물 같은 개념들은 수학과 물리학을 비롯하여 컴퓨터, 스마트폰, 우주선, 경제 이론, 진화생물학, 분자생물학, 심지어 정치계까지 골고루 퍼져서 우리의 일상생활을 지배하고 있다.

"할 줄 아는 사람은 그냥 하고, 할 줄 모르는 사람은 남을 가르친다Those who can, just do. Those who can't, teach." 내가 좋아하는 명언이다. 나는 후자에 속하는 사람이어서 졸업 후 평생 동안 남을 가르치기만 했다. 그러나 무엇이건 "정말로 할 줄 아는 사람"은 상아탑에 갇혀 있을 이유가 없다. 본인은 갇혀 있고 싶다 해도 세상이 그를 가만히 놔두지 않는다. 노이만이 바로 전자에 속하는 전형적인 인물이었다. 그의 정식 직함은 프린스턴 고등연구소의 연구교수였지만 국방부와 CIA, 그리고 싱크탱크의 대명사인 RAND 연구소의 자문위원으로 활동하면서 미국 전역을 누비고 다녔다. "학자=교육자"라는 고리타분한 등식을 가뿐하게 타파하고 평생을 현장에서 뛰었던 만능의 천재, 그런 이유로 학계에서는 심하게 과소평가된 천재 중의 천재. 그가 바로 존 폰 노이만이었다.

평소 존경해마지 않았던 그였지만, 깔끔하게 정돈된 그의 전기를 번역하면서 시대를 심하게 앞서간 천재의 단명했던 삶이 더욱 마음속 깊이 와닿는다. 이토록 값진 책을 번역할 기회를 주신 웅진지식하우스의 편집진 여러분에게 깊이 감사드리며, 이 책을 계기로 '존 폰 노이만'이라는 이름이 독자들의 뇌리 한 구석에 남아주기를 소박한 마음으로 기대해본다.

마지막으로 노이만의 위대함을 기리는 의미에서, 그가 창시했던 게임이론의 문제 하나를 제시하는 것으로 마칠까 한다.

세 사람 A, B, C가 정삼각형의 세 꼭짓점에 서서 권총 결투를 준비하고 있다. 둘이 하는 2인결투라면 먼저 뽑아서 먼저 쏘면 되지만, 세 명이 하는 3중 결투에서는 상황이 매우 복잡해진다. A의 명중률은 3분의 1, B의 명중률은 2분의 1인데, C는 전직 스나이퍼여서 명중률이 1이다. 이런 상황에서는 공정한 결투가 될 수 없으므로, 명중률이 낮은 사람부터 한 발씩 쏘면서 순차적으로 돌아가기로 합의했다. 자, 여러분이 A의 입장이라면 첫 발을 어디에 대고 쏴야 생존 확률을 최대로 높일 수 있을까?

2023년 여름
박병철

참고문헌

Abella, Alex, 2008, *Soldiers of Reason: The RAND Corporation and the Rise of the American Empire*, Harcourt, San Diego, Calif.

Aspray, William, 1990, *John von Neumann and the Origins of Modern Computing*, MIT Press, Cambridge, Mass.

Baggott, Jim, 2003, *Beyond Measure: Modern Physics, Philosophy and the Meaning of Quantum Theory*, Oxford University Press, Oxford.

Baggott, Jim, 2009, *Atomic: The First War of Physics and the Secret History of the Atom Bomb: 1939–49*, Icon Books, London.

Binmore, Ken, 2007, *Game Theory: A Very Short Introduction*, Oxford University Press, Oxford.

Burks, Arthur W., 1966, *Theory of Self-reproducing Automata*, University of Illinois Press, Urbana.

Byrne, Peter, 2010, *The Many Worlds of Hugh Everett III: Multiple Universes, Mutual Assured Destruction, and the Meltdown of a Nuclear Family*, Oxford University Press, Oxford.

Copeland, Jack B. (ed.), 2004, *The Essential Turing: Seminal Writings in Computing, Logic, Philosophy, Artificial Intelligence, and Artificial Life Plus The Secrets of Enigma*, Oxford University Press, Oxford.

Davis, Martin, 2000, *The Universal Computer: The Road from Leibniz to Turing*, W. W. Norton & Company, New York.

Dawson, John W., 1997, *Logical Dilemmas: The Life and Work of Kurt Gödel*, A. K. Peters, Wellesley, Mass.

Drexler, Eric, 1986, *Engines of Creation,* Doubleday, New York.

Dyson, Freeman, 1979, *Disturbing the Universe,* Harper and Row, New York.

Dyson, George, 2012, *Turing's Cathedral,* Pantheon Books, New York.

Einstein, Albert, 1922, *Sidelights on Relativity,* E. P. Dutton and Company, New York.

Erickson, Paul, 2015, *The World the Game Theorists Made,* The University of Chicago Press, Chicago.

Frank, Tibor, 2007, *The Social Construction of Hungarian Genius (1867–1930),* Eötvös Loránd University, Budapest.

Freitas, Robert A., Jr and Merkle, Ralph C., 2004, *Kinematic Self-Replicating Machines,* Landes Bioscience, Georgetown, Tex., http://www.MolecularAssembler.com/KSRM.htm.

Goldstein, Rebecca, 2005, *Incompleteness: The Proof and Paradox of Kurt Gödel,* W. W. Norton & Company, New York.

Goldstine, Herman H., 1972, *The Computer from Pascal to von Neumann,* Princeton University Press, Princeton.

Gowers, Timothy (ed.), 2008, *The Princeton Companion to Mathematics,* Princeton University Press, Princeton.

Gray, Jeremy, 2000, *The Hilbert Challenge,* Oxford University Press, Oxford.

Gray, Jeremy, 2008, *Plato's Ghost: The Modernist Transformation of Mathematics,* Princeton University Press, Princeton.

Haigh, Thomas, Priestley, Mark and Rope, Crispin, 2016, *ENIAC in Action: Making and Remaking the Modern Computer,* MIT Press, Cambridge, Mass.

Hargittai, Istvan, 2006, *The Martians of Science: Five Physicists Who Changed the Twentieth Century,* Oxford University Press, Oxford.

Heims, Steve J., 1982, *John von Neumann and Norbert Wiener: From Mathematics to the Technologies of Life and Death,* MIT Press, Cambridge, Mass.

Hoddeson, Lillian, Henriksen, Paul W., Meade, Roger A. and Westfall, Catherine, 1993, *Critical Assembly: A Technical History of Los Alamos during the Oppenheimer Years, 1943–1945,* Cambridge University Press, Cambridge.

Hodges, Andrew, 2012, *Alan Turing: The Enigma. The Centenary Edition,* Princeton University Press, Princeton.

Jammer, Max, 1974, *The Philosophy of Quantum Mechanics: The Interpretations of Quantum Mechanics in Historical Perspective,* Wiley, Hoboken.

Jardini, David, 2013, *Thinking Through the Cold War: RAND, National Security and Domestic Policy, 1945–1975*, Smashwords.

Kaplan, Fred, 1983, *The Wizards of Armageddon*, Stanford University Press, Stanford.

Kármán, Theodore von with Edson, Lee, 1967, *The Wind and Beyond: Theodore von Karman, Pioneer in Aviation and Pathfinder in Space*, Little, Brown and Co., Boston.

Leonard, Robert, 2010, *Von Neumann, Morgenstern, and the Creation of Game Theory: From Chess to Social Science, 1900–1960*, Cambridge University Press, Cambridge.

Levy, Steven, 1993, *Artificial Life: A Report from the Frontier Where Computers Meet Biology*, Vintage, New York.

Lukacs, John, 1998, *Budapest 1900: A Historical Portrait of a City and Its Culture*, Grove Press, New York.

Macrae, Norman, 1992, *John von Neumann: The Scientific Genius Who Pioneered the Modern Computer, Game Theory, Nuclear Deterrence and Much More*, Pantheon Books, New York.

McDonald, John, 1950, *Strategy in Poker, Business and War*, W. W. Norton, New York.

Musil, Robert, 1931 – 3, *Der Mann ohne Eigenschaften*, Rowohlt Verlag, Berlin, English edition: 1997, *The Man without Qualities*, trans. Sophie Wilkins, Picador, London.

Nasar, Sylvia, 1998, *A Beautiful Mind*, Simon & Schuster, New York.

Neumann, John von, 2005, *John von Neumann: Selected Letters*, ed. Miklos Redei, American Mathematical Society, Providence, R.I.

Neumann, John von, 2012, *The Computer and the Brain*, Yale University Press, New Haven (first published 1958).

Neumann, John von, 2018, *Mathematical Foundations of Quantum Mechanics*, Princeton University Press, Princeton.

Neumann, John von and Morgenstern, Oskar, 1944, *Theory of Games and Economic Behavior*, Princeton University Press, Princeton.

Petzold, Charles, 2008, *The Annotated Turing: A Guided Tour Through Alan Turing's Historic Paper on Computability and the Turing Machine*, Wiley, Hoboken.

Poundstone, William, 1992, *Prisoner's Dilemma: John von Neumann, Game Theory and the Puzzle of the Bomb*, Doubleday, New York.

Reid, Constance, 1986, *Hilbert-Courant,* Springer, New York.

Sime, Ruth Lewin, 1996, *Lise Meitner: A Life in Physics*, University of California Press, Berkeley.

Susskind, Leonard, 2015, *Quantum Mechanics: The Theoretical Minimum*, Penguin, London.

Taub, A. H. (ed.), 1963, *Collected Works of John von Neumann*, 6 volumes, New York: Pergamon Press.

Teller, Edward (with Judith Shoolery), 2001, *Memoirs: A Twentieth-Century Journey in Science and Politics*, Perseus, Cambridge, Mass.

Ulam, Stanisław M. 1991, *Adventures of a Mathematician*, University of California Press, Berkeley.

Von Kármán, Theodore with Edson, Lee, 1967, *The Wind and Beyond: Theodore von Karman, Pioneer in Aviation and Pathfinder in Space*, Little, Brown and Co., Boston.

Von Neumann, John, 2005, *John von Neumann: Selected Letters*, ed. Miklós Rédei, American Mathematical Society, Providence, R.I.

Von Neumann, John, 2012, *The Computer and the Brain*, Yale University Press, New Haven (first published 1958).

Von Neumann, John, 2018, *Mathematical Foundations of Quantum Mechanics*, Princeton University Press, Princeton.

Von Neumann, John, and Morgenstern, Oskar, 1944, *Theory of Games and Economic Behavior*, Princeton University Press, Princeton.

Vonneuman, Nicholas A., 1987, *John von Neumann as Seen by His Brother*, P.O. Box 3097 Meadowbrook, Pa.

Whitman, Marina von Neumann, 2012, *The Martian's Daughter*, University of Michigan Press, Ann Arbor.

Wolfram, Steven, 2002, *A New Kind of Science*, Wolfram Media, Champagne, Ill.

이미지 출처

아래 별도 기재된 이미지를 제외한 본문의 모든 이미지는 마리아 폰 노이만 휘트먼이 제공했다.

145쪽	Stanislaw Ulam papers, American Philosophical Society.
168쪽	Courtesy of Los Alamos National Laboratory.
202쪽	The University of Pennsylvania archives.
243, 256쪽	Shelby White and Leon Levy Archives Center, Institute for Advanced Study, Princeton.
292쪽	*Theory of Games and Economic Behavior,* John von Neumann and Oskar Morgenstern, Princeton University Press.
356, 360쪽	RAND Corporation.
435쪽	The Martin Gardner Literary Interests/Special Collection, Stanford University Library. Courtesy of Diana Conway.
447, 449, 450쪽	Used with permission of Stephen Wolfram, LLC https://www.wolframscience.com/nks/⟨https://www.wolframscience.com/nks
458쪽	Nils Aall Barricelli, 'Numerical Testing of Evolution Theories. Part I: Theoretical Introduction and Basic Tests', ActaBiotheoretica, 16 (1962), pp. 69 – 98.
489쪽	Briscoe Center for American History.

* 위 이미지 중 저작권자의 사용 허가를 얻지 못한 일부 이미지의 경우, 저작권자가 확인되는 대로 통상의 비용을 지급하도록 하겠습니다.

찾아보기

아난요 바타차리야 Ananyo Bhattacharya

과학 전문작가이자 저널리스트. 옥스퍼드 대학교에서 물리학 학위를, 임페리얼 칼리지 런던에서 단백질 결정학으로 박사학위를 받았다. 이후 미국 샌포드 버넘 프레비스 의학발견연구소의 의학연구원을 지냈다. 런던 왕립학회(Royal Society)의 정회원이다.

저널리스트로서 15년간 학술지《네이처》등에서 선임 편집자를 지냈으며, 과학 정책과 서지학부터 유전학, 입자물리학에 이르기까지 다양한 과학의 세계를 대중에게 소개했다. 2014년부터 5년간 주간지《이코노미스트》에서 커뮤니티 에디터와 과학 특파원을 역임했다.

그는 위대한 20세기 과학사 속 가장 비범한 인물이자 혁명적인 선지자 중 한 명인 폰 노이만에 대한 지적 탐구를 시도했다. 수학, 인공지능, 게임이론, 양자물리학, 나노기술, 원자폭탄 설계까지 다양한 분야에서 혁명을 일으킨 수학자이자 물리학자인 폰 노이만의 삶과 업적에 대한 그간의 자료들에 한계를 느꼈기 때문이다. 결국 그는 직장을 그만두고 3년간의 취재와 연구 끝에 이 책『미래에서 온 남자 폰 노이만(The Man From the Future)』을 집필해냈다. 이 책은 2021년 영국에서 출간되어 2022년《파이낸셜 타임스》와 TLS가 '올해의 책(Best Books of the Year)'으로 선정했을 뿐만 아니라 아마존 과학 분야 베스트셀러 1위에 올랐다. 현재 그는 런던에 살고 있다.

옮긴이 박병철

연세대학교 물리학과를 졸업하고 KAIST에서 이론물리학 박사학위를 받았다. 현재 과학 번역 및 저술 활동에 전념하고 있으며, 2006년 한국출판문화상을, 2016년 제34회 한국과학기술도서상 번역상을 수상했다. 옮긴 책으로『프린키피아』,『페르마의 마지막 정리』,『퀀텀스토리』,『파인만의 물리학 강의』,『우주의 구조』,『평행우주』,『엔드 오브 타임』,『인류의 미래』,『신의 입자』등 100여 권이 있으며, 저서로 어린이 과학 동화『별이 된 라이카』등과『나의 첫 과학책』시리즈가 있다.

미래에서 온 남자
폰 노이만

초판 1쇄 발행 2023년 9월 15일
초판 4쇄 발행 2023년 11월 6일

지은이 | 아난요 바타차리야
옮긴이 | 박병철

발행인 | 이재진 단행본사업본부장 | 신동해
편집장 | 김예원 교정 | 정일웅 디자인 | 오필민디자인
마케팅 | 최혜진 이은미 홍보 | 정지연
국제업무 | 김은정 김지민 제작 | 정석훈

브랜드 | 웅진지식하우스
주소 | 경기도 파주시 회동길 20
문의전화 | 031-956-7361(편집) 02-3670-1123(마케팅)
홈페이지 | www.wjbooks.co.kr
인스타그램 | www.instagram.com/woongjin_readers
페이스북 | www.facebook.com/woongjinreaders
블로그 | blog.naver.com/wj_booking

발행처 | ㈜웅진씽크빅
출판신고 | 1980년 3월 29일 제406-2007-000046호

한국어판 출판권 ⓒ ㈜웅진씽크빅, 2023
ISBN 978-89-01-27516-1 03410

웅진지식하우스는 ㈜웅진씽크빅 단행본사업본부의 브랜드입니다.
이 책은 저작권법에 의해 한국 내에서 보호를 받는 저작물이므로 무단전재와 무단복제를 금합니다.
이 책 내용의 전부 또는 일부를 이용하려면 반드시 저작권자와 ㈜웅진씽크빅의 서면동의를 받아야 합니다.

※ 책값은 뒤표지에 있습니다. ※ 잘못된 책은 구입하신 곳에서 바꾸어드립니다.